Das Neue
Mammut-Buch
der Technik

DAS
NEUE
MAMMUT-
BUCH
DER
TECHNIK

DAVID MACAULAY
UND
NEIL ARDLEY

Tessloff Verlag

DK

A DORLING KINDERSLEY BOOK

Project Editor David Burnie
Designer Peter Luff
Überarbeitete Fassung
Senior Editor Sue Leonard
Art Editor Cathy Chesson
Herstellung Kate Oliver

Deutsch von Helmut Menniken und Christel Wiemken

Zuerst erschienen in Großbritannien 1988
bei Dorling Kindersley Limited, London
9 Henrietta Street, London WC2E 8PS

ISBN 3-7886-0134-5
D.L. TO:533-1999

INHALT

Teil 1

DIE MECHANIK DER BEWEGUNG

EINLEITUNG

Für jede Maschine ist die Arbeit eine Sache des Naturgesetzes, denn alles, was eine Maschine leistet, tut sie in Übereinstimmung mit einer Anzahl von Prinzipien oder naturwissenschaftlichen Gesetzen. Um zu sehen, wie eine Maschine arbeitet, genügt es, daß man einfach den Deckel abnimmt, um hineinzusehen. Doch um zu verstehen, was dort vor sich geht, muß man wissen, welche Naturgesetze ihre Arbeit bestimmen. Die Maschinen in diesem Teil und den folgenden Teilen von *Macaulay's Neuem Mammut-Buch der Technik* sind aus diesem Grund eher entsprechend den Naturgesetzen, die sie regieren, als nach ihrer Verwendung zusammengestellt. So befinden sich zum Beispiel Pflug neben Reißverschluß oder Wasserkraftwerk neben Zahnbohrer. Mögen sie auch unterschiedlich aussehen, sich in den Ausmaßen sehr unterscheiden und verschiedene Zwecke erfüllen, so arbeiten sie doch - betrachtet man sie unter dem Blickwinkel der Naturgesetze - auf die nämliche Art und Weise.

MASCHINEN IN BETRIEB

Mechanische Maschinen arbeiten mit Teilen, die sich bewegen: mit Hebeln, Zahnrädern, Treibriemen, Rädern, Nocken, Kurbeln und Federn. Manchmal ist ihre Bewegung so schnell, daß sie in einem Gewirr von wirbelnden Wellen und rotierenden Zahnrädern untergeht, und manchmal so langsam, daß es schwerfällt zu sagen, ob sich überhaupt etwas bewegt, Doch bei allen Unterschieden im Aussehen sollen alle Maschinen, die mechanische Teile verwenden, nur einen einzigen Zweck erfüllen: sie sollen sicherstellen, daß genau die richtige Menge Bewegung durch exakt die richtige Menge Kraft genau dort erzeugt wird, wo man sie braucht.

BEWEGUNG UND KRAFT

Viele mechanische Maschinen sind lediglich zu dem Zweck erfunden worden, eine Bewegungsform in eine andere umzuwandeln. Diese Bewegung kann entweder linear (dabei handelt es sich oft um eine Hin- und Herbewegung wie beim Auf und Ab eines Kolbens) oder kreisförmig sein. Viele Maschinen wandeln eine lineare Bewegung in eine Kreisbewegung um und umgekehrt, weil die Kraftquelle, die die Maschine antreibt, oftmals in eine Richtung geht, die Maschine aber in die entgegengesetzte. Doch unabhängig davon, ob die Bewegungsrichtung umgewandelt wird oder nicht, bewegen sich die mechanischen Teile, um die angewendete Kraft in eine größere oder kleinere zu verwandeln, die für die gestellte Aufgabe angemessen ist. Alle mechanischen Maschinen haben es mit Kräften zu tun. Sie verhalten sich dabei genauso wie die Menschen, wenn sie in Bewegung kommen: dazu ist einige Leistung vonnöten. Eine Bewegung startet nicht plötzlich von allein, selbst dann nicht, wenn man einen Gegenstand fallen läßt. Eine Antriebskraft ist erforderlich - der Schub eines Motors, die Muskelkraft oder die Schwerkraft zum Beispiel. Diese Antriebskraft muß dann in der richtigen Menge an den richtigen Platz gelangen. Wenn man die Griffe eines Dosenöffners zusammendrückt, dann schneidet das Messerblatt ohne Mühe durch den Dosendeckel. Das Gerät ermöglicht also etwas, was sonst unmöglich wäre. Diese Aufgabe erledigt der Dosenöffner nicht, indem er einem Kraft gibt, wenn man keine hat, sondern indem er die Kraft aus dem Handgelenk in eine für diese Erledigung der Aufgabe nützliche Form umwandelt – in diesem Fall, indem er sie vergrößert – und sie dort anwendet, wo sie benötigt wird.

DIE MATERIE ZUSAMMENHALTEN

Jeder Körper auf der Erde wird von drei grundlegenden Kräftearten zusammen- und an seinem Ort gehalten; eigentlich alle Maschinen benutzen jeweils nur zwei davon. Die erste Kräfteart ist die Schwerkraft (Gravitation), die zwei Körper aufeinander ausüben. Sie wird vermutlich als große Kraft erscheinen, ist jedoch bei weitem die schwächste der drei Kräfte. Ihre Wirkung ist nur deshalb bemerkenswert, weil ihre Größe von der Masse der beiden betroffenen Körper abhängt und weil einer dieser Körper - die Erde - eine enorme Masse besitzt. Die zweite Kraft ist die elektrische Kraft, die zwischen Atomen besteht. Sie ist für die Elektrizität verantwortlich, ein Thema, das in Teil 4 dieses Buches behandelt wird. Die elektrische Kraft verbindet die Atome, aus denen alle Körper bestehen, und hält sie mit gewaltiger Stärke zusammen. In den Maschinen wird die Bewegung nur deshalb von den einzelnen Teilen - es sei denn, sie brechen - übertragen, weil Atome und Gruppen von Atomen (Moleküle) in diesen Teilen von elektrischen Kräften zusammengehalten werden. Aus diesem Grund benutzen alle mechanischen Maschinen diese Kraft auf indirektem Weg. Zudem benutzen einige Maschinen, wie Federn und Bremssysteme, sie auch direkt, um Bewegung zu erzeugen oder sie zu verhindern. Die dritte und stärkste Kraft ist die Atomkraft, die die Elementarteilchen in den Atomkernen zusammenhält. Diese Kraft wird nur von Maschinen freigesetzt, die Kernkraft erzeugen.

DIE ERHALTUNG DER ENERGIE

Dem Funktionieren der Maschinen liegt ein Prinzip zugrunde, das alles andere umfaßt - das Prinzip von der Erhaltung der Energie. Damit ist nicht so sehr der heute überlebensnotwenig gewordene sparsame Umgang mit Energie gemeint, sondern vielmehr das, was mit der Energie geschieht, wenn sie benutzt wird, das heißt, man erhält nur soviel Energie aus einer Maschine, wie man vorher in sie hineingesteckt hat - nicht mehr und nicht weniger. Wenn ein Motor arbeitet oder die Muskeln sich bewegen, um Kraft in eine Maschine einzuspeisen, übertragen sie diese Energie auf sie; ein Mehr an Kraft oder Bewegung ergibt ein Mehr an Energie. Bewegung ist eine Energieform, die kinetische Energie heißt. Sie entsteht, indem andere Energieformen umgewandelt werden, wie zum Beispiel die potentielle Energie, die eine Feder gespeichert hat, die Wärmeenergie in einem Benzinmotor, die elektrische Energie in einem Elektromotor oder die chemische Energie in den Muskeln. Wenn eine Maschine eine Kraft überträgt und sie anwendet, dann kann sie nur soviel Energie aufwenden, wie in sie hineingesteckt wurde, um sie in Bewegung zu setzen. Wenn die Kraft, die die Maschine aufwendet, größer sein soll, so muß die erzeugte Bewegung entsprechend kleiner werden und umgekehrt. Ingesamt bleibt die Summe aller Energien erhalten. Das Prinzip von der Erhaltung der Energie bestimmt alle Vorgänge. Federn können zwar mehr Energie aufnehmen, und Reibung kann Energie in Wärme umwandeln, doch nimmt man alles in allem, so wird weder Energie geschaffen noch welche vernichtet. Würde das Prinzip der Erhaltung der Energie verschwinden, würde nichts mehr funktionieren. Würde Energie während der Arbeit von Maschinen vernichtet - unabhängig davon, wie mächtig die Maschinen sind -, so würden sie doch unweigerlich langsamer werden und schließlich anhalten. Würde dagegen durch die Arbeit der Maschinen Energie geschaffen, so liefen die Maschinen schneller und immer schneller, wobei sich Energie in wahrhaft titanischen Ausmaßen ansammeln würde. In beiden Fällen würde die Erde zu existieren aufhören - mit einem Seufzer im ersten und einem Knall in zweiten Fall. Doch das Prinzip von der Erhaltung der Energie ist auch weiterhin in Kraft, und sämtliche Maschinen gehorchen ihm. Jedenfalls fast alle. Atomare Maschinen bilden eine Ausnahme - doch das ist eine Geschichte, die im zweiten Teil dieses Buches erzählt werden wird.

DIE SCHIEFE EBENE

WIE FÄNGT MAN EIN MAMMUT?

*I*m Frühjahr jenen Jahres hatte man mich in das Land des vielgesuchten wollenen Mammuts eingeladen, das von den inzwischen vertraut gewordenen hohen Holztürmen der Mammutfänger übersät ist. In früheren Zeiten wurde das Mammut nämlich seines delikaten Fleisches wegen gejagt. Doch seine später erkannte Nützlichkeit als Arbeits- und seine wachsende Beliebtheit als Haustier führten zu einer stets verfeinerten und weniger vernichtenden Methode seiner Ergreifung.

Jedes nichtsahnende Tier wurde zu einem der Türme gelockt, von dem man einen Findling in den angemessenen Ausmaßen aus menschenfreundlicher Höhe auf den dicken Schädel des Tiers plumpsen ließ. Das auf diese Weise betäubte Mammut ließ sich dann ohne Widerstand zu einer Koppel führen, wo es mit einem Eisbeutel und frischem Sumpfgras schnell über seine verletzten Gefühle und sein angeborenes Mißtrauen hinweggetröstet wurde.

DAS PRINZIP DER SCHIEFEN EBENE

Die Gesetze der Physik besagen, daß es einer gewissen Menge an Arbeit bedarf, um einen Gegenstand — zum Beispiel einen Findling zwecks Betäubung eines Mammuts — auf eine bestimmte Höhe zu hieven. Dieselben Gesetze besagen auch, daß diese Arbeitsmenge nicht verringert werden kann. Die Rampe, auf die man gern zurückgreift, macht das Leben erträglicher, nicht etwa weil sie die Arbeitsmenge verändert, sondern vielmehr die *Art und Weise*, in der diese Arbeit ausgeführt wird.

Die Arbeit als physikalische Größe ist das Produkt aus hineingesteckter Kraft und Verschiebung (Weg) in der Kraftrichtung. Nimmt die Kraft zu, so nimmt entsprechend der Weg ab, und umgekehrt.

Am ehesten versteht man dieses Prinzip, wenn man sich zwei Extreme vor Augen führt. Möchte man einen Berg auf dem steilsten Weg besteigen, so verlangt dies die größte Kraft, der Weg dagegen ist hierbei am kürzesten. Steigt man den Berg aber immer auf einem sanften Abhang hinauf, so ist der Weg am längsten. Die Arbeit ist in beiden Fällen identisch und ergibt sich aus der Kraft (die man aufwendet), multipliziert mit dem Weg, über den man diese Kraft erbringt.

Was man also an Kraft gespart hat, muß man für den Weg ausgeben. Dies ist eine Grundregel, der viele mechanische Geräte gehorchen, und aus diesem Grund funktioniert die Rampe: sie verringert die erforderliche Kraft, um einen Gegenstand zu heben, indem sie die Wegstrecke verlängert.

Die Rampe ist ein Beispiel für eine schiefe Ebene. Schon im Altertum nutzten die Ägypter dieses Prinzip. Mit Hilfe von Rampen bauten sie ihre Pyramiden und Tempel. Seither wird dieses Prinzip bei vielen verschiedenen Geräten angewendet.

Während das Verfahren mehr oder weniger erfolgreich war, gab es dennoch eine Reihe empfindlicher Rückschläge. Das größte Problem war, einen schweren Findling auf die richtige Höhe zu schaffen. Dazu war nämlich eine dem Herkules würdige Kraftanstrengung vonnöten, und dabei wurde Herkules erst viele Jahrhunderte später geboren. Ein weiteres Problem bestand darin, daß das getroffene Mammut stets in den Holzturm stürzte, seine Jäger dabei zu Boden beförderte oder zumindest die Aufbauten schwer beschädigte.

Nachdem ich ein paar Berechnungen gemacht hatte, informierte ich meine Gastgeber davon, daß beide Probleme zugleich gelöst werden könnten, wenn man statt eines Holzturms eine schräge Fläche oder Rampe benutzen würde. Die für die Rampe typische Robustheit machte sie praktisch selbst dann unzerstörbar, wenn ein Mammut dagegen taumelte. Und nun konnte man den Findling, statt ihn im Schweiße des Angesichts mühsam hochzuhieven, allmählich auf die gewünschte Höhe rollen, was zudem weit weniger schweißtreibend war.

Zuerst konnten meine Gastgeber mit meiner genialen, weil verblüffend einfachen Lösung verständlicherweise nicht viel anfangen. „Und was machen wir mit unseren Holztürmen?" fragten sie vielmehr als erstes äußerst skeptisch. Ich stellte einige weitere Berechnungen an und schlug dann vor, man solle in den unteren Stockwerken Geschäfts- und Lagerräume, in den oberen dagegen Luxusappartements einrichten.

SO HÄNGEN KRAFT UND WEG ZUSAMMEN
Die schräge Seite der Rampe ist doppelt so lang wie die senkrechte. Um eine Last über die schräge Seite zu hieven, ist daher eine halb so große Kraft vonnöten, wie über die senkrechte Seite.

HALBE KRAFT

VOLLE KRAFT

SCHRÄGE SEITE

SENKRECHTE SEITE

DER KEIL
Das Prinzip der schiefen Ebene erscheint in den meisten Maschinen, die davon Gebrauch machen, in der Form eines Keils. Ein Türkeil ist eine einfache Anwendung: Man schiebt das spitze Ende eines Keils unter die Tür und weiter vor, und schon öffnet sich die Tür.

Der Keil wirkt dabei als eine bewegliche schiefe Ebene. Statt einen Gegenstand über eine schiefe Ebene hochzuwuchten, kann man nämlich auch die schiefe Ebene bewegen: das Resultat ist dasselbe. Da die Ebene einen größeren Weg zurücklegt als der Gegenstand, hebt sie ihn mit einer größeren Kraft. So funktioniert der Türkeil. Wenn der Keil sich unter die Türe schiebt, so hebt er sie leicht an und übt eine starke Kraft auf sie aus. Die Tür dagegen drückt den Keil stark gegen den Boden, und die Reibung mit dem Boden hält den Keil dort fest und somit die Tür offen.

SCHLÖSSER UND SCHLÜSSEL

Im Zusammenhang mit Schlössern gibt es eine knifflige Aufgabe: Wie kann man zwei Blöcke trennen, die von fünf zweiteiligen Stiften zusammengehalten werden? Die Stifte sind an unterschiedlichen Trennlinien in je einen Ober- und einen Unterstift geteilt. Um die beiden Blöcke an der Trennlinie zwischen Zylinder und Gehäuse trennen zu können, müssen diese sich mit der Trennlinie zwischen Zylinder und Gehäuse auf derselben Höhe befinden.

Da wir das Prinzip der schiefen Ebene kennen, nehmen wir einen Keil und schieben ihn unter die Stifte. Dabei werden sie zwar leicht hochgehievt, jedoch leider unterschiedlich hoch.

Nimmt man fünf einzelne Keile, so sind zwar die Trennstellen auf derselben Höhe, doch nun sind die Keile selber in der unteren Hälfte festgeklemmt.

Der Schlüssel zur Lösung des Problems ist . . . ein Schlüssel, denn die beiden Blöcke stellen (vereinfacht) ein Zylinderschloß dar. Die Schlüsselzähnung hebt die Stifte auf die erforderliche Höhe an. Da die Schlüsselzähnung beidseitig ausgesägt ist, kann man den Schlüssel auch wieder herausziehen. Die Schraubenfedern drücken die Stifte nun wieder in ihre alte Stellung zurück: Das Schloß ist verriegelt.

STIFTE

SCHRAUBENFEDERN

NOCKENSCHEIBE

ZYLINDER

RIEGEL

SCHLÜSSEL

ZURÜCKGEZOGENER RIEGEL

HERUMGEDREHTER SCHLÜSSEL

ZYLINDERSCHLOSS

Ist die Tür geschlossen, so drückt die Spiralfeder den Riegel in den Türrahmen. Beim Einführen des Schlüssels rutschen die Stifte hoch und geben den Zylinder frei. Wird der Schlüssel umgedreht, dreht sich der Zylinder und mit ihm die Nockenscheibe, die den Riegel gegen die Spiralfeder drückt. Wird der Schlüssel losgelassen, drückt die Spiralfeder den Riegel und den Zylinder in ihre Ausgangsstellung zurück. Dadurch kann der Schlüssel aus dem Schloß gezogen werden.

RIEGELSTIFT

RIEGEL

DORN

ZUHALTUNG

FEDER

SCHLÜSSEL

1 TÜR OFFEN
Die Federn drücken die Zuhaltungen nach unten. Der Riegelstift wird vorne in der Führung jeder Zuhaltung so gesperrt, daß der Riegel nicht bewegt werden kann.

2 SCHLÜSSEL IN ANFANGSSTELLUNG
Die Einschnitte im Schlüsselbart heben zuerst die Zuhaltungen hoch. Der Riegelstift kann sich nun innerhalb der Führungen frei bewegen.

3 SCHLÜSSEL IST HALB GEDREHT
Während der Schlüssel weitergedreht wird, schiebt sich der Riegel nach außen (in den Türrahmen).

4 TÜR VERRIEGELT
Wenn der Riegel vollständig ausgefahren ist, werden die Zuhaltungen durch die Feder wieder in ihre Ausgangsstellung zurückgedrückt, und dadurch ist der Riegelstift gesperrt.

HEBELSCHLOSS (CHUBB-SCHLOSS)

Ein Hebelschloß funktioniert nicht anders als ein Zylinderschloß. Die Einschnitte im Schlüsselbart richten die Schlitze in den verschieden gestuften Blechzuhaltungen in einer Linie so aus, daß der Dorn sich bewegen kann.

SCHNEIDEMASCHINEN

KEILFÖRMIG GESCHNITTENE BLÄTTER

Fast alle Schneidemaschinen verwenden einen Keil, eine Spielart der schiefen Ebene. Ein keilförmiges Schneideblatt wandelt eine Vorwärtsbewegung in eine des Teilens oder Abtrennens um, die rechtwinklig zur Schneide wirkt.

BEWEGUNG ABWÄRTS

BEWEGUNG SEITWÄRTS

SCHERE

Jedes Blatt wirkt wie ein zweiarmiger ▷ Hebel. Die geschliffenen Kanten der Blätter bilden zwei Keile, die mit großer Kraft aus entgegengesetzten Richtungen in ein Material schneiden.

▷ *bedeutet stets: siehe auch Stichwort im Register.*

AXT

Eine Axt ist lediglich ein Keil am Stiel. Die lange Abwärtsbewegung erzeugt eine solch gewaltige Seitwärtskraft, daß dadurch das Holz gespal-

ten wird. Die Axt besitzt einen eingebauten Keil: ein Metallstift wird in das Stielende getrieben, das somit eingeklemmt wird.

GEZACKTE SCHERBLÄTTER

BEWEGUNG SEITWÄRTS

ELEKTRISCHE SCHERMASCHINE

Eine elektrische Schermaschine enthält zwei gezackte Scherblätter, die von einem ▷ Kurbelmechanismus angetrieben und hin und her bewegt werden. Befinden sich die Zacken übereinander, werden Stiele oder Haare

dort eingefangen und dann abgeschnitten, wenn die Blätter sich zur Seite bewegen. Ähnlich wie bei der Schere wirken die Scherblätter wie ein Paar Keile.

SCHER-GITTER

KREISRUNDE SCHERBLÄTTER

ELEKTRORASIERER

Ein Elektrorasierer besitzt ein hauchdünnes Schergitter, in das Haare und Bartstoppel geraten, wenn der Rasierer über die Haut gleitet. Das Gitter hält die Haare so fest, daß die sich darunter drehenden Scherblätter sie abschneiden können. Jedes kreisrunde Scherblatt wird von einer gefederten Antriebswelle gegen das Gitter gedrückt.

DER DOSENÖFFNER

HANDGRIFF

SCHNEIDERAD

HANDGRIFF

GERADSTIRNRÄDER

Ein Dosenöffner hat ein scharfkantiges Scherblatt oder -rad, das in den Dosendeckel schneidet. Ein Zahnrad fährt genau unter dem Dosenrand entlang und dreht die Dose so, daß das Schneiderad weiter in den Deckel hineingedrückt wird. Mit zwei übereinanderliegenden Geradstirnrädern wird die Drehkraft des Flügelantriebs auf das Antriebszahnrad übertragen.

DER PFLUG

Ein Pflug ist ein Keil, der von einem Zugtier oder einem Traktor durch die Erde gezogen wird. Er schneidet die oberste Bodenschicht ab, danach hebt er sie an und wendet sie. Auf diese Weise wird der Boden für die Neuanpflanzung aufgelockert. Außerdem wird die vorhandene Vegetation untergegraben, so daß sie verrotten und Nährstoffe für die neue Saat liefern kann. Der Pflug ist eine unserer ältesten Maschinen. Holzpflüge gab es bereits vor rund fünftausend Jahren, aber metallene Pflüge sind erst knapp zweihundert Jahre im Gebrauch.

DIE HAUPTBESTANDTEILE EINES PFLUGS

Ein Pflug besteht aus vier stählernen Hauptbestandteilen. Das Sech geht dem Hauptkörper voran, der aus Schar, Streichblech und Molterbrett besteht. Sech, Schar und Streichblech verhalten sich wie Keile, die eine große Kraft ausüben können.

SEITENANSICHT

DRAUFSICHT

MOLTERBRETT

SECH

SCHAR

STREICHBLECH

DIE EINZELNEN PHASEN BEIM PFLÜGEN

DAS SECH trennt den Erdbalken senkrecht auf.

Das Sech (Pflugmesser oder -kolter) trennt den umzupflügenden Erdbalken senkrecht auf. Ein von Tieren gezogener Pflug hat ein feststehendes Messer als Sech. Der von einem Traktor gezogene Pflug hat meistens ein Scheiben-Sech, ein scharfkantiges Rad, das sich dreht, wenn der Pflug vorwärtsgezogen wird.

Das Schar folgt dem Sech und schneidet waagerecht einen Erdbalken aus dem Boden heraus. An ihm ist das Streichblech befestigt, das diesen Erdbalken anhebt, wendet und seitlich verlagert. So entsteht eine Furche, die beim nächsten Durchgang vom Erdbalken daneben gefüllt wird. Das Molterbrett ist seitlich vom Streichblech montiert und gleitet an der senkrechten Wand der Furche entlang.

DAS PFLUGSCHAR schneidet die oberste Bodenschicht waagerecht ab.

DAS STREICHBLECH hebt den Erdbalken an und wendet ihn.

DER REISSVER

Beim Reißverschluß wird das Prinzip der schiefen Ebene klug angewendet. Zwei Schließketten (aus Zähnen, Spiralen oder Rillen) werden von einem Schieber, der aus Keilen besteht, ineinander- und beim Öffnen auseinandergehakt. Die beim Schieben geringe Kraft wird in eine große zum Schließen oder Öffnen der Zähne (Krampen) umgewandelt, die an einer Seite eine Wulst, an der anderen eine Vertiefung haben, so daß sie sich nur nacheinander öffnen oder schließen lassen. Ohne Schieber ist es praktisch unmöglich, die Krampenreihen zu verzahnen oder auseinanderzuhaken.

SCHIEBER

IM INNERN DES SCHIEBERS

OBERER KEIL

UNTERER KEIL

KEILE BEI DER ARBEIT
Beim Öffnen des Reißverschlusses hakt der obere Keil in Dreiecksform die Krampen auseinander und schiebt sie voneinander weg. Beim Schließen zwingen die beiden unteren Keile (meistens die gewölbten Seiten des Schiebers) die Krampen so zusammen, daß sie sich verzahnen. Reißverschlüsse aus Plastik haben statt der Krampenreihen zwei Spiralen, die ineinandergreifen.

HEBEL

WIE WIEGT MAN EIN MAMMUT?

B evor ein Mammut an seinen Bestimmungsort verschifft wird, muß es gewogen werden. In einem Dorf war ich in der glücklichen Lage, diese Prozedur aus nächster Nähe beobachten zu können. Ein kräftiger Baumstamm wurde genau in seiner Mitte auf einen Findling gelegt. Ein Ende wurde auf den Boden gedrückt, und man ermunterte das Mammut, sich daraufzusetzen. Kaum schien das Tier sich einigermaßen bequem niedergelassen zu haben, da kletterten auch schon einige Dorfbewohner auf das andere Ende des Stamms. Langsam sank ihr Ende hinunter, während das bestürzte Mammut sich nach oben bewegte. Wenn der Baumstamm sich in der Waagerechten befinde, so sagte man mir, entspreche das Gesamtgewicht der Dorfbewohner dem des Mammuts. Das schien mir sehr einleuchtend.

DAS HEBELGESETZ

Der Baumstamm verhält sich wie ein Hebel, der nichts weiter ist als ein Körper (eine Stange oder ein Stab), der auf einem Dreh- oder Angelpunkt aufliegt und sich um diese Achse dreht. Greift nun eine *Kraft* durch Druck oder Zug an einem Hebelende an, dreht sich der Hebel um die Achse, um an seinem anderen Ende eine *Last* zu heben oder einen Widerstand zu überwinden.

An welcher Stelle sich der Auflagepunkt des Hebels befindet, ist ebenso von Bedeutung wie die Größe der Kraft, die auf den Hebel wirkt. Ähnlich wie bei der schiefen Ebene verkleinert man die Kraft, indem man den Weg vergrößert. Manche Hebel kehren diese Wirkungsmöglichkeit um, indem sie die Kraft vergrößern, um etwas an Weg einzusparen.

Bei Hebeln hängt der zurückgelegte Weg davon ab, wie weit Kraft und Last vom Auflagepunkt entfernt sind. Das Hebelgesetz besagt, daß am Hebel Gleichgewicht herrscht, wenn das resultierende Drehmoment der an ihm angreifenden Kräfte gleich Null ist. Beim einfachen geraden Hebel gilt: Kraft × Kraftarm = Last × Lastarm.

AUFLAGEPUNKT IN DER HEBELMITTE

Kraft und Last befinden sich gleich weit vom Auflagepunkt entfernt. In diesem Fall sind Kraft und Last gleich groß, und beide bewegen sich um denselben Weg, wenn der Hebel sich um den Auflagepunkt bewegt.

LAST =
Gewicht des Mammuts

KRAFT =
Gewicht von 10 Personen

LASTWEG

KRAFTWEG

LASTARM

KRAFTARM

AUFLAGEPUNKT

In diesem Augenblick entdeckte ich auf der anderen Seite des Dorfplatzes ein anderes Mammut von ähnlicher Größe, das auch gerade gewogen werden sollte. Doch hier benötigte man weit weniger Personen als Gegengewicht. Während ich mich schon auf eine Katastrophe gefaßt machte, rollten einige Leute den Findling näher auf das Mammut zu. Als das Mammut endlich seine Stellung eingenommen hatte, kletterte lediglich eine Handvoll Dorfbewohner auf das andere Ende des Baumstamms. Zu meiner Verblüffung hielten sich die Dorfbewohner und das Mammut die Waage. Man informierte mich, daß das Produkt aus der Länge des Baumstamms von den Dorfbewohnern bis zum Findling und ihrem Gesamtgewicht genau gleich sei dem Produkt aus Länge des Baumstamms vom Mammut bis zum Findling und seinem Gewicht.

Gerade war ich emsig damit beschäftigt, anhand eigener Berechnungen diese höchst unwahrscheinliche Theorie zu überprüfen, als ich Schreie vernahm. Offensichtlich waren nicht alle Dorfbewohner zum gleichen Zeitpunkt vom Baumstamm abgesprungen, weshalb ein junger Bursche unglücklicherweise hoch in die Luft katapultiert wurde. Ich machte mir einige Notizen und hoffte, daß sie mir eines Tages nützlich sein könnten.

HEBEL ERSTER KLASSE

Hebel kann man in drei Hauptklassen unterteilen. Bei allen Hebeln auf diesen beiden Seiten handelt es sich um Hebel erster Klasse. Sie sind nicht etwa besser als Hebel einer anderen Klasse, sondern es handelt sich um zweiarmige Hebel, deren Auflagepunkt sich stets zwischen Kraft und Last befindet.

Befindet sich der Auflagepunkt in der Mitte zwischen Kraft und Last (linke Zeichnung), so sind Kraft und Last gleich weit davon entfernt (Kraftarm = Lastarm) und gleich groß. Das Gewicht der Dorfbewohner entspricht genau dem des Mammuts.

Wenn die Dorfbewohner jedoch doppelt so weit vom Auflagepunkt entfernt sitzen wie das Mammut (rechte Zeichnung), benötigt man nur halb so viele Dorfbewohner, um das Mammut in die Höhe zu bringen. Und wenn die Personen dreimal so weit vom Auflagepunkt entfernt sitzen wie das Mammut, so benötigen sie nur ein Drittel der ursprünglichen Anzahl, und so weiter, denn mit wachsendem Abstand zum Auflagepunkt vergrößert der Hebel die Kraft, die auf ihn wirkt.

Ein solcher Hebel, bei dem sich Kraft und Last die Waage halten, ist eine einfache Maschine zum Wiegen und heißt aus diesem Grund Waage.

AUFLAGEPUNKT AUSSERHALB DER HEBELMITTE

Die Kraft befindet sich doppelt so weit vom Auflagepunkt entfernt wie die Last. In diesem Fall hat die Kraft einen doppelt so weiten Weg wie die Last; sie ist jedoch nur halb so groß.

LAST =
Gewicht des Mammuts

KRAFT =
Gewicht von 5 Personen

LASTWEG

KRAFTWEG

LASTARM

KRAFTARM

AUFLAGEPUNKT

ZUR HYGIENE EINES MAMMUTS

Schon sehr früh bei meinen Nachforschungen entdeckte ich, daß ein Mammut streng riecht und seine direkte Umgebung ebenso unvermeidlich. Mit Genugtuung bemerkte ich deshalb, daß die Wärter aus dem Mammutgehege die Tiere, die sie zu betreuen haben, so abrichten, daß sie sich auf Matten setzen, damit der unerfreuliche Duft auf ein erträgliches Mindestmaß beschränkt wird. Diese Matten müssen dann gelegentlich ausgewechselt werden.

Da ein Mammut, wenn es einmal sitzt, sich bekanntlich nicht mehr vom Fleck rührt, ist es den Wärtern mit Hilfe der erfinderischen Anwendung eines Baumstamms gelungen, eine Matte sogar dann auszuwechseln, während sie vom Mammut benutzt wird. Das Ende eines entsprechend angespitzten Baumstamms wird vorsichtig unter das Mammut geschoben, ohne es oder die Matte über Gebühr zu strapazieren. Wenn das andere Stammende dann einigermaßen angehoben wird, ist das Mammut gerade so hoch vom Boden entfernt, daß man das stinkende Gewebe entfernen kann.

Die Leichtigkeit, mit der die Wärter ihre Last hochheben konnten, verblüffte mich. Ich notierte, daß während der Reinigungsarbeiten Schubkarren von unschätzbarem Wert sind.

HEBEL ZWEITER KLASSE

Der Mammutheber und auch die Schubkarre sind Beispiele für Hebel zweiter Klasse. Es handelt sich dabei um einarmige Hebel, bei denen der Auflagepunkt sich an einem Ende der Stange oder des Stabs befindet und die Kraft auf das andere Ende wirkt. Die Last liegt dazwischen.

Bei den Hebeln zweiter Klasse befindet sich die Kraft immer weiter vom Auflagepunkt entfernt als die Last. Aus diesem Grund ist hier der Lastweg kleiner als der Kraftweg, dafür aber ist die benötigte Kraft kleiner. Je näher sich die Last am Auflagepunkt befindet, um so mehr wird die Kraft vergrößert und um so leichter fällt es, diese Last zu heben. Ein Hebel zweiter Klasse vergrößert stets den Kraftweg und verringert den Lastweg.

Eine Schubkarre funktioniert wie der Hebelbaum zum Mammutheben. Mit ihrer Hilfe kann jeder eine schwere Last versetzen. Umgekehrt kann man einen Hebel auch dazu benutzen, einen Gegenstand zu pressen. Scheren und ▷ Nußknacker sind Beispiele für Hebel erster und zweiter Klasse. Diese Geräte sind zusammengesetzte Hebel, die aus Hebelpaaren bestehen, deren Auflagepunkt das Scharnier ist.

LAST =
Gewicht des Mammuts

LASTWEG

KRAFTARM

LASTARM

KRAFTWEG

AUFLAGEPUNKT

KRAFT =
ein Drittel des
Mammutgewichts

EIN HEBEL ZWEITER KLASSE IN BETRIEB
Weil die Kraft sich dreimal so weit vom Auflagepunkt entfernt befindet wie die Last, wird die Kraft, die erforderlich ist, um die Last zu heben, auf ein Drittel verringert.

ÜBER DAS KÜRZEN VON STOSSZÄHNEN UND DAMIT ZUSAMMENHÄNGENDE PROBLEME

Mit großer Neugierde beobachtete ich, wie man einem Mammut vor dem Verschiffen als Vorsichtsmaßnahme die Stoßzähne kürzen wollte. Das Tier war erkennbar verärgert, daß die Arbeiter an ihm herumsägten, hämmerten und feilten. Kaum war mir das bekannte Sprichwort

„Mag eine Frau auch noch so wütend sein, ein zorn'ges Mammut haut alles kurz und klein" in den Sinn gekommen, als die zähneknirschende Kreatur auch schon seinen Rüssel um das Ende eines nahen Baumstamms gewunden hatte und ihn hin- und herzuschwingen begann.

Während das Trimmgerüst zusammenbrach, bemerkte ich, daß das freie Ende des Baumstamms sehr viel weiter auspendelte als der Kopf des Mammuts, der sich nur wenig bewegte, und dabei eine bemerkenswerte Geschwindigkeit erzielte.

HEBEL DRITTER KLASSE

Indem das Mammut seinen Rüssel künstlich verlängerte, hatte es etwas gemeinsam mit solch harmlosen Gerätschaften wie Angelrute und Pinzette. Denn es war zu einem riesengroßen Hebel dritter Klasse geworden.

Bei diesen einarmigen Hebeln befindet sich der Auflagepunkt an einem Ende des Hebels, doch im Unterschied zu den Hebeln zweiter Klasse ist hier die Stellung von Last und Kraft vertauscht. Die Last, die zu heben oder zu überwinden ist, befindet sich am weitesten vom Auflagepunkt entfernt, während die Kraft zwischen Auflagepunkt und Last wirkt. Da die Last am weitesten entfernt ist, wird sie müheloser bewegt als die Kraft, doch der Lastweg ist entsprechend größer. Hebel dritter Klasse vergrößern den Lastweg, verringern aber den Kraftweg.

Der Nacken des Mammuts ist der Auflagepunkt, und das Ende des Baumstamms bewegt sich weiter als der Rüssel, der ihn hält. Die Kraft, mit der die Arbeiter vom Baumstamm getroffen werden, ist geringer als die Kraft, die auf den Baumstamm wirkt, doch immerhin noch groß genug, um deren Gewicht zu übertreffen und sie auseinanderzuscheuchen.

LAST = Gewicht der in die Luft gewirbelten Gegenstände

LASTWEG

LASTARM

KRAFTARM

AUFLAGEPUNKT

KRAFTWEG

KRAFT = Kraft des Mammutrüssels

EIN HEBEL DRITTER KLASSE IN BETRIEB
Der Lastweg ist dreimal so groß wie der Kraftweg, da die Last dreimal so weit vom Auflagepunkt entfernt ist wie die Kraft. Die Last beträgt ein Drittel der Kraft.

HEBEL IN BETRIEB

AUFLAGEPUNKT LAST KRAFT

HEBEL ERSTER KLASSE

WAAGE
Der zu wiegende Gegenstand ist die Last, und die Gewichte sind die Kraft. Sind Last und Kraft gleich groß, sind sie im Gleichgewicht.

LAUFGEWICHTSWAAGE
Der Auflagepunkt liegt außerhalb der Mitte, und das Gewicht wird so lange verschoben, bis es den Gegenstand ins Gleichgewicht gebracht hat.

NAGELKLAUE

Der Druck der Hand auf die Nagelklaue wird vergrößert. Die Last ist hier der Widerstand des Nagels beim Herausziehen.

STECHKARRE
Indem man den Griff der Stechkarre mühelos kippt, kann man eine schwere Last heben.

ZANGE

Eine Zange ist ein zusammengesetzter Hebel. Die Last ist der Widerstand gegen den Zugriff der Zange.

SCHERE
Eine Schere ist ein zusammengesetzter Hebel erster Klasse. Sie erzeugt eine kräftige Schneidetätigkeit sehr nahe am Scharnier.

HEBEL ZWEITER KLASSE

SCHUBKARRE
Mit wenig Kraft läßt sich eine schwere Last in der Nähe des Rads heben.

FLASCHENÖFFNER
Indem man den Hebel nach oben zieht, überwindet man den starken Widerstand der Flaschenkapsel.

NUSSKNACKER
Ein Nußknacker ist ein zusammengesetzter Hebel zweiter Klasse. Die Last ist hier der Widerstand der Nußschale gegen das Knacken.

HEBEL DRITTER KLASSE

HAMMER

Ein Hammer verhält sich beim Nageln wie ein Hebel dritter Klasse. Der Auflagepunkt ist das Handgelenk, und die Last der Widerstand des Holzes. Der Hammerkopf bewegt sich beim Hämmern schneller als die Hand.

ANGELRUTE

Eine Hand liefert die Kraft, um die Rute zu bewegen, während die andere den Auflagepunkt bildet. Die Last ist das Gewicht des Fisches, der über einen langen Weg mit einer kurzen Handbewegung an Land geholt wird.

PINZETTE

Eine Pinzette ist ein zusammengesetzter Hebel dritter Klasse. Der von den Fingern ausgeübte Druck ist an den Spitzen so abgeschwächt, daß empfindliche Gegenstände ergriffen werden können. Die Last ist der Widerstand des Haars.

MEHRFACHE HEBEL

HYDRAULIKBAGGER

AUSLEGER

BAGGERARM

BAGGERLÖFFEL

SCHWENKRING

RAUPENKETTEN

Ein Hydraulikbagger hat ein schwenkbares Oberteil, das auf einem Raupenfahrwerk montiert ist und drei Hebel hat: Ausleger, Baggerarm und -löffel. Mit Hilfe von hydraulischen Pressen können die Hebel den Baggerlöffel in jede gewünschte Stellung bringen. Der Ausleger ist ein Hebel dritter Klasse, der den Baggerarm hebt oder senkt. Der Baggerarm ist ein Hebel erster Klasse, der den Baggerlöffel ein- und ausfährt.

NAGELZANGE

Eine Nagelzange besteht aus einer geschickten Kombination zweier Hebel, mit der man starke Schnitte ausführen kann, die zugleich leicht zu steuern sind. Der Griff ist ein Hebel zweiter Klasse, der die Schneiden gegeneinander drückt. Dadurch wird eine große Kraft auf die Schneiden ausgeübt, die zusammen einen Hebel dritter Klasse bilden. Die Schneiden müssen sich nur wenig bewegen, um den Widerstand der Nägel zu überwinden.

AUFLAGEPUNKT DES GRIFFS

GRIFF

SCHNEIDEN

AUFLAGEPUNKT DER SCHNEIDEN

WAAGEN

DAS ROBERVAL-RÄTSEL

Diese einfache Küchenwaage beruht auf dem Roberval-Rätsel, einer Verbindung paralleler Hebel, die der französische Mathematiker Roberval 1669 ersonnen hat. Bei dieser Konstruktion bleiben die Waagschalen stets waagerecht, und die Gegenstände und Gewichte können überall auf der Waagschale abgestellt werden, ohne daß die Genauigkeit der Skala beeinträchtigt wird.

Auf den ersten Blick scheint das dem Hebelgesetz zu widersprechen. Aber ihr Gewicht wirkt auf die Halterung jeder Schale, nicht auf seine Position auf der Schale. – Eine Waage ist ein Hebel erster Klasse. Da die Mitte der beiden Schalen gleich weit von der Achse entfernt ist, befinden sie sich im Gleichgewicht, wenn das Gewicht einer Schale dem des anderen entspricht. Waagen mit Schalengehänge arbeiten auf dieselbe Weise.

DIE BADEZIMMERWAAGE

Aus Sicherheitsgründen bewegt sich eine Badezimmerwaage kaum, wenn man sich daraufstellt, egal, wie schwer man ist. Der Mechanismus im Innern vergrößert diese kleine Bewegung erheblich, indem er die Skalenscheibe so weit dreht, daß man sein Gewicht ablesen kann.

Ein System von Hebeln dritter Klasse, die sich im Gehäuse unter der Plattform drehen, überträgt seine Bewegung auf eine Skalenscheibe, die an der starken Hauptfeder befestigt ist. Die Hebel ziehen die Scheibe abwärts und dehnen dabei die Spiralfeder um eine Länge, die genau proportional zum Gewicht ist, eine der Haupteigenschaften von ▷ Federn. Die Kurbel — ein Hebel erster Klasse — dreht sich, von einer anderen Feder gezogen, die am Mechanismus der Skalenscheibe befestigt ist. Dieser besteht aus einem ▷ Zahnstangengetriebe, das die Skalenscheibe dreht und das Gewicht in der Öffnung der Plattform anzeigt.

Steigt man von der Plattform hinunter, zieht sich die Hauptfeder zusammen, die Plattform hebt sich und die Kurbel dreht sich, um die Skalenscheibe wieder in Nullstellung zurückzustellen.

Das darf nicht wahr sein!

PLATTFORM

SKALENSCHEIBE

HEBEL

HEBEL 2

VERBINDUNGSSTÄBE

SKALENSTANGE

VERBINDUNGSSTÄBE

HEBEL 3

HEBEL 1

GEWICHT

DIE BRÜCKENWAAGE

Brückenwaagen wiegen schwere Gegenstände, indem sie Hebel erster und dritter Klasse verbinden. Dabei wird die Last auf einem Hebel zur Kraft, die den nächsten bewegt. Der zu wiegende Gegenstand wird auf eine Plattform gestellt, die sich sehr wenig nach unten bewegt. Die Skalenstange bewegt sich nach oben, und das Gewicht wird so lange auf ihr verschoben, bis alle Hebel sich im Gleichgewicht befinden. Das Gewicht des Gegenstands kann dann von der Skalenstange abgelesen werden.

Diese Waage verwendet insgesamt drei Hebel, die alle so befestigt sind, daß sie allmählich den zurückgelegten Weg vergrößern (hier durch die Länge der Pfeile veranschaulicht). Auf diese Weise verringern sie die Kraft, die auf die Skalenstange ausgeübt werden muß, um den zu wiegenden Gegenstand ins Gleichgewicht zu bringen. Durch diese Anordnung kann ein winziges Gewicht einen massiven Gegenstand in der Waage halten.

HAUPTFEDER
Die Hauptfeder dehnt sich. Dadurch kann die Skalenfeder die Kurbel drehen.

KURBEL

SKALENSCHEIBE

SKALENFEDER

RITZEL

GEWICHT
Das Gewicht auf der Waage drückt die vier Hebel nach unten, die gemeinsam die Kraft auf die Skalenscheibe übertragen.

ZAHNSTANGE

KALIBRIERUNGSPLATTE
Beim Betreten der Waage wird die Kalibrierungsplatte abwärts gedrückt und dadurch die Hauptfeder gedehnt.

HEBEL

DER KONZERTFLÜGEL

Jede Taste eines Klaviers ist mit einem komplizierten Hebelwerk verbunden, das man Tastenmechanik nennt. Jeder Hebel gibt den Fingerdruck auf die Taste an den entsprechenden filzbezogenen Hammerkopf weiter, der die gespannte Saite anschlägt und somit einen Ton erzeugt. Die Mechanik vergrößert die Bewegung so, daß der Hammerkopf einen größeren Weg zurücklegt als die Taste beim Bespielen. Das Hebelwerk ist sehr leichtgängig und ermöglicht es dem Pianisten, schnell und in unterschiedlicher Lautstärke zu spielen.

DIE MECHANIK BESTEHT AUS:

1 TASTE
2 WIPPE (HEBEGLIED)
3 HEBEVORRICHTUNG
4 FÄNGER
5 REPETIERHEBEL
6 HAMMERKOPF (HAMMERFILZ)
7 SAITE
8 DÄMPFER (DÄMPFERPUPPE)
9 STOSSZUNGE (STÖSSER)

DIE MECHANIK BEIM SPIEL
Die Taste hebt die Wippe an, die wiederum die Hebevorrichtung gegen den Fänger drückt und den Hammerstiel mit dem Hammer hochdrückt. Die Taste hebt auch den Dämpfer, und sofort nach dem Schlag gegen die Saite fällt der Hammer zurück, wodurch die Saite klingen kann. Beim Loslassen der Taste fällt der Dämpfer auf die Saite zurück und beendet den Ton.

TYPENHEBEL
PAPIER
TYPE
WALZE oder ZYLINDER
FARBBAND
FEDER
TASTE

TYPENHEBEL
Die Hebel sind in einem Halbkreis so angeordnet, daß jeder in die Mitte der Schreibmaschine schlagen kann. Papier und Farbband werden zwischen jedem Tastendruck weiterbewegt.

GROSS- UND KLEINBUCHSTABEN
Auf jedem Typenhebel ist oben ein Groß- und unten ein Kleinbuchstabe. Beim Drücken der Umschalttaste für die Großbuchstaben wird der Typenhebel so weit abgesenkt, daß der Großbuchstabe gegen das Farbband schlägt.

REPETIEREN EINES TONES

Der Hammer fällt nach dem Anschlagen einer Saite zurück. Wird die Taste aber nicht losgelassen, so wird der Hammer von Stoßzunge und Repetierhebel dabei aufgehalten. Der Hammer bleibt in einer Stellung, in der er sofort wieder die Saite anschlagen kann, wenn die Taste unmittelbar nach dem ersten Mal noch einmal niedergedrückt wird.

MECHANISCHE SCHREIBMASCHINE

Wie der Flügel und das Klavier, so arbeitet auch die Schreibmaschine mit einem Hebelwerk, das jede kleine Fingerbewegung beim Tippen einer Taste in eine große Bewegung umwandelt — in diesem Fall in die Aufwärtsbewegung einer Type (eines Buchstabens) am Ende eines Typenhebels. Da die Schreibmaschine immer *fortissimo* (sehr stark) gespielt wird, genügt ein einfaches Hebelwerk, um Tasten und Typenhebel zu verbinden. Die meisten mechanischen Schreibmaschinen arbeiten mit mindestens fünf Hebeln zwischen Taste und Typenhebel.

DIE FAHRRADBREMSE

GELENK

Ein kleiner Druck mit der Hand genügt, um die ganze Anstrengung zunichte zu machen, die die Füße unternommen haben, um ein Fahrrad auf Tempo zu bringen. Jede Handbremse an einem Fahrrad besteht aus einer Kombination von drei Hebeln. Sie übertragen die Kraft, mit der die Hand auf den Bremshebel wirkt, auf die Bremsklötze, die sich daraufhin an der Radfelge reiben. Dabei wird die ausgeübte Kraft um ein Vielfaches verstärkt. Die Reibung (siehe S. 82) reicht aus, das Fahrrad zu verlangsamen und anzuhalten.

SEIL

BREMSGRIFF
Der Griff übt Zug auf das Seil aus, das den Griff mit der Bremse verbindet. Er ist ein Hebel zweiter Klasse. Das Griffende bewegt sich über eine größere Strecke als das Seil, auf das mit einer Kraft eingewirkt wird, die stärker ist als die von der Hand ausgeübte.

ARM

GELENK

REIFEN

ARM

BREMSARME
Das Seil bewegt sich nach oben und zieht die beiden Arme zusammen. Ein Arm ist ein Hebel dritter, der andere ein Hebel erster Klasse. Sie übertragen die verstärkte Kraft auf die Bremsklötze.

BREMS-
KLOTZ

FELGE

DER HYDRAULISCHE HUBLIFT

KORB

OBERER AUSLEGER
Eine Presse am unteren Ausleger gleitet zurück und übt damit Zug auf die Basis des oberen Auslegers aus. Diese Kraft hebt das Ende des oberen Auslegers an und bringt Korb und Feuerwehrmann in Position.

Es kommt häufig vor, daß Feuerwehrleute Menschen aus großer Höhe retten oder Arbeiter hohe Bäume beschneiden oder Straßenlaternen warten müssen. In solchen Fällen benutzen sie einen hydraulischen Hublift, der sie emporbefördern kann. Er besteht aus einem Korb am Ende von zwei langen, miteinander verbundenen Auslegern. Das Fahrzeug, auf dem der Lift steht, verankert ihn als erstes mit Stabilisatoren fest auf seinem Untergrund. Dann wirken hydraulische Pressen (siehe S. 129) mit Druck und Zug auf die Ausleger ein, die beide Hebel dritter Klasse sind. Die oberen Enden legen eine größere Strecke zurück als die Pressen, und die Ausleger können ausgefahren werden und die Menschen oder den Arbeitsplatz erreichen.

PRESSE DES OBEREN AUSLEGERS

TELESKOPABSCHNITT

KRAFT (SEILZUG)

KRAFT (SEILZUG)

ARM (HEBEL ERSTER KLASSE)

LAST (WIDERSTAND DER KANTE)

DREHPUNKT

ARM (HEBEL DRITTER KLASSE)

KRAFT (SEILZUG)

LAST (WIDERSTAND DER KANTE)

DREHPUNKT

KRAFT (HANDZUG)

LAST (WIDERSTAND BEIDER KANTEN)

GRIFF (HEBEL ZWEITER KLASSE)

UNTERER AUSLEGER
Zwei starke Pressen schieben die Basis des Auslegers in die Höhe. Der untere Ausleger besteht aus mehreren Abschnitten, die teleskopartig auseinandergleiten und den oberen Ausleger anheben.

KRAFT

LAST (GEWICHT DES KORBES)

DREHPUNKT

LAST (GEWICHT VON OBEREM AUSLEGER UND KORB)

KRAFT DREHPUNKT

STABILISIERUNGSPRESSEN

PRESSEN DES UNTEREN AUSLEGERS

RAD UND WELLE

WIE PFLEGT MAN EIN MAMMUT?

Das größte Problem, das beim Waschen von Mammuts Dentsteht — vorausgesetzt, man kann mit dem Wasser nah genug an sie herankommen (davon später mehr) —, besteht darin, daß es viel zu lange dauert, bis die Haare des Geschöpfs getrocknet sind. Das Problem wird dann noch vergrößert, wenn nicht ausreichend Sonnenschein zur Verfügung steht.

Deshalb entwarf ich einen mechanischen Haartrockner, wobei ich mich lebhaft an den Zwischenfall beim Zähneschneiden und besonders die Bewegung des freien Baumstammendes erinnerte. Mein Trockner bestand aus Federn, die am Ende langer Speichen befestigt wurden, die an einem Ende eines stabilen Stamms steckten. Am anderen Ende waren kurze Bretter angebracht. Die ganze Maschine wurde von einer endlosen Schlange lebhafter Arbeiter betrieben, die nacheinander von einem höher liegenden Sprungbrett auf die hervorstehenden Bretter sprangen. Durch das Gewicht ihres Körpers beim Aufprall auf den Brettern drehten sie den Stamm. Da die Speichen am entgegengesetzten Ende des Stamms bedeutend länger waren als die Bretter, rotierten die gefederten Enden natürlich sehr viel schneller und erzeugten den für ein hurtiges Haartrocknen erforderlichen stetig wehenden Wind.

Ein Kollege schlug vor, ich solle die menschlichen Arbeitskräfte durch einen ständigen Wasserstrom ersetzen. Ich ließ ihn nicht im Zweifel darüber, daß ich von seinem grotesken Verbesserungsvorschlag nicht viel hielt.

In dem nämlichen Dorf, in dem ich meinen ersten Federtrockner baute, begann man mit dem merkwürdigen — wenngleich modischen — Verfahren der Zahnkorrektur. Ein Mammut wurde mit verbundenen Augen an Seilen, die an seinen Stoßzähnen verknotet waren, gegen einen Pfahl oder Baumstamm gezogen. Die anderen Enden der Seile waren um eine kräftige Winde gedreht — eine sehr sinnreiche Vorrichtung. Als die Arbeiter die Trommel mit Hilfe der Griffe drehten, die an beiden Seiten hervorstanden, gelang es ihnen, *die Stoßzähne zu begradigen. Um die Zähne gerade zu halten, wurden jedoch zahlreiche Visiten erforderlich, was die Prozedur drastisch verteuerte. Da dieses Verfahren dem Mammut nicht nur das Hindurchgehen durch Türen verwehrte, sondern darüber hinaus auch das Atmen erschwerte, mußte diese kosmetische Korrektur wohl oder übel aufgegeben werden.*

RÄDER ALS HEBEL

Obwohl viele Maschinen mit Einzelteilen arbeiten, die sich auf und ab oder hin und her bewegen, führen die meisten Kreisbewegungen aus. Diese Maschinen enthalten Räder, doch nicht nur Räder, die auf Straßen fahren. Genauso wichtig sind Vorrichtungen, die Rad und Welle genannt und zur Kraftübertragung genutzt werden. Einige dieser Vorrichtungen sehen tatsächlich wie Rad und Welle aus, andere dagegen nicht. Alle aber drehen sich um einen Fixpunkt, der als kreisender Hebel wirkt.

Das Zentrum von Rad und Welle ist der Auflagepunkt des sich drehenden Hebels. Das Rad ist der äußere Teil des Hebels, und die Welle ist der innere Teil in der Nähe des Zentrums. Beim Mammut-Haartrockner bilden die Federn das Rad, und die Bretter sind die Welle. Bei der Winde ist die Trommel die Welle, und die Griffe bilden das Rad.

Wenn die Vorrichtung sich dreht, legt das Rad einen längeren Weg zurück als die Welle, doch mit geringerer Kraft. Die Kraft, die auf das Rad wirkt, wie bei der Winde, veranlaßt die Welle dazu, sich mit größerer Kraft zu drehen als das Rad. Viele Maschinen verwenden Rad und Welle, um die Kraft auf diese Weise zu vergrößern. Beim Drehen der Welle, beim Mammut-Haartrockner etwa, dreht sich das Rad schneller als die Welle.

BEWEGUNG DES RADS

BEWEGUNG DER WELLE

RAD · WELLE · ZENTRUM

WIE RAD UND WELLE EINE KRAFT VERGRÖSSERN

Wie bei der schiefen Ebene und den Hebeln gewinnt man das an Kraft, was man an zurückgelegtem Weg verliert. Dabei wird die Radbewegung in eine kürzere, aber kräftigere Bewegung an der Welle umgewandelt.

RAD UND WELLE IN BETRIEB

SCHRAUBENZIEHER

Der Griff eines Schraubenziehers leistet mehr als ein üblicher Griff. Er vergrößert die Kraft, mit der man ihn dreht, um die Schraube einzutreiben.

SARDINENDOSE

Der Schlüssel einer Sardinendose kann eine mächtige Kraft entwickeln, um das Metallband, das die Dose verschließt, abzuziehen und aufzurollen.

LENKRAD

Die Armkraft eines Autofahrers wird vergrößert, damit er die Lenkradsäule so drehen kann, daß eine ausreichend große Kraft entsteht, die den Lenkmechanismus in Gang setzt.

BOHRLEIER

Der Griff einer Bohrleier legt einen längeren Weg zurück als die Bohrspitze im Zentrum. Aus diesem Grund dreht diese sich mit einer größeren Kraft als der Griff.

SCHRAUBENSCHLÜSSEL

Indem man an einem Ende des Schraubenschlüssels zieht, übt man eine mächtige Kraft auf den Schraubenbolzen am anderen Ende aus und kann ihn fest anschrauben.

WASSERHAHN

Der Drehgriff eines Wasserhahns vergrößert die Kraft einer Hand, um die Dichtungsscheibe im Innern fest und so dicht herunterzuschrauben, daß kein Wasser austropfen kann.

WASSERRAD

Die früheste Wasserkraftmaschine — das griechische Mühlenrad aus dem 1. Jh. v. Chr. — hatte ein waagerechtes Wasserrad. Es wurde vom senkrechten Rad abgelöst, das man in größeren Ausmaßen bauen und deshalb eine größere Kraft entwickeln konnte. Wasserräder folgen dem Prinzip von Rad und Welle: die Wasserkraft am Rand der Schaufelblätter erzeugt eine mächtige Antriebskraft an der Welle im Zentrum.

GEWICHTS-WASSERRAD

GRIECHISCHES MÜHLENRAD

WELLE

RUTSCHE

SCHAUFELN

WASSERTURBINE

Wasserkraftwerke verwenden Wasserturbinen, die direkte Abkömmlinge der Wasserräder sind. Eine leistungsfähige Turbine holt soviel Energie wie möglich aus dem Wasser heraus und wandelt einen kräftigen Einlaßfluß in einen relativ schwachen Ablaßfluß um.

Moderne Turbinen, wie etwa die hier vorgestellte Francis-Turbine, sind so gründlich entworfen worden, daß das Wasser mit einem Minimum an energieverschwendenden Turbulenzen zu den Schaufeln geleitet wird.

WASSEREINLASS

EINLAUFTOR

STAUMAUER

KRAFTWERK

ELEKTRIZITÄTS-GENERATOR

TURBINE

STAUBECKEN

GENERATORWELLE

LEITSCHAUFELN

TURBINENSCHAUFELN

WASSERABLASS

FRANCIS-TURBINE
Bei dieser langsam laufenden Turbine tritt das Wasser von außen nach innen ins Laufrad ein. Feststehende Schaufeln leiten es so, daß es mit optimalem Wirkungsgrad auf die gewölbten Turbinenblätter auftrifft. Hat das Wasser seine Energie abgegeben, fließt es durch das Zentrum der Turbine ab.

DIE WINDMÜHLE

BREMSRAD

WINDDEICHSEL

BOCKWINDMÜHLE

MAHLSTEIN

FLÜGEL

UMWÄLZER

GROSSES SPORENRAD

WINDMÜHLENSEGEL

Windmühlensegel haben es mit einer Kraftquelle zu tun, die oft sowohl ihre Richtung als auch ihre Stärke ändert. Bei den meisten Windmühlentypen können die Segel stets in den Wind gedreht werden. Bei wechselnden Windgeschwindigkeiten kann die Windangriffsfläche verändert werden: dies geschieht entweder mit Hilfe eines Klüversegels oder eines Federsegels.

Die Kraft des Windes wurde zum erstenmal im 7. Jh. in einer persischen Windmühle genutzt. Eine Windmühle verwendet Segel, um die Windkraft einzufangen, genauso wie ein Wasserrad Schaufeln benutzt. Die klassische Windmühle hat vier große, senkrechte Segel, die nach dem Prinzip von Rad und Welle funktionieren: die Strömungsenergie des Winds auf den Segeln erzeugt eine mächtige Antriebskraft auf die Welle im Zentrum (eine Rotationsenergie). Eine Reihe ▷ Kegelzahn- und Geradstirnräder überträgt diese Kraft, gewöhnlich um einen Mahlstein oder eine Wasserpumpe anzutreiben. Die Kraft einer Windmühle hängt von der Windgeschwindigkeit (Winddruck) und von der Windangriffsfläche (Gesamtsegelfläche) ab.

KLÜVERSEGEL

In den Ländern rund ums Mittelmeer, von Portugal bis zur Türkei, sieht man noch immer Windmühlen mit Klüversegeln — einfache Dreieckssegel aus Tuch wie bei einem Segelboot. Je nach Windgeschwindigkeit rollt der Müller jedes Segel einfach auf oder ab.

FEDERSEGEL

Im späten 18. Jh. wurden die Tuchsegel durch Reihen hölzerner Jalousien ersetzt, die sich gegen den Widerstand einer Feder verstellen. Bläst der Wind stärker, öffnen sie sich; läßt er nach, so schließen sie sich. Auf diese Weise bleibt die Windangriffsfläche konstant.

WINDSENSOREN

WINDKRAFTWERK

Dieses moderne Gegenstück zur Windmühle treibt keinen Mahlstein mehr an, sondern einen Generator zur Erzeugung von Elektrizität. Um soviel Energie wie möglich aus der Strömungsenergie des Winds herauszuholen, haben die zwei- oder dreiflügeligen Rotorblätter riesige Ausmaße — bis zu 100 Metern Spannweite. Über Windsensoren steuert der Computer die Umdrehungen des Rotors.

ELEKTRISCHER GENERATOR

DREHBARES MASCHINENHAUS

GETRIEBE

Die Erzeugung von Elektrizität ist am ergiebigsten bei hoher Umdrehungszahl. Deshalb werden Zahnradgetriebe eingesetzt.

ROTORBLÄTTER

Die Fläche eines Rotors ist gewölbt wie die Tragfläche eines Flugzeugs. Ein Kontrollsystem steuert den Anstellwinkel.

DREHBARES MASCHINENHAUS

Ein Computer steuert die Turbinenanlage im Maschinenhaus, damit sichergestellt ist, daß die Rotorblätter sich immer in den Wind stellen.

TURBINENBLÄTTER

LUFTAUSLASS

LUFTEINLASS

BOHRWELLE

BOHRSPITZE

ZAHNBOHRER

Der Hochgeschwindigkeitsbohrer, den der Zahnarzt benutzt, um Löcher in die Zähne zu bohren, ist eine Miniaturausführung der ersten Windmühle. Im Innern befindet sich eine winzige, mit Druckluft getriebene Luftturbine, die mit bis zu 10 000 Umdrehungen pro Sekunde arbeitet. Bei einigen Modellen dreht sich der Rotor auf zwei Kugellagern; in anderen wiederum lagert die Bohrturbine auf einem Kissen aus Druckluft.

GETRIEBE UND TREIBRIEMEN

ÜBER DIE FRÜHE
VERWENDUNG
VON MAMMUTKRAFT

Soviel ich in Erfahrung bringen konnte, wurden Mammuts als Arbeitstiere zuallererst beim berühmten Karussell-Experiment eingesetzt. Die Apparatur bestand aus zwei Rädern, einem großen und einem kleinen, die Kante an Kante so aufgestellt waren, daß sich das kleine Rad automatisch mitdrehte, wenn die Mammuts das große drehten. Zuerst hängte man Sitze an das kleine Rad, das vom großen angetrieben wurde. Das Ergebnis war eine haarsträubende Karussellfahrt. Als man die Räder vertauschte, wurde die Rundfahrt sehr langsam. Schließlich drehten Treibriemen, die mit Rädern unterschiedlicher Größe verbunden waren, zwei Karussells an, ein schnelles und ein langsames. Während der Dauer des Experiments stieg der Karottenkonsum ins Astronomische.

GETRIEBETYPEN

Zahnräder gibt es in unterschiedlicher Größe mit geraden oder gewölbten Zähnen und in verschieden geneigten Winkeln. Sie sind untereinander zu Getrieben verbunden, um Bewegung und Energie in Maschinen zu übertragen. Es gibt jedoch nur vier Haupttypen von Getrieben, die alle wie folgt funktionieren: Ein Getrieberad dreht sich schneller bzw. langsamer als das andere oder dreht sich in die andere Richtung. Ein Unterschied in der Drehgeschwindigkeit erzeugt eine Veränderung der übertragenen Energie.

ZAHNSTANGENGETRIEBE

Ein Rad, das Antriebszahnrad, verzahnt sich mit einer gleitenden Zahnstange und wandelt die Drehbewegung in eine Hin- und Herbewegung um, und umgekehrt.

GERADSTIRNRADGETRIEBE

Zwei Getrieberäder greifen auf ein und derselben Ebene ineinander, regeln die Bewegungsgeschwindigkeit oder -energie und kehren ihre Richtung um.

KEGELZAHNRADGETRIEBE

Zwei Räder greifen in einem bestimmten Winkel ineinander, um die Drehrichtung zu verändern, und falls notwendig ebenfalls die Geschwindigkeit und die Energie. Sie sind auch als Antriebskegel- und Kammrad bekannt.

SCHNECKENGETRIEBE

Eine Welle mit einem Schraubengewinde greift in ein Zahnrad, um die Bewegungsrichtung umzuwandeln und die Geschwindigkeit und die Energie zu ändern.

SO FUNKTIONIEREN GETRIEBE UND TREIBRIEMEN

Auf welche Art und Weise Getriebe und Treibriemen die Bewegung regeln, hängt nur von der Größe der beiden miteinander verzahnten Räder ab. Bei jedem Räderpaar dreht sich das größere Rad langsamer als das kleinere, dafür aber mit mehr Energie. Je größer der Unterschied im Durchmesser der beiden Zahnräder, um so größer der Unterschied in Geschwindigkeit und Energie.

Räder, die mit Treibriemen oder Kette verbunden sind, funktionieren auf genau die gleiche Weise wie die Zahnräder in einem Getriebe, nur die Drehrichtung der Räder ist verschieden.

GETRIEBE

Das große Zahnrad besitzt doppelt soviele Zähne und den doppelten Umfang wie das kleine Zahnrad. Es dreht sich auch mit doppelter Energie und der halben Geschwindigkeit in entgegengesetzter Richtung.

TREIBRIEMEN

Der Umfang des großen Rads ist doppelt so groß wie der des kleinen. Das große Rad dreht sich mit der doppelten Energie und der halben Geschwindigkeit, jedoch in derselben Richtung wie das kleine.

GESCHWINDIGKEIT   ENERGIE

ENERGIE

GESCHWINDIGKEIT

GERADSTIRNRÄDER

ÜBERSETZUNGSGETRIEBE

Eine Fahrradkette wirkt wie ein Treibriemen. Auf ebener Strecke oder bergab sollte das Zahnrad des Hinterrads klein sein, damit eine hohe Geschwindigkeit erzielt wird. Doch bergauf sollte es größer sein, so daß sich das Hinterrad zwar langsamer, dafür aber mit mehr Kraft dreht. Übersetzungsgetriebe können dieses Problem lösen, da sie mit Zahnrädern unterschiedlicher Größe (Gängen) ausgestattet sind. Mit Hilfe einer Gangschaltung wird die Kette von einem Zahnrad auf ein anderes versetzt.

GROSSES ZAHNRAD

HINTERRAD-ZAHNRÄDER

ANTRIEBSRAD

KLEINES ZAHNRAD

GEFEDERTE LAUFROLLEN

ANTRIEBSWERK

Das Antriebswerk wird bei jeder Radumdrehung um jeweils einen Zahn weitergestellt. Der Zähler registriert die Anzahl der Umdrehungen und wandelt diese Zahl in die zurückgelegte Entfernung um.

ROLLEN

Jede Rolle hat zwanzig Zähne — zwei für jede Ziffer — auf der rechten Seite. Auf der linken Seite trägt sie bei Ziffer 2 eine Kerbe, die von zwei Stiften eingefaßt ist.

KILOMETERZÄHLER (FAHRRAD)

Das Zählwerk ist auf der Vorderradgabel befestigt und wird von einem kleinen, an der Vorderradspeiche montierten Mitnehmer angetrieben. Mit Hilfe eines Untersetzungsgetriebes dreht sich die rechte, zifferlose Rolle bei jedem Kilometer um eine volle Umdrehung. Dabei bringt sie die Ziffernrolle zur Linken dazu, eine Zehntelumdrehung zu machen, und so weiter. Die Umdrehungen der Ziffernrollen werden von einer Reihe kleiner Räder unter den Rollen bewerkstelligt. Diese Räder haben abwechselnd eine breite und eine schmale Schaufel, eine Konstruktion, die es ihnen ermöglicht, zwei nebeneinanderliegende Rollen gleichzeitig zu verzahnen, nachdem die jeweils rechte Rolle eine volle Umdrehung vollendet hat.

SO WERDEN ZWEI ROLLEN VERZAHNT

Normalerweise paßt eine schmale Schaufel zwischen die beiden Zähne der nebeneinanderliegenden Rollen, und die Rollen werden nicht vorwärtsbewegt. Erscheint die Ziffer 9 im Sichtfenster des Kilometerzählers, so nimmt der Stift dieser Rolle die schmale Schaufel des Getrieberads mit. Die nächste breite Schaufel fährt in die Kerbe bei Ziffer 2. Dabei verzahnt sie die Rolle mit der links von ihr befindlichen. Während die 9 verschwindet und die 0 erscheint, bewegt sich die linke Rolle um eine Ziffer vorwärts.

SCHAUFELRÄDER
Die Räder verzahnen die Rollen miteinander, nur die zifferlose Rolle ganz rechts nicht.

UNTERSETZUNGSGETRIEBE

STIFTE

ZAHN

BREITE SCHAUFEL

SCHMALE SCHAUFEL

SALATSCHLEUDER

Eine Salatschleuder wird mit hoher Geschwindigkeit gedreht, damit überschüssiges Wasser mit Hilfe der ▷ Zentrifugalkraft entfernt wird. Der Antriebsmechanismus besteht aus einem Umlauf- oder Planetengetriebe — ein System von Zahnrädern, bei denen ein äußeres Zahnrad ein inneres Planetenrad dreht, das wiederum ein kleines zentrales Sonnenrad antreibt. Mit sogenannten epizyklischen Getrieben erreicht man eine Erhöhung der Geschwindigkeit, obwohl sie einfach sind und nicht viel Platz einnehmen.

SONNENRAD

PLANETENRAD

ZAHNRADRING

FENSTERHEBER

Die Fensterkurbel in einer Autotür dreht ein kleines Zahnrad, das ein viertelkreisförmiges Getrieberad (ein Teil eines großen Getrieberads) bewegt, das seinerseits Hebel hebt oder senkt, die das Autofenster stützen. Elektrische Fensterheber arbeiten ebenso, doch sind hier mehr Getrieberäder notwendig, um die Geschwindigkeit des kleinen Elektromotors in eine kleine, jedoch kräftige Bewegung umzuwandeln.

KURBEL

FENSTERGLAS

VIERTELKREISRAD

ZAHNRAD

HEBEL

RASENMÄHER

Ein Handrasenmäher besitzt an beiden Seiten der Messerwalze ein kleines Zahnrad, das von einem Zahnradring an der Innenseite des Rads gedreht wird. Drehen sich die Rasenmäherräder, so wird die Messerwalze von den kleinen Zahnrädern angetrieben. Die Messerwalze dreht sich schneller als die Räder, so daß jedes Messer nur einen kleinen Teil der Rasengräser schneidet. Auf diese Weise kann der Rasen bei nur einem Durchgang sauber gemäht werden.

RAD

MESSERWALZE

ZAHNRADRING

FESTES MESSERBLATT

KRAFTWAGENGETRIEBE

Alle Verbrennungsmotoren geben nur in einem engbegrenzten Drehzahlbereich genügend Leistung und Drehmoment ab. Das Getriebe hat dabei die Aufgabe, durch Übersetzung dafür zu sorgen, daß der Motor bei jeder Fahrgeschwindigkeit in diesem günstigen Drehzahlbereich arbeitet.

Die Kurbelwelle dreht sich immer schneller als die Autoräder — etwa zwölfmal so schnell im ersten und etwa viermal so schnell im höchsten Gang. Das ▷ Ausgleichsgetriebe reduziert die Motordrehzahl auf ein Viertel. Die restliche Reduzierung ist Aufgabe des Getriebes.

Das Getriebe befindet sich zwischen ▷ Kupplung und Ausgleichsgetriebe. Einen Gang wechseln (schalten) kann man nur, wenn die Kupplung das Getriebe vom Motor abgekuppelt (getrennt) hat. Durch Betätigen der Gangschaltung wird für jeden Gang jeweils ein unterschiedlicher Satz von geeigneten Geradstirnrädern ins Spiel gebracht, ausgenommen beim vierten Gang. Im vierten Gang sind die Getrieberäder nicht eingeschaltet, da die Kraftübertragung direkt von der Kupplung ohne Übersetzung zum Ausgleichsgetriebe geht.

MOTOR   KUPPLUNG

GETRIEBE   AUSGLEICHSGETRIEBE

SCHALTGABEL FÜR DEN 3. UND DEN 4. GANG

DIE OBEREN ZAHNRÄDER
In der (hier vorgestellten) Leerlaufstellung drehen die oberen Zahnräder und die Antriebshauptwelle getrennt voneinander. Beim 1., 2. oder 3. Gang greifen eins der oberen Zahnräder und die Antriebshauptwelle ineinander.

DIREKTE ÜBERTRAGUNG
Beim Einlegen des vierten Gangs greifen Antriebshauptwelle und Kupplungswelle direkt (ohne Übersetzung) ineinander.

KUPPLUNGS-WELLE

STÄNDIG VERBUNDENE ZAHNRÄDER
Mit Hilfe dieser beiden Zahnräder treibt die Kupplungswelle die Vorgelegewelle an.

VORGELEGEWELLE

SCHRAUBENRAD FÜR DEN 3. GANG

SCHRAUBENRAD FÜR DEN 2. GANG

SCHALTVORGANG

Indem man den Schalthebel bewegt, neigt man ihn so, daß er eine der drei Schaltstangen zieht oder stößt. Außer beim Rückwärtsgang verschiebt die Schaltstange eine Muffe, die bewirkt, daß die Klauenzähne das gewünschte Schraubenrad in die Antriebshauptwelle einspurt. Die Geschwindigkeiten der drehenden Teile werden durch das ▷ Synchrongetriebe einander angepaßt. Beim Rückwärtsgang wird von der Gabel das Leerlaufrad eingekuppelt.

Die Illustration (rechts) zeigt, daß der erste Gang eingelegt wurde.

KUPPLUNGSWELLE
SCHALTHEBEL
SCHALTSTANGE
SCHALTGABEL
SCHIEBEMUFFE
OBERE SCHRAUBENRÄDER
UNTERE SCHRAUBENRÄDER
LEERLAUFRAD
VORGELEGEWELLE
ANTRIEBSHAUPTWELLE

SCHALTHEBEL
R
SCHALTSCHEMA
3
4
1
2
SCHALTHEBELGELENK

SCHALTGABEL FÜR DEN 1. UND DEN 2. GANG

SCHALTSTANGEN

Der Schalthebel verschiebt die Schaltstangen, die die Schaltgabel bewegen und die Schraubenräder einkuppeln.

ANTRIEBSHAUPTWELLE ZUM AUSGLEICHSGETRIERF

SCHALTGABEL FÜR RÜCKWÄRTSGANG

KLAUEN

SCHIEBEMUFFE

LEERLAUFRAD

UNTERE SCHRAUBENRÄDER

Diese werden von der Vorgelegewelle gedreht und treiben die oberen an.

SCHRAUBENRÄDER FÜR DEN 1. GANG

SCHRAUBENRÄDER FÜR DEN RÜCKWÄRTSGANG

RÜCKWÄRTSGANG

Das Leerlaufrad kuppelt das Schraubenrad für den Rückwärtsgang ein; die Bewegungsrichtung wird umgekehrt.

MECHANISCHE UHRWERKE

MINUTENZEIGER

STUNDENZEIGER

STUNDENRAD
(24 ZÄHNE)

ANTRIEBSRAD
(6 ZÄHNE)

MINUTENRAD
(10 ZÄHNE)

ZAHNRAD
(30 ZÄHNE)

ANTRIEBSRAD

ANTRIEBSRAD

HAUPTFEDER

HEMMUNGSRAD

SPERRKLINKE

GELENK

UNRUH

UNRUHFEDER

SPERRKLINKE
HEBEL

Geradstirnräder sind das Herz eines jeden mechanischen Zeitmessers. Von Zuggewicht oder einer -feder angetrieben, sind die Zeiger so aufeinander abgestimmt, daß der Minutenzeiger sich genau zwölfmal dreht, der Stundenzeiger im selben Zeitraum aber nur einmal die Runde übers Zifferblatt macht.

Die Zeiger werden von einem Antriebswerk über ein Antriebsrad gedreht, das sich in einer Stunde einmal dreht, den Minutenzeiger direkt antreibt. Der Stundenzeiger wird von zwei Zahnräderwerken angetrieben, die dessen Geschwindigkeit auf ein Zwölftel der Geschwindigkeit des Minutenzeigers reduzieren.

Ein anderes Zahnräderwerk regelt die Drehgeschwindigkeit des Antriebsrads, indem es dieses mit dem Hemmungsrad verbindet, dem Herzen des zeitgenauen Mechanismus.

SPERRKLINKE

ANKER

SPERRKLINKE

PENDEL

HEMMUNGSRAD

ZUGGEWICHT

ANKERHEMMUNG

Viele Pendeluhren werden von einem Zuggewicht angetrieben, das das Hemmungsrad bewegt, das seinerseits über Zahnradwerke mit den Zeigern verbunden ist. Das Hemmungsrad schwingt genau aus. Das schwingende Pendel bewegt den Anker so hin und her, daß die Sperrklinken ihre Zähne abwechselnd in das Hemmungsrad einrücken. Bei jedem Ausschwingen wird das Hemmungsrad für einen sehr kurzen Zeitraum so freigegeben, daß es sich um einen Zahn weiterdrehen kann. Während die Zähne des Hemmungsrads sich bewegen, drücken sie den Anker so, daß das Pendel weiterschwingt.

HEBELHEMMUNG

Ein mechanisches Uhrwerk wird von seiner Hauptfeder angetrieben, die das Antriebsrad und das Hemmungsrad dreht. Die Unruhfeder schwingt in der Unruh und bewegt dabei den Hebel so hin und her, daß die Sperrklinken das Hemmungsrad genau wie bei der Ankerhemmung freigeben. Die Unruhfeder wird durch den Druck der Zähne des Hemmungsrads auf den Hebel weiter in Schwingung gehalten.

DAS ZAHNSTANGENGETRIEBE

AUTOLENKGETRIEBE

Beim Zahnstangengetriebe dreht die Lenksäule ein Antriebsrad, das eine Zahnstange nach links oder rechts verschiebt. An beiden Seiten der Zahnstange greift eine Spurstange an, die mit einem Lenkhebel verbunden ist, der das Vorderrad schwenkt. Insgesamt wirken Rad, Welle, ein Zahnstangengetriebe und ein Hebel zusammen, um die Kraft der Hände am Lenkrad zu vergrößern und die Räder in den gewünschten Einstellwinkel zu bringen. Servolenkung siehe Seite 129.

LENKHEBEL

SPURSTANGE

LENKSÄULE

ZAHNSTANGENGETRIEBE

LENKRAD

KORKENZIEHER

Ein Korkenziehermodell verbindet sehr erfolgreich die
▷ Schraube mit dem Zahnstangengetriebe, um einen Korken aus der Flasche zu heben. An einem Ende besitzen die langen Griffe ein halbes Antriebsrad. Damit läßt sich eine beachtliche Hebelkraft auf die Zahnstange erzeugen, mit deren Hilfe der Korken eher herausgehoben als -gezogen wird.

ZIEHEN EINES KORKENS

Der Korkenzieher wird zuerst in Stellung gebracht (1), und während er in den Korken geschraubt wird, heben sich die Griffe (2). Wenn die Spirale tief genug sitzt, werden die Griffe nach unten gedrückt (3), so daß die Antriebsräder die Zahnstange — und mit ihr den Korken — nach oben befördern.

1

2

3

[43]

KEGELRADGETRIEBE

SCHNEEBESEN

Beim Kegelradgetriebe sind die Zahnräder meist von sehr unterschiedlicher Größe. Dieser Größenunterschied dient dazu, entweder die Kraft, die an eines der Zahnräder angreift, zu verändern oder dazu, die Bewegungsgeschwindigkeit zu erhöhen oder zu reduzieren. Ein Schneebesen wandelt eine langsame Bewegung in zwei schnellere, einander entgegengesetzte Drehbewegungen um. Mit der Handkurbel wird ein großes, beidseitiges Antriebskegelrad gedreht, das seinerseits zwei Kegelzahnräder antreibt, die wiederum die Besen beschleunigen.

ANTRIEBSKEBELRAD
Das beidseitige Antriebskegelrad überträgt die Drehung der Handkurbel auf die beiden kleineren Kegelräder.

KEGELRÄDER
Weil die Kegelräder an beiden Seiten des Antriebskegelrads anlegen, drehen sie sich in entgegengesetzten Richtungen.

BOHRERSPITZE

SPANNFUTTER

BOHRER

BACKEN

MUFFE

SCHLÜSSEL

KEGELRAD

SCHRAUBE

BOHRFUTTER

Das Spannfutter einer Bohrmaschine muß sehr fest um den Bohrer sitzen, da es ihn dreht. Andererseits muß es sich per Hand lösen oder festdrehen lassen. Eine kompakte Vorrichtung aus Kegelrad und Hebeln erfüllt diesen Zweck.

Mit dem Schlüsselkegelrad wird die Muffe des Spannfutters gedreht, wodurch das Schraubengewinde im Innern die Backen rauf oder runter schiebt. Das Schraubengewinde ist so geschrägt, daß die Backen sich öffnen, wenn sie ins Spannfutter versenkt werden und sich fest um den Bohrer schließen, wenn sie aus dem Spannfutter herausgedreht werden.

DAS AUSGLEICHSGETRIEBE

Wenn man mit dem Auto in eine Kurve fährt, legt das äußere Antriebsrad einen längeren Weg zurück als das innere. Diese Arbeit erledigt das Ausgleichsgetriebe oder Differential. Es liegt in der Mitte zwischen beiden Antriebsrädern und ist mit diesen Rädern über zwei Halbachsen (Seitenwellen) verbunden, die von einem Antriebskegelrad angetrieben werden.

Die beiden Halbachsen sind über die Kegelräder miteinander verbunden. Bei Geradeausfahrt drehen sich die Achsen gleichschnell und die Ausgleichsräder nicht. Bei Kurvenfahrt dreht sich die äußere Halbachse schneller als die innere und die Ausgleichsräder gleichen die unterschiedliche Geschwindigkeit aus.

ANTRIEBSKEGELRAD

ANTRIEBS-
KEGELRAD

ANTRIEBSWELLE

KEGEL-
RAD

SEITENWELLE

AUSGLEICHSRAD

ANTRIEB DES AUSGLEICHSGETRIEBES
Bei einem Fahrzeug mit Hinterradantrieb treibt die Getriebehauptwelle des ▷ Getriebes das Ausgleichsgetriebe über ein Antriebskegelrad an. Bei einem Fahrzeug mit Vorderradantrieb treibt das Getriebe über zwei Geradstirnräder das Ausgleichsgetriebe direkt an. Ein Fahrzeug mit Allradantrieb hat zwei Ausgleichsgetriebe, je eines für Vorder- und Hinterradantrieb.

ANTRIEBSKEGELRAD
Die Zähne eines Antriebskegelrads sind schräg verzahnt oder gewölbt. Dies ermöglicht es der Antriebshauptwelle, sich etwas nach oben und unten zu bewegen, wenn die Straße uneben ist.

GERADEAUSFAHRT
Die Ausgleichskegelräder kreisen im Ausgleichsgehäuse, ohne sich dabei auf ihrer Welle zu drehen. Beide Seitenwellen drehen sich mit derselben Geschwindigkeit.

KURVENFAHRT
Die Ausgleichskegelräder kreisen im Ausgleichsgehäuse und drehen sich dabei. Die Seitenwellen drehen sich nun mit unterschiedlicher Geschwindigkeit.

SCHNECKENGETRIEBE

ELEKTRISCHES HANDRÜHRGERÄT

Ein elektrisches Handrührgerät ist — genau wie ein Schneebesen — mit zwei Besen ausgestattet, die sich in entgegengesetzten Richtungen drehen. Ein Elektromotor jedoch dreht sich sehr schnell und entwickelt Wärme. Im Gegensatz zum Handrührer muß die hohe Drehzahl des Motors auf eine Drehzahl der Schneebesen herabgesetzt werden. Dies geschieht mit einem Schneckengetriebe, das auch gleichzeitig einen Ventilator zur Kühlung des Motors antreibt.

SCHALTER

SCHNECKEN-GETRIEBE

ELEKTROMOTOR

BESENWELLE

BESEN

VENTILATOR

TACHOMETER

Der Tachometer eines Fahrzeugs verwendet ein Schneckengetriebe, um die enorme Verringerung der Geschwindigkeit zu bewerkstelligen. Die letzte Rolle des Kilometerzählers bewegt sich einmal alle zehntausend Kilometer, während die Getriebewelle, die sie antreibt, sich in derselben Zeitspanne mehrere hundert Millionen Mal gedreht hat.

Der Tachometer wird von einem biegbaren Kabel angetrieben, das einen rotierenden Draht beherbergt. Dieser Draht ist mit einem kleinen Antriebsrad verbunden, das von einer großen Schnecke gedreht wird, die auf der Welle sitzt, die die Räder antreibt. Im Innern des Tachometers treibt dieser Draht den Tachometer über ▷ magnetische Induktion an. Seine Geschwindigkeit wird weiter reduziert durch eine andere Schnecke, die den Kilometerzähler dreht, der selber wiederum Untersetzungsgetriebe enthält.

KABELVERBINDUNG

Das Tachometerkabel ist mit der Getriebeaustritts- oder Übertragungswelle oder dem Ausgleichsgetriebe verbunden.

GESCHWINDIGKEITSANZEIGER

Die Welle dreht einen Magneten im Rückschlußring. Je schneller er dreht, desto mehr werden Rückschlußring und Zeiger verdreht.

RÜCKSCHLUSSRING

MAGNET

SCHNECKENGETRIEBE

SCHNECKE

ANTRIEBSRAD

ROTIERENDER DRAHT

ANTRIEBSWELLE ZU DEN RÄDERN

GETRIEBE

MOTOR

TACHOMETER

EXZENTERSTIFT

ZIFFERBLATT

ZEIGER

SPIRALFEDER

ZIFFERNROLLEN

RATSCHE

SPERRKLINKE

KILOMETERZÄHLER

Ein von einem Schneckengetriebe gedrehter, exzentrisch gelagerter Stift drückt die Sperrklinke vor- und rückwärts, damit die Ziffernrollen arbeiten.

RASENSPRENGER

Ein guter Rasensprenger erzeugt nicht nur einen feinen Wassersprühnebel, sondern schwenkt ihn auch noch hin und her, damit eine größere Rasenfläche benetzt wird. Eine gesonderte Antriebsquelle ist nicht vonnöten, da der Mechanismus allein vom Wasserfluß durch den Rasensprenger, der ein System von Schneckengetrieben verwendet, angetrieben wird.

Nachdem das Wasser in den Rasensprenger eingetreten ist, treibt es mit hoher Geschwindigkeit eine Turbine an und drängt ins Sprührohr. Die Turbine dreht zwei Schneckengetriebe, die die Turbinendrehzahl reduzieren, so daß eine Kurbel mit geringer Geschwindigkeit betrieben werden kann. Die Kurbel bewegt das Sprührohr langsam hin und her.

SPRÜHROHR

TURBINE

KURBEL

WASSERSCHLAUCH

NOCKEN UND KURBELN

ÜBER EINE ALTE MASCHINE

*V*or kurzem stieß ich auf die Überreste einer außergewöhnlichen Maschine, deren Arbeitsweise ich im folgenden beschreiben will. Ich nehme an, daß diese Maschine dazu diente, die Eier einer riesigen und inzwischen ausgestorbenen Tierart aufzuschlagen. Jedes Ei wurde mit einem Hammer zerschmettert, den mehrere Mammuts antrieben, und ein Schieber räumte die kaputten Eierschalen dann aus dem Weg. Aus meiner Entdeckung folgere ich zweierlei. Erstens: das Mammut-betriebene Karussell ist vielleicht doch nicht der erste Arbeitseinsatz der Mammuts gewesen, und zweitens: diese Maschine könnte dazu gedient haben, Omeletts von gigantischer Größe anzufertigen.

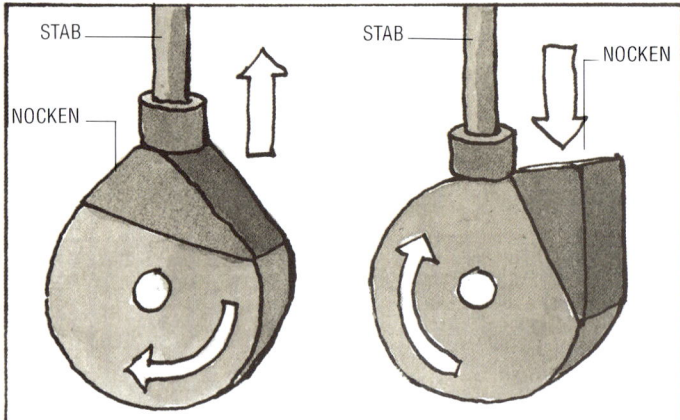

DER NOCKEN

Der Eierknacker verwendet einen Nocken, eine Vorrichtung, die in ihrer einfachsten Ausführung aus einem befestigten Rad mit einem Vorsprung (oder mehreren) besteht. Ein Stab wird gegen das Rad gedrückt, und sobald das Rad sich dreht, wird der Stab auf und ab bewegt.

DIE KURBEL

Der Schieber wird von einer Kurbel bewegt, einem Rad mit einem Angelpunkt, an dem ein Stab befestigt ist. Das andere Ende des Stabs ist so eingehängt, daß der Stab sich hin und her bewegt, sobald das Rad sich dreht. Im Gegensatz zum Nocken kann die Bewegungsrichtung einer Kurbel umgekehrt werden.

NOCKENWELLE IM OTTOMOTOR

Jeder Zylinder eines Verbrennungsmotors arbeitet mit Ventilen, die das Kraftstoff-Luft-Gemisch ein- und die Abgase auslassen. Jedes Ventil wird über einen Nocken betrieben, der sich auf einer rotierenden Welle befindet. Der Nocken öffnet das Ventil, indem er es gegen einen Federwiderstand nach unten drückt. Danach verschließt die Feder das Ventil, bis der Nocken wiederkehrt.

KURBELWELLE IM OTTOMOTOR

Der Druck der bei der Verbrennung entstandenen Gase treibt den Kolben in jedem Zylinder des Ottomotors nach unten. Eine Pleuelstange verbindet den Kolben mit einer Kurbel auf der Kurbelwelle. Die Stange dreht die Kurbel, die daraufhin weiterdreht und den Kolben im Zylinder wieder nach oben treibt. So wandelt die Kurbelwelle die Auf- und Ab-Bewegung der Kolben in eine Drehbewegung um.

SCHEIBENWISCHER

Die Scheibenwischer eines Autos werden von einem Elektromotor betrieben und von einer Kurbel hin und her bewegt. Ein Schnecken-getriebe reduziert die Motorge-schwindigkeit, und die Kurbel dreht ein Zahnrad oder bewegt einen Verbindungsstab, wodurch die Wischerblätter hin und her bewegt werden.

NOCKEN UND KURBELN IM AUTO

Abstimmung auf den Bruchteil von Sekunden ist die wesentliche Voraussetzung dafür, daß ein Automotor ruhig und kräftig dreht. Dies wird mit Hilfe der Nocken- und der Kurbelwelle erreicht, die sozusagen Hand in Hand arbeiten.

Wenn die Kolben sich in den Zylindern auf und ab bewegen, drehen sie dabei die Kurbelwelle, die wiederum ein Schwungrad antreibt und letztendlich die Räder. Zugleich dreht die Kurbelwelle über eine Kette auch die Nockenwelle mit an. Dreht sich die Nockenwelle, so bewegen die Nocken die Ventile der Zylinder. Bei einem Motor mit obenliegender Nockenwelle befinden sich die Nocken über den Ventilen und steuern sie direkt. Bei einem Motor mit untenliegender Nockenwelle befinden sich die Nocken auf einer Seite und steuern die Ventile über Stößel, Stoßstangen, Kipp- und Schwinghebel. Die beteiligten Nocken und Kurbeln öffnen und schließen die Ventile im Einklang mit der Kolbenbewegung im Viertakt-Zyklus.

Die Nocken- und die Kurbelwelle treiben manchmal auch noch andere Motorteile an. Ein Zahnrad auf der Nockenwelle treibt zum Beispiel die Ölpumpe und den Zündverteiler an.

DIE NÄHMASCHINE

Die Nähmaschine ist ein Wunderwerk an mechanischem Erfindungsreichtum. Sie wird von der Drehbewegung eines Elektromotors angetrieben, die in der Maschine in eine komplizierte Bewegungsabfolge aus Stichen und Stofftransport zwischen zwei Stichen umgewandelt wird. Bei diesem Mechanismus spielen Nocken und Kurbeln eine wichtige Rolle. Eine Kurbel bewegt die Nadel an einer Nadelstange auf und ab, während zwei Nocken- und Kurbelwerke den gezackten Nähfuß betätigen, der den Stoff weiterbefördert.

Die gebräuchlichsten Nähmaschinen arbeiten nach dem Zweifadensystem (Doppelsteppstich), bei dem Ober- und Unterfaden miteinander verschlungen werden. Der Oberfaden wird durch die Nadel am Ende der Nadelstange geführt. Die Nadel durchsticht den Stoff, und bei der Aufwärtsbewegung der Nadel bildet der Faden unterhalb des Stoffs eine Schlinge. Durch diese wird mit einem Krummhaken der Unterfaden eingelegt. Dann werden Ober- und Unterfaden spannungsgleich in den Stoff hineingezogen. Der Stich ist vollendet.

SCHWUNGRAD

GARNSPULE

NÄHFUSS

NADEL

NADEL

HAKEN

SPULE

BILDUNG DER SCHLINGE
Die Nadel, die den Faden führt, bewegt sich nach unten (1). Der Unterfaden ist auf eine Spule im Drehschiffchen unter dem Stoff gewickelt. Die Nadel durchsticht den Stoff, und bei der Aufwärtsbewegung der Nadel bildet der Faden unter dem Stoff eine Schlinge(2).

EINLEGEN DES UNTERFADENS
Der Haken auf dem Schiffchen fährt in die Schlinge des Fadens (3). Dann zieht er die Schlinge um die Spule und den Unterfaden herum (4). Der Unterfaden ist nun in die Oberfadenschlinge eingelegt.

VOLLENDUNG DES STICHS
Der Haken dreht sich weiter (5). Die Schlinge rutscht nun vom Haken, da die Nadel über den Stoff zurückgeht (6). Die verschlungenen Ober- und Unterfäden werden nun spannungsgleich in den Stoff hineingezogen.

KURBEL

NOCKEN

ANTRIEBSRAD

NADELFADEN

RIEMEN

MOTOR

KURBEL

NOCKEN

STOFF

NADEL

KURBEL

HAKEN

SPULENFADEN

ROTIERENDES SCHIFFCHEN

GARNSPULE

DER NÄHFUSS
Der Nähfuß bewegt den Stoff weiter. Ein Nocken- und Kurbelwerk bewegt den Nähfuß hin und her, während ein anderes es auf und ab bewegt. Beide werden vom Schwungrad in Bewegung gesetzt, das seinerseits von einem Elektromotor angetrieben wird, der deren Bewegungen aufeinander abstimmt. Der Nähfuß hebt sich und bewegt den Stoff zwischen zwei Stichen weiter, senkt sich dann ab und bewegt sich wieder zurück.

[53]

ROLLEN UND FLASCHENZÜGE

WIE MAN EIN MAMMUT MELKT

Obwohl die Milch eines Mammuts eher unangenehm riecht, ist sie jedoch reich an Mineralien und Vitaminen. In den zahlreichen Dörfern, die ich besucht habe, gibt es eine beachtliche Anzahl von Menschen mit gutem Gebiß und stämmigem Skelett, die ihre blühende Gesundheit auf die regelmäßige Einnahme dieser außergewöhnlich nahrhaften Flüssigkeit zurückführen. Das Melken dieser Kreaturen jedoch ist problematisch — von der Schwierigkeit, genügend Melkeimer zusammenzubekommen, einmal abgesehen (denn sie geben eine unglaubliche Milchmenge) —, weil sie sich gegen jede körperliche Berührung sträuben. Es ist deshalb notwendig, das Mammut so hoch vom Boden zu hieven, daß

ihm jegliches Ziehen unmöglich gemacht wird. Der Melker befindet sich erst dann in Sicherheit, wenn die Mammutkuh hilflos in der Luft baumelt.

In vielen Dörfern habe ich beobachtet, daß Mammuts in einem Geschirr mit einer Anzahl von Rollen hochgehievt wurden. Diese Rollen, um die ein starkes Seil verläuft, hängen in einer bestimmten Anordnung an einem stabilen Gerüst. Obwohl das zu hebende Gewicht häufig kolossal ist, wird durch das Rollensystem die dazu notwendige Kraft reduziert. Je mehr Rollen die Dorfbewohner benutzten, um so leichter fiel es ihnen, das Mammut zu hieven, aber aus demselben Grund war es auch nötig, viel länger an dem Seil zu ziehen, um das Mammut auch nur etwas vom Boden hochzuheben.

KRAFT EINES FLASCHENZUGS

Manchen Menschen macht es nichts aus, während des Erklimmens einer Leiter ein schweres Gewicht zu tragen. Den meisten von uns fällt es jedoch wesentlich leichter, etwas abwärts zu ziehen, als es aufwärts zu tragen.

Dieser Richtungswechsel kann mit nur einer Rolle und einem Seil bewerkstelligt werden. Die Rolle wird an einem Träger befestigt, und das Seil wird über die Rolle zur Last geführt. Zieht man nun am Seil, kann die Last bis hoch zum Träger befördert werden. Und da das Körpergewicht desjenigen, der zieht, nach unten wirkt, unterstützt es seine Bewegung, statt sie zu behindern. Eine Rolle, die so eingesetzt wird, nennt man Flaschenzug, und das Hebesystem, das sie bildet, einen einfachen Kran.

Flaschenzüge mit fester Rolle werden in Maschinen eingesetzt, wenn die Bewegungsrichtung geändert werden muß, wie zum Beispiel bei ▷ Aufzügen, bei denen die Aufwärtsbewegung der Kabine mit der Abwärtsbewegung eines Gegengewichts verbunden werden muß.

Bei einem idealen Flaschenzug entspricht die Kraft, mit der am Seil gezogen wird, dem Gewicht der Last. Tatsächlich ist die Kraft stets ein wenig größer als die Last, da sie die ▷ Reibungskraft der Rolle überwinden wie auch die Last heben muß. Die Reibung verringert dadurch den Wirkungsgrad sämtlicher Maschinen.

UMLENKROLLE

KRAFT

LAST

UMLENKROLLE
Bei einer Umlenkrolle bewegt sich die Last genau um den Weg, um den das Seil sich bewegt hat. Diese Rolle verstärkt nicht etwa die Kraft, mit der am Seil gezogen wird — sondern kehrt lediglich die Bewegungsrichtung der Last (nach oben) durch Ziehen (nach unten) um.

*W*olle man Zeitvergeudung und Energiever-
schwendung vermeiden, so bemerkte ein weiser,
alter Melker mir gegenüber, sei es klüger, das Geschlecht
der Mammuts zu überprüfen, bevor man ihm das
Geschirr anlege.

POTENZFLASCHENZÜGE

Ein Flaschenzug kann nicht nur die Richtung einer Kraft
umkehren, sondern sie auch verstärken, so wie Hebel dies
vermögen. Ein Potenzflaschenzug besteht aus einer festen
und einer oder mehreren losen Rollen. Mit seiner Hilfe ist es
einem Menschen möglich, ein Vielfaches seines Körper-
gewichts zu heben.

Bei einem Flaschenzug mit loser Rolle ist die feste Rolle am
Träger und die lose Rolle an der Last befestigt. Das Seil läuft
über die feste Rolle nach unten um die lose Rolle herum und
ist am Träger befestigt. Die lose Rolle kann sich frei bewegen,
und wenn man am Seil zieht, wird die Last angehoben. Durch
diese Anordnung der Rollen bewegt sich die Last um die
Hälfte des freien Seilendes (Kraftweg). Andererseits wird die
Kraft, mit der die Last gehoben wird, verdoppelt. Wie bei den
Hebeln wird an Kraftaufwand eingespart, was mit der Wegstrecke bezahlt werden muß — zum Vorteil dessen, der zieht.

Die Flaschenzüge mit loser Rolle nennt man Potenz-
flaschenzüge, weil mit jeder weiteren losen Rolle bei gleichem
Kraftaufwand die Last verdoppelt wird, so daß sich Potenzen
der Zahl zwei ergeben (bei zwei Rollen ist das Verhältnis
Last : Kraft $= 2^2 : 1 = 4 : 1$; bei drei Rollen $2^3 : 1 = 8 : 1$
usw.). Tatsächlich müssen mit dem Kraftaufwand auch die
Reibungskräfte in allen losen Rollen überwunden und
zugleich die Last gehoben werden.

FESTE ROLLE

LOSE ROLLE

KRAFT

FLASCHENZUG MIT LOSER ROLLE

Bei einem Flaschenzug mit einer
losen Rolle bewegt sich die Last
nur um den halben Weg des
gezogenen Seiles. Durch die
Halbierung des Kraftweges kann
die Last doppelt so groß sein
wie die Zugkraft.

LAST

DIE KETTENWINDE

Die Kettenwinde ist nichts anderes als ein Flaschenzug, bei dem die Seile durch Ketten ersetzt wurden, deren einzelne Kettenglieder in warzenförmige Vorsprünge der Rollen greifen. Die feste Rolle besteht aus zwei miteinander verbundenen Rollen verschiedenen Durchmessers. Die Last hängt an der losen Rolle und bewegt sich erst, wenn die Kette bewegt wird. Die Größe der benötigten Kraft hängt von der Differenz der beiden Rollendurchmesser ab. Deshalb heißt dieser Flaschenzug auch Differentialflaschenzug.

HEBEN UND SENKEN DER WINDE

Wird an der Kette so gezogen, daß die beiden festen Rollen sich gegen den Uhrzeigersinn drehen (links), zieht die größere Rolle mehr Kettenglieder hoch, als die kleine Rolle nachläßt; sie übersetzt den ausgeübten Zug und hebt die Last eine kürzere Strecke hoch. Bewegt sich die Kette in entgegengesetzter Richtung (unten), so wird die Last abgesenkt.

KRAFT

LAST

TURMKRAN (BAUKRAN)

Das moderne Gegenstück eines Schadufs und benutzt ebenso ein Gegengewicht, um seine Last im Gleichgewicht zu halten.

GEGENGEWICHT

DREHPUNKT

LAST

SCHADUF

Diese aus Alt-Ägypten stammende einfache Maschine besteht aus einem schwenkbar gelagerten Balken mit einem Gegengewicht an einem Ende und einem Eimer aus Leder oder Bast am anderen Ende.

GEGENGEWICHT

GABELSTAPLER

Das große Gegengewicht hinten am Gabelstapler erlaubt es, die Last in die Höhe zu heben, ohne daß der Stapler vorn überkippt.

LAST

GEGENGEWICHT

GEGENGEWICHTE

B eim Heben von Lasten verwenden Kräne und andere Hebemaschinen oft Gegengewichte, die das Gewicht der Last ausgleichen, damit der Maschinenmotor lediglich die Last bewegen, sie aber nicht tragen muß. Das Gegengewicht verhindert auch, daß der Kran vorn überkippt, wenn die Last vom Boden hochgehoben wird. Nach dem ▷ Hebelgesetz hat ein nahe am Drehpunkt angebrachtes schweres Gegengewicht dieselbe Wirkung wie ein leichteres, das weiter entfernt angebracht ist.

KRANWAGEN

Auf einer Baustelle setzt der Kranwagen Auslegerbacken und hydraulische Winden ein, um die Aufhängung von der Belastung während des Hebens zu befreien. Der ausfahrbare Ausleger mit seinem Flaschenzug kann herumschwenken und weit ausfahren, da er durch das Gegengewicht am Fuß des Auslegers im Gleichgewicht gehalten wird.

FLASCHENZUG

LAST

GEGEN-
GEWICHT

AUSLEGER

HYDRAULIKKOLBEN

AUSLEGERBACKEN

FAHRERKABINE

FLASCHENZUG

D er Flaschenzug besteht aus einer kompakten Kombination von mehreren festen Rollen mit derselben Anzahl loser Rollen und kann beträchtliche Lasten heben. Gewöhnlich ist er am Ende eines Kranauslegers angebracht, um die Kraft des Kranmotors beim Heben der Lasten zu vergrößern.

Das tragende Seil ist um die festen und die losen Rollen gewickelt, die sich unabhängig voneinander bewegen können. Die festen Rollen sind mit einem Träger, zum Beispiel dem Ausleger, die losen Rollen dagegen mit der Last verbunden. Zieht man am Seil, heben sich die losen Rollen. Das Übersetzungsverhältnis der Kraft, die der Flaschenzug produziert, entspricht der Anzahl seiner Rollen.

Dieser Flaschenzug oben enthält je fünf feste und lose Rollen, dazu eine Führungsrolle ganz oben. Das heißt die Last wird über zehn Rollen gehoben; also ergibt sich hier ein Verhältnis der Kraft zur Last von 1 : 10.

DER TURMKRAN

Der treffend so genannte Turmkran verwendet mehrere Flaschenzüge, um Lasten über eine große Fläche genau befördern zu können.

WAGEN

WAGENSEIL

WAGENWINDE

HEBESEIL

Er besteht aus einem langen, schmalen Hauptausleger, der von Auslegerkabeln und dem Gegengewicht gehalten wird. Auf dem Hauptausleger rollt ein Schienenwagen, an dem ein Haken zum Aufnehmen der Last herunterhängt. Das ganze Hebewerk wird von einem Turm mit Gitterstruktur getragen, auf dem sich der Ausleger dreht.

WAGENROLLE

SCHIENENWAGEN

Dieser mit Rädern versehene Wagen rollt auf dem Ausleger und wird vom Wagenseil hin- und hergezogen, das von der Wagenwinde gesteuert wird. Das Hebeseil läuft von der Spitze des Auslegers über die Wagenrollen, die Hakenrolle und die Heberolle zur Hebewinde, die von einem Elektromotor angetrieben wird.

LASTHAKEN

DER AUTOMATISCHE TURMAUFBAU

Wächst ein Bau in die Höhe, so wächst der Baukran mit. Im Gegensatz zu den Kranwagen wachsen die Turmkräne nicht teleskopisch in die Höhe, sondern um jeweils einen Gerüstabschnitt. Dazu hebt ein hydraulisch betriebenes Klettergerüst die Kabine, um Platz für einen zusätzlichen Gerüstabschnitt zu schaffen.

KABINE

KLETTERGERÜST

ERSTER ABSCHNITT

1 DER ERSTE ABSCHNITT
Der erste Abschnitt eines Krans besteht aus einem niedrigen Gerüst, das der Kranwagen an der Baustelle abstellt. Es wird an stabilen Fundamenten im Boden verankert, da sie später den fertigen Turmkran halten müssen. Dann wird das Klettergerüst über den ersten Gerüstabschnitt gestülpt. Danach werden Kabine und Ausleger auf dem Gerüst montiert.

2 DAS KLETTERGERÜST
Das Gerüst unter der Kabine wird mit einer hydraulischen Presse gehoben und bewegt den obersten Teil des Krans.

HAUPTAUSLEGER · HEBEROLLEN · HEBEWINDE

DIE HEBEWINDE

Die Hebewinde rollt das Hebeseil ein oder aus und hebt oder senkt dadurch den Hebehaken. Die Wagenrollen und die Hakenrolle verdoppeln die von der Hebewinde ausgeübte Kraft, indem sie die Seillänge verdoppeln. Zusätzliche Rollen vergrößern die Hebekraft, indem sie die Seillänge vervierfachen.

AUSLEGERKABEL

GEGENGEWICHT

HAUPTAUSLEGER

3 EINBAU EINES ABSCHNITTS

Am Haken wird der nächste Gerüstabschnitt an Ort und Stelle befördert und dort fest verschraubt.

KABINE

DREHKRANZ

KLETTER-GERÜST

KRAN-ICH

4 DER FERTIGE KRAN

Hat der Turmkran die gewünschte Höhe erreicht, wird das Klettergerüst entfernt.

ROLLTREPPE UND AUFZUG

Rolltreppen und Aufzüge sind Hebemaschinen, die Rollen und Gegengewichte verwenden. Beim Aufzug läuft das Tragseil, das die Fahrkabine trägt, über eine Rolle zu einem Gegengewicht. Die Rolle bewegt auch das Seil. Obwohl es nicht sogleich einleuchtet, funktioniert eine Rolltreppe genauso. Ein Antriebsrad bewegt eine Kette, die mit den zurückrollenden Stufen verbunden ist, die als Gegengewicht funktionieren.

DIE ROLL- ODER FAHRTREPPE

Die Stufen einer Rolltreppe sind mit einer Endloskette verbunden, die um ein Antriebsrad läuft. Dieses Rad wird von einem Elektromotor oben an der Rolltreppe angetrieben. Die hinunterrollenden Stufen wirken als Gegengewicht zu den heraufrollenden Stufen, so daß der Motor nur das Gewicht der Menschen bewegen muß, die die Rolltreppe benutzen. Zu jeder Seite der Stufen befindet sich je ein Paar Rollen, die in zwei Führungsschienen unter den Stufen laufen. Die Schienen verlaufen in einer Ebene, ausgenommen am Kopf- und Fußende der Rolltreppe. Dort verläuft die innere Schiene unterhalb der äußeren, so daß jede Stufe auf die Höhe der vorherigen angehoben wird. Dadurch laufen die Endstufen in einer Ebene: die Leute können die Rolltreppe leicht betreten und ebenso leicht verlassen.

HINAUFSTEIGENDE STUFEN

HANDLAUF

ÄUSSERE SCH

INNERE SCHIENE

KETTE

UMLAUFRAD

ZURÜCKLAUFENDE STUFEN

ELEKTROMOTOR

TRAGSEIL

ROLLE

GEGENGEWICHT

FÜHRUNGS
SCHIENEN

FAHRKABINE

PUFFER

TREIBRIEMEN FÜR HANDLAUF

ZURÜCKLAUFENDER HANDLAUF

ANTRIEBSRAD

KETTE

UNTER DER ROLLTREPPE

Das Gewicht der
zurückrollenden Stufen gleicht
das Gewicht der hinauf-
rollenden Stufen aus. Der
Elektromotor braucht beim
Befördern lediglich das Gewicht
der Passagiere zu heben.

AUFZUG

Ein Aufzug ist eine Hebemaschine mit einer Rolle.
Die Fahrkabine wird von einem Tragseil, das über
eine Rolle oben am Aufzugschacht läuft, hinauf-
oder herunterbefördert. Am anderen Ende des
Tragseils befindet sich ein Gegengewicht, das das
Gewicht der Fahrkabine und einer durch-
schnittlichen Passagierzahl ausgleicht. Fahrkabine
und Gegengewicht laufen in Führungsschienen auf
und ab. Ein Elektromotor treibt die Rolle an, die die
Fahrkabine in Bewegung setzt. Der Motor braucht
nur den Gewichtsunterschied zwischen der
Fahrkabine mit den Passagieren und dem
Gegengewicht zu befördern.

SCHRAUBEN

ÜBER DIE INTELLIGENZ VON MAMMUTS

Vor kurzem habe ich ein Dokument ausgegraben, das die vielbesprochenen geistigen Fähigkeiten von Mammuts unwiderlegbar beweist. Auf der Suche nach guten Taten, die zu erledigen wären, so besagt dieses Dokument, stieß ein Ritter mit seinem Mammut eines Tages auf eine Maid, die hoch droben in einem Turm aus Stein gefangen saß. Der Turm besaß keine Türen und nur winzige Fenster. Der Ritter versuchte, die Maid mit Hilfe einer kurzen Leiter zu retten, doch seine Rüstung war ihm so schwer, daß er die Sprossen nicht erklomm. Alsdann baute er eine Rampe, indem er mehrere Bohlen miteinander verband. Leider war der Ritter im Knotenbinden alles andere als geschickt.

SCHRAUBEN UND MUTTERN

Die Schraube ist eine stark verkappte Form der schiefen Ebene, die um einen Zylinder herumgeschlagen ist — so wie die Rampe des Ritters den Turm umgibt. Wie bereits auf Seite 14 geschildert, ändert die schiefe Ebene Kraft und Weg. Wenn sich etwas um ein Schraubengewinde herumdreht — wie eine Mutter um eine Schraube —, muß es mehrere Drehungen machen, um sich ein kurzes Stück fortzubewegen. Wie bei der linearen schiefen Ebene nimmt die Kraft zu, wenn der Weg abnimmt. Eine Mutter bewegt sich deshalb an der Schraube mit einer viel größeren Kraft fort, als der Aufwand zum Drehen beträgt.

Schraube und Mutter halten Gegenstände zusammen, weil sie sie mit großer Kraft umklammern. Die ▷ Reibung verhindert, daß eine Mutter sich löst.

HEBEKRAFT

SCHIEFE EBENE

ARBEIT

ARBEIT BEIM DREHEN DER MUTTER

MUTTER

KRAFT BEIM BEWEGEN DER MUTTER

SCHRAUBE

EBENEN UND GEWINDE

Schiebt man einen Gegenstand eine schiefe Ebene hinauf, so vergrößert sich die Arbeit, um eine Hebekraft auf sie auszuüben. Eine Mutter bewegt sich auf dem Schraubengewinde ebenso.

*D*anach hatte der Ritter die Idee, die Bohlen als Rampe in einer Spirale um den Turm herum zu bauen. Doch die Rampe reichte nicht hoch genug hinauf, um die Maid zu befreien.

Genau hier wurde das treue Mammut aktiv. Es schnappte sich einen herumliegenden Baumstamm, steckte ihn in eines der winzigen Fenster und drehte den ganzen Turm. Der Ritter, der keinen blassen Schimmer hatte, wozu dies gut sein sollte, unterstützte es aber dabei. Zu seiner Verblüffung begann die Rampe sich in die Erde einzuwühlen. Indem sie den Turm mehrfach drehten, schraubten sie ihn langsam in den Boden hinein. Bald schon war die Spitze des Turms in Reichweite der Leiter, und die etwas schwindelige Maid hüpfte in die Freiheit.

SCHRAUBEN

Flache schiefe Ebenen werden oft als Keile verwendet, bei denen die Ebene sich bewegt, um eine Last zu heben. Spiralförmige schiefe Ebenen wirken ebenfalls wie Keile. Die meisten Schrauben drehen sich und arbeiten sich selbst in das Material vor — wie der Turm der Maid. Wie bei der Schraube und der Mutter wird die Dreharbeit so vergrößert, daß die Schraube sich mit erhöhter Kraft vorwärtsbewegt. Die Kraft wirkt auf das Material, in das die Schraube sich versenkt.

Wie bei der Schraube und der Mutter wirkt die Reibung sich so aus, daß die Schraube im Material gehalten wird. Die Reibung wirkt zwischen dem Schraubengewinde und dem Material. Sie ist stark, da das Schraubengewinde lang und die Kraft zwischen dem Gewinde und dem Material mächtig ist.

KEILE UND GEWINDE
Ein Keil übt eine starke Kraft rechtwinklig zu seiner Bewegung aus. Eine Schraube verhält sich genauso, allerdings rechtwinklig zu ihrer Drehung.

ARBEIT BEI SCHRAUBENDREHUNG

HOLZSCHRAUBE

HOLZ

HEBEKRAFT

KEIL

ARBEIT

KRAFT AUF HOLZ

SCHRAUBEN IN BETRIEB

HOLZSCHRAUBE

Das Gewinde einer Holzschraube drückt beim Drehen mächtig gegen das Holz und treibt sich selber vorwärts. Der Schraubenzieher vergrößert dabei noch den Vorwärtsdruck.

SCHRAUBE UND MUTTER

Das Gewinde zwingt Schraube und Mutter zusammen. Die Drehkraft wird durch die Hebelwirkung eines Schraubenschlüssels vergrößert.

WAGENHEBER

Der Wagenheber macht sich einen Schraubenmechanismus zunutze. Bewegt der Griff sich fünfzigmal weiter als der Wagen, so ist die Kraft auf den Wagen fünfzigmal größer als auf den Griff.

BEWEGLICHER SPANNBACKEN

FESTER SPANNBACKEN

FÜHRUNGSSTAB

KORKENZIEHER

Der Korkenzieher arbeitet wie eine Holzschraube, hat aber die Form einer Spirale, damit der Korken beim Herausziehen nicht kaputtgeht. Der Griff verstärkt die angewandte Drehkraft und ermöglicht einen festen Zugriff beim Korkenziehen.

SCHRAUBSTOCK

Im Schraubstock werden Werkstücke zwischen zwei gegeneinander bewegliche Backen mit Hilfe einer Schraubenwelle eingespannt.

MESSGEGENSTAND

MESSWELLE

SKALA

MESSTROMMEL

MESSTROMMEL

Mit der Meßtrommel wird eine Ratsche betätigt. Die Ratsche verhindert, daß die Meßwelle sich vorwärtsbewegt, wenn sie gegen den Meßgegenstand stößt.

FEINMESSSCHRAUBE

Mit ihrer Hilfe kann man sehr dünne Gegenstände mit hoher Präzision messen. Die Meßtrommel wird langsam gedreht, bis die Meßwelle gegen den Gegenstand in der Feinmeßschraube stößt. Meßwelle und Meßtrommel bewegen ein Schraubengewinde. Die Bewegung der Meßwelle wird an einer Skala abgelesen, während die Skaleneinteilung auf der Meßtrommel die Bruchteile einer Umdrehung angibt. Zusammengezählt ergeben beide Angaben die Länge eines Gegenstands auf einen Tausendstelmillimeter genau.

DER WASSERHAHN

Wer je versucht hat, mit einem Finger den Wasserstrahl aus dem Hahn zurückzuhalten, der weiß, wieviel Druck Wasser haben kann. Doch im Wasserhahn wird dieser Wasserdruck mit wenig Mühe gebändigt. Mit Hilfe eines Schraubengewindes (und durch Rad und Welle im Griff unterstützt) wird die Dichtungs-scheibe mit großer Kraft gegen den Wasserstrahl gedrückt. Ist der Hahn zugedreht, so verhindert die ▷ Reibung, daß sich das Schraubengewinde lockert.

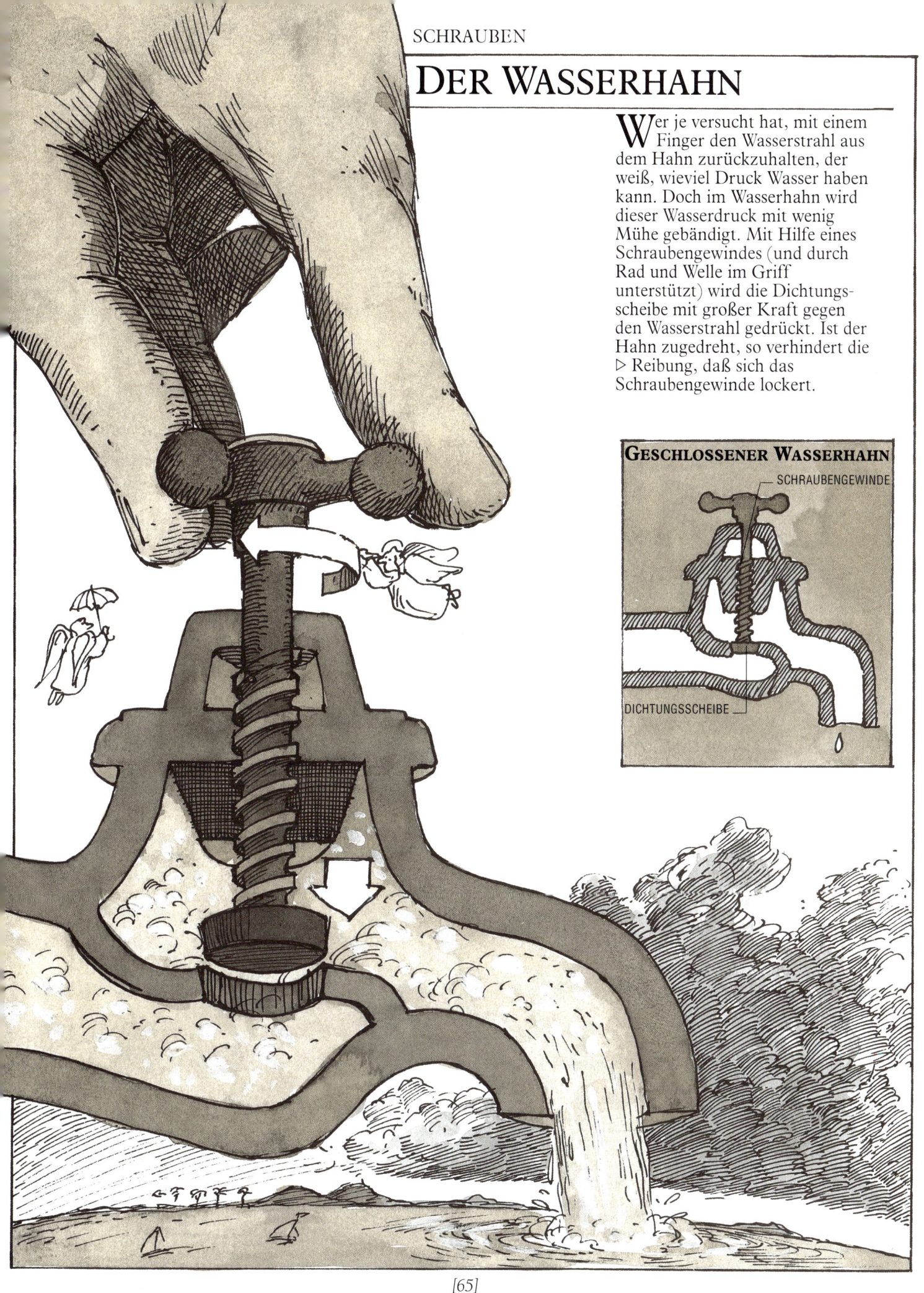

GESCHLOSSENER WASSERHAHN

SCHRAUBENGEWINDE

DICHTUNGSSCHEIBE

BOHRER UND SCHNECKENBOHRER

Bei Bohrern und Schneckenbohrern wird die Schraube als Mittel verwendet, um das lose Abfallmaterial wegzubefördern. Wenn ein Bohrer mit seiner scharfen Spitze in ein Material schneidet, befördert er zugleich die Abfälle die schraubenförmige Rinne entlang nach hinten. In Bohrern mit großen Durchmessern sind die Rinnen, die die Abfälle wegbefördern, ausgeprägter und verleihen dem Bohrer daher das Aussehen eines Korkenziehers.

BOHRLEIER

Wenn eine Menge Kraft benötigt wird — zum Bohren eines Lochs mit einem großen Durchmesser zum Beispiel —, kommt man mit einem gewöhnlichen Handbohrer nicht weit, sondern braucht eine Bohrleier. Dank des Handbügels kann man die Bohrerspitze mit einer großen Hebelkraft drehen.

HANDBOHRER

Ein Handbohrer verwendet ein Kegelradgetriebe, um die Geschwindigkeit der Bohrerspitze zu erhöhen. Ein Kegelrad überträgt die Drehkraft, während das andere sich frei dreht. Handbohrer sind schnell, doch nicht sehr leistungsfähig.

BOHRMASCHINE

Eine elektrische Bohrmaschine verwendet Getriebe, um die Bohrerspitze mit hoher Geschwindigkeit zu drehen. Meistens ist sie auch mit einem Schlagbohrmechanismus versehen, der den Bohrer in harte Materialien hämmern kann.

ELEKTROMOTOR

VENTILATOR

ZWEIGANG-GETRIEBE

BOHRWELLE

FLEISCHWOLF

Wie jeder weiß, der einmal seinen Finger zu tief in einen Fleischwolf hineingesteckt hat, kann man damit den zähesten Fleischbatzen kleinschneiden. Beim Drehen der Handkurbel dreht sich das Messerkreuz und auch ein Schneckenbohrer, der das Fleisch zum Messerkreuz drückt. Die Rad- und Achsen-Bewegung der Handkurbel wird mit einem Schneckenbohrer verbunden, um die Drehkraft zu erhöhen, damit das Fleisch mit großem Druck weiterbefördert und geschnitten werden kann.

SCHNECKENBOHRER

MESSERKREUZ

MESSERSCHEIBE

KRAN

ERDBOHRER

Schneckenbohrer werden benutzt, um Löcher für die Stützpfeiler eines Fundaments in den weichen Baugrund zu bohren. Wenn ein solcher Bohrer sich dreht, füllt er sich mit Erde. Er wird dann an die Oberfläche gehoben, von der Erde befreit und erneut hinabgelassen. Auf diese Weise kann ein kurzer Schneckenbohrer ein tiefes Loch ausheben.

MECHANISCHER MAULWURF

Der mechanische Maulwurf ist ein Horizontalbohrwerk für den Tunnelbau, das sich seinen Weg durch Erde oder weichen Fels graben kann. Die rotierenden Schneideblätter schleifen an der Arbeitsfläche Erde weg, und während der Maulwurf sich vorwärtsfrißt, wird der Tunnel dahinter ausgegossen, damit er nicht einstürzt. Der Erdaushub wird über Schneckenbohrer wegbefördert.

TUNNELAUSKLEIDUNG

FÖRDERBAND

SCHNECKENBOHRER

SCHNECKENBOHRER

BOHRKOPF

DER MÄHDRESCHER

Der Mähdrescher ist eine Landwirtschaftsmaschine, die die zwei wesentlichen Erntetätigkeiten gleichzeitig erledigt: das *Mähen* (Schneiden der Getreidehalme) und das *Ausdreschen* (Aussortieren des Korns). Zusätzlich bündelt er das Stroh auch noch in Ballen, so daß riesige Feldflächen in einem schnellen und sauberen Arbeitsgang abgeerntet und geräumt werden können. Mähdrescher sind mit einer Anzahl von Schneckenförderern ausgestattet, die die Körner innerhalb der Maschine befördern. Mähdrescher für andere Saatgetreide arbeiten ähnlich.

BESTANDTEILE:

1 HASPEL
Die Haspel fegt die Getreidehalme in die Messerbalken.

2 MESSERBALKEN
Der Messerbalken enthält ein Messer, das sich zwischen den starren Zinken hin und her bewegt und dabei die Halme in Erdbodenhöhe abschneidet.

3 HALMSCHNECKE
Sie befördert die Halme zum Schrägförderer.

4 KETTENSCHRÄGFÖRDERER
Diese Förderanlage transportiert die Halme zur Dreschtrommel.

5 DRESCHTROMMEL
Sie besteht aus einer Reihe von schnell rotierenden Stangen. Das Korn wird an den Köpfen getrennt und fällt durch die Wölbung in den Schüttler.

6 HECKSCHLEGEL
Wenn er rotiert, wird das Stroh (die gedroschenen Halme) zur Strohanlage befördert.

7 STROHSCHÜTTLER
Diese Schüttler befördern das Stroh nach hinten zur Strohablage, wo es auf die Erde fällt oder zu Ballen gebündelt wird.

8 KORNSCHÜTTLER
Diese Schüttler befördern das Korn zu den Sieben.

9 SIEBKASTEN
Das Korn, die ungedroschenen Ähren und die Spreu fallen auf die vibrierenden Siebe. Die Spreu wird mit Hilfe eines Luftgebläses nach hinten geblasen, während die Siebe die ungedroschenen Ähren zurückhalten. Das Korn fällt durch die Siebe in die Kornschnecke unten am Mähdrescher.

10 RÜCKSTANDFÖRDERER
Die ungedroschenen Ähren in den Sieben, die vom Gebläse wegbefördert wurden, werden zur Dreschtrommel hinaufbefördert.

11 KORNSCHNECKE UND FÖRDERSCHNECKE
Das Korn wird von der Kornschnecke und der Schnecke zum Korntank transportiert.

12 ENTLEERUNGSSCHNECKE
Über die Entleerungsschnecke wird Korn auf einen Lastwagen umgeladen oder in Säcke abgefüllt.

SCHNECKE

UNGEDROSCHENE ÄHREN

5 DRESCHTROMMEL

WÖLBUNG

1 HASPEL

8 KORNSCHÜTTLER

4 KETTENSCHRÄGFÖRDERER

3 HALMSCHNECKE

VENTILATOR

GEBLÄSE

ÄHRENHEBER

2 MESSERBALKEN

SCHNECKE

12 ENTLEERUNGS-
SCHNECKE

KORNTANK

6 HECK-
SCHLEGEL

7 STROHSCHÜTTLER

STROH

10 RÜCKSTANDFÖRDERER

SPREU

UNGEDROSCHENE ÄHREN

KORN

9 SIEBE

11 KORNSCHNECKE UND FÖRDERSCHNECKE

FÖRDERSCHNECKE

ROTIERENDE RÄDER

LEHREN AUS DEM UNGLÜCK EINES MAMMUTS

Einst war ich so unvorsichtig, in Gegenwart eines jungen Mammuts mein Einrad unbeaufsichtigt abzustellen. Von unbändiger Neugier getrieben, wagte diese ausgelassene Kreatur sich damit sofort auf die Straße. Obwohl ich ihm laut hinterherrief, konnte ich nicht anders, als die gute Stabilität des rotierenden Rads festzustellen, wodurch der Radneuling nicht etwa einen Sturz, sondern eine gute Figur machte.

Obwohl das Mammut bald das Interesse am Radeln verloren hatte, wollte das Rad — das sich in voller Fahrt drehte — einfach nicht anhalten. Als das Einrad schließlich oben auf einem kleinen Hügel angekommen war, wurde sein hilfloser Fahrer unaufhaltsam weiterbefördert. Alles, was sich den beiden in den Weg stellte, wurde unweigerlich und ohne viel Federlesens plattgewalzt.

PRÄZESSION

Präzession ist eine merkwürdige Bewegungsart bei Rädern und anderen rotierenden Gegenständen. Ihre Wirkung kann man fühlen, wenn man ein sich drehendes Rad von einem Fahrrad an den Achsenenden festhält. Wenn man es zu drehen versucht, stellt man fest, daß sich das Rad nicht so dreht, wie man es gerne möchte. Statt dessen "präzessiert" es, so daß die Achse rechtwinklig zur gewünschten Richtung ausweicht.

Die Präzession hält ein selbständig rollendes Rad aufrecht, so daß ein Radfahrer (oder ein Einradfahrer) balancieren kann. Instinktiv benutzen wir die Präzession, wenn wir beim Radfahren das Vorderrad leicht hin und her schwenken. Bei jeder Schwenkbewegung tritt Präzession auf, wirkt dem Kippen entgegen und hilft uns, das Fahrrad aufrecht zu halten.

Die Präzessionskraft nimmt mit steigender Drehgeschwindigkeit ab, mit sinkender dagegen zu. Deshalb fällt es schwer, auf einem Fahrrad bei langsamer Fahrt das Gleichgewicht zu halten, und auf einem stehenden Fahrrad ist es fast unmöglich.

TRÄGHEIT

Mit Trägheit ist jeder schon mal in Berührung gekommen, der ein Auto anschieben mußte, wenn der Motor nicht ansprang. Dazu bedarf es einer großen Anstrengung. Bewegt sich das Auto jedoch, so läuft es eine Strecke ohne jedes weitere Anschieben, und mit ein wenig Glück springt dann auch der Motor an.

Verantwortlich für all das Drücken und Stoßen ist die Trägheit, das Beharrungsvermögen eines Körpers, einer Änderung der Größe oder Richtung seiner Geschwindigkeit zu widerstehen. Jeder Körper besitzt eine Trägheit, die proportional seiner Masse ist.

Die Trägheit eines rotierenden Rads hängt auch von der Verteilung seiner Masse ab. Konzentriert sie sich am Rand, so besitzt das Rad eine größere, konzentriert sie sich im Zentrum, so besitzt es eine kleinere Trägheit. Zwei Räder mit gleicher Masse können also eine unterschiedliche Trägheit besitzen. Räder, die wegen ihrer Trägheit in Maschinen eingebaut sind, haben oft verstärkte Ränder, damit sie auf jede Geschwindigkeitsänderung mit maximalem Widerstand reagieren.

Als ich den Hügel hinunter und an den Trümmern vorbeirannte, fragte ich mich, ob meine Versicherung zahlen würde. Dann bemerkte ich den Teich und seinen betretenen Bewohner. Obwohl das kleine Abenteuer des Mammuts nicht ganz freiwillig zu Ende gegangen war, dauerte es ein paar Minuten, bis ich mich nach meinem Einrad umsehen konnte. Das Rad steckte kopfüber im Morast und rotierte noch immer rasant. Alles, was irgendwie daran klebte, wurde ziemlich weit weggeschleudert.

ZENTRIFUGALKRAFT

Wenn ein Körper sich im Kreis dreht, ändert er ständig seine Richtung. Seine Trägheit widersteht jeder Änderung der Richtung und auch Geschwindigkeit, und deshalb würde jeder Körper sich geradeaus fortbewegen, wenn er den Kreis verlassen könnte.

Auf den Kreis bezogen, versucht ein Körper stets, unter Einfluß einer nach auswärts gerichteten Kraft sich vom Zentrum fortzubewegen. Diese Kraft ist als Zentrifugal- oder Fliehkraft bekannt, und alles, was sich im Kreis dreht — wie der Morast beim Einrad —, unterliegt ihr. Sie ist um so größer, je schneller ein Körper sich dreht.

Die Zentrifugalkraft wird in Maschinen eingesetzt, um etwas nach außen zu schleudern. Das einfachste Beispiel ist vermutlich die Wäscheschleuder, in der eine rotierende Trommel die Kleider zurückhält, während das Wasser durch Löcher in der Trommelwand herausgeschleudert wird. Andere Maschinen setzen die Zentrifugalkraft ein, die durch eine plötzliche Bewegung hervorgerufen wird, um Haken und Ratschen auszulösen.

NUTZUNG DER TRÄGHEIT

TÖPFERSCHEIBE

Die Töpferscheibe ist eine schwere Scheibe auf einer Welle.
Sie wird entweder durch Drehen der Welle oder durch
Betätigung eines Tretrads angetrieben. Das Rad besitzt eine
große Trägheit und dreht sich daher auch dann weiter,
wenn man es nur hin und wieder mal anstößt.

SPIELZEUG MIT FRIKTIONSANTRIEB

Ein solches Spielzeug speichert
Energie in einem Schwungrad. Wenn
man es auf dem Boden abrollt, wird
das Schwungrad von den Rädern in
Bewegung gesetzt. Durch seine Trägheit rotiert es weiter, und wenn
man das Spielzeug auf
dem Boden absetzt,
flitzt es sofort
los.

Zentrifugalkraft!

PLATTENTELLER

Der Teller eines Plattenspielers muß sich mit sehr
gleichmäßiger Geschwindigkeit drehen. Aus diesem
Grund ist sein Rand verstärkt, so daß sich seine größte
Masse in jenem Teil befindet, der sich am schnellsten
dreht, was seine Trägheit erhöht. Die Trägheit des
Plattentellers gleicht auch die kleinste Änderung der
Geschwindigkeit aus, die der Elektromotor des
Plattenspielers verursachen könnte.

VERSTÄRKTER RAND

TONABNEHMER

ACHSE

ANLASSER

Das Trägheitsprinzip kommt beim Starten eines Wagens wie auch beim Erzeugen einer ruhigen Fahrt ins Spiel. Der Anlasser eines Wagens startet den Motor, indem sein Ritzel den Zahnkranz des Motorschwungrads so lange in Drehung versetzt, bis der Motor aus eigener Kraft weiterlaufen kann. Durch einen raffinierten Einsatz des Trägheitsprinzips kann das Anlasserritzel über ein einfaches Feder- und Schraubensystem in das Schwungrad ein- und ausspuren. Sobald der Motor aus eigener Kraft dreht, gleicht die Trägheit des schweren Schwungrads die ruckartige Bewegung der Zylinderkolben aus.

1 STARTEN

Sobald der Zündschlüssel umgedreht wird, dreht sich der Anlassermotor schnell. Dabei dreht sich die Ankerwelle des Anlassers schneller als das Ritzel (kleines Zahnrad), das wegen seiner Trägheit abgebremst wird. Deshalb bewegt sich das Ritzel auf dem Steilgewinde in Richtung Schwungrad.

2 MOTOR DREHT

Die Zähne des Ritzels spuren in das Schwungrad ein, und dadurch vermag der Anlasser die Kurbelwelle des Motors zu drehen.

3 ANLASSER KUPPELT AUS

Wenn der Motor zu drehen beginnt, dreht das Ritzel schneller als die Ankerwelle des Anlassers. Aus diesem Grund bewegt es sich auf dem Steilgewinde wieder zurück und spurt aus dem Schwungrad aus.

STEHENDES SCHWUNGRAD

RITZEL BEWEGT SICH IN RICHTUNG SCHWUNGRAD

FEDER

STEILGEWINDE

ANKERWELLE

VOM RITZEL GEDREHTES SCHWUNGRAD

IN SCHWUNGRAD EINGESPURTES RITZEL

RITZEL SPURT AUS

VOM MOTOR GEDREHTES SCHWUNGRAD

ANLASSER

KURBELWELLE

SCHWUNGRAD

DAS SPRINGROLLO

Ein Springrollo läßt man herunter, indem man einfach daran zieht. Es rollt sich ab und verharrt in jeder gewünschten Stellung. Um es hochzurollen, braucht man nur kurz und heftig daran zu ziehen, und schon rollt es sich ganz auf. Doch wie kann das Rollo ein sanftes Ziehen von einem heftigen Ruck unterscheiden?

Die Welle, auf der das Rollo aufgerollt ist, enthält eine kräftige Feder, die aufgezogen wird, wenn man das Rollo herunterzieht.

Ein Sperrmechanismus — eine einfache Ratsche — verhindert, daß die Feder sich abrollt, wenn sie sanft gelöst wird. Wird jedoch mit kurzem Ruck an einem Rollo gezogen, arretiert die Ratsche das Rollo nicht länger in dieser Stellung. Durch diese Bewegung löst ein Zentrifugalgerät im Sperrmechanismus die Feder: die Feder rollt sich ab und setzt die gespeicherte Energie frei, und das Rollo rollt sich auf.

SPERRHAKEN — VERSCHLUSSSCHEIBE — WELLE — FESTER STAB

SPERRHAKEN

RATSCHE — FEDER

HERUNTERLASSEN
Wenn die Welle sich dreht, dreht sich die Verschlußscheibe, die die Feder aufzieht. Die Sperrhaken hängen lose an einem Gelenk und rutschen über die Ratsche, die fest mit der Welle verbunden ist.

EINRASTEN
Wenn die Welle anhält, drückt die Feder die Verschlußscheibe leicht zurück. Einer der beiden Sperrhaken fällt auf die Ratsche runter und sperrt die Verschlußscheibe.

LÖSEN
Durch einen heftigen Ruck dreht sich die Welle scharf, wodurch sich der verschließende Sperrhaken zurückbewegt und die Ratsche freigibt. Die Verschlußscheibe kann sich nun frei drehen.

HOCHROLLEN
Die Feder rollt sich ab, wodurch sich die Verschlußscheibe schnell dreht. Durch die Zentrifugalkraft bleiben die Sperrhaken der Ratsche fern, und das Rollo rollt sich auf.

DER SICHERHEITSGURT

Ein Sicherheitsgurt funktioniert auf eine dem Spring-rollo entgegengesetzte Weise. Statt zu sperren, wenn am Gurt sanft gezogen wird, sperrt er, wenn mit heftigem Ruck, wie bei einem Autozusammenstoß, daran gezogen wird. Dadurch werden der Fahrer und die Insassen geschützt. Der Gurt bleibt ungesperrt, solange sanft gezogen wird, und macht somit normale Bewegungen auf dem Autositz möglich. Das Herz eines Sicherheitsgurts ist eine Zentrifugalkupplung.

1 GURT DREHT FREI
Bei normalem Gebrauch ist die Zahnradscheibe nicht mit der Kupplung in Berührung, und deshalb kann die Scheibe sich langsam frei drehen.

2 KUPPLUNG RASTET EIN
Bei einer plötzlichen Bewegung rotiert die Zahnradscheibe schnell in der Kupplung. Sie gleitet nach außen: der innere Zahn der Kupplung rastet ein.

3 GURT SPERRT
Ist die Kupplung eingerastet, so bewegt sie einen Sperrhaken, der wiederum die Ratsche einrasten läßt. Der Sperrhaken ist mit der Karosserie verbunden, während die Ratsche an der Gurtwelle befestigt ist. Der Sperrhaken verriegelt die Ratsche, der Gurt ist gesperrt. Lockert sich die Gurtspannung, so bringen Federn alle Teile in die Ausgangsstellung zurück und geben den Gurt frei.

GURT

GURTWELLE

RATSCHE

SPERRHAKEN RASTET EIN UND VERRIEGELT RATSCHE

KUPPLUNG BEWEGT SPERRHAKEN

GURTWELLE

ZAHNSCHEIBE

DAS GYROSKOP

Ein rotierendes Gyroskop (oder Kreisel) kann sich auf einer Achse drehen und der Erdanziehungskraft trotzen, indem es sich waagerecht und auf der Spitze seiner Achse hält. Statt von der Achse zu fallen, dreht sich das Gyroskop um sie herum. Die Erklärung für diese erstaunliche Tatsache liegt in der Präzession begründet. Wie alle anderen Körper unterliegt das rotierende Rad eines Gyroskops der Schwerkraft. Solange es sich jedoch dreht, übersteigt die Präzession die Schwerkraft, indem diese in eine Kraft umgewandelt wird, die das Gyroskop zu drehen statt umzufallen zwingt.

DREHUNG · DREHACHSE · SCHWERKRAFTACHSE · FREIES ENDE · UNFREIES ENDE · ANZIEHUNGSKRAFT · PRÄZESSIONSACHSE · PRÄZESSIONSBEWEGUNG

1 DAS GYROSKOP BEGINNT ZU DREHEN
Das Gyroskop wird angestoßen und dreht, so daß seine Achse waagerecht und das Rad senkrecht ist. Das ganze Gyroskop rotiert um die Drehachse, die durch seine Achse verläuft.

2 DIE SCHWERKRAFT WIRKT
Das Gyroskop wird so plaziert, daß sich ein Achsenende frei bewegen kann. Die Schwerkraft versucht, dieses Ende nach unten zu ziehen und dreht das Gyroskop um eine zweite Achse, die Schwerkraftachse.

3 PRÄZESSION ÜBERSTEIGT SCHWERKRAFT
In diesem Punkt greift die Präzession ein. Statt der Anziehungskraft zu gehorchen, bewegt das Gyroskop sich dank der Präzession auf einem waagerechten Kreis — in Wirklichkeit um eine dritte Achse, die Präzessionsachse.

Wenn die Schwerkraft auf das Gyroskop einwirkt, um es in entgegengesetzter Richtung zu drehen, dann präzessiert es auch in dieser Richtung.

DER KÜNSTLICHE HORIZONT

Für die Navigation sind Gyroskope sehr wichtig. Ein rotierendes Gyroskop besitzt eine gyroskopische Trägheit, die jeder Änderung seiner Richtung widersteht. Die Achse des Gyroskops bleibt in der ursprünglichen Richtung ausgerichtet.

Beim künstlichen Horizont — ein Instrument, das den Winkel der Schräglage eines Flugzeugs anzeigt — steuert das Gyroskop eine Anzeige. Mit Hilfe der Kardanringe bleiben die Achsen des Gyroskops stets waagerecht. Geht das Flugzeug in eine Schräglage, verbleibt die Anzeige ebenfalls horizontal und zeigt dadurch die Größe des Winkels der Schräglage an.

KARDANISCHE AUFHÄNGUNG

ACHSE

GYROSKOP

ROLLACHSE

GUCKFENSTER

ANZEIGE DER FLUGZEUGLAGE

GEHÄUSE

NEIGUNGSACHSE

DER KREISELKOMPASS

Im Kreiselkompaß zeigt das Gyroskop die Richtung an. Die Achse des Kreisels wird in Nord-Süd-Richtung eingestellt und der Kreisel in Rotation versetzt. Das Gyroskop ist mit einer Kompaßanzeige verbunden, so daß das Gyroskop die Anzeige in Nord-Süd-Richtung hält, auch wenn das mit einem Gyroskop ausgerüstete Schiff oder Flugzeug beidreht.

Jedoch kann die Reibung in einem Gyroskop zu einer Abweichung von der Richtung des Nordpols führen, und die muß korrigiert werden. In einigen Gyroskopen geschieht dies automatisch mit Hilfe der Schwerkraft. Und zwar ist das Gyroskop mit einem Gewicht verbunden, zum Beispiel einem Quecksilberbehälter, der als Pendel wirkt. Sobald die Anzeige im Kreiselkompaß vom Nordpol abweicht, kippt das Pendel die Drehachse des Kreisels in die Waagerechte zurück. Die dann auftretende Präzession bringt die Achse in die Richtung des Nordpols zurück.

DER NICHT- MAGNETISCHE KOMPASS

Ein magnetischer Kompaß zeigt in Richtung der Magnetpole, die nicht mit den geographischen Polen übereinstimmen, und muß deshalb korrigiert werden. Ein Kreiselkompaß arbeitet unabhängig vom Magnetfeld der Erde.

NORDPOL

SÜDPOL

KOMPASSROSE

KUGELLAGER

KARDANISCHE AUFHÄNGUNG

GEHÄUSE

KREISEL

KARDANISCHE AUFHÄNGUNG

QUECKSILBER- BEHÄLTER

FEDERN

DAS MAMMUT ALS ERNTEHELFER

Eine große Anzahl von Mammuts ist trotz ihres allgemein sanften Temperaments für Hausarbeit ausgesprochen ungeeignet. Da sie zudem der Arbeit unter freiem Himmel den Vorzug geben und über ungeheure Kräfte verfügen, eignen sie sich vorzüglich als Erntehelfer. Ich erinnere mich gut daran, wie Mammuts bei einer besonders schwierigen Kokosnußernte eifrig mithalfen. Statt selbst jede Palme hochzuklettern und von dort oben die Kokosnüsse herunterzuwerfen, die beim Aufprall auf dem Boden zerbersten konnten, setzte der Bauer sein Mammut ein, damit es ihm die Kokosnüsse in Reichweite seiner Leiter herunterzog, von der aus er sie dann mühelos pflücken konnte.

FEDERN, DIE IHRE FORM ZURÜCKGEWINNEN

Die dritte Verwendungsart ist die als Arbeitsspeicher. Wenn man eine Feder dehnt oder zusammendrückt, gibt man ihr Bewegungsenergie. Diese Energie kann sofort wieder abgegeben werden, wie im Fall einer Türschließfeder, oder sie bleibt gespeichert. Wenn die Feder entlastet wird, gibt sie die gespeicherte Energie ab. Federgetriebene Uhren setzen die in Federn gespeicherte Energie frei.

FEDERN ALS KRAFTMESSER

Die zweite Verwendungsart nutzt den Weg, um den eine Feder sich verformt, wenn eine Kraft an ihr angreift. Dieser Weg ist exakt proportional der Größe der Kraft auf die Feder — je mehr man an einer Feder zieht, um so mehr dehnt sie sich. Viele Waagen verwenden Federn auf diese Art.

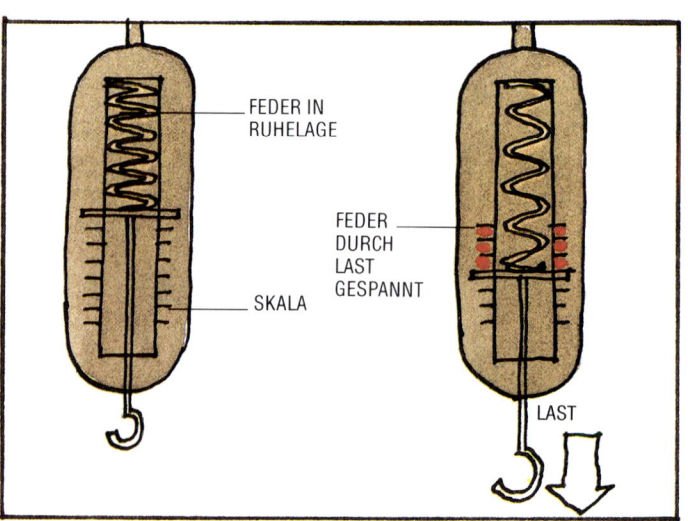

Doch während ich gedankenverloren über diese harmonische Partnerschaft von Mensch und Mammut sinnierte, geschah das Unglück. Eine kleine Maus, die überraschend aufgetaucht war, brachte das Mammut so sehr aus dem Gleichgewicht, daß es das Seil losließ. Die Palme hatte nichts Besseres zu tun, als ihrem natürlichen Instinkt zu folgen und in ihre ursprüngliche Stellung zurückzuschnellen, wobei die Kokosnüsse — und der Bauer — weit weg geschleudert wurden.

Bild 2

Bild 3

FEDERN ALS ARBEITSSPEICHER

Die dritte Verwendungsart ist die als Arbeitsspeicher. Wenn man eine Feder dehnt oder zusammendrückt, nimmt sie bei der Verformung Arbeit auf. Diese Arbeit kann sofort wieder abgegeben werden, wie im Fall einer Türschließfeder, oder bleibt gespeichert. Wenn die Feder entlastet wird, gibt sie die gespeicherte Energie ab. Federgetriebene Uhren setzen die in Federn gespeicherte Energie frei.

AUFGEWENDETE KRAFT

FEDER ZIEHT SICH ZUSAMMEN, UM ENERGIE ZU SPEICHERN

ELASTIZITÄT

Ihre besondere Eigenschaft, die Elastizität, erhalten Federn durch die Art und Weise, wie ihre Moleküle untereinander wirken. Zwei Hauptarten der Kraft wirken auf die Moleküle in einem Material — eine Anziehungskraft, die die Moleküle anzieht, und eine Abstoßungskraft, die sie voneinander wegstößt. Normalerweise sind diese beiden Kräfte ausgeglichen, so daß die Moleküle sich in einem gewissen Abstand voneinander befinden.

ABSTOSSUNGSKRAFT

ANZIEHUNGSKRAFT

FEDER IN RUHESTELLUNG
Die Anziehungs- und Abstoßungskraft sind ausgeglichen.

ZUSAMMENGEDRÜCKTE FEDER
Durch Zusammendrücken einer Feder entsteht eine Abstoßungskraft. Wenn sie entlastet wird, stößt diese Kraft die Moleküle wieder voneinander weg.

GEDEHNTE FEDER
Durch Dehnung einer Feder entsteht eine Anziehungskraft. Wird sie entlastet, stößt diese Kraft die Moleküle zurück.

DIE HEFTMASCHINE

Eine Heftmaschine ist ein alltägliches Bürogerät, das eine sinnreiche Anordnung von Federn in seinem Innern birgt. Sie enthält eine Spiralfeder, die die Heftklammern im Magazin vorwärtsbewegt, wie auch eine Blattfeder, die nach Gebrauch die Heftmaschine in Anfangsstellung zurückbefördert. Durch Herunterdrücken der Heftmaschine schneidet die Klinge in das Magazin und drückt dabei die erste Heftklammer ins Papier. Der Amboß biegt die beiden Enden der Heftklammern so um, daß das Papier zusammengeheftet wird. Die Rückholfeder hebt dann das Magazin und die Klinge so an, daß die Spiralfeder im Magazin die nächste Heftklammer in Stellung schieben kann.

BASISPLATTE
Ein Vorsprung an der Basisplatte drückt die Rückholfeder hoch, wenn die Heftmaschine benutzt wird. Nach Gebrauch hebt die Feder das Magazim vom Amboß ab.

RADAUFHÄNGUNG

Die Aufhängung der Räder eines Wagens machen es möglich, daß der Wagen sogar über eine holperige Straße ruhig fährt. Die Räder hüpfen auf und nieder, doch zwischen den Radachsen und der Karosserie verformen sich Federn und federn dadurch die Kraft der Stöße so ab, daß die Karosserie davon verschont bleibt. Federn allein würden eine Hüpfbewegung bewirken. Aus diesem Grund ist zu dieser Aufhängung eine Dämpfung in Form der bekannten Stoßdämpfer vonnöten. Diese verzögern die Federbewegung, damit Wagen und Insassen nicht auf und ab hüpfen müssen.

STOSSDÄMPFER
Ein Stoßdämpfer wird zwischen den Radachsen und der Karosserie verschraubt. Der Kolben im Hydraulikzylinder verdrängt Öl durch kleine Bohrungen oder Ventile und wird dabei abgebremst.

SCHRAUBENFEDER
Kleinere Fahrzeuge besitzen je eine Schraubenfeder und einen Stoßdämpfer pro Rad. Die Radachse ist mit Gelenkstreben so verbunden, daß sie sich auf und ab bewegen können. Schraubenfeder und Stoßdämpfer sind zwischen Karosserie und Gelenken oder Dreieckslenkern montiert.

KAROSSERIEAUFBAU
OBERER DREIECKSLENKER
DREHGELENK
ACHSSCHENKEL
STOSSDÄMPFER
SCHRAUBENFEDER
UNTERER LENKER
DREHGELENK
RADACHSE

KAROSSERIEBEFESTIGUNG
ÖL
KANAL
KOLBEN
VENTIL
ÖLRESERVOIR
HYDRAULIKZYLINDER
RADACHSENBEFESTIGUNG

RÜCKHOLFEDER
Die Rückholfeder ist eine Blattfeder, die die Klinge vom Magazin hochhebt und nach Gebrauch das Magazin und den Amboß voneinander trennt.

MAGAZIN
Ein Streifen Heftklammern wird ins Magazin eingelegt und von einer Spiralfeder gehalten, die die nächste Heftklammer in Stellung bringt.

KLINGE

AMBOSS

MAGAZINFEDER

HEFTKLAMMER

BLATTFEDER
Größere Fahrzeuge sind mit Hochleistungs-Blattfedern und Stoßdämpfern ausgestattet, um die Stöße abzufedern. Die Blattfeder besteht aus einem Stapel leicht gewölbter Stahlstreifen, die sich bei Belastung gerade biegen. Die Achse ist in oder nahe der Mitte der Blattfeder befestigt, die Federenden sind mit der Karosserie verbunden. Der Stoßdämpfer ist zwischen Radachse und Karosserie eingebaut.

TORSIONSSTAB
Ein Torsionsstab ist ein Stahlstab, der beim Aufnehmen einer Drehkraft wie eine Feder wirkt: er widersteht ihr und dreht sich zurück, sobald diese Kraft verschwindet. Viele Autos besitzen Stabilisatoren zwischen den vorderen Radachsen. Wenn der Karosserieaufbau sich in einer scharfen Kurve infolge der Fliehkraft zur Seite neigt, so federt das kurveninnere Rad stärker ein als das äußere. Dadurch verdrillt sich der Stabilisator und wirkt durch seine Federkraft der Seitenneigung entgegen.

KAROSSERIEBEFESTIGUNG

KAROSSERIEBEFESTIGUNG

BLATTFEDER

RADACHSE

KAROSSERIEBEFESTIGUNG

TORSIONSSTAB

WIDERSTANDSKRAFT

DREHKRAFT

STABILISATOR

INNENRAD

AUSSENRAD

UNTERE DREIECKSLENKER

STABILISATOR

REIBUNG

WIE BADET MAN EIN MAMMUT?

Wie die kleinen Kinder in einer Familie, so müssen auch die Mammuts ziemlich regelmäßig gebadet werden. Und wie kleine Kinder empfinden sie ein Bad nur als eine unangenehme Unterbrechung und dämliche Demütigung. Häufiges Baden ist praktisch unmöglich, doch wenn es sich mal wieder nicht vermeiden läßt, ist es am allerschwierigsten, das Biest in den Bereich der Badewanne zu bugsieren.

HAFTUNG UND GRIFFIGKEIT

Die Reibung ist eine Kraft, die auftaucht, wann immer eine ebene Fläche auf einer anderen reibt, oder wenn sich ein Körper durch Wasser oder irgendeine andere Flüssigkeit und durch Luft oder Gas bewegt. Sie ist stets der Bewegung entgegengerichtet. Wenn zwei Flächen aufeinander gleiten, entsteht Reibung. Je stärker sie aneinandergedrückt werden, um so größer ist die Griffigkeit. Hier sind dieselben Molekularkräfte am Werk wie bei den Federn. Die Kräfte zwischen den Molekülen in den Oberflächen drücken die Flächen aneinander. Je näher sich die Moleküle kommen, um so größer ist die Reibung.

Die Bademannschaft hat mit dem überlegenen Gewicht des Mammuts zu kämpfen, das ihm eine bessere Bodenhaftung verschafft. Nur als die Mannschaft die Reibung durch Seife und Kieselsteine — ein Schmiermittel und ein Kugellager — verringerte, konnte sie das Vieh vorwärtsschieben.

Man erhält nie dieselbe Menge nützlicher Arbeit aus einem mechanischen Gerät zurück, die man hineingesteckt hat; die Reibung raubt immer einen Teil der Energie, die von der Maschine weitergegeben wird. Statt als sinnvolle Bewegung taucht diese verlorene Energiemenge als Wärme oder als Töne auf: merkwürdige Geräusche in der Maschine deuten

darauf hin, daß sie nicht optimal arbeitet.

Konstrukteure und Ingenieure bemühen sich, die Reibung zu reduzieren und die Maschinen so leistungsfähig wie möglich zu bauen. Doch paradoxerweise sind manche Maschinen auf Reibungskräfte angewiesen. Gäbe es keine Reibung, so würden die Autos außer Rand und Band geraten, die Räder wie wild wirbeln. Die Bremsen, die dank der Reibung funktionieren, wären nicht zu gebrauchen und auch die Kupplung nicht, Schleifmaschinen würden nicht mal einen Kratzer verursachen und Fallschirme wie Blei vom Himmel herunterstürzen.

Die Badeszene, die mir noch sehr lebhaft vor Augen schwebt, war der Prozedur beim Wiegen eines Mammuts nicht unähnlich. Viele Leute in Turnschuhen hatten sich auf der Seite der Badewanne versammelt, die mit Seifenlauge gefüllt war. Auf der anderen Seite hockte halsstarrig ein schmutziges Mammut. Es dürfte bekannt sein, daß das Gewicht eines Mammuts seine stärkste Waffe ist. Allein dadurch, daß es gar nichts tut, ist es in der Lage, allen Bemühungen, es in Bewegung zu versetzen, zu widerstehen, ausgenommen den ausgeklügelsten.

Als die Seile am Tier befestigt waren, wurde kräftig daran gezogen. Inzwischen verwendete eine andere Gruppe eine Technik, der ich zuvor auf meinen Forschungsreisen noch nie begegnet war. Zuerst benutzten sie einen Hebel zweiter Klasse, um das Tier leicht anzuheben. Gerade als ich dachte, sie wollten das Mammut den ganzen Weg bis zur Badewanne mit Hilfe dieses Hebels vorwärtsbewegen, schütteten einige von ihnen eine Mischung aus flüssiger Seife und Kieselsteinen zwischen die sich sträubende Kreatur und den Boden.

Das Resultat war verblüffend: Der Widerstand des Tiers war schlagartig geringer, und trotz seines Widerstrebens konnte es unaufhaltsam zur Wanne gezerrt werden. Obwohl man an beiden Seiten zugleich arbeitete, dauerte es doch noch eine gute halbe Stunde, bis das Mammut endlich so nahe am Schaumbad war, daß man ihm gehörig den Kopf waschen konnte.

AUTOREIFEN

Zum Fortbewegen und zum Steuern brauchen Autoreifen die Reibung; sie haften so auf dem Straßenbelag, daß die Motorkraft und die Kraft, die man selbst auf das Lenkrad ausübt, in Kräfte umgewandelt werden, die auf die Reifen wirken und den Wagen vorwärtsbewegen. Die Reifen müssen bei jedem Wetter haften. Wenn sich ein Wasserfilm zwischen Reifen und Straßenbelag schiebt (Aquaplaning), verliert der Reifen die Haftung, und der Wagen läßt sich nicht mehr steuern. Das erhöhte Profil des Autoreifens dient dazu, das Wasser abzuleiten, damit die Haftung auch auf regennasser Straße gewährleistet ist.

FALLSCHIRM

Wenn sich ein Fallschirm öffnet, entwickelt er eine große Reibungskraft in der Luft, da er sich schnell bewegt. Die Reibung ist zuerst größer als die Schwerkraft, deshalb sinkt der Fallschirm anfangs langsam. Sinkt die Fallgeschwindigkeit, nimmt auch die Reibung ab, bis sie der Schwerkraft entspricht. An diesem Punkt wirkt keine Gegenkraft mehr auf den Fallschirmspringer, so daß er ohne Änderung der Sinkgeschwindigkeit weiter fällt. Diese gleichbleibende Sinkgeschwindigkeit ist niedrig genug für eine sichere Landung.

REIBUNG MIT DER LUFT

SCHWERKRAFT

DIE KUPPLUNG

Im Auto wird die Reibung in der Kupplung eingesetzt, um die Drehungen der Kurbelwelle erst zum Getriebe, dann zu den Rädern zu übertragen. Die Kupplung kann diese Drehungen langsam aufnehmen, so daß das Auto sich langsam vorwärtsbewegt.

In einem Auto mit handgeschaltetem Getriebe wird die Kupplung durch Treten des Kupplungspedals gelöst. Das Pedal betätigt die Druckscheibe, die auf Hebel hinter dem rotierenden Kupplungsdeckel drückt. Dadurch wird die Druckscheibe von der Kupplungsscheibe gelöst und das von der Kurbelwelle angetriebene Schwungrad von der Kardanwelle ausgerückt und ausgekuppelt. Wird das Kupplungspedal losgelassen, drücken die Federn die Druck- und die Kupplungsscheibe gegen das Schwungrad. Dank eines Reibungsbelags auf der Kupplungsscheibe kann sie am Schwungrad schleifen und sich einkuppeln, ohne daß es ruckt.

VON DER KURBELWELLE ANGETRIEBENES SCHWUNGRAD

KUPPLUNGSSCHEIBE

DRUCKSCHEIBE

FEDER

KUPPLUNGS-GEHÄUSE

KUPPLUNGSGAB

DRUCK-LAGER

DRUCKRING

SYNCHRONGETRIEBE

MOTOR
HAUPTANTRIEBSWELLE
GETRIEBE
AUSGLEICHSGETRIEBE
KUPPLUNG

EINGERÜCKTE KUPPLUNG
Durch Loslassen des Kupplungspedals drücken die Federn Kupplungsscheibe und Schwungrad zusammen, so daß das Schwungrad die Antriebshauptwelle antreibt.

ANTRIEBSHAUPTWELLE ZUM GETRIEBE

AUSGERÜCKTE KUPPLUNG
Tritt man das Kupplungspedal, so wird der Druckring niedergedrückt, der seinerseits die Druckscheibe zurückdrückt. Dadurch werden Schwungrad und Antriebshauptwelle so voneinander getrennt, daß der Motor die Räder nicht antreiben kann.

Das Synchrongetriebe ist ein Mechanismus im ▷ Getriebe, das dem Fahrer eine leichtere Gangschaltung ermöglicht. Es verhindert, daß sich die Zahnräder im Getriebe bei unterschiedlichen Geschwindigkeiten verzahnen und etwa zusammenkrachen. Vor dem Einlegen eines Vorwärtsganges drehen die vom Motor angetriebenen Zahnräder im Freilauf auf der Antriebshauptwelle. Um einen Gang einlegen zu können, müssen Zahnrad und Welle sich gleich schnell drehen, damit sie verzahnt werden können. Das Synchrongetriebe nutzt die Reibung, um dies ruckfrei und geräuschlos zu bewerkstelligen.

Beim Betätigen des Ganghebels gleitet der Kragen an der Antriebshauptwelle entlang und dreht sich mit ihr. Der Kragen paßt auf einen Kegel auf dem Getriebezahnrad, das beschleunigt oder abgebremst wird, bis es mit derselben Geschwindigkeit dreht. Der äußere Ring auf dem Kragen spurt dann in die Hundezähne auf dem Kegel ein und verriegelt Kragen und Getriebezahnrad.

AUSGESPURTES SYNCHRONGETRIEBE
Ist das Synchrongetriebe ausgespurt, sind Kragen und Zahnrad voneinander getrennt und das Zahnrad läuft auf der Antriebshauptwelle im Freilauf.

SCHALTGABEL
HUNDEZÄHNE
GETRIEBEZAHNRAD
KEGEL
ZAHNKRANZ
KRAGEN
ZAHNRAD
ANTRIEBSHAUPTWELLE

EINGESPURTES SYNCHRONGETRIEBE
Der Kragen legt sich auf den Kegel, und die Reibung dazwischen bringt sie auf dieselbe Geschwindigkeit. Die Zähne spuren ineinander. Das Getriebezahnrad ist nun mit der Antriebshauptwelle verriegelt und kann die vom Motor erzeugte Drehkraft auf die Räder übertragen.

DIE AUTOBREMSEN

Damit ein schnellfahrender Wagen mit Insassen innerhalb weniger Sekunden zum Stillstand kommt, müssen die Bremsen eine größere Kraft erzeugen als der Motor. Diese Kraft wird durch Reibung zwischen Flächen erzeugt, deren Gesamtfläche nicht größer ist als die der beiden Handflächen.

Bremsen sind wirkungsvoll, weil Bremsklötze und Bremsscheibe oder Bremsbacken und Bremstrommel mit großer Kraft zusammengedrückt werden. Bei einem Wagen mit servo-unterstützten Bremsen wird der Druck aufs Bremspedal durch eine Hydraulik im Bremssystem verstärkt (siehe S. 128). In einem Wagen mit Druckluftbremsen wird dieses hydraulische System durch ein weiteres System verstärkt, das durch Druck aufs Bremspedal ausgelöst wird und dem Fahrer schnelleres Bremsen ermöglicht (siehe S. 127).

BREMSKLÖTZE
Der Druck der Hydraulikflüssigkeit zwingt die Kolben in den Druckzylindern, die Bremsklötze gegen die Bremsscheibe zu pressen.

SCHEIBENBREMSEN

Bei Scheibenbremsen entsteht durch die Bremsklötze Reibung auf beiden Seiten der Bremsscheibe. Die hohe Bremsleistung wird durch die dabei entstehende große Wärme nicht beeinträchtigt, da sie von der Luft, die über die Bremsscheibe strömt, abgeleitet wird.

Scheibenbremsen werden an den Vorderrädern angebracht, da dort die größte Bremskraft benötigt wird, manchmal auch an allen Rädern.

BREMSSATTEL
Der Bremssattel umfaßt die Bremsscheibe und nimmt Bremsklötze und Hydraulikzylinder auf.

BREMSSCHEIBE
Die Scheibe ist am Rad befestigt und der Luft ausgesetzt, so daß die beim Bremsen erzeugte Wärme abgeleitet wird.

BREMSBELÄGE

HYDRAULIKZYLINDER

TROMMELBREMSEN

Bei Trommelbremsen wird im Innern der rotierenden Trommeln Reibung durch die Bremsbacken erzeugt. Durch Wärmestau nimmt die Reibung ab, weshalb Trommelbremsen „nachlassen" und Bremskraft einbüßen. In vielen Autos sind die Hinterräder mit Trommelbremsen ausgerüstet. Die Handbremse betätigt oft die Bremsen an den Hinterrädern über eine mechanische Verbindung.

BREMSBACKEN
Die Bremsbacken sind entweder an einem Ende eingehängt oder werden von zwei Hydraulikzylindern bewegt. Die Bremsbeläge auf den Backen werden gegen die Bremstrommeln gepreßt.

BREMSTROMMEL
Die Bremstrommel ist am Rad befestigt. Eine Rückholfeder drückt die Bremsbacken von der Trommel weg, wenn das Bremspedal losgelassen wird.

RÜCKHOLFEDER

ÖLBOHRTURM

Bohrungen müssen oft tief durch hartes Gestein geführt werden. Der sich drehende Bohrmeißel dringt in die Erde vor, indem er das Felsgestein durch Abschleifen zerkleinert. Schleifen ist eine extreme Form der Reibung, bei der große Wärme entsteht. Sie wird durch eine Kühlflüssigkeit aus Schlamm abgeleitet, die am Bohrgestänge hinabgepumpt wird. Bohrtürme werden über einem Öl- oder Gaslager errichtet, das im Boden oder im Meeresgrund aufgespürt wurde. Bohrinseln auf See stehen entweder auf dem Meeresgrund oder auf einer Stützkonstruktion oder sind verankert und schwimmen auf der Oberfläche.

BOHRINSEL AUF SEE

BOHRTURM AN LAND

BOHR-SCHLAMM

BOHR-GESTÄNGE

ROLLEN-MEISSEL

MEERESGRUND

VERROHRUNG

GESTEIN

ROLLEN-MEISSEL

Der Bohrmeißel ist am Ende eines langen Bohrgestänges montiert, das von einer Maschine im Bohrturm gedreht wird. Ein 3-Rollen-Meißel für Rotary-Tiefbohrungen, bestehend aus drei mit Zähnen versehenen Kegelrädern, dreht sich mit. Das Gewicht des Bohrgestänges auf dem Bohrmeißel fördert das Abschleifen und Zerkleinern des Felsgesteins.

SPÜLPUMPE

SCHLAMMBEHÄLTER

BOHRSCHLAMM

Der in Bohranlagen verwendete Schlamm ist eine speziell für das Bohren entwickelte Flüssigkeit, die oben in das Bohrgestänge gepumpt wird. Er fließt bis zum Bohrmeißel hinunter und außen am Rohr wieder herauf zum Bohrturm zurück, wobei er zermahlenes Gestein mit sich führt. Nach dem Filtern wird er wieder verwendet.

VERROHRUNG

BOHRGESTÄNGE

BOHRMEISSEL

REIBUNGSLOSES ARBEITEN

Maschinen, die sich selbst bewegen oder Bewegungen erzeugen, werden von der Reibung begrenzt. Sie mindert zum Beispiel die Leistung der beweglichen Teile in einem Verbrennungsmotor und kann zu Überhitzung führen. Reduziert man die Reibung, verringert sich der Energiebedarf, und der Wirkungsgrad erhöht sich. Diese Reduzierung kann durch Beschränkung der Reibungsflächen auf ein Mindestmaß erzielt werden, indem man auf Kugellager, eine reibungsarme Bauweise und Schmiermittel zurückgreift.

KUGELLAGER

In einem Kugellager wird die Berührungsfläche zwischen Kugeln und beweglichen Teilen sehr klein gehalten. Daher ist die Reibung entsprechend gering. Rollen- oder Wälzlager verwenden zwar Zylinder statt Kugeln, arbeiten aber genauso.

INNERER LAUFRING · ÄUSSERER LAUFRING

KUGELN

MOTORSCHMIERUNG

Ein Auto besitzt mehrere Abschnitte mit beweglichen Teilen, und eine gute Schmierung ist daher unerläßlich. Bei Aufhängung, Lenksystem, Getriebe und Ausgleichsgetriebe reicht es, wenn sie mit Öl oder Fett gefüllt sind. Der Motor dagegen benötigt ein ausgeklügeltes Schmiersystem, damit alle Bestandteile bei der Arbeit mit Öl versorgt werden.

Öl befindet sich in einer Ölwanne unten am Wagen. Das Öl wird von der Wanne aus mit Hilfe einer ▷ Pumpe durch einen Ölfilter gedrückt, in der das Öl von Schmutzteilchen befreit wird, und gelangt dann zu den Lagern und den anderen beweglichen Motorteilen, wie den Kolben zum Beispiel. Diese Teile sind mit engen Kanälen versehen, die das Öl zu den beweglichen Oberflächen leiten. Dann fließt das Öl in die Wanne zurück und gelangt wieder in den Ölkreislauf.

ÖLPUMPE

ÖLFILTER

ÖLWANNE

PERPETUUM MOBILE

Trotz der besten Kugellager, Schmiermittel und einer reibungsarmen Bauweise bleibt dennoch ein Rest an Reibung vorhanden. Ohne die ständige Zufuhr von Brennstoff oder Elektrizität zehrt die Reibung nach und nach die kinetische Energie (Bewegungsenergie) einer Maschine auf, und sie wird langsamer und hält schließlich an. Das mythische Perpetuum mobile – eine Maschine, die, einmal gestartet, ohne Energiezufuhr ewig läuft – muß ein Mythos bleiben, jedenfalls auf der Erde.

Im Weltraum liegen die Dinge anders. Im luftleeren Raum gibt es keine Reibung, die ein Raumschiff abbremsen könnte. Hat es einmal seine Umlaufbahn erreicht, kann es ewig fliegen, ohne jemals seinen Raketenmotor zu zünden. Somit haben wir bei den Raumsonden, die zu fernen Sternen fliegen, doch noch das Perpetuum mobile vollbracht – eine reine Bewegung, die nur von der himmlischen Mechanik der Schwerkraft gesteuert wird.

FREIWILLIGE
MOLEKÜLE
GEHEN IN DIE ERSTE
WÄRMFLASCHE

Teil 2

NUTZBARMACHUNG DER ELEMENTE

EINLEITUNG

Die alten Griechen vertraten als erste die Anschauung, daß alles aus Elementen bestehe. Genau vier davon zauberten sie hervor: Erde, Feuer, Luft und Wasser. Wie sich später herausstellte, war ihre Idee zwar richtig, doch die Elemente waren es nicht. Moderne Elemente sind weniger beziehungsreich, dafür aber umso zahlreicher; es gibt knapp hundert dieser chemischen Grundstoffe. Manche von ihnen – wie Wasserstoff, Sauerstoff, Eisen und Kohlenstoff – sind gang und gäbe; andere – wie Quecksilber, Uran und Gold – sind selten und kostbar. Allein kraft ihrer Vernunft machten die Griechen die weitere grundlegende Entdeckung, daß alle Körper aus kleinen Teilchen bestehen, die sie Atome nannten. Die chemischen Elemente sind Grundstoffe, die nur aus einer Sorte von Atomen bestehen. Alle anderen Stoffe bestehen aus einem Gemisch aus zwei oder mehr Elementen, in denen sich die Atome zu Molekülen zusammenschließen. Die Art und Weise, wie Moleküle sich verhalten, bestimmt die Arbeitsweise vieler Maschinen: Schiffe, Flugzeuge, Pumpen, Kühlschränke und Verbrennungsmaschinen machen sich die alten Elemente nutzbar und versetzen zugleich Moleküle in Bewegung.

MEHR ÜBER MOLEKÜLE

Es bedarf ein wenig der Phantasie, um zu begreifen, daß alles aus kleinsten Teilchen besteht. Während der Leser zum Beispiel diese Zeilen liest, wird er aus allen Richtungen mit Sauerstoff- und Stickstoffmolekülen bombardiert, die sich mit Überschallgeschwindigkeit bewegen. Weshalb bemerkt dieser Leser aber nichts davon? Weil die Moleküle, aus denen die Luft besteht, klitzeklein sind. Man könnte 400 Millionen Millionen Millionen Moleküle in eine leere Streichholzschachtel packen. Es wäre allerdings besser zu sagen, daß sie *aus* einer Streichholzschachtel kommen würden, da Gasmoleküle so überaktiv sind, daß sie jeden Raum ausfüllen, der ihnen offensteht. Wie Fünfjährige stürzen sie mit nie erlahmender Energie in sämtliche Richtungen und knallen mit jedem Hindernis zusammen, auf das sie stoßen. In Flüssigkeiten, in denen sie weniger energiegeladen und aufs Geratewohl in kleinen Grüppchen versammelt sind, bewegen sie sich eher wie trunkene Tänzer, die dazu neigen, gegen die Wände der Disco zu taumeln. Moleküle in Festkörpern haben die geringste Energie; sie kauern sich zusammen wie eine Schafherde beim Weiden auf der Wiese. Wenn die Moleküle auch unsichtbar sind, so erklärt ihre Existenz doch die Eigenschaften und das Verhalten von Stoffen, die in den Maschinen genutzt werden. In einem Festkörper sind die Fesseln der Moleküle sehr stark; sie werden so fest zusammengehalten, daß der Festkörper steif und starr ist. In einer Flüssigkeit sind sie lockerer; locker genug, daß diese ein bestimmtes Volumen einnehmen und fließen kann. Die Fesseln in einem Gas schließlich sind ganz locker; sie ermöglichen den Molekülen, sich so weit zu bewegen, daß das Gas sich ausdehnen und jeden Raum ausfüllen kann. In jedem Stoff ist der Drang der Moleküle, entweder zusammenzubleiben oder sich voneinander weg zu bewegen, sehr stark. Dieser Drang wird in so unterschiedlichen Maschinen und Vorrichtungen wie der Rakete, dem Wasserklosett und dem Atemgerät genutzt.

DIE MACHT DER GROSSEN ANZAHL

Weil Moleküle in Flüssigkeiten und Gasen sich ständig in Bewegung befinden, besitzen sie Kräfte. Ein einzelnes Molekül besitzt sie sicherlich nicht, doch alle zusammen verfügen über eine Kraft, mit der man rechnen muß. Ein Schiff kann deshalb schwimmen, weil Milliarden über Milliarden von Wassermolekülen seinen Rumpf tragen. Und ein Jumbo Jet kann deshalb fliegen, weil unzählbare Moleküle sich unter seinen Tragflächen zusammenscharen, um ihn in der Luft zu halten. Moleküle bombardieren ständig jede Fläche, der sie begegnen. Bei jedem Zusammenprall wird dann eine kleine Kraft erzeugt, wenn das Molekül auf eine Fläche trifft und zurückgefedert wird. Über der gesamten Fläche baut sich auf diese Weise eine geballte Kraft auf – sie ist bekannt als der Druck einer Flüssigkeit oder eines Gases. Zwingt man immer mehr Moleküle in denselben Raum, so erhält man einen größeren Druck, da mehr Moleküle auf diese Fläche treffen. Der von der rastlosen Bewegung der Moleküle erzeugte Druck wird in vielen Maschinen angewendet. Manche Maschinen arbeiten, indem sie Druck erzeugen, während andere mit Druck betrieben werden.

DIE ERHÖHUNG DER GESCHWINDIGKEIT

Es gibt noch eine weitere Möglichkeit, den Druck kräftig zu erhöhen, ohne dabei Körperkraft einsetzen zu müssen. Das ist die Wärme, die eine Form der Energie ist. Wir empfinden Wärme oder das Fehlen von Wärme als Veränderung der Temperatur. Doch in der Sicht der Moleküle bedeutet Wärme lediglich Bewegung. Wenn man etwas Kaltes berührt, verlangsamen sich die Moleküle in den Fingern; wenn man etwas Warmes berührt, beschleunigen sie sich. Wenn Moleküle erwärmt werden, reagieren sie mit einer schnellen Bewegung. Der Druck steigt an, bis die Moleküle sich weiter weg bewegen, wodurch der Gegenstand sich ausdehnt. Werden die Moleküle schnell genug bewegt, so reißen die Fesseln zwischen ihnen: ein Festkörper schmilzt und verflüssigt sich, und eine Flüssigkeit verdampft zu einem Gas. Kühlt ein Gegenstand ab, so verlangsamt sich die Bewegung seiner Moleküle. Das Material verliert an Druck oder zieht sich zusammen. Bilden sich die Fesseln zu ihrem ursprünglichen Zustand zurück, kann ein Gas zu einer Flüssigkeit kondensieren und eine Flüssigkeit sich zu einem Festkörper verfestigen. Es gibt einen Punkt, der nur schwer zu erreichen und an dem alle Wärme verschwunden ist. Würde ein Körper auf eine Temperatur von -273,16° C abgekühlt, so würde jede Bewegung der Moleküle aufhören. Es ist die niedrigste Temperatur, die zu erreichen möglich ist; man nennt sie den absoluten Nullpunkt der Temperatur. Maschinen, die Wärme erzeugen oder sie nutzen, bringen Moleküle in Bewegung. Diese zusätzliche Bewegung kann die Beziehungen in den Atomfamilien innerhalb der Moleküle belasten, weil die Atome ihre Partner wechseln und neue Moleküle bilden. Feuer und Explosionen sind einige der möglichen Resultate, doch ebenso die Herstellung von Stahl und das Rösten von Brotscheiben.

DAS SPRENGEN DER FESSELN

Die Atome der Elemente setzen sich aus sogar noch kleineren Teilchen zusammen – aus Elektronen, die die äußere Schale eines jeden Atoms bilden, und aus Protonen und Neutronen, die seinen Kern bilden. Wir Menschen machen uns die Energie der Elektronen in Form der elektrischen Wärme in alltäglichen Geräten – vom Haarfön bis zur Heizung – nutzbar. Aber die Fesseln zu sprengen, die den Kern eines Atoms zusammenhalten, ist ganz und gar eine äußerst ernste Angelegenheit. Wie im letzten Abschnitt von *Nutzbarmachung der Elemente* beschrieben, handelt es sich dabei um die stärkste aller Fesseln. Sprengen wir sie, so setzen wir die mächtigste und sicher auch gefährlichste Energiequelle frei, die wir Menschen kennen.

SCHWIMMEN

WIE TRANSPORTIERT MAN EIN MAMMUT?

*A*ls ich einmal auf eine Fähre wartete, beobachtete ich weiter flußabwärts einen Konkurrenzunternehmer, der versuchte, ein besonders großes Mammut auf ein ansehnliches Floß zu schieben. Kaum war das Boot mit seiner widerstrebenden Ladung in See gestochen, als beide sehr schnell untergingen.

Über diesen Verlauf der Ereignisse bestürzt, verließ ich meinen Platz in der Schlange, um Erste Hilfe anzubieten. Das triefende Paar nahm mein Angebot umgehend an. Nachdem ich die Beteiligten gefragt und einige flinke Berechnungen angestellt hatte, kam ich zu der Schlußfolgerung, daß der Wassergeist einfach das Weite gesucht hatte, als er der imposanten Ladung ansichtig geworden war. Dadurch blieb unter dem Floß nichts mehr übrig, und es sank. Offensichtlich war eine kleine List vonnöten, um die geballte Ladung zum Schwimmen zu bringen. Deshalb schlug ich vor, daß man das Mammut hinter einem von mir erfundenen Versteck vor dem Wassergeist verbergen solle.

FLÖSSE UND BOOTE

Obwohl an den Haaren herbeigezogen, enthält die Erklärung des Erfinders ein Körnchen Wahrheit. Wasser geht tatsächlich einem Gegenstand aus dem Weg, der zu Wasser gelassen wird. Doch statt nichts mehr unter dem eingetauchten Gegenstand zu belassen, drückt das Wasser auf den Gegenstand zurück und versucht so, ihn zu tragen. Reicht der Druck aus, dann schwimmt der Gegenstand.

Betrachten wir das Floß einmal ohne seine Ladung. Sein Gewicht drückt es ins Wasser. Doch das Wasser drückt zurück und trägt das Floß mit einer Kraft, die Auftrieb genannt wird. Die Größe dieses Auftriebs hängt von der Wassermenge ab, die das Floß verdrängt oder zur Seite schiebt, wenn es zu Wasser gelassen wird. Je mehr das Floß eintaucht, um so größer wird der Auftrieb. An einem gewissen Punkt entspricht der Auftrieb dem Gewicht des Floßes, und das Floß schwimmt.

Betrachten wir nun das Floß mit der Ladung. Durch das zusätzliche Gewicht des Mammuts sinkt das Floß tiefer ins Wasser ein. Obwohl der Auftrieb zunimmt, wird er nicht groß genug, um das Gewicht von Floß und Mammut zusammen auszugleichen, weil nicht genügend Wasser verdrängt wird. Deshalb geht das Floß mitsamt seiner Ladung unter.

Mit dem Boot verhält es sich anders. Da es hohl ist, kann es tiefer ins Wasser eindringen und ausreichend Wasser verdrängen, um den erforderlichen Auftrieb zu erzeugen, der nötig ist, um das Gewicht von Floß und Mammut zu tragen.

Gegenstände können auch in einem Gas schweben, und ein Ballon fliegt wie das aufblasbare Mammut aus demselben Grund in der Luft, aus dem ein Boot auf dem Wasser schwimmt. Hierbei entspricht der Auftrieb dem Gewicht der Luft, die verdrängt wird. Ist das Gesamtgewicht des Ballons, der Luft, die er enthält, und der Insassen geringer als der Auftrieb, dann steigt der Ballon; ist es größer, dann sinkt er.

DIE WIRKUNG DER DICHTE

Weshalb schwimmt ein schweres Floß aus Holz auf dem Wasser, während eine Nadel aus Stahl sinkt? Und wenn eine Nadel aus Stahl sinkt, weshalb schwimmt dann aber ein Boot aus Stahl? Die Antwort lautet: wegen der Dichte. Dieser Umstand, und nicht etwa das Gewicht, entscheidet darüber, ob ein Gegenstand schwimmt oder sinkt.

Die Dichte eines Gegenstandes ergibt sich aus seinem Gewicht geteilt durch sein Volumen. Jede Substanz, auch Wasser, hat bei einer bestimmten Temperatur seine eigene spezifische Dichte. Jeder Körper, der eine geringere Dichte als Wasser besitzt, schwimmt auf dem Wasser; ist er dichter als Wasser, sinkt er. Ein hohler Gegenstand wie ein Boot schwimmt dann, wenn seine Gesamtdichte geringer ist als die des Wassers.

*M*ein Vorschlag wurde ausgeführt. Um das Floß herum wurde eine Mauer aus Holz gebaut, und alle waren überrascht — ich selbstverständlich nicht —, daß das Floß mit seiner Ladung sicher auf dem Wasser schwamm.

Weil das riesige Tier offensichtlich wasserscheu war und sich vor einem erneuten Reinfall fürchtete, schlug ich vor, daß man ihm einen Taucheranzug aus Gummi anlegen solle. Ich muß gestehen, daß ich mir bis zum heutigen Tag keinen Reim darauf machen kann, was kurz nach der Landung passierte. Das Mammut war am Ufer festgebunden und stand ruhig in der Sonne. Plötzlich dehnte sich der Gummianzug aus, und zu meiner großen Verblüffung erhob sich das gewaltige Tier in die Lüfte. Weshalb das denn nur? so fragte ich mich. Vielleicht hatte es etwas mit dem Luftgeist zu tun? Jaja, wir haben noch furchtbar viel zu lernen.

DAS FLOSS SCHWIMMT

VERDRÄNGTES WASSER

FLOSS

GEWICHT

AUFTRIEB

Die durch das verdrängte Wasser entstandene Auftriebskraft entspricht dem Gewicht des Floßes und trägt es. Es schwimmt.

DAS FLOSS SINKT

Das Gewicht von Floß und Mammut übersteigt den Auftrieb, denn nur wenig mehr an Wasser wurde verdrängt. Das Floß sinkt.

DAS BOOT SCHWIMMT

Das Boot verdrängt mehr Wasser und erzeugt einen ausreichenden Auftrieb, der das Gewicht von Boot und Mammut trägt. Das Boot schwimmt.

DAS TAUCHBOOT

Tauchboote sind für große Tiefen ausgelegt und müssen sinken, wieder auftauchen und unter Wasser schwimmen können. Dies ist möglich, indem sie ihr Gewicht mit Hilfe von Tauchtanks verändern, die entweder Luft oder Wasser enthalten können. Werden die Tauchtanks geflutet, nimmt das Gewicht des Tauchboots zu; wird das Wasser mit Preßluft aus diesen Tanks ausgeblasen, verringert sich sein Gewicht. Indem man die Wassermenge reguliert, können das Gewicht und die Tragkraft des Tauchbootes genau eingestellt werden.

Tauchboote sollen schwierige Aufgaben in großen Wassertiefen erledigen können und müssen deshalb einem großen Wasserdruck standhalten sowie sehr manövrierfähig sein. Im Unterschied zu den Unterseebooten sind sie nicht stromlinienförmig gebaut, da sie sich nicht schnell unter Wasser fortbewegen müssen.

SEITLICHE STEUEREINHEIT Es bewegt das Tauchboot von einer Seite zur anderen.

SENKRECHTE STEUEREINHEIT Kleine Korrekturen der Position auf dem Meeresgrund werden mit Hilfe dieser Steuereinheit ausgeführt.

MANNSCHAFTS-WOHNRÄUME Der kugelförmige Druckkörper hält dem in großen Wassertiefen enormen Wasserdruck stand. Die Luft in seinem Innern hat einen normalen Luftdruck.

HAUPT-PROPELLER Dieser Propeller treibt das Tauchboot vor- oder rückwärts.

TAUCHTANK Wenn der Tank mit Wasser gefüllt wird, sinkt das Tauchboot; wenn er mit Luft gefüllt wird, taucht es auf.

DAS UNTERSEEBOOT (U-BOOT)

HERAUSGEPRESSTE LUFT

PRESSLUFT

TAUCHTANK

RUMPF

AUFTRIEB

TIEFENRUDER

WASSEREINLASS

WASSERFLUSS

NEUTRALE TRIMMLAGE

HERAUSGEBLASENES WASSER

GEFÜLLTE TANKS

SINKEN

Füllen sich die Tauchtanks mit Luft, hat das U-Boot eine geringere Gesamtdichte als das Meerwasser: daher schwimmt es. Für den Tauchvorgang werden die Tanks mit Wasser gefüllt (geflutet). Das U-Boot hat nun dieselbe Gesamtdichte wie das Meerwasser. Die Tiefenruder steuern das Boot nach unten, wenn es sich durch den Hauptpropeller nach vorne bewegt.

GREIFERARME

Die Mannschaft bedient diese mechanischen Arme, die mit Scheinwerfern und Greifern ausgerüstet sind, vom Mannschaftsraum aus.

AUFTAUCHEN

Um die Gesamtdichte des U-Bootes zu verringern, wird Preßluft in die Tauchtanks geblasen. Das Salzwasser wird herausgedrückt, und das U-Boot beginnt aufzutauchen. Der Auftauchvorgang wird von den Tiefenrudern unterstützt.

Ein U-Boot funktioniert genauso wie ein Tauchboot. Allerdings kann es mit Hilfe seiner Antriebskraft zugleich seine Tauchfahrt steuern. Flossen an beiden Seiten des Rumpfes, die Tiefenruder heißen, werden so in Stellung gebracht, daß das Wasser um den Rumpf abgelenkt wird. Dadurch steigt oder fällt die Nase des U-Bootes, und es sinkt oder taucht auf mit Hilfe seiner Schrauben. Wie beim Tauchboot wird das Gleichgewicht mit Tauchtanks ausgewogen. Beim Sinken werden sie geflutet; beim Auftauchen wird das Wasser mit Preßluft aus ihnen herausgedrückt.

FERNGESTEUERTER KAMERASCHLITTEN

DAS PASSAGIERSCHIFF

Jedes motorgetriebene Boot, das im oder auf dem Wasser schwimmt, gibt an das Wasser oder an die Luft eine Bewegung weiter und beim Steuern dem Wasser oder dem Wind eine andere Richtung. Ein großes Schiff wird von Schrauben vorwärtsbewegt und mit Hilfe des Ruders gesteuert. Doch große Schiffe müssen beim Andocken im Hafen auch seitwärts steuern und bei schwerem Seegang ihrer Drehbewegung um die Längsachse (dem Schlingern) Herr werden können. Dies wird dank der Bugstrahlruder und der Stabilisatoren erreicht, die ähnlich wie Schiffsschrauben und Ruder arbeiten.

Unter der Wasseroberfläche ist der Rumpf so glatt wie möglich, um den Wasserwiderstand des Schiffes so gering wie möglich und seine Geschwindigkeit so groß wie möglich zu halten. Die Bugstrahlruder sind versenkt angebracht und behindern daher den Wasserfluß nicht. Die Stabilisatoren sind einziehbar und verschwinden in Luken, wenn man sie nicht braucht. Bei einigen Schiffen endet der Bug in einer riesigen Knolle. Dadurch wird die Bugwelle — die das Schiff erzeugt, wenn es durch das Wasser gleitet — und somit der Wasserwiderstand verkleinert: das verhilft zu einer höheren Geschwindigkeit oder einer Kraftstoffersparnis.

BUGSTRAHLRUDER

Die Bugstrahlruder bestehen aus kleineren Schrauben. Obwohl die Bugstrahlruder fest montiert sind, können ihre Blätter geschwenkt werden, um das Wasser nach back- oder steuerbord zu drücken. Der Bug des Schiffes dreht sich dann in die jeweils entgegengesetzte Richtung. Diese Bugstrahlruder werden vor allem dann eingesetzt, wenn das Schiff bei geringer Geschwindigkeit oder auf der Stelle manövrieren muß, zum Beispiel beim Andocken im Hafen.

DRUCK

DRUCK

SCHRAUBE

ROHR DURCH BUG

RUMPF

SCHIFFSBEWEGUNG

WASSER-BEWEGUNG

DREHUNG NACH STEUERBORD

DREHUNG NACH BACKBORD

TROPISCHES FRISCHWASSER
NICHTTROPISCHES FRISCHWASSER

TROPISCHE MEERE
SOMMERMEERE
WINTERMEERE
WINTER IM ATLANTISCHEN OZEAN

TF
F
T
S
W
WAO

HÖCHSTLADEMARKE ODER LADEMARKIERUNG

Je mehr ein Schiff beladen wird, um so tiefer sinkt es ins Wasser. Außen am Rumpf zeigen besondere Linien an, wie tief das Schiff aus Sicherheitsgründen höchstens einsinken darf, wenn es beladen ist. Diese Markierungen variieren je nach Jahreszeit und Meer, das befahren wird.

Die unterschiedlichen Höhen der Markierungen erklären sich aus der unterschiedlichen Wasserdichte und dem dazugehörigen Auftrieb. Salzwasser hat eine größere Dichte als Frischwasser und kaltes Wasser eine größere als warmes Wasser.

RUMPF

STABILISATOR

STABILISATOR

STABILISIERUNG

Bei hohem Wellengang schlingert oder rollt das Schiff um seine Längsachse von einer Seite zur andern. Um dieses Schlingern zu reduzieren, haben Schiffe Flossen zum Stabilisieren. Diese sind auf beiden Seiten des Schiffes (etwa in der Mitte) angeordnet und lassen sich um ihre Achse drehen. Beginnt das Schiff zu schlingern, so werden sie in Stellung gebracht und wirken wie waagerechte Ruder (übernächste Seite), die die Wasserströmung so beeinflussen, daß der Wellenbewegung gegengesteuert wird. Die Flossenstabilisierung wird oft von einem ▷ Gyroskop gesteuert, das die Schiffsbewegung anzeigt. Die Flossen können die Schlingerbewegungen eines Schiffes um bis zu 90 Prozent verringern.

WASSERVERLAUF

RICHTUNG DER SCHLINGERBEWEGUNG

AUFWÄRTSKRAFT DURCH FLOSSE

ABWÄRTS ABGELENKTER WASSERFLUSS

AUSGEFAHRENER STABILISATOR

Wenn das Schiff zu einer Seite abwärts rollt, wird die Vorderseite der Flosse nach oben ausgelenkt und damit der Wasserfluß nach unten gedrückt. Dadurch entsteht eine Aufwärtskraft auf den Stabilisator: das Schlingern wird gedämpft. Rollt das Schiff aufwärts, so dreht er in die entgegengesetzte Richtung und dämpft die Rollbewegung.

DAS PASSAGIERSCHIFF

Die meisten Schiffe benötigen eine Kraftquelle, um vorwärtszukommen und auch ein Steuersystem. Diesen Anforderungen entsprechen die Schiffsschraube und das Ruder, die beide nach denselben Prinzipien arbeiten.

Das erste Prinzip ist das von Wirkung und Gegenwirkung. Wenn die Blätter der Schiffsschrauben sich drehen, schlagen sie das Wasser und befördern es zum hinteren Teil des Schiffs. Die Kraft, mit der sie das Wasser bewegen, heißt Wirkung. Wenn sich das Wasser zu bewegen beginnt, erzeugt es eine gleiche Kraft, die Gegenwirkung heißt und die die Schiffsschraube vorwärtsdrückt.

Das zweite Prinzip heißt Unterdruck oder Sog. Die Fläche eines Schraubenblatts ist so gewölbt, daß es die Form einer Flugzeug-Tragfläche hat. Wasser umspült es, während es sich dreht, und bewegt sich schneller über die vordere Oberfläche. Diese schnelle Bewegung verringert den Wasserdruck auf die vordere Oberfläche, und das Blatt wird nach vorne gesogen.

Insgesamt treibt eine Kombination von Wirkung und Gegenwirkung mit dem Sog die Schraube durchs Wasser.

Ein Ruder bewegt das Wasser in seiner Umgebung auf dieselbe Weise. Gegenwirkung und Sog erzeugen eine Drehkraft, die die Richtung des Schiffes ändert.

Schiffsschrauben treiben die meisten Schiffe an, wie auch die Tauch- und U-Boote. Ebenso funktionieren sie in der Luft, wo sie Luftschiffe und Flugzeuge antreiben. Praktisch jedes Fahrzeug für den Wasser- und Lufttransport wird mit Rudern gesteuert.

SCHIFFSSCHRAUBE

Die Blätter einer Schiffsschraube sind breit und gebogen wie ein Krummsäbel, um das Wasser kräftig packen zu können. Eine Schiffsschraube dreht sich nicht schnell, doch dank ihrer breiten Blätter kann sie eine große Wassermenge umwälzen, um sowohl eine mächtige Druckwirkung als auch

einen kräftigen Sog zu erzeugen. Kleine Hochgeschwindigkeitsboote haben schnelldrehende Schrauben mit kleinen Blättern, die weniger Wasser umwälzen, dafür aber einen hohen Sog erzeugen. Bei sehr hoher Geschwindigkeit kann eine Schraube sogar Wasser zerstäuben, was jedoch einen Antriebsverlust nach sich zieht.

WASSERFLUSS

SCHNELL FLIESSENDES WASSER ÜBER DIE VORDERSEITE DES BLATTES

WASSER WIRD VOM BLATT NACH HINTEN GEDRÜCKT

KRAFT AUF DIE BLÄTTER

SOG ZIEHT DIE VORDERSEITE DES BLATTES VORWÄRTS

GEGENWIRKUNG DRÜCKT DIE HINTERSEITE DES BLATTES VORWÄRTS

WIRKUNG, GEGENWIRKUNG UND SOG

SOG

WIRKUNG

GEGEN-WIRKUNG

WASSERFLUSS

DAS RUDER

Das Ruder wirkt auf das Wasser, das am Schiff vorbeifließt, und auf den Wasserrückstoß, der von der Schiffsschraube kommt. Das Ruderblatt schwenkt aus, um diesen Fluß abzulenken. Wenn der Wasserfluß seine Richtung ändert, drückt er mit einer Gegenwirkungskraft zurück auf das

Ruder in die entgegengesetzte Richtung. Ein durch den Wasserfluß um das Ruderblatt erzeugter Sog unterstützt noch die Gegenwirkung. Diese Kräfte bewegen das Schiffsheck, und das ganze Schiff bewegt sich um seinen Drehpunkt, so daß der Bug in eine neue Richtung weist.

SCHIFF FÄHRT GERADEAUS

RUDER

DREHACHSE DES BOOTES

WASSERFLUSS UM DAS RUDER

RUDER EINGESCHLAGEN

GEGENWIRKUNG DRÜCKT RUDER NACH LINKS

RUDERGRIFF NACH BACKBORD (LINKS)

ABGELENKTER FLUSS (AKTION)

SCHIFF FÄHRT NACH STEUERBORD (RECHTS)

SCHIFF BEWEGT SICH UM SEINE DREHACHSE

NEUER SCHIFFSKURS

DAS SURFBRETT

Moderne Segelboote, vom Surfbrett bis hin zu den Rennbooten, machen sich die Windkraft zunutze und können in jede Richtung segeln, gleich aus welcher Himmelsrichtung auch immer der Wind bläst.

Diese Wendigkeit wird durch ein Dreiecksegel erzielt, das um den Bootsmast herumschwenken kann, damit es den Wind aus unterschiedlichen Richtungen einzufangen vermag. Das Segel bringt das Boot vorwärts, gleich unter welchem Winkel der Wind auf das Segel trifft, ausgenommen er kommt von vorne. Doch selbst dann kann man mit einem Boot ein Ziel erreichen, das genau in Windrichtung

liegt. Und zwar durch Kreuzen, indem man einen Zickzackkurs segelt, bei dem man das Segel stets schräg zum Wind stellt und sich dessen Kraft nutzbar macht.

Das Surfbrett ist das einfachste Segelboot und hat einen beweglichen Mast. Eigentlich ist es ein Floß mit einem Segel an einem beweglichen Mast und einem kleinen Schwert. Der Windsurfer umklammert eine gekrümmte Stange (Gabelbaum), um das Segel in die günstigste Richtung zum Wind zu stellen. Mit dem Segel fängt der Windsurfer nicht nur den Wind ein, sondern er benutzt es auch noch zum Steuern.

SEGELN VOR DEM WIND
Kommt der Wind direkt von hinten, wird das Segel rechtwinklig zur Windrichtung gehalten. Durch den Winddruck auf das Segel wird das Surfbrett vorwärts getrieben.

WINDKRAFT

WIND

SEGELN QUER ZUM WIND
Das Segel steht auch hierbei rechtwinklig zum Wind, doch der Wasserwiderstand gegen das Schwert bewahrt es davor, abgetrieben zu werden. Von der Windkraft werden zwei Anteile aktiv: die Vortriebskraft bewirkt die Vorwärtsbewegung, und eine Abtriftskraft, die auf das Segel wirkt.

ABTRIFTSKRAFT

ZUG

SCHWERT

WASSER-WIDERSTAND

WIND

VORTRIEBSKRAFT

WINDKRAFT

ABTRIFTSKRAFT

SEGELN GEGEN DEN WIND
Das Segel wird mit der Kante in den Wind gehalten, der darum herumweht und es so aufbläht, daß es die Form eines Tragflügels annimmt (siehe S. 107). Der Luftstrom erzeugt einen Sog, der das Segel rechtwinklig zum Wind zieht. Dieser Sog wirkt als Vortriebskraft, die das Surfbrett vorwärts treibt, und außerdem als Abtriebskraft.

WIND

VORTRIEBS-KRAFT

SOG

ABTRIFTSKRAFT

AUS DEM WIND DREHEN
Wird der Mast nach vorne geneigt, bewegt sich die Abtriftskraft auf das Segel zum Schwert hin. Der Wasserwiderstand gegen das Schwert und die Abtriftskraft zusammen drehen das Surfbrett aus dem Wind.

SEGEL

SCHWERT

WASSER-WIDERSTAND

ABTRIFTSKRAFT

IN DEN WIND DREHEN
Wird der Mast nach hinten geneigt, dreht sich das Surfbrett in den Wind. Die Abtriftskraft wirkt hinter dem Schwert. Der Wasserwiderstand und die Abtriftskraft gemeinsam drehen das Surfbrett in den Wind.

WASSER-WIDERSTAND

ABTRIFTSKRAFT

DIE YACHT

Eine Yacht besitzt gewöhnlich zwei Dreieckssegel – das Hauptsegel und den Klüver. Die Segel manövrieren die Yacht vor, gegen oder in den Wind, genauso wie ein Surfbrett. Wird in den Wind gesegelt, verhalten sich die beiden Segel wie ein großer Tragflügel mit einem Schlitz in der Mitte. Der Schlitz führt Luft über die beiden Segel und erzeugt damit einen kraftvollen Sog. Diese Kraft teilt sich auf in eine Vortriebskraft, die die Yacht vorwärtstreibt, und eine Abtriebskraft, die bewirkt, daß sie sich zur Seite neigt (krängt). Das Gewicht von Rumpf und Kiel wirken der Abtriebskraft entgegen, und der Wasserwiderstand verhindert, daß die Yacht seitlich abgleitet.

Eine Yacht wird mit einem ▷ Ruder gesteuert, das den Wasserstrom so um den Rumpf herum ablenkt, daß die Yacht in die gewünschte Richtung dreht. Während dieser Drehung kann die Mannschaft die Segel hissen oder einholen, um den besten Winkel zum Wind zu erreichen. Ein bauchig geschnittener Spinnaker (Ballonsegel) wird gehißt, wenn die Yacht vor dem Wind segelt.

GROSSSEGEL

ABTRIFTSKRAFT

SOG

VORTRIEB

WIND

KLÜVER

GEWICHT VON RUMPF UND KIEL

RUDER

Sie können es nicht verpassen. Es ist blau!

KIEL

DAS LUFTSCHIFF

Ein Luftschiff hat meist eine zylindrische oder tropfenähnliche Form und ein riesiges Volumen, das den kräftigen Auftrieb bringt, der nötig ist, um das gewaltige Gewicht der Kabine, Motoren, Ventilatoren und Passagiere in die Luft zu heben. Den größten Raum im Innern nehmen die Luftsäcke und die Gaszellen ein, die mit Helium gefüllt sind, einem Gas, das eine geringere Dichte hat als Luft und somit für den Auftrieb des Luftschiffs sorgt: es kann in der Luft „schwimmen". Indem man Luft in die Luftsäcke pumpt, erhöht man sein Gewicht: das Luftschiff sinkt. Läßt man Luft aus ihnen entweichen, sinkt sein Gewicht: das Luftschiff steigt. Angetrieben wird es von ummantelten Propellertriebwerken, die bei Start und Landung zum Manövrieren geschwenkt werden können, und gesteuert mit einem Leitwerk aus kreuzförmig am Heck angeordneten Ruderflossen. Und so bewegt sich das Luftschiff, eine Kombination aus Tauch- und U-Boot der Lüfte, von einem Ort zum andern.

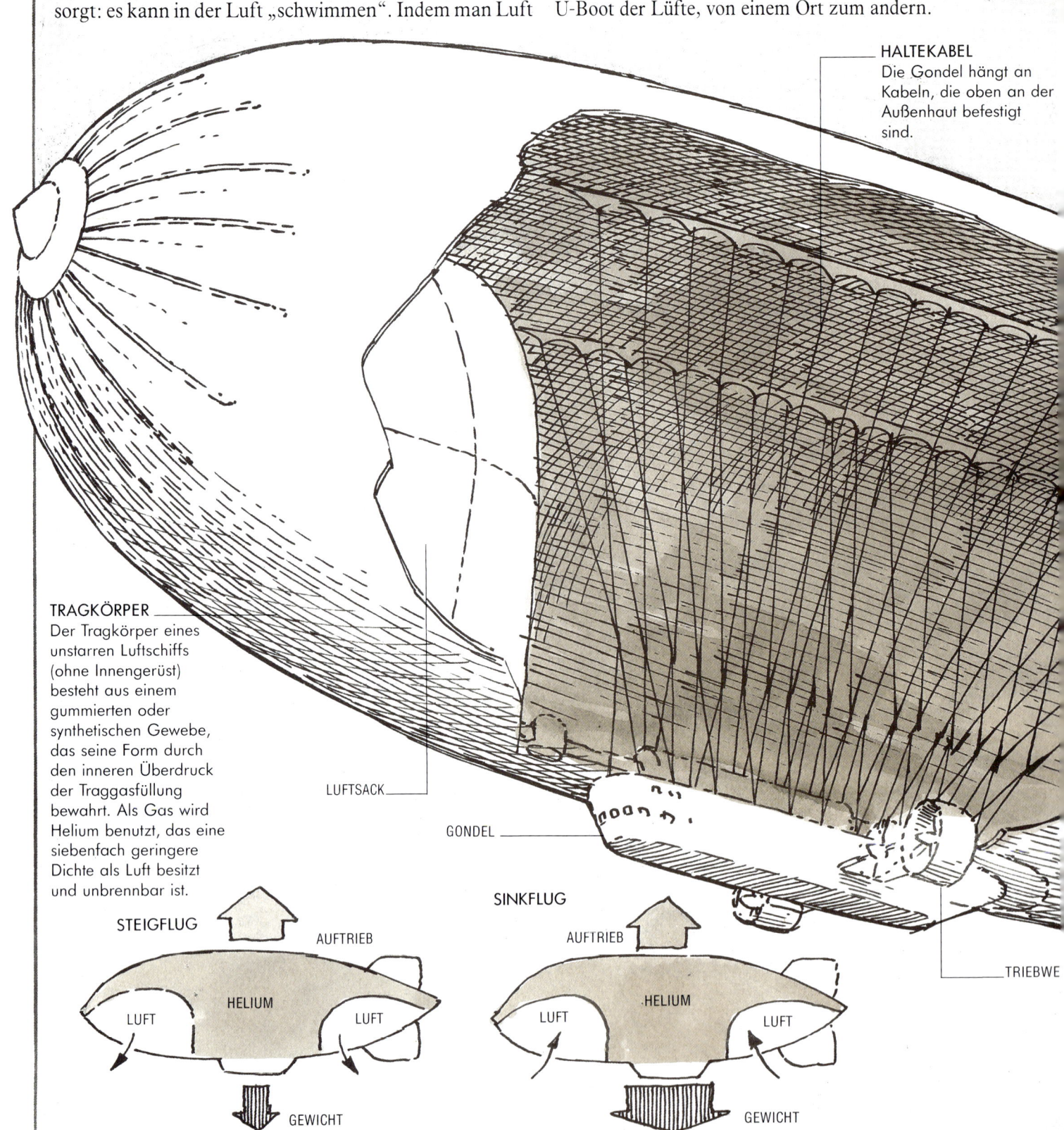

HALTEKABEL
Die Gondel hängt an Kabeln, die oben an der Außenhaut befestigt sind.

TRAGKÖRPER
Der Tragkörper eines unstarren Luftschiffs (ohne Innengerüst) besteht aus einem gummierten oder synthetischen Gewebe, das seine Form durch den inneren Überdruck der Traggasfüllung bewahrt. Als Gas wird Helium benutzt, das eine siebenfach geringere Dichte als Luft besitzt und unbrennbar ist.

LUFTSACK

GONDEL

TRIEBWE

STEIGFLUG

AUFTRIEB

HELIUM

LUFT   LUFT

GEWICHT

SINKFLUG

AUFTRIEB

HELIUM

LUFT   LUFT

GEWICHT

DER HEISSLUFTBALLO

D er Tragkörper eines Warmluftballons muß groß sein, damit er eine große Menge Luft verdrängen kann, um somit den notwendigen Auftrieb zu schaffen, der erforderlich ist, damit der Korb mit den Passagieren durch die Luft fahren kann. Ein Ballon funktioniert wie ein Unterwasserfahrzeug — nur umgekehrt. Ein Gasbrenner erwärmt die Luft im Innern der Hülle; die Luft dehnt sich aus (etwas Warmluft entweicht) und wird leichter als die Umgebungsluft. Das Gesamtgewicht nimmt ab, und der Auftrieb läßt den Ballon steigen. Wird der Brenner abgeschaltet, kühlt die Luft ab: sie zieht sich zusammen. Kalte Luft fließt ins Balloninnere, erhöht das Gewicht und läßt den Ballon sinken. Eine schnelle Abwärtsfahrt wird durch Öffnen eines Manövrierventils am oberen Pol des Tragkörpers erreicht: durch teilweises Ablassen der Warmluft wird der Auftrieb verringert.

Ein Warmluftballon besitzt keinerlei Antriebsmittel und wird vom Wind vorwärtsgetrieben. Durch zeitweiliges Anschalten des Brenners kann der Ballon auf einer steten Höhe gehalten werden.

TRAGKÖRPER

BRENNER

KORB

RUDER

SEITENLEITWERK

LUFTSACK

AUFTRIEB

STEIGEN
Der Propangas-Brenner heizt die Luft im Innern der Ballonhülle auf etwa 100 °C auf. Die erwärmte Luft dehnt sich aus, und etwa ein Viertel dieser Luft entweicht aus der Hülle. Das Gesamtgewicht des Ballons wird geringer als sein Auftrieb: der Ballon steigt.

LUFT

LUFT

GEWICHT

AUFTRIEB

LUFT

LUFT

GEWICHT

SINKEN
Der Brenner wird abgeschaltet, und die Luft kühlt ab. Sie zieht sich zusammen, und kalte Außenluft tritt ein. Das Gesamtgewicht des Ballons wird größer als sein Auftrieb: der Ballon sinkt.

FLIEGEN

ÜBER DAS AUFKOMMEN DER LUFTFRACHT

*E*ines Tages stieß ich zufällig auf ein Mammut, das für einen örtlichen Fabrikanten von Zeltplanen die Ware ausfuhr und unter dem Gewicht eines großen Holzgestells ächzte, das mit Segeltuch bespannt war. Offensichtlich wartete dieses Mammut auf den Fahrer, denn es hatte die Zeltplanen an seinem Rücken festgeschnallt und war an einem Baum festgebunden. Plötzlich kam ein heftiger Wind auf und hievte das überraschte Tier hoch in den Himmel. Ich beobachtete, daß das Tier so lange in der Luft blieb, wie der Wind blies und das Seil zwischen dem Baum und dem Mammut hielt . . .

. . . doch als der Wind ebenso plötzlich abflaute, kehrte das Mammut ohne weitere Umschweife zur Erde zurück, wobei es nicht nur die Zeltplanen auf seinem Rücken, sondern zusätzlich noch die komplette Fabrikationsanlage zerstörte.

FLUG SCHWERER ALS LUFT

In seinem Kampf, sein nicht unerhebliches Gewicht zu überwinden und sich selbst in die Lüfte zu erheben, wird das Mammut nacheinander zu einem Drachen, einem Gleiter und schließlich zu einem Flugzeug mit Antrieb. Das sind drei verschiedene Arten, auf die ein Körper fliegen kann, der schwerer ist als Luft.

Ähnlich wie Ballone und Luftschiffe können Maschinen, die schwerer als Luft sind, eine Kraft erzeugen, die ihr Gewicht übersteigt und sie in der Luft hält. Da sie in der Luft jedoch nicht schweben können, arbeiten sie anders als Ballons und Luftschiffe.

Drachen benutzen die Windkraft, um sich in der Luft zu halten, während Flugkörper mit Flügeln – Gleiter und Hubschrauber inbegriffen – ihre Tragflügel als Auftriebskräfte verwenden. Senkrechtstarter richten die Kraft ihrer Triebwerke abwärts und heben mit gewaltiger Kraft vom Boden ab.

Die beiden Grundprinzipien, die den Flug von Maschinen beherrschen, die schwerer sind als Luft, sind dieselben, die Motorschiffe vorantreiben – Wirkung und Gegenwirkung sowie der Sog (siehe S. 100-101). Beim Fliegen wird die Sogkraft zur Auftriebskraft.

WIRKUNGSKRAFT

LEINENZUG

WIND

DRACHEN

Ein Drachen kann nur bei Wind fliegen und wird so an einer Leine gehalten, daß er den Wind nach unten ablenkt. Der Wind liefert die für den Flug notwendige Kraft. Er wirkt mit einer Gegenwirkungskraft, die der Zugkraft der Leine und dem Gewicht des Drachens entspricht, und trägt den Drachen in der Luft.

Während meiner eigenen Experimente bei der Auslieferung mit Zeltplanen entdeckte ich, daß die Gefahren und die erheblichen Unkosten einer Bruchlandung bedeutend verringert werden konnten, wenn man eine leicht gewölbte Zeltbahn auf dem Rücken eines Mammuts befestigt, das sich freiwillig als Testpilot zur Verfügung gestellt hat. Falls der Wind abstarb oder das Seil riß, sollte das Mammut in einer sanften Spirale zur Erde zurückschweben können. Durch eine weitere Verbesserung sollte das Mammut durch ein reibungsverminderndes Fahrwerk in die Lage versetzt werden, sich allein dadurch in die Lüfte heben zu können, indem es mit seinem Rüssel aufwärts blies.

Trotz wiederholter Versuche gelang es dem Mammut jedoch nie, so hoch vom Boden abzuheben, daß diese neue Form der Auslieferung sich als praktisch erwies. Selbst mit dem eigens dafür entwickelten Fahrwerk blieben die Landungen, da so gut wie unberechenbar, stets ein wunder Punkt.

Ich erinnere mich an einen höchst unglücklichen Unfall, nach dem ein Mammut vollständig bandagiert werden mußte, weil es eine ungewöhnlich ungeschickte Landung auf allen vieren hingelegt hatte. Das Resultat war die eher interessante Stromlinienform, die ich hier abgebildet habe. Dabei habe ich nicht den Eindruck, daß sie jemals abzuheben in der Lage ist.

TRAGFLÄCHE

Eine Flugzeugtragfläche hat ein Profil, das man Tragflügel nennt. Bewegt sich der Flügel durch die Luft, wird diese geteilt und muß durch die Krümmung des Tragflügels oben schneller fließen als unten. Schnell strömende Luft hat einen niedrigeren Druck als langsam strömende. Der Luftdruck ist daher unter dem Flügel (Überdruck) größer als darüber (Unterdruck). Durch diesen Druckunterschied wird der Flügel aufwärts getragen. Diese Kraft nennt man Auftrieb.

LUFTSTROM

AUFTRIEB

TRAGFLÄCHE

SEGELFLUGZEUG

Das Segelflugzeug ist die einfachste Ausführung eines Flugzeugs. Beim Start wird es so lange geschleppt, bis sein Auftrieb größer ist als sein Gewicht und es fliegt. Nach dem Start schwebt es im Gleitflug weiter, wobei aufsteigende Luftbewegungen zum Höhengewinn oder ein geringer Sinkflug ausgenutzt werden, bei dem durch die Schwerkraft eine Schubkraft entsteht. Die Reibung mit der Luft erzeugt eine Kraft, die Luftwiderstand heißt und das Segelflugzeug bremst. Diese beiden entgegengesetzten Kräftepaare — Auftrieb und Gewicht, Schub und Widerstand — wirken auf alle Flugzeuge.

AUFTRIEB

SCHUB

AUFTRIEB

GEWICHT

LUFTWIDERSTAND

DAS FLUGZEUG

Versieht man ein Flugzeug mit einem Motor, so erhält es eine Kraft, die es von Winden und Luftströmungen unabhängig macht, auf die nicht motorisierte Flugzeuge wie Ballons und Segelflieger angewiesen sind. Um ein Flugzeug zu steuern, wird ein System von Klappen benötigt. Diese funktionieren genauso wie das Ruder eines Schiffs. Sie lenken den Luftstrom ab und drehen oder neigen das Flugzeug so, daß es um seinen Schwerpunkt dreht, der bei allen Flugzeugen zwischen den Tragflächen liegt.

Normalerweise haben Flugzeuge ein Flügelpaar, das für den Auftrieb sorgt. Die Flügel und das Leitwerk sind mit Klappen versehen, die das Flugzeug in der Luft drehen oder neigen. Die Antriebskraft stammt von einem Propeller, der an der Spitze angebracht ist, oder von mehreren Propellern unter den Tragflächen oder von Strahltriebwerken an Tragflächen, Heck oder im Inneren des Flugzeugrumpfes.

QUERRUDER

PEDALE

STEUERSÄULE

FLÜGELVORDERKANTE

STEUERKABEL
Die Leitflächen vieler Flugzeuge sind mechanisch mit der Steuersäule über Gestänge sowie Kabel verbunden und werden über diese Kabel auf hydraulischem Wege oder mit Hilfe von Elektromotoren bedient. In sogenannten „Fly-by-wire" („Fliegen per Draht")-Systemen sind die mechanischen Seile und Gestänge durch elektrische Kabel ersetzt, und die Motoren werden über Bordcomputer gesteuert. Der Computer ist mit der Steuersäule verbunden und steuert die Leitflächen, damit sie das Flugzeug in die Lage versetzen, die beabsichtigte Flugbewegung auszuführen.

VON DEM PROPELLER ERZEUGTE ANTRIEBSKRAFT

STEIGFLUG
Um zu steigen, zieht der Pilot die Steuersäule zu sich. Dadurch hebt sich das Höhensteuer am Heck, und der Luftstrom wird so abgelenkt, daß das Heck sinkt. Die Rumpfnase hebt sich, und das Flugzeug steigt.

SINKFLUG
Um zu sinken, drückt der Pilot die Steuersäule von sich weg. Dadurch senkt sich das Höhensteuer am Heck ab, und der Luftstrom wird so abgelenkt, daß das Heck steigt. Die Rumpfnase fällt nach vorn, und das Flugzeug sinkt.

LUFTSTROM

KURVENFLUG
Will der Pilot nach links oder rechts drehen, bewegt er die Steuersäule in die gewünschte Richtung, um die Querruder an den Tragflächen hochzuklappen oder abzusenken, und betätigt das Fußpedal, um das Seitenruder am Heck zu schwenken. Ein Querruder hebt sich, während das andere gesenkt wird, um das Flugzeug in die Schräglage zu bringen, während das Seitenruder die Rumpfnase dreht. Beide Bewegungen wirken zusammen und ermöglichen einen glatten Richtungswechsel.

LUFTSTROM

SEITENRUDER

HÖHENRUDER

HÖHENRUDER

LUFTSTROM

FLÜGELHINTERKANTE

QUERRUDER

ROLLEN
Wenn der Pilot die Steuersäule zur Seite bewegt, wird eins der Querruder hochgeklappt, das andere abgesenkt. Eine Tragfläche geht dadurch nach oben und bringt das Flugzeug ins Rollen (Bewegung um die Längsachse). Nur in solch einer leichten Schräglage kann der Pilot das Flugzeug sanft durch eine Kurve fliegen.

FLIEGENDE MASCHINEN

Viele unterschiedliche Maschinen fliegen heutzutage am Himmel: vom einmotorigen Sportflugzeug und den Kunstflugmaschinen bis hin zu den großräumigen Passagierflugzeugen, die sich mit Überschallgeschwindigkeit fortbewegen und Hunderte von Passagieren befördern können. Andere wiederum, wie die Tretflugzeuge, können sich gerade schwerfällig vom Boden lösen, wieder andere dagegen, wie die Aufklärungsflugzeuge, rasen mit dreifacher Schallgeschwindigkeit in einer Höhe dreimal so hoch wie der Mount Everest.

Es gibt die verschiedenen Segelflugzeuge, unter denen der Raumgleiter das größte und der Drachenflieger das kleinste Exemplar ist. Andere Entwicklungen haben zum Hubschrauber und Senkrechtstarter geführt, die in der Lage sind, senkrecht zu starten und in der Luft zu schweben. Es gibt ferner Drachen in allen Formen und Größen, manche sogar groß genug, um eine Person zu transportieren.

Wieder andere Maschinen fliegen übers Wasser. Tragflächenboote, die durch die Wellen fliegen, gehorchen denselben Gesetzen wie die Flugzeuge in der Luft.

SEGELFLUGZEUG

Da es keinen Motor besitzt, kann ein Segelflugzeug nicht schnell fliegen. Deshalb hat es gerade Tragflügel mit langer Streckung, die bei geringer Geschwindigkeit einen großen Auftrieb erzeugen.

RAUMFÄHRE

Die Raumfähre tritt bei einer sehr hohen Geschwindigkeit wieder in die Atmosphäre ein und hat aus diesem Grunde Delta(Dreiecks)flügel wie ein Überschallflugzeug. Sie landet mit hoher Geschwindigkeit.

SPORTFLUGZEUG

Kurze, gerade Tragflächen erzeugen einen guten Auftrieb und einen geringen Luftwiderstand bei mittlerer Geschwindigkeit. Für den Auftrieb sorgen Propellermotoren oder Strahltriebwerke.

DRACHENFLIEGER

Der A-förmige Flügel füllt sich prall in der Luft, wird zu einem Tragflügel von geringem Auftrieb und Luftwiderstand und macht einen Flug geringer Geschwindigkeit mit einem leichten Gewicht möglich.

TRETFLUGZEUG

Weil die Fluggeschwindigkeit sehr gering ist, sind lange und breite Flügel notwendig, um einen maximalen Auftrieb zu erzeugen. Der Luftwiderstand ist bei der sehr geringen Geschwindigkeit äußerst klein.

VORWÄRTS GEPFEILTE FLÜGEL
Diese Flügelkonstruktion erzeugt einen hohen Auftrieb und einen geringen Luftwiderstand. Um bei hoher Geschwindigkeit eine gute Manövrierfähigkeit zu ermöglichen, unterstützen zwei kleine Flügel (Entenflügel) die Steuerung.

SCHWENKFLÜGLER
Die Tragflächen sind bei Start und Landung in schwacher positiver Pfeilstellung, um einen möglichst großen Auftrieb bei geringer Geschwindigkeit zu erzielen. Während des Flugs werden die

Tragflügel in eine starke Pfeilung zurückgeschwenkt, damit der Luftwiderstand verringert und eine hohe Geschwindigkeit erzielt wird.

ÜBERSCHALL-VERKEHRSFLUGZEUG
Flugzeuge, die schneller fliegen als der Schall, haben oft pfeilgerade Deltaflügel. In der Luft bildet sich nämlich um das Flugzeug herum eine Schockwelle, und diese Flügel befinden sich dann noch innerhalb dieser Schockwelle, so daß das Flugzeug noch sicher zu manövrieren ist.

VERKEHRSFLUGZEUG
Zurückgeschwungene Tragflächen sind nötig, um den Luftwiderstand bei hoher Geschwindigkeit niedrig zu halten. Jedoch wird dadurch der Auftrieb ebenfalls verringert, so daß hohe Start- und Landegeschwindigkeiten erforderlich sind.

Was wollen diese großen Vögel hier?

FLATTERNDE FLÜGEL
Dies ist eine höchst wirksame Tragflächenform, nach der man vor allem dort Ausschau halten sollte, wo Vögel nisten und brüten.

FLÜGEL EINES VERKEHRSFLUGZEUGS

Ein kleines Motorflugzeug benötigt lediglich ein Paar einfache, klappbare Querruder an den Tragflächen, damit man es sicher durch die Lüfte steuern kann. Auf den Flügel eines Verkehrsflugzeugs dagegen wirken sowohl am Boden als auch in der Luft enorme und wechselnde Kräfte. Um diesen Kräften gegenzusteuern, ist der Flügel mit einer stattlichen Anzahl komplizierter Klappen ausgerüstet, mit denen die Form der Tragflächen verändert werden kann.

Bei Start und Landung muß die Tragfläche eine andere Form haben als während des Flugs. Indem der Pilot die Fläche der Klappen und ihren Anstellwinkel verändert, ist er in der Lage, die Größe von Auftrieb und Luft-

widerstand entsprechend den Erfordernissen in der jeweiligen Flugphase einzustellen.

Es gibt vier Grundarten von Klappen. Ausfahrbare Vorflügel sind vorne an den Tragflächen zu finden, während Landeklappen an der hinteren Tragflächenkante angebracht sind. Diese Klappen vergrößern die Fläche der Tragflügel und verhelfen zu mehr Auftrieb, aber auch zu Luftwiderstand. Störklappen (Spoiler) sind oben auf den Tragflügeln angebracht und reduzieren im ausgefahrenen Zustand den Auftrieb und erzeugen mehr Widerstand. Querruder sind Klappen hinten an der Tragfläche, die hochgeklappt oder abgesenkt werden, um das Flugzeug in eine Kurve zu rollen.

BREMSKLAPPE   STÖRKLAPPE   INNERES QUERRUDER

INNERE LANDEKLAPPE

STÖRKLAPPEN

ÄUSSERES QUERRUDER

ÄUSSERE LANDEKLAPPE

AUSFAHRBARE VORFLÜGEL

TRIEBWERK

BEIM START
Die ausgefahrenen Vorflügel und die Landeklappen vergrößern die Fläche der Tragflügel. Das ergibt mehr Auftrieb bei geringer Geschwindigkeit, ohne daß der Luftwiderstand erhöht wird. Deshalb ist die Startgeschwindigkeit nicht hoch und die Startstrecke kurz.

WÄHREND DES FLUGS
Vorflügel und Landeklappen sind eingefahren, damit der Luftwiderstand möglichst klein bleibt. Mit den Querrudern wird die Fluglage kontrolliert, eventuell mit Unterstützung der Störklappen.

BEIM LANDEANFLUG
Die Vorflügel vergrößern nun die Fläche der Tragflügel und verhelfen zu mehr Auftrieb bei geringerer Geschwindigkeit. Die Landeklappen werden ausgefahren und senken sich herab, um den Luftwiderstand zu erhöhen und das Flugzeug für die Landung abzubremsen.

BEI DER LANDUNG
Die Bremsklappen (Landespoiler) werden bei der Landung sofort hochgeklappt, um den Auftrieb zu verringern und das Flugzeug so auf den Boden zu drücken, daß die Räder fest aufsetzen und abgebremst werden können. Um den Bremsvorgang zu unterstützen, wird meistens der Schub der Triebwerke umgekehrt.

DER HUBSCHRAUBER

ROTORBLATT
Die meisten
Hubschrauberrotoren
haben zwischen drei und
sechs Blätter. Jedes Blatt
ist mit einem Schlag-
gelenk und mit einer
Schubstange verbunden.

Mit seinen wirbelnden Drehflügeln (Rotoren) unter- scheidet sich ein Hubschrauber sehr von einem Flugzeug. Dennoch benutzt er genau wie ein Flugzeug Tragflügel zum Fliegen (siehe S. 107). Die Rotorblätter eines Hubschraubers haben ein Flügelprofil wie die Tragflächen beim Flugzeug. Doch wo das Flugzeug durch die Luft rasen muß, damit die Tragflügel genügend Auftrieb für den Flug erzeugen, dreht der Hubschrauber lediglich seinen Rotor. Dadurch entsteht so viel Auf- trieb. daß er vom Boden abhebt und sich auch in der gewünschten Richtung fortbewegen kann. Der Anstell- winkel der Rotorblätter bestimmt, wie der Hubschrau- ber fliegt - auf der Stelle (Schwebeflug), senkrecht, vor-, rück- oder seitwärts.

SCHLAGGELENK
Jedes Rotorblatt ist an einem Schlaggelenk befestigt und
ermöglicht Schlagbewegungen während der Rotation,
die die unerwünschten Kippmomente ausschalten.
Denn sonst würde der Auftrieb auf der einen Seite
des Hubschraubers größer als auf der anderen sein.

ROTORWELLE
Die Rotorwelle treibt die
Rotorblätter und die
obere Taumelscheibe an.

SCHUBSTANGEN
Diese Stangen werden von
der rotierenden Taumel-
scheibe auf- und abbewegt.
Sie ziehen bzw. drücken die
verstellbaren Rotorblätter in
den jeweils gewünschten
Anstellwinkel.

STEUERSTANGEN
Diese Stangen
bewegen die obere
Taumelscheibe.

OBERE TAUMELSCHEIBE
Die obere Taumelscheibe
rotiert auf Lagern über
der unteren Taumel-
scheibe. Sie wird von der
unteren Taumelscheibe
gehoben, gesenkt oder
gekippt.

UNTERE TAUMELSCHEIBE
Die untere Taumelscheibe
rotiert nicht. Sie wird
durch die Steuergeräte
des Piloten über die
Steuerstangen in einem
bestimmten Winkel zur
Rotorwelle festgehalten.

WIE ARBEITET EIN ROTOR?
Während die Blätter des Hauptrotors sich drehen, kann ihr Anstellwinkel so verstellt werden, daß sie den für eine Flugbewegung entsprechenden Auftrieb erzeugen. Und das geschieht so: Die Steuersäule des Piloten bewegt zwei Steuerstangen, die eine Taumelscheibe bewegen. Diese Scheibe hebt und senkt sich, während sie die Rotorwelle umläuft. Über die Schubstange wird der Anstellwinkel des Rotorblattes verändert.

HAUPTROTOR

HECKROTOR

SENKRECHTFLUG

Die Steuerstangen heben die Taumelscheibe an und vergrößern über die Schubstange gleichmäßig den Anstellwinkel der Rotorblätter. Dadurch wird der Auftrieb erhöht. Übersteigt er die Schwerkraft, beginnt der Hubschrauber senkrecht zu steigen. Zum Sinken wird die Taumelscheibe abgesenkt. Der Auftrieb an allen Blättern nimmt nun ab und wird kleiner als das Gewicht des Hubschraubers: er sinkt.

SCHWEBEFLUG

Über die Taumelscheibe wird der Anstellwinkel aller Rotorblätter gleichgeschaltet, so daß der Hubschrauber sich weder vor- noch rückwärts bewegt. Über die Steuersäule wird die Taumelscheibe nur so weit angehoben, daß der entstehende Auftrieb ausreicht, um das Gewicht des Hubschraubers auszugleichen und ihn in der Schwebe zu halten.

ROTORBLATT

ROTORBLATT

TAUMELSCHEIBE

ROTORWELLE

AUFTRIEB

AUFTRIEB

GEWICHT

AUFTRIEB

AUFTRIEB

AUFTRIEB

AUFTRIEB

GEWICHT

VORWÄRTSFLUG

Über die Taumelscheibe wird der Anstellwinkel der Rotorblätter verändert: hinter der Rotorwelle wird er größer, vor ihr kleiner. Dadurch erhöht sich der Auftrieb dahinter, und der Rotor neigt sich nach vorne. Die resultierende Kraft besteht aus einer Hebekraft, die das Gewicht des Hubschraubers trägt, und dem Vortrieb.

RESULTIERENDE KRAFT   HEBEKRAFT

VORTRIEB

AUFTRIEB

AUFTRIEB

AUFTRIEB

GEWICHT

AUFTRIEB

HEBEKRAFT   RESULTIERENDE KRAFT

RÜCKTRIEB

AUFTRIEB

RÜCKWÄRTSFLUG

Über die Taumelscheibe wird der Anstellwinkel der Rotorblätter verändert: vor der Rotorwelle wird er größer, dahinter kleiner. Dadurch erhöht sich der Auftrieb vorne, und es entsteht ein Rücktrieb.

GEWICHT

DER EINROTORIGE HUBSCHRAUBER

Ein Hubschrauber wird von einem Benzinmotor oder einem Turbinentriebwerk angetrieben. Der Motor oder das Triebwerk dreht die Rotorwelle, wodurch Wirkung und Gegenwirkung ins Spiel kommen. Durch die Drehbewegung des Rotors ist der Flugzeugrumpf bestrebt, sich entgegengesetzt zu drehen. Ohne zusätzliche Hilfe würde der Hubschrauber außer Kontrolle geraten und sich wie wild um sich selbst drehen.

Diese Hilfe kommt von einem seitlich angebrachten Heckrotor, der dieses Drehmoment ausgleicht. Ein sogenannter einrotoriger Hubschrauber hat daher einen Heckrotor, der genau wie ein Propeller einen Schub erzeugt. Dieser Heckrotor verhindert nicht nur die Drehbewegung, sondern dient auch zum Steuern des Hubschraubers während des Flugs. Obwohl die Steuerpedale zum Steuern des Hubschraubers Ruderpedale genannt werden, besitzt er nicht wirklich ein Ruder: mit Hilfe der Steuerpedale wird der Anstellwinkel der Heckrotorblätter verstellt, damit der Hubschrauber eine gewollte Drehung um die Hochachse ausführt.

DREHBEWEGUNG
Hielte man den Rotor eines Hubschraubers fest, würde der Motor den Flugzeugrumpf drehen, und zwar in einer zur üblichen Drehrichtung der Rotorblätter entgegengesetzten Richtung.

WIE STEUERT MAN EINEN EINROTORIGEN HUBSCHRAUBER?
Normalerweise gleicht der Druck des Heckrotors die Gegenwirkung des Hauptrotors aus. Druck und Gegenwirkung heben sich gegenseitig auf, und keine Drehkraft wirkt mehr auf den Flugzeugrumpf. Durch Betätigen der Steuerpedale kann der Pilot den Druck erhöhen: der Hubschrauber dreht sich um seine Hochachse in derselben Richtung wie der Rotor. Verringert der Pilot den Druck, so dreht sich der Hubschrauber durch die Gegenwirkung des Motors in die entgegengesetzte Richtung der Rotorblätter.

DRUCK DES HECKROTORS

DREHRICHTUNG DES HAUPTROTORS

WIRKUNG DES HAUPTROTORS

DER ZWEIROTORIGE HUBSCHRAUBER

Manche großen Hubschrauber haben zwei Hauptrotoren, damit sie doppelt soviel Auftrieb erzeugen und schwere Lasten oder mehr Passagiere befördern können. In diesem Fall wird kein Heckrotor benötigt, da die beiden Rotoren gegenläufig angeordnet sind. Eine gewollte Drehung wird durch Betätigen der Steuerpedale ausgeführt, so daß ein Rotor schneller dreht als der andere. Die Gegenwirkung dieses Rotors wird größer, und dieser Kräfteunterschied dreht den Hubschrauber.

HECKROTOR

HECKGETRIEBE

ANTRIEBSWELLE DES HECKROTORS

TURBINEN-TRIEBWERK

MOTORWELLEN

HAUPTÜBERTRAGUNGSWELLE

BUGROTOR

VORDERGETRIEBE

ÜBERLAPPENDE ROTOREN

Weil die Flächen des vorderen und des hinteren Rotors überlappen, müssen sie so konstruiert werden, daß sie nicht zusammenstoßen können. Deshalb werden sie verschieden hoch eingebaut und ihre Umdrehung gegeneinander so versetzt, daß nur jeweils ein Rotorblatt auf einmal über den Flugzeugrumpf streicht.

VORDERE ROTORFLÄCHE

HINTERE ROTORFLÄCHE

KABINE

DER SENKRECHTSTARTER

Das Prinzip von Wirkung und Gegenwirkung wird bei allen motorgetriebenen Flugzeugen angewendet, doch meistens für den Antrieb und nicht so sehr für den Auftrieb. Propeller- und Düsenflugzeuge stoßen mit hoher Geschwindigkeit Luft nach rückwärts aus, die wiederum auf das Flugzeug wirkt und es vorwärtstreibt.

Da der Senkrechtstarter den Rückstoß seiner Schwenktriebwerke nach unten ausblasen kann, vermag er auf eine Rollbahn zu verzichten und sich senkrecht in die Luft zu heben. Wird der Rückstoß der Triebwerke in die Waagerechte geschwenkt, erzeugen die Tragflächen den normalen Auftrieb.

SCHWENKDÜSEN
Der Senkrechtstarter hat vier Schwenkdüsen, die in jeden beliebigen Winkel zwischen waage- und senkrecht geschwenkt werden können. Sie erzeugen die nötige Kraft für den Senkrecht- und Geradeausflug.

3 GERADEAUSFLUG
Mit zunehmender Geschwindigkeit nimmt der benötigte Auftrieb für den Flug zu und die Schwenkdüsen werden vollständig geschwenkt, so daß die Luft nach hinten ausgeblasen wird. Die Gegenwirkung treibt nun das Flugzeug vorwärts.

GEGENWIRKUNG

PRESSLUFT-STRAHLWERKE
Besondere Flugregler (Nicksteuerdüsen an Rumpfbug und -heck sowie Rollsteuerdüsen an den Flügelspitzen) stabilisieren das Flugzeug während des Senkrecht- und Schwebeflugs — diese Aufgabe wäre für die Haupttriebwerke zu heikel.

2 ÜBERGANGSFLUG
Die Schwenkdüsen werden gekippt, und der Luftstrom trifft in einem spitzen Winkel auf den Boden. Die Gegenwirkung teilt sich in einen Auftrieb und einen Vortrieb. Wenn das Flugzeug sich geradeaus bewegt, beginnen die Tragflächen Auftrieb zu erzeugen.

GEGENWIRKUNG

LUFTEINLAUF
Die beiden Lufteinläufe sind mit einem einzigen Strahltriebwerk verbunden. Das Triebwerk erzeugt einen Luftstrahl mit extrem hohem Druck, der zu den vier Schwenkdüsen fließt.

1 SENKRECHTSTART
Die Schwenkdüsen stoßen direkt Luft aus dem Triebwerk nach unten aus. Die Gegenwirkung der ausströmenden Luft hebt das Flugzeug senkrecht in die Luft.

SCHUB

Theorie der Ausrottung Nummer 37: Das Gartenschlauch-Experiment.

DAS TRAGFLÄCHENBOOT

Die Prinzipien für den Flug gelten nicht nur in der Luft. Ein Tragflügel (siehe S. 107) funktioniert sogar noch besser im Wasser, das eine größere Dichte als Luft besitzt und deshalb mehr Auftrieb bei niedrigerer Geschwindigkeit erzeugt. Das Tragflächenboot nutzt diesen Sachverhalt.

Ein Tragflächenboot hat einen normalen Rumpf und fährt bei niedriger Geschwindigkeit wie ein normales Schiff. Doch bei höherer Geschwindigkeit heben flügelähnliche Tragflächen unter dem Rumpf das Motorboot aus dem Wasser. Weil dadurch der Wasserwiderstand verringert wird, kann ein Tragflächenboot zwei- bis dreimal so schnell wie ein normales Boot über das Wasser gleiten.

STÜTZELEMENT

WASSERFLUSS

TRAGFLÄCHE

VOLLGETAUCHTE TRAGFLÜGEL

Diese Tragflügel bleiben stets unter Wasser. Sie werden von einem Sonarsystem an Bord des Tragflächenboots gesteuert, das die Höhe der Wellen mißt. Es sendet dann Signale zu den Tragflügeln aus, deren Anstellwinkel verändert wird, damit der Auftrieb sich ändert. Auf diese Weise helfen die Tragflügel den Wellengang auszugleichen, und das Boot kann ruhige Fahrt machen.

TRAGFLÜGEL AN DER OBERFLÄCHE

Die Größe des Auftriebs, den diese Tragflächen erzeugen, hängt von der Tiefe der Tragflügel im Wasser ab. Befindet sich ein Tragflügel tiefer, so ist der Auftrieb größer. Dadurch hebt sich das Tragflächenboot bis auf den Wellenkamm. Fährt es durch ein Wellental, hebt sich der Tragflügel weiter aus dem Wasser: der Auftrieb nimmt ab, und das Tragflächenboot sinkt ins Wasser zurück. Das Tragflächenboot folgt somit dem Wellengang, statt durch die Wellen zu brechen.

STÜTZELEMENT

TRAGFLÄCHE

DRUCKKRÄFTE

WIE MAN EIN FEUER BEKÄMPFT

Nach sorgfältigen Studien war ich in der Lage, ein Verfahren zu ersinnen, das sowohl Leistung wie Reichweite eines Mammuts beim Löscheinsatz erheblich verbesserte. Zuerst wird das Mammut ermuntert, soviel Wasser wie möglich zu trinken, doch nur soviel, daß es noch zu Fuß zur Feuersbrunst gehen kann. Mittlerweile wird ein schwerer Pfahl in geringer, doch sicherer Entfernung vom Brandherd in den Boden gerammt. Das Tier wird nun in mehreren schnellen Stößen mit einem großen Kolben, der von Feuerwehrleuten betrieben wird, gegen diesen Pfahl gepreßt.

PUMPEN

Die Geschehnisse, die in der obigen Urkunde für alle Zeiten aufgezeichnet sind, berichten über die Umwandlung eines Mammuts in eine primitive, doch sehr wirksame Pumpe. Pumpen sind oft vonnöten, um den Druck einer Flüssigkeit oder eines Gases zu erhöhen, obwohl sie andererseits auch den Druck verringern helfen. Mit der Änderung der Druckverhältnisse möchte man eine Kraft ausüben und etwas in Bewegung setzen oder eine Flüssigkeit zum Fließen bringen.

Eine Pumpe erhöht den Druck, indem sie die Moleküle in der Flüssigkeit, die in sie eintreten, näher zusammendrückt. Eine Methode ist das Verdichten der Flüssigkeit, und genau das geschieht mit dem Mammut. Der Kolben übt Druck auf seinen Magen aus, so daß die Wassermoleküle sich zusammendrängen. Der Wasserdruck erhöht sich, wobei die Moleküle eine größere Kraft auf die Magenwände ausüben.

Wenn die Flüssigkeit sich fortbewegen kann, so fließt sie von der Pumpe an jeden Ort, der einen geringeren Druck hat. Die Luft um das Mammut hat einen geringeren Druck als das Wasser im Magen. Deshalb stößt der Wasserdruck das Wasser in den Rüssel hoch, wobei es in einem kräftigen Strahl austritt.

UNTERDRUCK

Eine Pumpe kann ebenfalls dazu dienen, den Gasdruck zu verringern. Eine Methode besteht darin, das Volumen des Gases so zu erhöhen, daß die Moleküle weiter verteilt sind. Das erlebt das Mammut dann, wenn der Kolben entfernt wird und sein Magen wieder das ursprüngliche Volumen einnimmt. Der Luftdruck im Magen ist geringer als derjenige außerhalb, und deshalb strömt Luft in das Mammut — und dabei wird jeder Gegenstand in seiner näheren Umgebung mit angesaugt.

DRUCK UND GEWICHT

Jede Flüssigkeit oder jedes Gas hat aufgrund seines Gewichts einen bestimmten Druck. Wenn das Gewicht einer Flüssigkeit oder eines Gases auf eine Fläche innerhalb der Flüssigkeit oder des Gases oder gegen die Wände eines Behälters drückt, entsteht ein Druck auf diese Oberfläche oder auf die Wände. Das Wasser fließt mit Druck aus einem Wasserhahn, weil das Gewicht des Wassers auf den Leitungen es herausdrückt. Luft hat einen ziemlichen Druck wegen des großen Gewichts der Luft in der Atmosphäre. Der Unterdruck macht sich diesen „natürlichen" Luftdruck zunutze.

*V*ersuche beweisen, daß mein Apparat nicht nur das Mammut vollständig leert, sondern darüber hinaus noch drastisch den Druck erhöht, mit dem das Wasser abgegeben wird. Das einzige Problem bei meiner Erfindung ergibt sich dann, wenn der Kolben zu heftig zurückgezogen wird, solang das Mammut noch leer ist. Wenn es nicht mehr unter Druck steht, dehnt sich das Mammut natürlich wieder zu seiner ursprünglichen Gestalt und Form aus, indem es tief und kräftig Luft holt. Alles und jeder in unmittelbarer Nähe des Rüssels läuft Gefahr, während der Ausdehnungsphase mit Haut und Haaren ins Innere des Tiers gesaugt zu werden.

LEERPUMPEN

Wenn in einer einfachen Pumpe der Kolben gedrückt wird, erzeugt die Kraft einen hohen Wasserdruck, da die Wassermoleküle sich zusammendrängen. Die Moleküle bewegen sich dorthin, wo der Druck geringer und es weniger eng für sie ist. Dieser Ort ist das Mundstück der Pumpe, und das Wasser tritt in einem Strahl nach draußen.

ANSAUGEN

Wird der Kolben zurückgezogen, verringert sich der Luftdruck in der nun leeren Pumpe, da die Luftmoleküle auseinanderstreben. Die Luftmoleküle außerhalb der Pumpe sind enger beisammen, da die Luft draußen unter hohem Druck steht, und aus diesem Grund drängen sie in die Pumpenkammer.

KOLBENPUMPEN

KOLBENPUMPE

In der Kolbenpumpe bewegt sich ein Kolben in einem Zylinder hin und her. An einem Ende saugt sie Wasser oder Luft an, verdichtet sie und stößt Wasser oder Luft am anderen Ende wieder aus. Eine handbetriebene Wasserpistole funktioniert wie hier gezeigt. Eine Fahrradpumpe ist ein weiteres Exemplar einer einfachen Kolbenpumpe.

Pumpen erhöhen (oder verringern) den Druck einer Flüssigkeit oder eines Gases auf zwei Arten. In einer Kolbenpumpe bewegt sich ein Kolben oder eine Membran hin und her. Eine Rotationspumpe verdichtet durch eine Umlaufbewegung.

KOLBEN VOR
Der Kolben drückt und erhöht den Luftdruck in der leeren Pumpe. Das Einlaßventil schließt sich, doch das Auslaßventil öffnet sich, wenn die Luft entweicht.

KOLBEN ZURÜCK
Der Kolben bewegt sich zurück und verringert den Luftdruck. Das Auslaßventil schließt sich, während das Wasser unter der Pumpe, das einen höheren Druck hat, in die Pumpe hineindrängt.

KOLBEN VOR
Der Kolben rückt erneut vor und erhöht den Wasserdruck in der Pumpe. Das Einlaßventil schließt sich, doch das Auslaßventil öffnet sich, um das Wasser aus der Pumpe herauszulassen.

MEMBRAN OBEN
Die Feder bewegt den Hebel zurück und drückt die Membran hoch. Der Benzindruck steigt an und öffnet das Auslaßventil, um Benzin zum Vergaser durchzulassen.

MEMBRAN UNTEN
Ein sich drehender Nocken auf der Nockenwelle betätigt einen Hebel, um die Membran herunterzuziehen. Der Benzindruck ist somit verringert, und Benzin fließt durch Filter und Einlaßventil in die Pumpe.

MEMBRANPUMPE
In dieser Pumpe übernimmt eine Membran die Funktion des Kolbens. Durch die Verwendung einer Membran wird sichergestellt, daß weder Flüssigkeit noch Gas aus der Pumpe entweichen können wie etwa bei einem undichten Kolben. Die Benzinpumpe im Auto ist eine Membranpumpe, die mechanisch oder mit einem Elektromotor betrieben wird. Die Pumpe drückt Benzin aus dem Tank in den Vergaser oder die Einspritzanlage (siehe S. 140).

KREISELPUMPEN

ZAHNRADPUMPE

Das Öl, das den Automotor schmiert, muß mit hohem Druck durch ein Leitungssystem in den ▷ Motor gedrückt werden. Diese Arbeit wird meistens von einer robusten und langlebigen Zahnradpumpe erledigt.

Die rotierende ▷ Nockenwelle des Motors treibt die Ölpumpe an, indem sie eine Welle dreht, die wiederum zwei ineinandergreifende Zahnräder in einer enganliegenden Kammer betätigt. Das Öl tritt in die Pumpe ein und wird von den Zahnrädern erfaßt. Die Räder befördern das Öl zum Auslaß, wo die Zähne zusammenkommen, wenn sie sich verzahnen. Dadurch wird das Öl gepreßt und der Druck erhöht, während es zum Auslaß fließt. Dreht der Motor schneller, dreht auch die Ölpumpe schneller.

MIT HOHEM DRUCK HERAUSGEPRESSTES ÖL

ZAHNRAD

ÖLEINLASS

AUSLASS

SCHAUFEL

KAMMER

ROTOR

EINLASS

ROTATIONSPUMPE

Diese Pumpe enthält eine Kammer mit einem Rotor, der leicht exzentrisch gelagert ist. Der Rotor hat bewegliche Schieber, die in Nuten gleiten. Dreht der Rotor, so werden die gleitenden Schieber nach außen gegen die Wand der Kammer gedrückt. Auf diese Weise entstehen Kammern veränderlicher Größe.

In der Nähe des Einlasses dehnen sich die Kammern aus, um Flüssigkeit oder Gas anzusaugen. Mit der weiteren Drehung werden die Kammern kleiner. Der Inhalt der Kammer wird zusammengepreßt und verläßt die Pumpe unter hohem Druck. Zellenpumpen finden meistens in den Benzinzapfsäulen der Tankstellen Verwendung.

ZUM AUSLASS

FLÜGELRAD

VOM EINLASS

ZENTRIFUGALPUMPE

Das Kühlsystem eines Automotors (Motorkühlung)
verlangt einen steten Fluß
kühlen Wassers. Die Wasserpumpe
erhöht den Wasserdruck, um es zum
Kühler und zum Motor zu pressen.
Diese Rotationspumpe macht sich die
▷ Zentrifugalkraft zunutze.

Die Pumpe besitzt ein Flügelrad
ähnlich dem eines Ventilators.
Flüssigkeit oder Gas gelangen zum
Zentrum des Flügelrads und fließen zu
den rotierenden Schaufeln, die sie mit
hoher Geschwindigkeit herum-
schleudern und an die Wand der
Kammer drücken. Dabei wird der Druck
der Flüssigkeit oder des Gases erhöht,
bevor sie durch den Auslaß die Kammer
verlassen.

PERISTALTISCHE PUMPE

Die meisten Pumpen würden verstopfen,
wenn man mit ihnen eine Flüssigkeit wie
zum Beispiel Blut, das Partikel enthält,
befördern wollte. Außerdem würden die
Blutzellen beschädigt. Die peristaltische
Pumpe, die in Herz-Lungen-Maschinen
eingesetzt wird, vermeidet diese beiden
Probleme.

Die Pumpe verwendet einen elastischen
Schlauch, der wiederholt von drehenden
Walzen gepreßt wird. Die Walzen drücken
das Blut sanft durch den Schlauch. Zudem
hat diese Pumpe den Vorzug, daß das Blut
mit keinerlei mechanischen Teilen in
Berührung gerät und auf diese
Weise rein bleibt.

WALZEN

ELASTISCHER SCHLAUCH

DRUCKLUFTMASCHINEN

TRAGKRAFT

Das Gewicht, das Druckluft tragen kann, hängt von dem Druckunterschied zwischen Druckluft und Atmosphäre ab.

DOPPELTE FLÄCHE

Das Gewicht, das getragen werden kann, hängt auch noch von der Fläche ab. Wird die Fläche verdoppelt, kann auch das doppelte Gewicht getragen werden.

DOPPELTER DRUCK

Wird der Druck auf die ursprüngliche Fläche verdoppelt, kann auch das doppelte Gewicht getragen werden.

STEUERRUDER

GASTURBINENMOTOR

L uft besitzt erhebliche Kraft, wenn sie unter Druck gerät. Diese Druckluft kann zum Antrieb von Maschinen eingesetzt werden. Preßluft- oder mit Druckluft betriebene Maschinen machen sich die Kraft nutzbar, die Luftmoleküle beim Streichen über eine Oberfläche entwickeln. Die Druckluft übt einen größeren Druck auf eine Seite der Oberfläche aus als die Luft mit normalem Luftdruck auf die andere Oberflächenseite.

LUFTKISSENFAHRZEUG

Ein Luftkissenfahrzeug erzeugt durch Druckluft ein Luftpolster und schwebt darauf dicht über dem Erdboden oder Wasser. Dabei entsteht nur eine geringe Reibung. Das Luftkissenfahrzeug verwendet eine Luftschraube für die waagerechte Bewegung und ein Ruder zum Steuern. Entweder arbeiten diese in der Luft, wie bei einem Flugzeug, oder unter Wasser, wie bei einem Schiff. Gasturbinen- oder Kolbenmotoren treiben sowohl die Gebläseventilatoren an, die die Luft verdichten und sie in die aufblasbare Schürze pumpen, als auch die Luftschraube.

AUFGEBLASENE SCHÜRZE

Die Druckluft wird unter das Luftkissenfahrzeug gepumpt. Die Schürze fängt sie auf und wird zu einem Luftpolster mit hohem Druck.

LUFTSCHRAUBE

GEBLÄSE-VENTILATOREN

Sie saugen Luft an, um soviel erhöhten Druck zu erzeugen, daß er das Luftkissenfahrzeug trägt.

NICHT AUFGEBLASENE SCHÜRZE

DER PRESSLUFTHAMMER

BETÄTIGUNGSHEBEL

TELLERVENTIL

LUFT-EINLASS

LUFTKANAL

KOLBEN

LUFT-STROM

LUFTSTROM

LUFTAUSTRITT

AMBOSS

FEDER

MEISSEL

Die Kraft, die ein Luftkissenfahrzeug über das Wasser erhebt, wird – in umgekehrter Richtung – auch beim Straßenbau eingesetzt. Oftmals stammt der ohrenbetäubende Lärm bei Straßenbauarbeiten von einem Preßlufthammer, der mit Druckluft als Energiequelle arbeitet. Die Druckluft wird dazu verwendet, um eine Mechanik auszulösen, durch die kräftige, wiederholte Stöße zum Werkzeug oder Meißel geleitet werden, mit dem dann auf die Straßenoberfläche eingehämmert wird.

ANHEBEN DES MEISSELS

Durch Pressen des Betätigungshebels gelangt Luft durch den Luftkanal unter den Kolben, der sich daraufhin hebt. Die kraftvolle Feder hebt den Meißel und den Amboß über ihm an.

DER MEISSEL HÄMMERT

Über den hochgehenden Kolben gepreßte Luft hebt das Tellerventil an. Dadurch wird die eintretende Luft zum oberen Ende des Kolbens geleitet und dieser niedergedrückt. Der Kolben trifft auf den Amboß, der seinerseits auf den Meißel hämmert. Der niederfahrende Kolben preßt die Luft wieder in den Luftkanal, das Tellerventil senkt sich, und der Zyklus beginnt von neuem.

SERVOBREMSEN

VERSTÄRKERKAMMER

PARTIELLES VAKUUM
In der Verstärkerkammer (gelb) herrscht ein Unterdruck. So kann Außenluft mit normalem Druck einströmen und den Hauptkolben einwärts pressen.

BREMSFLÜSSIGKEIT VOM HAUPTZYLINDER

HAUPT-KOLBEN

VERSTÄRKTE BREMSKRAFT
Die Bremsflüssigkeit drückt den Ventilkolben hoch und hebt das Luftkontrollventil an. Luft mit normalem Druck gelangt in den Hauptkolben, preßt ihn einwärts und gegen den Arbeitskolben, wodurch der Druck auf die Bremsflüssigkeit verstärkt wird.

FLÜSSIG-KEIT MIT ERHÖHTEM DRUCK GELANGT ZU DEN BREMSEN

ARBEITS-KOLBEN

RÜCKHOL-FEDER

VENTIL-KOLBEN

LUFT-KONTROLL-VENTIL

LUFT MIT NORMALEM DRUCK

Luftdruck kann einem Autofahrer helfen, der rasch bremsen muß. In einem Wagen mit Servobremsen wird die Bremskraft mit Hilfe der Luft verstärkt. Durch Druck auf das Bremspedal wird der Druck der Bremsflüssigkeit im hydraulischen Bremssystem (siehe S. 128) vergrößert. Die Flüssigkeit gelangt zuerst in die Verstärkerkammer und öffnet dort ein Ventil, das Luft in sie eindringen läßt, wodurch der Druck noch weiter erhöht wird. Auch ein vom Motor gesteuertes hydraulisches System kann den Bremsen zusätzliche Kraft verleihen.

HYDRAULISCHE MASCHINEN

Eine hydraulische Maschine arbeitet mit Druck in einer Flüssigkeit: Zwei oder mehrere Zylinder sind durch Leitungen verbunden, die die hydraulische Flüssigkeit enthalten. In jedem Zylinder steckt ein Kolben. Um die Maschine zu bewegen, wird eine Kraft auf einen Zylinder ausgeübt, der als Hauptzylinder bekannt ist. Dadurch erhöht sich der Druck der Flüssigkeit im ganzen System gleichmäßig nach allen Richtungen, und die Kolben in den andern Zylindern – als Arbeitszylinder bekannt – setzen sich in Bewegung und führen eine nützliche Handlung aus. Die von jedem Arbeitszylinder erzeugte Kraft hängt von seinem Durchmesser ab. Hydraulische Maschinen arbeiten nach demselben Prinzip wie Hebel und Zahnräder: Je größer der Arbeitszylinder, um so größer ist die Kraft, die er erzeugt, und um so kürzer die Strecke, die er bewältigt. Wie bei Hebeln und Zahnrädern ist die Umkehrung auch richtig: Ein kleiner Arbeitszylinder bewältigt eine lange Strecke mit verringerter Kraft.

HYDRAULISCHE BREMSEN

Mit Ausnahme der Handbremse, die über einen Seilzug funktioniert, werden die Bremsen im Auto fast immer hydraulisch betätigt. Durch Niederdrücken des Bremspedals wird im Hauptbremszylinder ein Kolben bewegt und dadurch im gesamten System der Druck der Bremsflüssigkeit gleichmäßig erhöht. Dann bewirkt die Bremsflüssigkeit, deren Druck durch die Verstärkerkammer der Servobremsen (siehe S. 127) erhöht wurde, daß die Kolben mit großer Kraft auseinander gepreßt werden. Diese Kolben drücken die Bremsbeläge gegen die Bremsscheibe oder die Bremstrommel (siehe S. 86)

BREMS-
FLÜSSIGKEITS-
BEHÄLTER

KOLBEN

HAUPTBREMS-
ZYLINDER

HOCHDRUCKBREMS-
FLÜSSIGKEIT

KOLBEN

RADBREMS-
ZYLINDER

BREMSPEDAL

FEDER

BREMSBACKE

KOLBEN

RADBREMS-
ZYLINDER

BREMS-
BELAG

SCHEIBE

SCHEIBENBREMSE

TROMMELBREMSE

HYDRAULISCHE PRESSE

Maschinen wie zum Beispiel Bagger (siehe S. 23) und der hydraulische Hublift (siehe S. 29) arbeiten mit hydraulischen Pressen. Jede Presse besteht aus einem Kolben in einem Zylinder, der über Leitungen mit einem zentralen Behälter mit hydraulischer Flüssigkeit verbunden ist. Über Schalthebel werden Ventile geöffnet, die die Flüssigkeit mit hohem Druck beiderseits des Kolbens einlassen, der sich dann mit großer Präzision hin und her bewegt.

HEBEBÜHNE
Eine Hebebühne hebt mit Leichtigkeit das Gewicht eines Wagens. Sie benutzt nur einen Kolben. Ein Kompressor pumpt Luft in einen Ölbehälter, der als Hauptzylinder wirkt. Das Hochdrucköl fließt dann in einen Zylinder, wo es den Kolben hochdrückt, der den Wagen emporhebt. Wird das Ölventil geschlossen, bleibt der Kolben arretiert. Um den Wagen wieder herunterzulassen, werden Öl- und Luftventil geöffnet. Die Druckluft entweicht, der Öldruck wird verringert und der Kolben sinkt.

STABILISIERUNGSPRESSEN
Wenn die Maschine eine schwere Last hebt, entlasten diese Pressen die Räder.

ARBEITSZYLINDER
Der Öldruck im Arbeitszylinder steigt, bis der Druck auf den Kolben größer ist als das Gewicht der Ladung. Der Kolben steigt, und zwar über eine größere Strecke, als das Öl im Ölbehälter sinkt.

HAUPTZYLINGER
Die Druckluft, die in den Ölbehälter gepumpt wird, treibt das Öl aus dem Behälter in den schmaleren Nebenzylinder, in dem der Kolben hochsteigt.

SERVOLENKUNG
Die Hydraulik kann nicht nur beim Bremsen, sondern auch beim Steuern eines Wagens helfen. Die Servolenkung erleichtert das Ändern der Fahrtrichtung mit Hilfe eines hydraulischen Systems, das die auf das Lenkrad ausgeübte Kraft verstärkt. Andere Servosysteme arbeiten mit Elektromotoren anstelle der Hydraulik.

DAS LENKSYSTEM
Ein Zahnstangengetriebe (siehe S. 43) überträgt die Drehbewegung des Lenkrads auf die Spurstangen, die die Räder schwenken. Ein Kontrollventil läßt unter Hochdruck stehende hydraulische Flüssigkeit je nach Drehrichtung des Lenkrads an der einen oder anderen Seite des Kolbens in einen Zylinder einfließen. Der Kolben bewegt sich entsprechend und bewegt eine mit der Zahnstange verbundene Stange, wodurch die auf die Zahnstange einwirkende Kraft verstärkt wird.

UNTERDRUCKMASCHINEN

Verringert man den Druck im Innern einer Maschine, entsteht ein Unterdruck (Sog). Der äußere Luftdurch, der durch das Gewicht der Luft in der Atmosphäre entsteht, wird dann größer als der innerhalb der Maschine. Diesen Druckunterschied kann man sich nutzbar machen. So preßt zum Beispiel der äußere Luftdruck Material in einen Staubsauger hinein. Bei Servobremsen (siehe S. 127) wird der Sog zur Verstärkung der Bremskraft eingesetzt.

STAUBSAUGER

Ein Staubsauger funktioniert mit Hilfe von Unterdruck (Sog). Ein elektrisch betriebener Ventilator saugt die Luft aus dem Schlauch. Der Luftdruck preßt Luft in den Schlauch hinein bis in die Entstaubungsvorrichtung, wobei sie Staub und Schmutz mitnimmt. Diese staubige Luft wird durch einen Staubbeutel geleitet, bevor sie durch einen Staubfilter gereinigt wieder austritt. Bei einigen Staubsaugern wirbelt der Ventilator die Luft mit sehr hoher Geschwindigkeit herum, was bewirkt, daß sich Staub und Schmutz an den Innenwänden des Geräts ablagern und kein Staubbeutel benötigt wird.

TRINKEN MIT DEM STROHHALM
Wenn man an einem Strohhalm saugt, drückt die Luft in der Atmosphäre die Flüssigkeit hinunter und in den Mund hinauf.

LUFT IN DER ATMOSPHÄRE

ELEKTROMOTOR

VENTILATOR

STAUBBEUTEL

Mi-AU!

KLOPFSAUGER
Klopfsauger haben eine rotierende Bürste, die Staub und Schmutz aus dem Teppich herausklopft, bevor sie in den Staubbeutel gesaugt wird.

DAS TAUCHGERÄT

Mit Hilfe eines Tauchgeräts, auch Aqualunge genannt, kann ein Taucher sich für längere Zeit unter Wasser aufhalten. Dieses Gerät macht einen Taucheranzug überflüssig, da es während des Tauchens Luft in einem der Tauchtiefe angepaßten Druck liefert.

Der Körper eines Tauchers gerät wegen des ihn umgebenden Wassers unter einen Druck, der um so größer wird, je tiefer er taucht. Die Luft in der Lunge des Tauchers hat in etwa den gleichen Druck wie das Wasser. Die Luft in der Sauerstoffflasche hat einen hohen Druck. Das Reglerventil des Tauchgeräts hat zwei Stufen, die den Druck der Luft aus der Flasche auf den Wasserdruck reduzieren, damit der Taucher sie einatmen kann. Die erste Drosselstufe wird durch eine Feder betätigt und regelt den Druck so, daß er stets über dem Druck des Wassers ist. Das zweite Regelventil wird von einer Membrane über einen Steuerhebel betätigt. Diese Membrane wird beim Einatmen angesaugt und dadurch das Ventil so betätigt, daß die Luft mit dem jeweiligen Wasserdruck eingeatmet werden kann.

SAUERSTOFFFLASCHE

FEDER

ERSTES DROSSELVENTIL

ZWEITES DROSSELVENTIL

REGLER

STEUERHEBEL

MEMBRAN

EINATMEN

Atmet der Taucher ein, dann fällt der Luftdruck im Schlauch. Die Membran wird angesaugt, da der Wasserdruck außerhalb der Membran größer ist. Der Steuerhebel öffnet das zweite Drosselventil und läßt mehr Luft für den Taucher ein.

AUSATMEN

Atmet der Taucher aus, so erhöht sich der Luftdruck im Schlauch, die Membran wird heruntergedrückt und sperrt die Sauerstoffzufuhr. Das Rückschlagventil öffnet sich, um die ausgeatmete Luft auszustoßen.

ERKLÄRUNG

LUFT AUS DER SAUERSTOFFFLASCHE
LUFT MIT FESTGESETZTEM DRUCK
LUFT GENAU ÜBER WASSERDRUCK
LUFT GENAU UNTER WASSERDRUCK

LUFTSCHLAUCH

MUNDSTÜCK

RÜCKSCHLAGVENTIL

LUFTSCHLAUCH

DER TOILETTENSPÜLKASTEN

Hochhängende Spülkästen arbeiten gewöhnlich mit einem Saugheber, der das unmöglich scheinende Kunststück fertigbringt, Wasser bergauf fließen zu lassen. Zieht man an der Kette des Spülkastens, wird der Saugheber angehoben und gleichzeitig das Wasser über ihm. Das um das Rohrknie und das Spülrohr hinunterströmende Wasser erzeugt einen Unterdruck. Infolge des größeren äußeren Luftdrucks auf das Wasser im Spülkasten wird das restliche Wasser angesaugt, bis es zum Ansaugrand der Rohrglocke abgesunken ist. Tiefhängende Spülkästen arbeiten nach einem anderen Prinzip.

SPÜLKASTEN

SCHWIMMER

ABFLUSS-ROHR

LUFTDRUCK

STANDROHR

WASSER

Mann! schon wieder Ebbe.

1 WASSERSPÜLUNG
Durch das Ziehen an der Kette drückt der Saugheber in der Glocke das Wasser das Standrohr hinauf. Das Wasser kommt am Rohrknie an und strömt infolge der Schwerkraft das Spülrohr hinunter. Das restliche Wasser im Spülkasten wird durch den entstehenden Unterdruck mit angesaugt.

2 ZULAUFVENTIL GEÖFFNET
Fällt der Wasserstand im Spülkasten unter die Höhe des Ansaugrands der Glocke, gelangt Luft ins Rohr und die Wassersäule reißt ab. Inzwischen ist der Schwimmer so tief gesunken, daß er das Zulaufventil weit öffnet und Wasser unter Druck zuläuft. Nun steigt der Schwimmer mit dem Wasserstand.

3 ZULAUFVENTIL GESCHLOSSEN
Mit dem Anstieg des Schwimmers schließt sich das Zulaufventil erst ein wenig, schließlich ganz. Obwohl sich jetzt viel Wasser im Spülkasten befindet, kann es so lange nicht abfließen, bis wieder die Kette gezogen und der Saugheber in der Glocke angehoben wird. Der Schwimmer und das Zulaufventil arbeiten Hand in Hand und bilden ein geschlossenes System.

SPÜLKASTENABDECKUNG

STANDROHR

BETÄTIGUNGS-
HEBEL

ZULAUFVENTIL

SAUGHEBER

GLOCKE

WASSERROHR

[133]

DRUCKMESSER

Mechanische Druckmesser (Manometer) sprechen auf den Druck einer Flüssigkeit oder eines Gases an, indem diese Druckkraft auf einen Zeiger wirkt, der sich über ein Skalenblatt bewegt. Das einfachste ist das Rohrfedermanometer, das als Öldruckmesser im Auto und als Tiefenmesser beim Tauchen Verwendung findet. Es funktioniert wie die gerollten Papierschlangen, in die jeder bei Feten sicher schon mal geblasen hat.

SKALENBLATT

ZEIGER

ZAHNRAD

ROHRFEDER

ZUGSTANGE

FLÜSSIGKEIT ODER GAS UNTER DRUCK

ROHRFEDERMANOMETER

ANEROIDBAROMETER

Ein Barometer mißt den Luftdruck und zeigt seine Veränderungen an, wodurch man auf das kommende Wetter schließen kann. Das Aneroidbarometer ist am weitesten verbreitet.

Wichtigster Bestandteil dieses Barometers ist eine luftleere Metalldose mit elastischen Grundflächen. Fällt der Luftdruck, drückt eine Feder die Wände der Metalldose nach außen. Dadurch wird ein Hebel angehoben, der wiederum die drehbare Verbindungsstange veranlaßt, die feine Kette zu lockern. Die Haarfeder rollt ab und bewegt den Zeiger so weit gegen den Uhrzeigersinn, bis die Kette wieder stramm sitzt. Steigt der Luftdruck wieder an, zieht die Metalldose sich zusammen; der Zeiger bewegt sich im Uhrzeigersinn und die Haarfeder wird aufgezogen.

ZEIGER

KETTE

HAARFEDER

FEDER

VERBINDUNGSSTANGE

HEBEL

METALLDOSE

WASSERZÄHLER

Flüssigkeiten oder Gase unter Druck strömen. Indem man die Durchflußgeschwindigkeit mit einem Zähler mißt, kann man die genaue Durchflußmenge ermitteln. Ein Wasserzähler funktioniert nach dem Arbeitsprinzip einer Zahnradpumpe — nur umgekehrt. Fließt das Wasser durch den Zähler, bewegt es die Blätter eines Flügelrads. Die Welle dieses Flügelrads treibt ein ▷ Schneckengetriebe an, das die Drehgeschwindigkeit des Flügelrads verringert. Weitere Zahnräder betreiben einen Zeiger und ein Zählwerk, das die Gesamtmenge an verbrauchtem Wasser aufzeichnet.

SKALENBLATT

ZEIGER

ZÄHLERGEHÄUSE

ZÄHLWERK
Das Zählwerk besteht aus einem Satz gezahnter Trommeln (mechanische Uhren). Indem sie die Zahl der Umdrehungen des Zeigers aufzeichnen, zeigen sie die Gesamtmenge an Wasser an, die durch den Zähler geströmt ist.

ZAHNRÄDER

FLÜGELRAD
Wasser kann mit hoher Geschwindigkeit durch den Zähler strömen. Die Blätter des Flügelrads stehen in einem kleinen Winkel zum Wasserfluß, damit sie die Umdrehungsgeschwindigkeit des Flügelrads verringern.

FLÜGELRAD

UNTERSETZUNGSGETRIEBE
Die Drehgeschwindigkeit der Flügelradwelle wird durch Zahnräder verringert (untersetzt): zuerst durch ein Schneckengetriebe, dann des weiteren noch durch ein Geradstirnradgetriebe.

SCHNECKENGETRIEBE

WASSERZUFLUSS

STRAHLEN UND SPRÜHNEBEL

WASSERPISTOLE
Nachdem das Wasser von der eingebauten ▷ Kolbenpumpe unter hohen Druck gesetzt wird, tritt es in einem kräftigen Strahl durch die Düse aus.

Nur mit Hilfe von Druck kann man eine Flüssigkeit durch eine Düse bringen, denn die schmale Öffnung behindert den freien Fluß. Die Flüssigkeit tritt in einem Strahl unter hohem Druck aus, der in der Luft zu einem Tröpfchennebel zerfallen kann. Strahlen und Sprühnebel haben verschiedene Anwendungen: vom Transport von Flüssigkeiten in nützlicher Form bis zum Erzeugen von Kraft durch Wirkung und Gegenwirkung. Zum Erzeugen von Kraft werden jedoch häufiger Gase als Flüssigkeiten verwendet. Eine Pumpe befördert die Flüssigkeit zu den Düsen, wie bei einer Geschirrspülmaschine, oder ein Gas wird unter Druck gehalten, wie in einer Sprühdose.

SPRÜHARM

KALTWASSERZULAUF

GESCHIRRSPÜLMASCHINE

Eine Geschirrspülmaschine verwendet heißes Wasser unter Druck, um die Sprüharme anzutreiben und zugleich für den Spülvorgang selber. Um wirksam zu sein, muß das heiße Wasser mit starken Wasserstrahlen aus allen Richtungen eingespritzt werden, damit es das ganze Geschirr an jeder Stelle erreicht. Danach wird es mit klarem Wasser abgespült.

KREISLAUF DES WASSERS IN EINER GESCHIRRSPÜLMASCHINE

1 VORBEHANDLUNG
Kaltes Wasser wird in einem Enthärter von seinem Kalk befreit. Dadurch trocknet das Wasser ohne Flecken und Ränder.

2 ERHITZEN
Das Wasser wird im unteren Teil erhitzt. Danach wird ihm Geschirrspülmittel zugesetzt.

3 SPÜLVORGANG
Eine Umwälzpumpe fördert das heiße Wasser zu den Sprüharmen und drückt es durch die Düsen. Nach dem Spülen wird das Wasser im unteren Teil aufgefangen, durch ein Sieb gefiltert und erneut in die Sprüharme gepumpt.

4 KLARSPÜLEN UND TROCKNEN
Nach dem Spülvorgang wird das Schmutzwasser aus dem Geschirrspüler ins Abflußrohr gepumpt. Danach wird das Geschirr mit klarem Wasser abgespült und getrocknet.

SPRÜHARM

HEIZROHR

SIEB

WASSERENTHÄRTER

UMWÄLZPUMPE

PUMPE

ZUM ABFLUSSROHR

BEMANNTER FLUGKÖRPER

Wird ein Strahl oder ein Sprühnebel erzeugt, entsteht eine Kraft entgegengesetzt zur Fließrichtung der Flüssigkeit. Dies ist ein Beispiel von Wirkung und Gegenwirkung. Auf diese Weise drehen sich die Sprüharme in einer Geschirrspülmaschine. Dasselbe Prinzip nutzt man auch bei bemannten Flugkörpern. Im Weltraum bewegen sich Astronauten mit Hilfe dieses Fluggeräts, angetrieben durch den Gasstrom aus Stickstoff. Mit mehreren Düsen kann der Flugkörper in jede gewünschte Lage gesteuert werden.

STICKSTOFFVERSORGUNGSLEITUNG

KORREKTURTRIEBWERK
Der Flugkörper hat acht Korrekturtriebwerke zu je drei Düsen die jeweils rechtwinklig zueinander stehen. Stickstoffgas kann zu jedem der Korrekturtriebwerke strömen.

STICKSTOFFTANKS
Der Flugkörper besitzt zwei Tanks mit Stickstoff unter hohem Druck, die die Triebwerke versorgen. Sie können im Weltraum nachgefüllt werden.

KORREKTURTRIEBWERK

KORREKTURTRIEBWERK

KORREKTURTRIEBWERK

KORREKTURTRIEBWERK

KORREKTURTRIEBWERK
Stickstoff ist ein unbrennbares Gas. Jedes Triebwerk kann eine Bewegung erzeugen, indem es einfach Gas unter hohem Druck entweichen läßt. Ein ▷ Raketenmotor hat eine vergleichbare Wirkung, doch erzeugt er einen solchen Gasstrahl durch Verbrennen von Treibstoff.

TRIEBWERKSTEUERUNG

DIE SPRÜHDOSE

DIE DÜSE

Die Austrittsdüse wird mit Hilfe einer Feder versperrt. Drückt man sie hinunter, so kann das Gas, das sich unter hohem Druck in der Dose befindet, durch den Kanal entweichen: es bildet in der Luft einen feinen Sprühnebel. Die Feder versiegelt den Kanal, wenn man die Düse losläßt.

SPRÜHNEBEL

KANAL

TREIBGAS UNTER HOHEM DRUCK

FLÜSSIGKEIT

FEDER

SCHLAUCH

TREIBGAS PLUS PRODUKT

GEWÖLBTER BODEN HÄLT BESSER DEM GASDRUCK STAND

Sprühdosen erzeugen ein Aerosol (= feinste Verteilung fester oder flüssiger Stoffe in Gas). Dies bewirkt ein Treibstoff, eine Flüssigkeit, die bereits bei durchschnittlicher Tagestemperatur verdampft. In der Sprühdose bildet sich eine Gasschicht, sobald die Flüssigkeit verdampft. Der Gasdruck steigt an, bis die Flüssigkeit nicht mehr verdampft. Wird die Düse gedrückt, treibt der Gasdruck das Produkt den Schlauch hoch und durch den Kanal hinaus, wo sich an der Luft ein Sprühnebel oder Schaum bildet. Das Treibgas kann ebenfalls austreten; da nun unter geringerem Druck, verdampft es sofort. Es ist ein umweltschädliches Gas: es zerstört die Ozon-Schicht.

Untergangstheorie Nummer 82: Neugier.

DER HANDFEUERLÖSCHER

DRUCKHEBEL

KOHLENSÄURE-PATRONE
Die Kohlensäure, in der Patrone unter hohem Druck, erzeugt bei Austritt den notwendigen Druck zum Austritt des Löschmittels.

1 HEBEL WIRD GEDRÜCKT

3 LÖSCHMITTEL ENTWEICHT
Die Kohlensäure erhöht den Druck auf das Löschmittel, das durch den Schlauch hinaufgepreßt wird,

SPRITZDÜSE

der mit der Spritzdüse verbunden ist.

FEDER

HEBELVENTIL

2 VENTIL WIRD GEÖFFNET
Durch das niedergedrückte Auslöseventil gelangt das Treibmittel in den Raum über dem Löschmittel.

Ein Feuerlöscher funktioniert genauso wie eine Sprühdose. Das Löschmittel, wie zum Beispiel Wasser, wird im Innern des Löschbehälters unter hohen Druck gesetzt und dadurch zur Spritzdüse hinausgetrieben. Ein Feuerlöscher ist zur Brandbekämpfung deshalb geeignet, weil er den Verbrennungsvorgang (Verbrennungsmaschinen) durch Abkühlen unter die Mindest-Verbrennungstemperatur oder durch Ersticken (er nimmt dem Feuer den Sauerstoff weg) unterbricht. Neben dem Standard-Feuerlöschmittel Wasser (für gewöhnliche Brände fester Stoffe) finden auch noch Kohlendioxid, Halone und Löschpulver Verwendung (für Brände von Flüssigkeiten, Gasen, Metallen und in elektrischen Anlagen).

LÖSCHMITTEL WASSER

SCHLAUCH

VERGASER UND EINSPRITZANLAGE

BENZIN-
ZULAUF

SCHWIM-
MERNADEL

SCHWIMMER

LUFTTRICHTER

LUFT-
STROM

ZERSTÄUBERDÜSE

ZERSTÄUBTES
BENZIN

DROSSEL-
KLAPPE

SCHWIMMERGEHÄUSE
Das Benzin fließt zuerst ins Schwimmergehäuse, wo der Schwimmer über eine Schwimmernadel den Benzinzufluß zum Vergaser regelt.

GASPEDAL

AUSLASSVENTIL   ZÜNDKERZE   EINLASSVENTIL

EINSTRÖMENDE
LUFT

EINSPRITZ-
ANLAGE

ZERSTÄUBTES
BENZIN

HERUMWIRBELNDE
LUFT

Wenn man in einem Wagen aufs Gaspedal tritt, beschleunigt er, weil das Pedal bewirkt, daß mehr Benzin in den Motor gelangt (siehe S. 156-157). Das Benzin gelangt in Form eines zündfähigen Gemischs aus fein zerstäubtem Kraftstoff und Luft in den Zylinder, wird verdichtet und verbrannt und erzeugt so die gewünschte Kraft. Ein stärker mit Benzin angereichertes Gemisch liefert mehr Kraft. Die Zerstäubung des Benzins kann jedoch auf unterschiedliche Weise erfolgen. Ältere Wagen mit Benzinmotor haben einen Vergaser, in dem das Benzin zerstäubt wird, bevor es in den Zylinder gelangt. Bei neueren Benzin- und Dieselmotoren wird der Kraftstoff in den Zylinder eingespritzt und erst dort zerstäubt.

BENZIN-DIREKTEINSPRITZUNG
Eine Einspritzanlage befördert Benzin in einer elektronisch gesteuerten Menge direkt in den Zylinder. Die Luft wirbelt herum und bewirkt, daß sich eine Kugel aus zerstäubtem Benzin bildet, die dann von der Zündkerze gezündet wird. Die Direkteinspritzung hat einen großen Vorteil: bei größerer Motorleistung wird weniger Benzin verbraucht, weil das Verhältnis von Benzin und Luft sehr exakt gesteuert werden kann.

DIESELMOTOR
In einem Dieselmotor gibt es keine Zündkerzen. Die Luft im Zylinder wird durch einen Kolben so stark verdichtet, daß sie sich sehr erwärmt. Der Dieselkraftstoff wird durch eine mit dem Gaspedal verbundene und elektronisch gesteuerte Einspritzanlage zerstäubt, häufig in einer Zündkammer in der Zylinderwand. Dort wird der zerstäubte Kraftstoff durch die heiße Luft entzündet. Dieselmotoren werden mit Leichtöl betrieben und sind sehr sparsam im Verbrauch.

EINLASSVENTIL

ZÜND-
KERZE

KOLBEN

ZYLINDER

VERGASER

Wenn sich der Kolben im Zylinder abwärts bewegt, öffnet sich das Einlaßventil, und durch eine verengte Stelle, den Lufttrichter, wird Luft in den Vergaser eingesaugt. Das Benzin gelangt aus dem Schwimmergehäuse durch eine Düse in den Lufttrichter. Beim Passieren des engen Lufttrichters wird der Luftstrom beschleunigt, und sein Druck sinkt. Der Unterdruck bewirkt, daß Benzin angesaugt wird und fein zerstäubt in den Zylinder gelangt. Eine mit dem Gaspedal verbundene Drosselklappe öffnet sich beim Druck auf das Pedal, beschleunigt den Luftstrom und saugt noch mehr Benzin an.

ZERSTÄUBTER KRAFTSTOFF

EINSPRITZANLAGE

EINSTRÖ-
MENDE
LUFT

EINLASS
VENTIL

KOLBEN

ZÜND-
KAMMER

SCHREIBWERKZEUGE

Viele Federn und Kugelschreiber arbeiten mit dem Kapillareffekt, der vor allem in engen Hohlräumen und Haarröhrchen (Kapillaren) auftritt. Eine Flüssigkeit steigt in einem Hohlraum auf. Der Druck im Innern verringert sich, weil die Moleküle an der Oberfläche der Flüssigkeit von den Molekülen im Hohlraum angezogen und mit Luftdruck hinaufgepreßt werden.

MENISKUS

NIEDRIG-
DRUCK

GLAS-
RÖHRCHEN

LUFTDRUCK

KAPILLAREFFEKT
Wassermoleküle werden von den Glasmolekülen angezogen. Die dabei auftretende Wölbung der Flüssigkeitsfläche wird Meniskus genannt und bewirkt die Druckverringerung.

KUGELSCHREIBER
An der Spitze eines Kugelschreibers steckt eine kleine Metallkugel in einer Steckhülse. Tinte fließt aus dem Tintenröhrchen durch eine Verengung zur Kugel, die sich dreht und die Tinte aufs Papier befördert. Die Tinte trocknet sofort.

TINTEN-
RÖHRCHEN

KUGEL

FILZSTIFT
An der Spitze eines Filzstifts endet ein Haarröhrchen (oder mehrere), in dem die Tinte sich durch Kapillareffekt nach unten bewegt, sobald die Spitze das Papier berührt.

TINTENRÖHRCHEN

FEDERHALTER
Die Feder eines Federhalters ist an der Spitze in zwei Hälften gespalten und besitzt eine Ritze, die die Tinte aufnimmt, wenn man die Feder ins Tintenfaß taucht. Kapillareffekt und Schwerkraft veranlassen die Tinte, von der Rille den Spalt entlang zur Spitze der Feder zu fließen.

TINTE IN
DER RITZE

SPALT IN
SCHREIBFEDER

WÄRME BEIM WICKEL

Bild 1

Bild 2

WIE MAN DIE WÄRME EINES MAMMUTS NUTZT

*E*s gibt zwei Dinge, die Mammuts über alles lieben (nach dem über alles geliebten Sumpfgras natürlich): Sie schlafen gern und verrichten ebenso gern sinnvolle Arbeiten.

Während meiner weiten Reisen habe ich mehrere Situationen erlebt, in denen beide Vorlieben zum Vorteil von Mensch und Tier zusammentrafen.

Bild 1 zeigt, daß die Wärme, die ein Mammut während seines Schlafs durch Sonneneinwirkung gespeichert oder durch Kauen von Sumpfgras erzeugt hat, zur Erwärmung des Wasservorrats in seinem Rüssel verwendet wird. Wird der Rüssel hochgehängt, steigt das wärmste Wasser nach oben, wo es sofort als Duschwasser zur Verfügung steht.

Bild 2 zeigt das Tier bei seiner Arbeit als Bettwärmer. Die während eines Tages gespeicherte oder erzeugte Wärme wird — in Erwartung seines menschlichen Benutzers — vom Mammut auf das Bett übertragen. Um das Tier zu wecken, steckt der Möchtegern-Benutzer entweder eine Maus unter die Bettdecke oder gibt piepsende Geräusche von sich. In beiden Fällen sucht das erschreckte Tier schnell das Weite.

DIE NATUR DER WÄRME

Das Mammut erhält Wärme von der Sonne in Form unsichtbarer Strahlen und erzeugt Wärme in seiner riesigen Masse durch den Verzehr von Sumpfgras und anderer Elefantennahrung. Die Wärme strömt durch seinen Körper und erwärmt die Haut. Das erwärmte Wasser steigt aus eigenem Antrieb den Rüssel hoch.

Wärme ist eine Energieform, die von der Bewegung der Moleküle herrührt. Moleküle befinden sich ständig in Bewegung, und je schneller sie es tun, um so wärmer wird ihr Besitzer. Wenn also Wärme von außen einwirkt, werden die Moleküle beschleunigt; entnimmt man Wärme, werden sie abgebremst. Wärme kann von einem Körper zum anderen auf drei Arten übertragen werden — durch Strahlung, Leitung oder Konvektion (Zusammenführung).

STRAHLUNG

Heiße Gegenstände strahlen Wärmestrahlen (Infrarotstrahlen) ab. Die Strahlen bewegen sich durch die Luft oder den Weltraum und treffen auf kühlere Gegenstände, die sich daraufhin erwärmen. Diese Art der Wärmeübertragung heißt Wärmestrahlung. Die Wärmestrahlen bewirken, daß sich die Moleküle an der Oberfläche des Gegenstands schneller bewegen. Die Wärme dringt durch Leitung oder Konvektion in den Gegenstand ein.

STRAHLUNG

WÄRMESTRAHLEN

MOLEKÜLE IN BEWEGUNG

Bild 3

Bild 3 zeigt, wie ein heißes Mammut beim Kleiderplätten eingesetzt wird. Dazu kitzelt ein Arbeiter das Tier mit einer Feder hinterm Ohr. Sobald das Mammut sich auf dem Rücken wälzt, weil es annimmt, daß man ihm nun den Bauch kraulen werde, legt ein anderer Arbeiter die zu plättenden Kleidungsstücke geschwind auf den noch warmen Boden. Hört das Kitzeln auf, nimmt das Mammut wieder seine ursprüngliche Stellung ein. (Hört das Kitzeln auf, bevor die Kleidungsstücke vollständig ausgelegt sind, so habe ich beobachtet, kann das katastrophale Folgen haben.)

Bild 4 zeigt eine Weiterentwicklung des Prinzips der Kleiderpresse. In diesem Fall wird das Gewicht und die Wärme von einem oder mehreren Mammuts dazu benutzt, sogenannte „Big Mamms" zu backen und zu kochen. Diese waffeldünnen Mammburger erfreuen sich bei jungen Leuten größter Beliebtheit und werden mit zahlreichen verschiedenen Garnierungen angeboten.

Bild 4

LEITUNG

Die Moleküle in Festkörpern schwingen hin und her. Wenn ein Teil des Festkörpers erwärmt wird, schwingen die Moleküle an dieser Stelle schneller. Sie stoßen gegen andere Moleküle, die dann gleichfalls schneller schwingen und die Wärme verbreiten.

KONVEKTION

Auch in Flüssigkeiten und Gasen ziehen die Moleküle umher. Beim Erwärmen, ziehen sie weiter. Eine erwärmte Flüssigkeit oder ein erwärmtes Gas dehnt sich aus und steigt, während eine gekühlte Flüssigkeit oder ein gekühltes Gas sich zusammenzieht und sinkt. Diese Bewegung, als Konvektion bekannt, überträgt die Wärme.

LEITUNG

SCHWINGENDE
MOLEKÜLE

WÄRME BREITET SICH
IN FESTKÖRPER AUS

KONVEKTION

ERWÄRMTE FLÜSSIGKEIT
DEHNT SICH AUS
UND STEIGT

ABGEKÜHLTE FLÜSSIGKEIT
ZIEHT SICH ZUSAMMEN
UND SINKT

WÄRMEWELLEN

Die Sonne bombardiert uns mit einem ganzen Spektrum energiereicher Strahlen, darunter Licht-, Infrarotstrahlen und auch Mikrowellen. All diese Strahlen besitzen ähnliche Eigenschaften: Sie durchdringen einige Substanzen auf geradem Wege, von anderen werden sie reflektiert und von den restlichen absorbiert. Gegenstände, die Sonnenstrahlen absorbieren, erwärmen sich. Dies macht man sich bei vielen Geräten zunutze, so z. B. bei Sonnenkollektoren und Mikrowellengeräten.

SONNENSTRAHLEN

KUPFERBLATT ÜBERTRÄGT WÄRME

WÄRMETAUSCHER

WARMWASSER

ALUMINIUMFOLIE REFLEKTIERT WÄRMESTRAHLEN

SCHWARZ ABSORBIERT WÄRMESTRAHLEN

GLASABDECKUNG

PUMPE

KUPFERROHR

KALTWASSERZUFUHR

SONNENKOLLEKTOR
Sonnenkollektoren fangen etwas von der riesigen Wärme ein, die die Sonne ausstrahlt. So wie sich ein Auto aufheizt, das einige Zeit in der Sonne steht, so erwärmt sich das Innere eines Plattenhohlkörpers auf dem Dach, sobald die Infrarotstrahlen der Sonne die Glasabdeckung durchdringen. Dadurch wird kaltes Wasser in einem Kupferrohrsystem erwärmt, das direkt in einen Warmwasserbehälter fließt oder — wie hier gezeigt — in einen Wärmetauscher.

MIKROWELLENGERÄT
Ein Magnetron erzeugt einen Mikrowellenstrahl, der eine hohe Heizenergie besitzt. Der Strahl trifft auf einen rotierenden Ventilator, der die Wellen aus allen Richtungen auf die Nahrung lenkt. Die Mikrowellen treten durch das Geschirr und die Nahrungsmittel hindurch, die durch die Bewegung der Moleküle schnell gar und gleichmäßig gekocht werden können.

MIKROWELLEN-WÄRME
Die Mikrowellen treffen auf die Wassermoleküle in den Nahrungsmitteln (1). Jede Energiewelle richtet die Wassermoleküle (2) aus und dreht sie anschließend in die entgegengesetzte Richtung. Diese extrem schnellen Drehungen erzeugen Wärme.

1

2

3

MIKROWELLEN

VENTILATOR

MAGNETRON

MIKROWELLENSTRAHL

DREHSCHEIBE

NAHRUNG

DIE THERMOSFLASCHE

Eine Thermosflasche kann Getränke Stunden über
Stunden kochendheiß oder eiskalt aufbewahren, indem
die Wärmeübertragung aus der oder in die Flasche möglichst
gering gehalten wird.

In der Flasche befindet sich ein
doppelwandiges Gefäß aus Glas
oder Stahl. Die Wände sind
verspiegelt, damit die
Wärmestrahlung (die
sich wie Lichtstrahlen
verhält) vermindert
wird, so daß Strahlen
weder hinein noch
heraus können. Im
Hohlraum zwischen
beiden Wänden ist ein
Vakuum, so daß
Wärmetransport durch
Konvektion
unterbunden wird. Der
Gefäßständer und der
Pfropfen sind aus
isolierendem Material,
wie zum Beispiel
Korken, das die
Wärmeleitung
verringert.

ENGSCHLIESSENDER
PFROPFEN

VERSPIEGELTE
WÄNDE

VAKUUM

KALTES ODER
HEISSES GETRÄNK

STÄNDER

VERBRENNUNGSMASCHINEN

FEUER UND WASSER

Wasserstoff verbrennt in Sauerstoff, erzeugt dabei eine große Wärme, und es entsteht Wasser. Sowohl Wasserstoff- wie Sauerstoffmoleküle enthalten Atompaare. Bei ausreichend hoher Temperatur stößt jedes Sauerstoffmolekül heftig mit zwei Wasserstoffmolekülen zusammen. Durch den Zusammenstoß brechen die Moleküle auseinander, und aus den Atomen bilden sich zwei neue, schnelle Wassermoleküle.

VOR DER VERBRENNUNG

SAUERSTOFFMOLEKÜL — WASSERSTOFFATOM

NACH DER VERBRENNUNG

WASSERSTOFFMOLEKÜL
SAUERSTOFFATOM
WASSERMOLEKÜL

WARMLUFT

Verbrennung oder das Brennen ist eine gewöhnliche Quelle von Wärme. In Verbrennungsmaschinen reagieren zwei Substanzen so — meistens ein Brennstoff und der Sauerstoff in der Luft —, daß Hitze entsteht, die nutzbar gemacht wird. Die Erzeugung von Wärme kann der einzige Zweck der Maschine sein oder — wie beim Schweißbrenner oder beim Motor — bei der Anwendung genutzt werden.

GASOFEN

Beim Gasofen werden alle drei Arten der Wärmeübertragung genutzt — Strahlung, Leitung und Konvektion. Kaltluft tritt unterhalb der Flamme ein, und ein Teil davon wird verbrannt. Die Flammen erwärmen die Keramikplatten, die Wärme an das Zimmer durch Strahlung abgeben. Die Abgase ziehen durch den Wärmetauscher, der die Luft hinter der Flamme durch Leitung erwärmt. Die erwärmte Luft steigt durch Konvektion und zieht ins Zimmer.

WÄRMETAUSCHER

KERAMIKPLATTEN

RAUCHFANG

WÄRMESTRAHLEN

GASBRENNER

LUFT

SCHWEISSBRENNER

Metallteile können durch Schmelzen oder Schweißen sehr fest miteinander verbunden werden. Ein Schweißbrenner arbeitet nach dem Prinzip der Verbrennung. Sauerstoff und Wasserstoff in Stahlflaschen, Acetylen oder ein anderes Brenngas werden im Schweißbrenner zusammengeführt und liefern eine sehr heiße Schmelzflamme.

Beim elektrischen Schweißen erzeugt der elektrische Strom einen Lichtbogen, der die Metallteile an der Verbindungsstelle zusammenschmelzen läßt.

SCHWEISSDRAHT

Beim Schweißen wird ein Zusatzwerkstoff in Stab- oder Drahtform zugeführt, der zum Füllen der Schweißfugen dient.

SAUERSTOFF

BRENNGAS

SCHWEISSBRENNER

GEWEHRPATRONE

Eine Patrone enthält zwei Sprengstoffe, die eine Kugel unter hoher Geschwindigkeit aus einem Gewehrlauf heraustreiben. Sprengstoffe sind sehr schnell verbrennende Substanzen, die eine große Gasmenge erzeugen. Dieses Gas dehnt sich mit großer Kraft sehr schnell aus.

Der erste Sprengstoff in einer Patrone (der Sprengzünder) ist ein empfindlicher Sprengstoff, der von der Abzugsvorrichtung des Gewehrs gezündet wird. Dieser Sprengzünder zündet seinerseits den zweiten Sprengstoff (die Treibladung). Das entstandene Gas kann sich nur in einer Richtung ausdehnen. Es treibt die Kugel aus der Patrone heraus und den Lauf entlang.

KUGEL

TREIBLADUNG

SCHLAGBOLZEN

SPRENGZÜNDER

LEUCHTKUGELN

Die Verbrennung liefert Wärme wie auch Licht, das heutzutage jedoch lediglich nur noch bei Leuchtkugeln für Hilferufe Verwendung findet. Die Kugeln enthalten eine Substanz, die sehr hell in der dunklen Nacht verbrennt. Es gibt auch Leuchtkugeln, denen Chemikalien beigemischt wurden, damit sie beim Verbrennen eine intensive Farbe verbreiten.

HOCHOFEN UND BESSEMERBIRNE

Bei der Stahlproduktion wird die Verbrennung mehrfach eingesetzt. Stahl besteht hauptsächlich aus Eisen, dem ein geringer Anteil an Kohlenstoff beigemischt wird. Zu seiner Erzeugung benötigt man Eisenerz und Kohle in Form von Koks. Eisenerze bestehen aus einem Eisen- und Sauerstoffgemisch. Um den Sauerstoff vom Eisen zu trennen, wird das Erz mit Hilfe von Koks in einem Hochofen erhitzt. Der Sauerstoff im Eisenerz wird freigesetzt und vom Koks während der Verbrennung aufgenommen.

HOCHOFENGASE
Die heißen Abgase aus dem oberen Schachtofen enthalten Kohlenmonoxid, das in der Luft verbrennt. Dieses Hochofengas wird zum Winderhitzer abgeleitet.

HOCHOFEN
Im Innern des Hochofens, einem Schachtofen bis zu 30 m Höhe, verbrennt der Kohlenstoff des Koks in einem Strom heißer Luft. Durch die große Hitze verbindet sich mehr Kohlenstoff mit dem Sauerstoff im Eisenerz, während es langsam sinkt.

GEBLÄSE
Heiße Luft aus dem Winderhitzer wird unten in den Hochofen geblasen.

ROHEISEN
Geschmolzenes Roheisen sammelt sich am Fuß des Hochofens, wird in Pfannen aufgefangen und zur Bessemerbirne gebracht.

SCHRÄG-AUFZUG

SCHACHT

SCHLACKE

Im Hochofen verbindet sich das Eisen manchmal mit einem zu großen Anteil an Kohlenstoff. Dadurch wird die Qualität verringert. In der gewöhnlichen Bessemerbirne (Konverter) wird kalte Luft, die mit Sauerstoff angereichert wurde, in das geschmolzene Eisen geblasen. Der Sauerstoff verbrennt den überschüssigen Kohlenstoff, es bleibt guter Stahl übrig. Stahlschrott kann wiederverwendet und im Konverter eingeschmolzen werden.

Weitere Stahlkonverter sind der Siemens-Martin-Ofen, in dem die Flammen des Brennstoffs auf die Eisencharge gerichtet werden, um den Kohlenstoffüberschuß zu verbrennen, und elektrische Hochöfen, die mit einem starken Strom beschickt werden.

WINDERHITZER
Der Winderhitzer heizt die Luft vor, die in den Hochofen geleitet wird. Für die Erhitzung werden abgeleitete Hochofengase verwendet.

STAHLKONVERTER
Geschmolzenes Roheisen wird in die aufrecht stehende Bessemerbirne (Konverter) geleitet. Durch ein Rohr wird Sauerstoff in die Birne geblasen. Der Kohlenstoff im Roheisen verbrennt und liefert die notwendige Hitze, damit der Stahl flüssig bleibt. Abgase aus dem Konverter werden gereinigt und abgeleitet.

SAUERSTOFF

GESCHMOLZENES ROHEISEN

LUFTEINLASS

ABGASAUSTRITT

STAHLBARREN
Nachdem die Stahlherstellung beendet ist, wird der Konverter gekippt: der Stahl wird entladen und zur weiteren Verwendung in Barrenformen gegossen.

ELEKTRISCHE WÄRME

Keine Heizungsform ist so bequem wie die elektrische Heizung. Nur ein Schalterdruck, und schon ist sie vorhanden. Sie ist sauber, obwohl bei ihrer Erzeugung durch Verbrennung oder ▷ Kernspaltung meistens Abfälle anfallen.

Wie alle anderen Wärmequellen auch beschleunigt die Elektrizität die Bewegungen der Moleküle und verursacht dadurch einen Zuwachs an Energie, der als Wärme erscheint. Wenn ein elektrischer Strom durch einen Draht fließt, bewegen sich Milliarden kleinster Teilchen, die man Elektronen nennt, in den Metallatomen des Drahtes. Die Elektronen sind kleiner als die Atome und drängeln die Atome, wenn sie sich vorbeibewegen. Die Schwingungen der Metallatome werden größer, und der Draht wird wärmer.

Viele Maschinen enthalten elektrische Heizstäbe, die auf diese Weise funktionieren. Dann strahlt Wärme vom Heizelement ab wie in einem elektrischen Heizofen, oder das Heizelement ist in einen isolierten Behälter eingeschlossen wie in einen Boiler, in dem Wasser durch Leitung und Konvektion erhitzt wird.

ELEKTROKOCHER

Ein Elektrokocher enthält ein langes Heizelement, das so gewunden ist, daß es unten in den Kocher paßt. Es ist sehr lang, damit es viel Wärme abgibt und das Wasser schnell kocht. Der Elektrokocher ist vielleicht mit einem ▷ Thermostat ausgestattet. Wenn das Wasser kocht, wird die Stromzufuhr zum Heizelement abgeschaltet, damit der Kocher nicht trocken kochen kann. Der Thermostat schaltet auch den Kocher dann wieder ab, wenn man vergessen hat, Wasser einzufüllen, damit das Heizelement sich nicht überhitzt.

SCHALTER

HEIZELEMENT

VENTILATOR

VENTILATORMOTOR

HEIZELEMENT

WARMLUFT

HANDGRIFF

SCHALTER

HAARFÖN

Ein Haarfön erzeugt augenblicklich einen Strom heißer Luft, und doch ist er so leicht, daß er in einer Hand gehalten und daher der Luftstrom in jede Richtung gedreht werden kann. In seinem Innern befindet sich eine lange Spirale aus dünnem Draht, der sehr heiß wird. Ein Ventilator hinter dem Heizelement bläst einen Luftstrom darüber, der die Wärme mit sich forträgt. Wird der Luftstrom behindert und die Luft dadurch zu heiß, schaltet ein Thermostat den Strom ab.

FEDER

HEIZELEMENTE

BROTSCHEIBE

STÄNDERGRIFF

STÄNDER

TEMPERATURFÜHLER
Ein Metallstreifen dehnt
sich aus und krümmt sich,
wenn die Temperatur ansteigt
und die Brotscheibe gerö-
stet wird. Ist die Scheibe
fertig, berührt der Metallstreifen die Platte der Auslösevorrichtung. Dadurch wird der elektrische
Kreislauf geschlossen und die Zylinderspule aktiviert.

SCHNÄPPER

HEBEL

ZEITMECHANISMUS

PLATTE DER
AUSLÖSEVORRICHTUNG

ZYLINDERSPULE
Die Zylinderspule enthält einen
▷ Elektromagneten, der den
Schnäpper anzieht. Wenn der
Schnäpper sich bewegt, löst er
den Hebel aus, der die beiden
Toastständer freigibt.

DER TOASTER

E in elektrischer Toaster (Röster) dient dazu, Brotscheiben genau dann freizugeben, wenn sie den gewünschten Bräunungsgrad erreicht haben. Die Scheiben verschwinden im Toaster auf einem Ständer unter Federdruck. Dabei werden Heizelemente angeschaltet, die die Scheiben von beiden Seiten rösten.
Eine Zeitmechanik schaltet diese ab. Der Ständer, der von einem
elektromagnetischen Schnäpper freigegeben wird, springt in die
Ausgangsstellung zurück.

**EINSTELLRAD FÜR DEN
BRÄUNUNGSGRAD**
Durch Betätigen des Einstellrads
wird die Platte der
Auslösevorrichtung bewegt. Für
hellere Toasts wird die Platte
zum Temperaturfühler hin bewegt.

DER KÜHLSCHRANK

Der Kühlschrank ist eine Maschine, die die Aufgabe hat, ihrem Inhalt Wärme zu entziehen, um somit die im Innenraum herrschende Temperatur herabzusetzen. Diese Wärme wird nach außen abgegeben. Ein Kühlschrank funktioniert durch Verdampfen. Wenn eine Flüssigkeit verdampft, nimmt sie Wärme auf: Da Dampfmoleküle sich nämlich schneller bewegen als Flüssigkeitsmoleküle, brauchen sie viel mehr Energie, um vom flüssigen in den dampfförmigen Zustand zu gelangen. Diese aufgenommene Wärme können sie beim Übergang vom Dampf zur Flüssigkeit wieder abgeben.

VERDAMPFER
Das Kältemittel verläßt das Ausdehnungsventil bei niedrigem Druck, fließt in den Verdampfer, der sich im Kühlschrank befindet. Nun verdampft es unter Wärmeaufnahme in der Rohrschlange. Dadurch wird die Innentemperatur herabgesetzt.

KOMPRESSOR
Ein elektrischer Kühlschrank hat einen Kompressor, der ein Kältemittel (das bei niedriger Temperatur verdampft) durch eine Rohrschlange (Verdampfer) bewegt, wobei es verdampft. Der Kompressor saugt den Dampf an, der seine Wärme in einem Verflüssiger (Kondensator) nach außen abgibt. Durch erhöhten Kompressordruck und Wärmeabgabe wird das Kältemittel verflüssigt und zum Ausdehnungsventil gebracht.

AUSDEHNUNGSVENTIL

KÜHLER
Die Außenluft bläst durch den Kühler und kühlt das heiße Wasser ab.

THERMOSTAT
(SIEHE S. 154)

MOTORKÜHLUNG

Die meisten Automobile haben wassergekühlte Motoren. Eine Pumpe (Kreiselpumpe) bewegt Wasser durch Leitungen im Motor. Das heiße Wasser fließt durch den Thermostat zum Kühler, wo es seine Wärme an die Luft abgibt und abkühlt, bevor es wieder in den Kreislauf zurückkehrt. In manchen Autos fließt das Wasser auch durch das Wagenheizsystem.

VENTILATOR

KÜHLWASSER

VENTILATORRIEMEN   WASSERPUMPE   ZYLINDER

WÄRME BEIM WICKEL

VERFLÜSSIGER

Das Kältemittel verläßt im dampfförmigen Zustand den Kompressor unter hohem Druck. Wenn es dann zum Verflüssiger gepumpt wird, geht es durch den erhöhten Druck und die Wärmeabgabe wieder in den flüssigen Zustand über. Bei diesem Vorgang gibt der Dampf Wärme ab und erwärmt den Verflüssiger, der sich an der Rückseite des Kühlschranks befindet. Die Wärme wird an die umgebende Luft abgegeben.

HEIZUNG

Die Wagenheizung kann ein Teil des Kühlsystems sein. Sie enthält einen Wärmetauscher, in dem das heiße Wasser aus dem Motor die Luft erwärmt, die von einem Gebläse in den Wageninnenraum befördert wird.

KLIMAANLAGE

Diese Maschine funktioniert wie ein Kühlschrank. Ein Kompressor saugt ein Kältemittel von einem Verdampfer durch einen Verflüssiger und ein Ausdehnungsventil zurück in den Verdampfer. Der Verdampfer befindet sich über einem Ventilator, der die warme und feuchte Luft aus den Räumen ansaugt. Er entzieht der Luft die Wärme und kondensiert die Feuchtigkeit zu Tröpfchen. Die kühle, trockene Luft wird dann wieder in die Räume geleitet. Der Verflüssiger befindet sich außerhalb der Räume und wird mit einem anderen Ventilator abgekühlt.

WARME FEUCHTE LUFT
AUSDEHNUNGSVENTIL
VERDAMPFER
VENTILATOR
WASSERTRÖPFCHEN
WARMLUFT
KÜHLE TROCKENE LUFT
KOMPRESSOR
VERFLÜSSIGER
INNEN
AUSSEN

[153]

DER THERMOSTAT

Thermostate sind Vorrichtungen, die Heizungs- und Kühlgeräte je nach Bedarf an- und ausschalten können, um eine gleichbleibende Temperatur aufrechtzuerhalten. Sie funktionieren durch Ausdehnen und Zusammenziehen. Wenn etwas sich erwärmt, so bewegen sich seine Moleküle weiter weg: der Gegenstand dehnt sich aus. Kühlt er dagegen ab, zieht eine Kraft die Moleküle wieder zusammen: Die Moleküle schließen die Reihen, und der Gegenstand zieht sich zusammen.

AUSDEHNEN   ZUSAMMENZIEHEN

BIMETALL-THERMOSTAT

Dieser einfache Thermostat hat einen Streifen aus Bimetall, das heißt aus zwei verschiedenen Metallen mit unterschiedlicher Ausdehnung (meistens Stahl und Messing). Bei Erhitzung dehnen sich die Streifen unterschiedlich stark aus; dadurch krümmt sich der Streifen. Diese Krümmung kann zur Steuerung elektrischer Kontakte genutzt werden.

BIMETALLSTREIFEN

KONTAKT AUF

SCHALTER OFFEN

Der Bimetall-Streifen krümmt sich nach Erwärmung und öffnet dadurch den Kontakt. Der Stromfluß ist unterbrochen, und die Heizung schaltet sich von selber aus.

ES FLIESST STROM

KONTAKT GESCHLOSSEN

SCHALTER GESCHLOSSEN

Der Bimetall-Streifen geht in Ausgangsstellung zurück, wenn er abkühlt, und schließt den Kontakt. Der Strom fließt wieder, und die Heizung schaltet sich wieder von selber an.

STABTHERMOSTAT

Gasheizungen und Heizungen arbeiten oft mit einem Stabthermostat. Der Regler ist mit einem Stab aus Stahl in einem Messingrohr verbunden. Das Rohr dehnt sich stärker aus oder zieht sich mehr zusammen als der Stab und schließt oder öffnet dadurch ein Ventil im Gasstrom.

FEDER

GAS

VENTIL

MESSINGROHR

STAHLSTAB

SEITENKANAL

REGLER

BEI TEMPERATURZUNAHME

Das Rohr dehnt sich stärker aus als der Stab. Dadurch schließt die Feder das Ventil bei der eingestellten Temperatur und unterbricht die Gaszufuhr. Allerdings nicht ganz: durch einen Seitenkanal strömt etwas Gas weiter in den Brenner, damit die Stichflamme weiterbrennen kann.

BEI TEMPERATURABNAHME

Das Rohr zieht sich zusammen und drückt den Stab so zurück, daß das Ventil sich wieder öffnet. Der Brenner erhält nun wieder die volle Gaszufuhr.

AUTOTHERMOSTAT

Der Thermostat steuert bei der ▷ Motorkühlung eines Wagens den Zufluß von Kühlwasser zum Kühler. Die meisten Autothermostate enthalten Wachs, das schmilzt, wenn das Wasser warm wird. Das Wachs dehnt sich aus und öffnet ein Ventil. Eine Feder schließt das Ventil, wenn das Wasser abkühlt und das Wachs fest wird.

STAB

WACHS

BEHÄLTER

VENTIL ZU

Wenn der Motor kalt ist, sitzt der Stab im Wachs in einem Messingbehälter.

VENTIL AUF

Das Wachs schmilzt und dehnt sich aus, drückt dabei gegen den Stab und zwingt den Behälter nach unten.

THERM

Wenn Gegenstände sich ausdehnen, so hängt das Maß ihrer Ausdehnung von der Temperatur ab. Bei einem Temperaturanstieg um zwanzig Grad zum Beispiel dehnt sich ein Gegenstand doppelt soviel aus wie bei einem Anstieg um nur zehn Grad. Ausdehnung und Zusammenziehen können daher benutzt werden, um die Temperatur zu messen.

In einem gewöhnlichen Thermometer (links) steigt eine gefärbte Alkohol- und Quecksilberflüssigkeit in einer dünnen Glassäule hoch, wenn die Flüssigkeit sich erwärmt und ausdehnt. Sie fällt, wenn sie abkühlt und sich zusammenzieht. Das Maximum-Minimum-Thermometer (rechts) verwendet beide Flüssigkeiten, um die extremen Temperaturwerte zu messen.

HÖCHSTTEMPERATUR
Die U-förmig gebogene Glassäule enthält Alkohol, der durch einen Quecksilberfaden unterbrochen wird. Bei hohen Temperaturen dehnt sich der Alkohol im Ausdehnungsgefäß über der Minimumskala aus und drückt das Quecksilber die Maximumskala hoch.

TIEFSTTEMPERATUR
Der Alkohol im Ausdehnungsgefäß über der Minimumskala zieht sich zusammen. Die Luft im anderen Ausdehnungsgefäß drückt das Quecksilber und das Eisenstäbchen die Minimumskala hoch.

ALKOHOL

EISENSTÄBCHEN
Die beiden Eisenstäbchen besitzen eine kleine Feder, die sie davon abhält, in der Glassäule nach unten zu fallen. Die Stäbchen können mit Hilfe eines Magneten zur Quecksilbersäule zurückgebracht werden.

ALKOHOL

QUECKSILBER

DER BENZINMOTOR

1 ANSAUGEN
Der Kolben bewegt sich abwärts, das Einlaßventil öffnet sich, das Auslaßventil schließt sich und das Kraftstoff-Luft-Gemisch wird in den Zylinder angesaugt.

2 VERDICHTEN
Die Ventile sind geschlossen, der aufwärtsgehende Kolben verdichtet das Kraftstoff-Luft-Gemisch.

Im Benzinmotor wird Wärmeenergie in mechanische Energie umgewandelt. Ein Benzinmotor wird oft auch interne Verbrennungsmaschine genannt, doch bedeutet dies nur, daß der Kraftstoff — wie auch beim Strahltriebwerk und beim Raketenmotor — im Innern der Maschine verbrannt wird.

Ein Benzinmotor arbeitet, indem er ein Kraftstoff-Luft-Gemisch in einem Zylinder verbrennt, in dem sich ein Kolben befindet. Durch die Wärme bei der Verbrennung dehnen sich die Gase aus und zwingen den Kolben abwärts, der eine Kurbelwelle bewegt, die mit den Rädern verbunden ist.

Die meisten Autos haben einen Viertaktmotor. Ein Takt ist dabei die auf- oder abwärts gerichtete Bewegung eines Kolbens im Zylinder. Im Viertaktmotor führt der Motor einen Zyklus von Tätigkeiten (siehe oben) aus, bei denen der Kolben sich viermal bewegt.

Viele leichtere Fahrzeuge, wie Motorräder, haben einen Zweitaktmotor. Dieser Motor ist einfacher konstruiert als ein Viertaktmotor, jedoch nicht so stark. Ein Zweitaktmotor hat keine Ventile. Statt dessen besitzt er drei Öffnungen (Schlitze) in der Zylinderwandung, die der Kolben bei seinem Hin- und Hergang öffnet oder schließt.

Der Dieselmotor ist ähnlich wie der Benzinmotor gebaut, doch wird er mit schwererem Kraftstoff betrieben. Das Einlaßventil saugt nur Luft an, und der Dieselkraftstoff wird am Ende des Verdichtungstaktes in den Zylinder gesprüht. Der Zylinder besitzt keine Zündkerze, doch wird die Luft im Zylinder so stark verdichtet, daß sie sich sehr erwärmt und der Kraftstoff sich sogleich entzündet, nachdem er eingesprüht worden ist.

3. ARBEITEN
Der elektrische Zündfunke zündet
das Gemisch. Der Druck der Gase
treibt den Kolben abwärts.

4. AUSSCHIEBEN
Das Auslaßventil ist geöffnet, der
Kolben steigt aufwärts und treibt
die Abgase aus dem Zylinder.

KATALYSATOR

Zu den Schadstoffen gehören Kohlenmonoxid, Stickoxide
und Kohlenwasserstoffe. Im Katalysator verwandelt eine mit
Metallen beschichtete Oberfläche die schädlichen Gase in
Kohlendioxid, Stickstoff und Wasserdampf. Die Metalle sind
Platin, Palladium und Rhodium.

SCHALLDÄMPFER

Die Auspuffgase verlassen den Motor mit hohem Druck und
würden einen unzulässigen Lärm verursachen, wenn man
sie direkt entweichen ließe. Der Schalldämpfer enthält eine
Reihe von Metallplatten mit Löchern, die den Druck der
Abgase so entspannen, daß sie den Auspuff leise verlassen.

AUSPUFFROHR

DAMPFKRAFT

Die Dampfmaschine war die erste Wärmekraftmaschine. Der in einem Dampfkessel erzeugte Dampf bewegt einen Kolben in einem Zylinder hin und her. Mit dieser Dampfmaschine wurde die industrielle Revolution eingeleitet, doch heutzutage ist sie überholt und nur noch in Sonderfällen im Einsatz.

Dagegen ist das Zeitalter des Dampfes keineswegs vorüber, da die Dampfkraft uns den Großteil unserer Elektrizität liefert. Wärmekraftwerke, die Kohle (wie hier beschrieben) und Öl als Brennstoffe verfeuern, arbeiten mit Dampfturbinen, die elektrische Generatoren antreiben — ähnlich arbeiten die Atomkraftwerke. Jedes Kraftwerk ist so angelegt, daß es soviel Energie wie möglich aus dem Brennstoff in die Turbinen leitet.

FRISCHLUFT

NACHBRENNER

ABGASE

SCHORNSTEIN
Die Abgase der brennenden Kohle werden erst durch einen Überhitzer, Wasser- und Luftvorwärmer geführt, bevor sie in den Schornstein gelangen.

LUFTVORWÄRMER
Um soviel Wärme wie möglich aus dem Brennstoff zu ziehen, werden die heißen Abgase aus der Brennkammer durch den Luftvorwärmer geleitet, der die Frischluft vorwärmt.

RAUCHGASFILTER
Die Abgase enthalten Staub- und Rußteilchen, die nicht durch den Schornstein in die Umwelt gelangen sollen. Sie werden deshalb erst durch das Rauchgasfilter geführt, das mit elektrisch geladenen Platten bestückt ist, die die Staub- und Rußteilchen anziehen. (Siehe S. 262).

WASSERVORWÄRMER
Das Wasser aus dem Verflüssiger wird hier zuerst vorgewärmt, bevor es zum Dampfkessel zurückkehrt.

KOHLENFÖRDERBAND

KOHLENMÜHLE
Die in den Lufterwärmern vorgewärmte Luft bläst die zu Kohlenstaub zermahlene Kohle durch die Rohre in die Brennkammer.

ÜBERHITZER

DAMPF-TROMMEL

ABZIEHENDER DAMPF MIT NIEDERDRUCK

ANKOMMENDER DAMPF

FESTSTEHENDE SCHAUFELN

BEWEGLICHE SCHAUFELN

DIE DAMPFTURBINE

Eine Dampfturbine arbeitet auf dieselbe Weise wie eine ▷ Windmühle. Ähnlich wie der Wind in die Segel der Windmühle bläst, trifft der Dampf unter Hochdruck auf die Turbinenschaufeln und dreht sie. Die Turbine enthält mehrere feststehende Schaufeln, die an den Wänden befestigt sind und den Dampf zu den beweglichen Schaufeln ableiten.

Während der Dampf die Schaufeln antreibt, verliert er an Druck und Temperatur. Die Turbine besitzt drei Stufen mit getrennten Schaufeln für Hoch-, Mittel- und Niederdruck. Auf diese Weise wird ein Höchstmaß an Wärmeenergie in Bewegungsenergie umgewandelt.

DAMPFKESSEL
Durch die Rohrleitungen im Dampfkessel strömt Wasser, das sich als Dampf unter Hochdruck in der Dampftrommel sammelt. Dieser Dampf geht dann zum Überhitzer oben im Dampfkessel.

HOCHDRUCK

MITTELDRUCK

NIEDERDRUCK

HOCHSPANNUNGS-GENERATOR

BRENNENDE KOHLE

VERFLÜSSIGER
Der Dampf aus der Turbine wird im Verflüssiger zu Wasser kondensiert (verflüssigt) und kehrt zum Dampfkessel zurück. Im Verflüssiger strömt der Dampf durch Rohre, die von kaltem Wasser umgeben sind. Manchmal wird dieses Kühlwasser dann zu Kühltürmen geleitet.

KÜHLWASSER

[159]

DAS STRAHLTRIEBWERK

Ohne die Erfindung des Strahl- oder Düsentrieb-
werks hätten nur wenige Menschen die Gelegen-
heit zu fliegen gehabt. Da es leistungsfähiger und spar-
samer ist als der Propellermotor, hat es den Massen-
flugverkehr erst ermöglicht.

Ein Strahltriebwerk entnimmt vorne Luft und stößt
sie als heiße Gase durch Düsen mit erhöhter Geschwindigkeit nach hinten aus. Das Prinzip von Wirkung und
Gegenwirkung (Passagierschiff) erzeugt einen Impuls,
der das Flugzeug vorwärtstreibt, während der Abgasstrahl rückwärts ausstritt. Das Triebwerk arbeitet mit
Wärme, die durch Verbrennen von Kerosin oder Paraf-
fin erzeugt wird.

DER TURBOFAN
Für den Antrieb von
Großraumflugzeugen werden
sogenannte Fan-Triebwerke
verwendet. Ein großes „Gebläse"
(Fan) vor dem eigentlichen
Triebwerk saugt die Luftmassen an.
Ein Teil davon tritt in einen
Verdichter mit feststehenden und
beweglichen Schaufeln ein, wird auf
Hochdruck gebracht und zu den
Brennkammern weitergeleitet. Dort
erwärmt das brennende Kerosin die
Luft, die sich ausdehnt. Die heiße
Luft unter Hochdruck drängt zur
Schubdüse und wird vorher durch
Turbinen geleitet, die den Verdichter
und den Bläser antreiben.

Der restliche Teil der Luftmassen
wird um den Verdichter, die
Brennkammern und Turbinen
herumgeführt, kühlt und dämpft das
Triebwerk und vereinigt sich mit der
heißen Luft. Diese Luftmassen
bilden einen kräftigen Abgasstrahl,
der das Flugzeug mit kräftigem
Schub vorwärtstreibt.

NEBENSTROM

GEBLÄSEWELLE

ROTIERENDE GEBLÄSESCHAUFELN

TRIEBWERKABDECKUNG

Kann ich Ihre Stiefel haben, Señor?

FESTSTEHENDE GEBLÄSESCHAUFELN

VERDICHTERWELLEN

HEISSE LUFT

SCHUBDÜSE

VERDICHTER

BRENNKAMMER

VERDICHTERTURBINE

GEBLÄSETURBINE

SEKUNDÄRSCHUBDÜSE

LUFTAUSTRITT FÜR NEBENSTROM

RAKETENMOTOREN

Die Rakete ist der einfachste und mächtigste Wärmemotor. Sie verbrennt Kraftstoff in einer Brennkammer mit offenem Ausgang. Die erzeugten heißen Gase dehnen sich stark aus und treten bei hoher Geschwindigkeit aus. Eine Rakete bewegt sich nach dem Prinzip von Wirkung und Gegenwirkung vorwärts, da die Gase mit gewaltiger Kraft gegen das Brennkammergehäuse drücken.

Raketentriebwerke können im Weltraum deshalb funktionieren, weil der Kraftstoff zur Verbrennung keinen Sauerstoff von außerhalb benötigt.

FESTSTOFFRAKETE

Viele Raumfahrzeuge werden mit Feststofftriebwerken gestartet, die nichts anderes sind als Raketengehäuse, die — genau wie eine Feuerwerksrakete — einen festen Treibstoff enthalten. Ein runder oder sternförmiger Kanal führt durch die Mitte des Treibstoffs, der an der Oberfläche dieses Kanals abbrennt. Dieser Kanal ist also zugleich die Brennkammer. Ist der Kanal sternförmig, so entwickelt das Feststofftriebwerk mehr Schub, da dann die Abbrandoberfläche und daher das Volumen der erzeugten Gase größer sind. Feststofftriebwerke können einen gewaltigen Schub entwickeln, jedoch nach der Zündung nicht mehr gestoppt werden. Sie fliegen so lange, bis der ganze Treibstoff verbrannt ist.

PAPPKEGEL · BUNTE STERNE · SPRENGLADUNG · TONERDE · PAPPROHR · TREIBSTOFF · ZÜNDER · STOCK

ZÜNDVORRICHTUNG · TREIBSTOFF · KANAL · DÜSE

FEUERWERKSRAKETE

Eine Feuerwerksrakete ist das einfachste Wärmetriebwerk. Sie enthält einen Treibstoff in Pulverform, der heftig abbrennt. Der Rauch und die heißen Gase strömen am Ende aus und treiben die Rakete in die Luft, wobei der lange Stock die Rakete auf einer geraden Flugbahn hält. Der Treibstoff wird bei der Verbrennung langsam aufgebraucht und zündet schließlich eine Sprengladung, die die bunt aufleuchtenden Sterne ausstößt.

DÜSE

Die Rakete kann mit Hilfe einer schwenkbaren Düse an deren Fuß gesteuert werden.

DIE FLÜSSIGKEITSRAKETE

Raumfahrzeuge, die ein wiederholtes Zünden der Raketentriebwerke verlangen, um im Weltraum manövrieren zu können, sind mit Flüssigkeitsraketen ausgestattet. Im Gegensatz zu festen Brennstoffen werden flüssige Brennstoffe den Brennkammern zugeführt und solange wie gewünscht verbrannt. Der Brennstoff setzt sich aus zwei Flüssigkeiten (meistens Wasserstoff und Sauerstoff) zusammen, die gewöhnlich Brennstoff und Oxidator genannt werden.

BRENNSTOFFTANK

OXIDATORTANK

PUMPEN

Die Rakete besitzt Pumpen, die den Brennstoff zur Brennkammer befördern. Oft werden diese Pumpen über eine Gasturbine mit einem Gas angetrieben, das die beiden Brennstoffkomponenten erzeugt. In manchen Raketen tritt der Brennstoff mit Gasdruck aus dem Tank, so daß Pumpen überflüssig sind.

VENTILE

Sie regeln den Brennstoffzufluß und ermöglichen es den Triebwerken, mit dem jeweils benötigten Schub zu arbeiten.

BRENNKAMMER

Die Brennstoffe müssen gewöhnlich in der Brennkammer gezündet werden, doch arbeiten einige Raketen mit Brennstoffen, die sich bei Berührung selbst zünden.

DÜSE

AUSSENTANK

FESTSTOFFZÜNDSTUFE

RAUMFÄHRE (ORBITER)

HAUPTMOTOR (FLÜSSIGBRENNSTOFF)

RAUMTRANSPORTER (SPACE SHUTTLE)

Der Raumtransporter besitzt fünf Hauptraketentriebwerke: Zwei riesige Feststofftriebwerke an den Seiten der Raumfähre und drei mit flüssigem Brennstoff betriebene Haupttriebwerke hinten am Raumgleiter. Der Außentank enthält Wasserstoff und Sauerstoff in flüssiger Form für die Haupttriebwerke. Beim Start entwickeln diese fünf Triebwerke einen Startschub, der dem von 135 Jumbo-jet-Strahltriebwerken entspricht. Kleinere Flüssigkeitsraketen dienen dazu, die Umlaufbahn zu erreichen oder zu verlassen und im Weltraum zu manövrieren.

KERNKRAFT

VOM GESCHENK, DAS IMMER WEITER SCHENKT

Auf einer meiner Reisen war ich eines Tages in einer Stadt eingeschneit, in der die Brennstoffvorräte ausgegangen waren. Als ich an einem bitterkalten Morgen aufwachte, erfuhr ich, daß aus dem Nichts ein riesiges Mammut aus Beton vor den Toren der Stadt aufgetaucht war. Die aufgeregten Einwohner bestaunten es, und mein fachlicher Rat war gefragt.

Am langen beweglichen Rüssel des Mammuts fand ich einen Zettel, auf dem geschrieben stand, daß dieses gigantische Gerät das Geschenk eines Freundes sei. Werde das Mammut richtig behandelt, so war weiter zu lesen, dann würde es soviel Wärme in Form von Dampf abgeben, wie die Stadt benötige. Dafür verlange die Maschine nur, daß sie mit reichlich Wasser und gelegentlich einem Kügelchen aus einem Beutel, der beigefügt war, versorgt würde. Zum Schluß war noch eine Mahnung auf den Zettel gekritzelt, die besagte, daß das ganze Abfallmaterial, das regelmäßig hinten aus dem komplizierten Apparat herausfiel, in schwere Behälter zu füllen und tief einzubuddeln sei. Der Zettel trug keinerlei Unterschrift.

KERNREAKTIONEN

Das mechanische Mammut kann mit so geringem Brennstoff deshalb so sagenhafte Mengen an Energie freisetzen, weil es ein Atomkraftwerk ist. Drinnen steckt ein Kernreaktor, der den Kernbrennstoff in Hitze umwandelt, jedoch ohne ihn zu verbrennen.

Das Brennen oder die Verbrennung ist eine chemische Reaktion. Die im Brennstoff und im Sauerstoff der Luft enthaltenen Elemente gruppieren sich während des Verbrennens neu. Diese neue Zusammensetzung der Elemente, bei der Asche, Rauch und Abgase anfallen, besitzt eine geringere Energie als der Originalbrennstoff und der Sauerstoff. Die übriggebliebene Energie erscheint als Wärme.

Eine Kernreaktion beutet die Elemente in einer vollkommen anderen Weise aus, um Wärme zu erzeugen.

Läuft eine Kernreaktion ab, so bleiben die Elemente im Brennstoff nicht dieselben. Statt dessen werden im Kernreaktor die Elemente im Brennstoff in andere Elemente umgewandelt. Die Abfallprodukte der Kernreaktion besitzen weniger Energie als der Brennstoff, und die verlorene Masse wird in Energieform abgegeben. Eine Kernreaktion erzeugt also tatsächlich Energie; sie wandelt aber keine Energieform in eine andere um. Mit einer kleinen Masse wird eine große Energiemenge erzeugt. Aus diesem Grund ist die Kernkraft so ergiebig.

Wir befolgten gewissenhaft die Anweisungen. Eine Menge Wasser wurde in die Kreatur aus Beton gepumpt, nachdem ein paar Kügelchen hineingekippt worden waren. Es dauerte nicht mal eine kleine Weile und schon stieß der Rüssel des Mammuts unter den lauten Jubelrufen der versammelten Bevölkerung kleine Dampfwölkchen aus. Schnell wurde ein Leitungssystem, das in jedes Haus der Stadt führte, an den Rüssel angeschlossen. Seitdem ist es in jedem Haus, in meinem inbegriffen, selbst an den kältesten Tagen warm und gemütlich. Die Abfälle entfernten wir von Zeit zu Zeit und versiegelten und vergruben sie genauso, wie es auf dem Zettel gestanden hatte.

Je länger jedoch der Winter andauerte, um so weniger hatten die Entsorgungsmannschaften Lust hinauszugehen, um die Abfälle zu vergraben, die schließlich sehr harmlos aussahen.

Glücklicherweise war ich in der Lage, ein höchst kluges System zu ersinnen, um das Problem des unansehnlichen Abfalls zu beseitigen. Und zwar ließ ich in die Stadtmauer ein großes Loch schlagen, durch das der Rüssel des Mammuts geschoben wurde. Da sich nun das Hinterteil des Mammuts außerhalb der Stadtmauer befand, brauchte man den Abfällen keine besondere Beachtung mehr zu schenken.

In der Stadt gab es noch einige, die das Mammut aus Beton weiterhin argwöhnisch betrachteten. Sie wunderten sich nicht nur darüber, wie es funktionierte, sondern fragten sich auch, woher es gekommen war; konnte es wirklich so nutzbringend sein, wie es schien? Doch indem ich ankündigte, ich würde die Maschine öffnen und Führungen durch den Mechanismus veranstalten, konnte ich diese Befürchtungen beschwichtigen.

Als jedoch der Frühling da war, schmolz der Schnee weg, und ich ging wieder einmal auf Reisen, bevor ich mein Versprechen einlösen konnte. Als ich fort fuhr, fiel mir nur auf, daß von den Bäumen in der Umgebung der Abfälle bereits das Laub fiel.

ÜBER DEN UMGANG MIT DER KERNKRAFT

Recht haben die Leute, daß sie das atomare Mammut mißtrauisch beäugen. Eine Kernreaktion kann nämlich, wenn sie unkontrolliert abläuft, eine enorme Explosion verursachen, da die gewaltige Energie fast unverzüglich freigesetzt wird. Das ist der Fall bei den Atombombenexplosionen. In Kernreaktoren läuft die Freisetzung der Kernenergie gesteuert ab. Jedoch wird bei der Reaktion und auch vom Atommüll eine gefährliche Strahlung freigesetzt, und deshalb müssen Reaktoren mit einer Betonhülle eingekleidet und die Abfälle aus Sicherheitsgründen weit von den Menschen entfernt aufbewahrt werden. Bei der Erzeugung von Strahlung handelt es sich ebenfalls um eine Kernreaktion, denn sie verändert die Elemente im Atommüll. Sie geht jedoch langsamer vonstatten als in einem Kernreaktor, weshalb der radioaktive Müll noch über viele Jahre hinaus eine gefährliche Strahlung abgibt.

Es ist schon merkwürdig, daß wir Menschen letzten Endes alle von der Kernenergie abhängen, da Wärme und Licht, die das Leben auf Erden ermöglichen, aus einer gigantischen Kernreaktion stammen, die in der Sonne stattfindet. Denn die Erzeugung von Energie in solch großem Maßstab ist nur durch Kernreaktionen möglich. In jeder Sekunde verliert die Sonne bei ihrem gewaltigen Ausstoß an Energie vier Millionen Tonnen ihrer Masse.

KERNSPALTUNG

Kernkraft hat ihren Namen daher, daß die Erzeugung der Energie im Atomkern stattfindet. Ein jedes Atom des Brennstoffs enthält in seinem Zentrum einen Kern, der sich selbst wiederum aus noch kleineren Teilen zusammensetzt, die Protonen und Neutronen heißen.

Die Art der Kernreaktion, die in einem Kernreaktor abläuft, nennt man Kernspaltung. Als Kernbrennstoff verwendet man Uran oder Plutonium, zwei sehr schwere Elemente, deren Kerne viele Protonen und Neutronen besitzen. Die Spaltung setzt ein, wenn ein sehr schnelles Neutron auf einen Kern trifft. Durch das Einfangen des Neutrons wird der Kern instabil und bricht in zwei kleinere Bruchstücke auseinander. Dabei werden erneut Neutronen freigesetzt, die wiederum andere Kerne spalten, und so weiter. Da bei jeder Spaltung mehr Neutronen entstehen als verbraucht werden, nimmt die Anzahl der Spaltungen sehr rasch zu: es kommt zu einer *Kettenreaktion*. Läuft sie unkontrolliert ab, wächst sie schnell an und erzeugt innerhalb von millionstel Sekunden eine enorme Temperatur von mehreren Mio.°C.

KERNBRUCHSTÜCKE
Bei jedem Spaltvorgang entstehen zwei kleinere Kernbruchstücke, die Spaltprodukte genannt werden. Während die Kettenreaktion abläuft, werden die Bruchstücke und die Neutronen auf eine hohe Geschwindigkeit beschleunigt.

FREIES
NEUTRON

URAN-
ODER
PLUTONIUMKERN

KETTENREAKTION
Freie Neutronen im Kernbrennstoff treffen auf Uran- oder Plutoniumkerne und spalten sie. Dadurch entstehen weitere freie Neutronen, die in rascher Folge weitere Kerne spalten: es kommt zu einer Kettenreaktion.

STRAHLUNG
Bei jeder Spaltung werden Gammastrahlen freigesetzt, die gefährlich und sehr durchdringend sind. Aus Sicherheitsgründen erhält die Reaktoranlage eine Hülle aus Beton.

KERNFUSION

Kernkraft kann sowohl durch Spaltung als auch durch Fusion (Verschmelzung) entstehen. Bei dieser Kernreaktion verschmelzen die Kerne von zwei Brennstoffen, statt sich zu spalten. Im Gegensatz zur Kernspaltung geht die Fusion nur bei kleinen Atomen vor sich, deren Kerne wenig Protonen und Neutronen besitzen. Der gasförmige Brennstoff besteht aus schwerem Wasserstoff (Deuterium) und überschwerem (Tritium). Bei einem Fusionsprozeß treffen zwei Kerne so aufeinander, daß ihre Protonen und Neutronen zu einem neuen Kern verschmelzen. Ein freies Neutron bleibt übrig. Der neu entstandene Kern und die Neutronen bewegen sich mit einer solchen Geschwindigkeit, daß eine hohe Temperatur entsteht. Strahlung wird nicht freigesetzt, dennoch sind die Neutronen sehr gefährlich.

Damit die beiden Kerne verschmelzen, müssen sie mit unerhörter Wucht aufeinandertreffen. Das ist nur möglich, wenn das Gasgemisch auf extrem hohe Temperaturen von mehreren Millionen Grad erhitzt wird. Ein Fusionsprozeß läuft in der Sonne ab und liefert ihr die Energie, aber auch in der thermonuklearen Atombombe (Wasserstoffbombe).

NEUTRON

DEUTERIUM
Eines der Brennstoffgase ist Deuterium, eine schwere Form des Wasserstoffs. Seine Kerne enthalten je ein Proton und Neutron. Deuterium wird aus Wasser gewonnen.

TRITIUM
Das andere Brennstoffgas ist Tritium, eine überschwere Form des Wasserstoffs. Es besitzt ein Proton und zwei Neutronen pro Kern. Tritium wird durch Bombardieren von Lithium, einem gewöhnlichen Metall, mit Neutronen gewonnen.

HELIUM
Wenn ein Deuterium- mit einem Tritiumkern verschmilzt, entsteht erst ein Kern aus zwei Protonen und drei Neutronen. Dies ist ein instabiler Kern des Elements Helium. Er bricht auseinander zu einem normalen Heliumkern, der zwei Protonen und zwei Neutronen besitzt, und das überschüssige Neutron wird freigesetzt.

ATOMWAFFEN

DIE ATOMBOMBE

Atomwaffen sind Kampfmittel, deren Energie aus der Kernspaltung oder -verschmelzung herrührt. In ihrer Wirkung sind sie die fürchterlichsten Waffen, die je erfunden wurden. Bei einer Explosion wirken der Lichtblitz durch Blendung, die Wärmestrahlung durch Verbrennung der ungeschützten Stellen der Haut und die Kernstrahlung auf die Menschen verheerend.

Die Atombombe ist ein Sprengkörper mit Kernmaterial zur Kernspaltung (nuklearer Sprengkörper). Sie besteht aus einer mit Uran oder Plutonium gefüllten hohlen Kugel. Da das Kernmaterial in der Bombe sich nicht selbst zünden kann, muß eine Neutronenquelle von der Zündkapsel in das Zentrum der Kugel geschossen werden. Sprengstoff zertrümmert die Hülle um die Neutronenquelle. Die Neutronen können nicht entweichen, spalten das Kernmaterial und verursachen in millionstel Sekunden eine Kettenreaktion.

ZÜNDKAPSEL
NEUTRONENQUELLE
URAN- ODER PLUTONIUMKUGEL
SPRENGSTOFF
HÜLLE

WASSERSTOFFBOMBE

Die Wasserstoff- oder H-Bombe ist ein Sprengkörper, in dem die Energie durch Verschmelzen (Fusion) leichter Atomkerne entsteht (thermonuklearer Sprengkörper). Deuterium und Tritium, zwei verschiedene Wasserstofformen, treffen unter Hochdruck und bei hoher Temperatur aufeinander, um zu verschmelzen. Zur Erzielung der erforderlichen hohen Temperatur und des Drucks wird ein nuklearer Sprengkörper als Zünder benutzt. Um die Explosion auszulösen, zertrümmert ein Sprengstoff das Kernmaterial um die Neutronenquelle.

Einige thermonukleare Sprengkörper enthalten noch eine Uranummantelung, die eine Druckwelle erzeugt, die Megatonnen (Millionen Tonnen) von TNT entspricht. Die Neutronenbombe dagegen ist ein thermonuklearer Sprengkörper, der nur geringe Hitze und eine geringe Druckwelle, dafür aber eine durchdringende Neutronenstrahlung erzeugt. Sie wirkt deshalb gegen Lebewesen, ohne Bauwerke und Waffen zu zerstören.

ATOMBOMBENTEST

Der Niederschlag (fallout) nach einer Atombombenexplosion ist so stark radioaktiv, daß die Waffen in Kammern getestet werden müssen, die man in entlegenen und wenig bevölkerten Gegenden eigens zu diesem Zweck tief in die Erde bohrt. Auf diese Weise wird die Atmosphäre nicht durch den radioaktiven Niederschlag verseucht.

SPRENGSTOFF
HÜLLE
NEUTRONENQUELLE
URANUMMANTELUNG
KERNBRENNSTOFF
URAN- ODER PLUTONIUMZÜNDER

RADIOAKTIVER NIEDERSCHLAG

Ein künftiger Atomkrieg würde nicht nur Länder und Städte in Schutt und Asche legen, sondern wegen des radioaktiven Niederschlags auch die ganze Atmosphäre verseuchen. Die einzige Rettungsmöglichkeit bestünde darin, tiefe unterirdische Bunker aufzusuchen, in denen man vor dem radioaktiven Niederschlag sicher wäre. Doch müßte man in einem solchen atombombensicheren Bunker so lange leben, bis die radioaktive Strahlung auf ein annehmbares Maß zurückgegangen ist. Das kann viele Jahre dauern. Selbst dann wäre das Leben auf der Erde wegen dramatischer Veränderungen des Klimas, der Lebensmittelknappheit und der Bedrohung durch Krankheiten eine grausige Angelegenheit und kaum noch möglich.

Zum Geburtstag
viel Glück,
Zum Geburtstag
viel Glück...

KERNREAKTOR

Das Herz eines Kernkraftwerks ist der Kernreaktor. Hier wird enorme Wärme durch Spaltung des Uranbrennstoffs gewonnen. Vom Reaktor wird die Wärme zu einem Dampfgenerator geleitet, in dem Wasser in Dampf umgewandelt wird. Ansonsten funktioniert ein Atomkraftwerk auf dieselbe Weise wie ein, mit Kohle oder Öl betriebenes Kraftwerk: nämlich mit ▷ Dampfkraft.

In allen Atomreaktoren strömt Flüssigkeit oder Gas durch den Kern des Reaktors, um die dort durch Kernspaltung erzeugte Wärme aufzunehmen und ihn abzukühlen. Der wichtigste thermische Reaktortyp, der in Atomkraftwerken eingebaut wird, der Druckwasserreaktor, verwendet Wasser als Kühlmittel.

BRENNSTÄBE
Als Brennstoff wird Urandioxid in Tablettenform in gasdicht geschlossene, über drei Meter lange Metallrohre geladen und in den Reaktorkern eingeführt.

REGELSTÄBE
Für kurzfristige Regelvorgänge sind gleichmäßig über den Reaktorkern verteilte Regelstäbe vorgesehen, die in den Kern eingefahren werden. Sie enthalten eine Substanz, die Neutronen absorbiert. Durch Aus- oder Einfahren ist es möglich, eine kontrollierte Spaltung durchzuführen.

REAKTORKERN (CORE)
Ein Druckbehälter aus Stahl umgibt den Kern des Druckwasserreaktors mit den Brenn- und Regelstäben. Natürlich vorkommende Neutronen starten eine Kettenreaktion im Brennelement, und schnelle Neutronen entstehen durch Spaltung. Das Kühlmittel (Druckwasser) strömt durch den Kern und bremst die Neutronen ab. Die langsamen Neutronen verursachen weitere Spaltungen und halten die Kettenreaktion in Gang. Die durch Spaltung erzeugte Wärme geht ans Kühlmittel über.

BRENNSTOFF-TABLETTE

BRENNSTAB

BRENNSTOFF-TABLETTE

METALLROHR

REGELSTAB

NEUTRONENSCHILD

ABFLUSS DES HEISSEN KÜHLMITTELS

EINTRITT DES KÜHLMITTELS

BRENNSTAB

REGELSTAB

STAHLDRUCK-BEHÄLTER

ZIRKULIERENDES KÜHLMITTEL

REAKTORGEBÄUDE

Der Reaktorkern und die Dampfgeneratoren sind in einem Stahldruckbehälter untergebracht, der mit einem Betonmantel umgeben ist. Der Beton absorbiert die Strahlung, während der Stahldruckbehälter den Reaktor und die Dampfgeneratoren versiegelt, um zu verhindern, daß radioaktives Wasser oder radioaktiver Dampf austritt. Der eingesetzte Brennstoff ist ebenfalls hoch radioaktiv; seine gefährliche Radioaktivität dauert über Jahre hinweg an, bevor sie ungefährlich geworden ist. Der „verbrannte" Brennstoff muß im Kernkraftwerk selber versiegelt und vergraben werden, noch besser aber tief unter der Erde oder unter der See.

DRUCKBEHÄLTER
AUS STAHL

REAKTOR-
UMMANTELUNG
(BETON)

HEISSER DAMPF
ZU DEN TURBINEN

KERNMANTEL

Der Reaktorkern ist mit einer Abschirmung aus Beton umgeben, die die Radio-aktivität innerhalb des Reaktorgebäudes verringert. Um noch mehr Strahlung zu absorbieren, kann der Reaktorkern innerhalb der Abschirmung überdies noch in Wasser getaucht werden.

DAMPFGENERATOR

Die Temperatur des Reaktorkerns liegt weit über dem Siedepunkt des Wassers, und das Kühlwasser wird unter Hochdruck gesetzt, damit er sich nicht überhitzt. Das superheiße Wasser strömt dann in einen Dampfgenerator, wo es seine Wärme abgibt, um Wasser unter Normaldruck zu erhitzen. Der so entstandene Dampf treibt die Turbinen an.

KÜHLPUMPE

Mächtige Pumpen bewegen das heiße Kühlmittel (Wasser unter Hochdruck, Gas oder ein geschmolzenes Metall wie Natrium) vom Reaktorkern zu den Dampfgeneratoren.

KÜHLMITTEL-
PUMPE

REAKTORKERN

HEISSES
KÜHLMITTEL

KONDENSIERTES WASSER VON DEN TURBINEN

KERNFUSION

Die Kernfusion oder -verschmelzung könnte uns mit fast unbegrenzter Energie versorgen. Die für die Kernverschmelzung benötigten Brennstoffe kann man aus gewöhnlichen Substanzen gewinnen. Deuterium ist schwerer und Tritium ist überschwerer Wasserstoff, die man beide aus Wasser gewinnen kann. Alles was man sonst noch braucht, ist eine Maschine, die beide unter kontrollierten Bedingungen zum Verschmelzen bringt.

Praktisch ist diese Verschmelzung jedoch nur sehr schwer zu erzielen. Die beiden Gase müssen auf eine Temperatur von mehreren Millionen°C erhitzt und für einige Sekunden zusammengeführt werden. Kein normaler Behälter hält diesen Temperaturen stand, und verschiedene Systeme mit magnetischen Feldern oder Laser befinden sich derzeit im Versuchsstadium.

Die ersten Fortschritte wurden bereits erzielt: In begrenztem Umfang gelang bereits die Verschmelzung, jedoch liegt die erzeugte Energiemenge weit unter der zugeführten Energiemenge. Wissenschaftler erhoffen sich von der Kernverschmelzung solche Fortschritte, daß sie zu Anfang des nächsten Jahrhunderts Wirklichkeit werden kann. Wenn diese optimistische Voraussage sich erfüllen würde, besäßen wir eine Energiequelle, die nicht nur sehr mächtig wäre, sondern die darüber hinaus Brennstoffe verwendet, die reichlich vorhanden sind. Obwohl es unwahrscheinlich ist, daß ein Kernfusionsreaktor explodiert und dabei Radioaktivität freisetzt, so würde er doch radioaktiven Müll in Form ausrangierter Reaktorelemente erzeugen.

DER TOMAKAK

Die meisten Kernfusionsreaktoren verwenden eine Maschine namens *Tomakak*, die ursprünglich in Rußland entwickelt wurde. Ihr Herzstück ist eine vakuumdichte, metallene Ringröhre (Torus), die die Gase enthält, die verschmolzen werden sollen. Ein großer, elektrischer Transformator und eine Drahtspule umgeben den Torus. Der Transformator erzeugt in den Gasen einen elektrischen Strom, der sie so erhitzt, daß sie eine elektrisch geladene Mischung, das Plasma, erzeugen. Zugleich wirken starke Magnetfelder, vom Strom und Drahtspiralen erzeugt, auf die heißen Gase.

Das Magnetfeld zwingt die Gase in die Mitte des Torus, so daß sie die Wände nicht berühren. Unter diesen Umständen erreichen sie solch hohe Temperaturen, daß sie zu verschmelzen beginnen. Diese Temperatur kann noch weiter erhöht werden durch Bombardierung der Gase mit starken Radiowellen und durch Einspritzen von Partikelstrahlen in den Torus.

TORUS
Die Brennstoffgase werden in den vakuumdichten Torus eingespritzt.

MAGNETISCHE FELDSPULE
Diese Spule ist um den Torus gewickelt, und durch sie geht ein starker elektrischer Strom hindurch. Im Torus entsteht ein Magnetfeld.

TRANSFORMATOR
Der elektrische Strom, den man der Transformatorspule im Zentrum der Maschine zuführt, wird durch die Transformatorspule noch erhöht, damit im Plasma ein starker Strom fließen kann. Dieser Strom erhitzt das Plasma und erzeugt ein zweites Magnetfeld um das Plasma herum. Die beiden Magnetfelder ziehen sich gegenseitig so an, daß das Plasma gezwungen wird, sich auf kreisförmigen Bahnen im Torus zu bewegen.

PLASMA
Die in den Torus eingespritzten Brennstoffgase werden auf solch hohe Temperaturen gebracht, daß sie zu einem Plasma werden, zu einem superheißen Gas, das magnetisierbar ist. Das Magnetfeld preßt das Plasma in einen engen Ring in der Mitte des Torus. Durch die extrem hohe Temperatur und den Druck kommt es zur Verschmelzung.

FUSIONSREAKTOR

So könnte ein Fusionsreaktor funktionieren: Deuterium und Tritium werden in den Torus eingeführt, wo sie verschmelzen. Bei der Verschmelzung entsteht nichtradioaktives Helium, das aus dem Torus austritt, und Neutronen hoher Energie. Der Torus ist von einer Metallschicht aus Lithium umgeben Die Neutronen dringen durch die Schicht hindurch und wandeln dabei etwas Lithium in Tritium um, das aus der Schicht aus- und in den Torus eintritt. Zugleich erwärmen sie die Schicht. Diese Wärme wird von einem Wärmetauscher abgeleitet und gelangt in einen Dampfkessel zur Stromerzeugung. Die Neutronen niedrigerer Energie werden von der Reaktorabschirmung absorbiert, wenn sie aus der Metalldecke austreten.

DEUTERIUM

TRITIUM

TRITIUMENTNAHME

HELIUMABGASE

MAGNETISCHE FELDSPULE

ABSCHIRMUNG

TORUS

HEISSE GASE

LITHIUMSCHICHT

WÄRMETAUSCHER

DAMPF ZUR TURBINE

WASSER VON DER TURBINE

DAMPFKESSEL

SONNENFUSION

Einige Energieformen verwenden die Wärme und das Licht, die von der Sonne kommen. Keine darunter ist bisher zu einem wichtigen Energielieferanten geworden, doch könnten sie in Zukunft wichtig werden. Ähnlich der Fusionsenergie sind sie nicht umweltverschmutzend. Die Sonnenenergie entstammt der Kernverschmelzung, die die Sonnenwärme und das Sonnenlicht erzeugt.

DIE ERSTE
TONBILDSCHAU —
ATLANTIS

Teil 3

WIRKUNGEN DER WELLEN

EINLEITUNG

In jedem Augenblick unseres Lebens werden wir mit Wellen bombardiert. Schmerzvoll ist dies jedoch nicht, da das meiste dieser Energie an uns vorbei oder auch – in einigen Fällen – durch uns hindurchgeht, ohne daß dies eine schädliche Wirkung auf uns hätte. Viele dieser Wellen stoßen zwar mit uns zusammen, ohne daß wir von ihrer Existenz erfahren, jedoch nicht alle bleiben unbemerkt. Mit Hilfe unserer Sinne können wir einen kleinen, jedoch wichtigen Teil dieses Sperrfeuers wahrnehmen. Wärmeenergie fühlen wir mit der Haut, Lichtenergie sehen wir mit den Augen, und mit den Ohren stellen wir Schallenergie fest. Doch anhand der in diesem Abschnitt von MACAULAY'S NEUEM MAMMUT-BUCH DER TECHNIK beschriebenen Maschinen und Geräte können wir weit mehr als das tun: Wir können uns über unvorstellbar weite Entfernungen hinweg miteinander in Verbindung setzen, versteckte Welten – sowohl die mikroskopische als auch die astronomische – vor unser Auge bringen sowie Schall und Bilder rekonstruieren, die sonst in der Vergangenheit versinken würden.

ERWEITERUNG DER SINNE

Maschinen, die mit Wellen arbeiten, verwenden Wellenenergie, um die Reichweite unserer Augen und Ohren zu vergrößern. Tele- und Mikroskope rüsten die Linsen unserer Augen auf, um die in den Lichtstrahlen vorhandene außergewöhnliche Vielzahl der Details zu offenbaren, die unsere Augen ohne diese Hilfe auf keinen Fall sehen könnten. In der Drucktechnik und in der Fotografie werden Wörter und Bilder in allen Farben auf Papier gebannt, während in Hologrammen das Licht eines Lasers den Zusammenprall der Lichtwellen ausnutzt, um räumliche Abbildungen von Gegenständen anzufertigen, die so verblüffend real sind, daß man glaubt, man könnte seine Hände um sie herumlegen. Mit den Methoden der Aufnahme von Schall und bewegten Bildern kann man Schall- und Lichtwellen reproduzieren, um den Eindruck einer mächtigen Illusion zu erzeugen. Was die meisten dieser Maschinen leisten, ist ziemlich einfach zu beschreiben, denn viele von ihnen, zum Beispiel Fotoapparat, Plattenspieler, Videorecorder und Telefon, sind in fast jedem Haushalt vorhanden. Schon schwieriger ist es zu verstehen, auf welche Weise sie mit Wellenenergie arbeiten.

ENERGIE IN BEWEGUNG

Wenn eine Nähmaschine oder ein Benzinmotor in Betrieb ist, ist es einfach zu sehen, woher die Energie stammt und wohin sie geleitet wird. Bei Maschinen, die mit Wellen arbeiten, verhält es sich anders. Energiewellen kann man nicht in die Hände nehmen, um sie zu untersuchen, und zusätzlich erschwert wird der Umgang mit ihnen dadurch, daß es für sie eine Reihe anderer Gesetze gibt als für die festen Körper. Obwohl Energiewellen in manchen Fällen durch Materie hindurchgeführt werden, so besteht ihre Haupteigenschaft darin, daß lediglich ihre Energie sich bewegt. Wirft man zum Beispiel einen Stein in einen Teich, so breiten sich die kleinen Wasserwellen ringförmig von dem Punkt aus, an dem der Stein ins Wasser eingetreten ist. Aber diese Miniaturwellen bestehen nicht etwa aus Wasser, das sich zum Rand hin ausbreitet. Vielmehr steigt und fällt das Wasser an der Oberfläche, und nur die Energie breitet sich aus. Die in den Maschinen eingesetzten Wellen arbeiten auf dieselbe Weise. Jede vorüberfließende Welle besteht aus einem regelmäßigen Ansteigen und Abfallen der Energie. Die Entfernung zwischen zwei aufeinanderfolgenden Energieanstiegen wird als Wellenlänge und ihre Häufigkeit innerhalb einer bestimmten Zeit als Frequenz dieser Welle definiert. Für unsere Anschauung von den Wellen sind beide Begriffe wichtig.

WELLEN IN KÖRPERN

Die auf den folgenden Seiten vorgestellten Maschinen benutzen zwei verschiedene Arten von Wellen. Von diesen beiden sind die Schallwellen leichter zu verstehen, da sie aus Schwingungen in der Materie bestehen. Sie können sich nur durch die Materie fortbewegen – durch Luft, Wasser, Glas, Stahl, Ziegelstein und Mörtel: können diese in Schwingung versetzt werden, so fährt der Schall durch sie hindurch. Eine einzelne Schallwelle ist eine Kette schwingender Moleküle – jener winzigen Teilchen in der Luft, im Wasser und in der festen Materie. Wenn ein Lautsprecher schwingt, so schwingen auch die Moleküle in der ihn umgebenden Luft mit. Wie das Wasser im Teich, so bewegen sich auch die Moleküle selbst nicht in Schallrichtung fort. Sie geben lediglich die Energie weiter. Bereiche hohen und tiefen Drucks bewegen sich durch die Luft und haben ihren Ursprung an der Quelle. Der Schall ist nur unsere Wahrnehmung dieser Schwingungen. Wenn ein Körper schneller als etwa zwanzigmal in der Sekunde schwingt, können wir ihn hören – es ist der tiefste Ton, den ein menschliches Ohr wahrzunehmen vermag. Mit zunehmender Schwingungszahl nimmt die Tonhöhe zu. Bei 20 000 Schwingungen pro Sekunde ist der Ton für uns Menschen so hoch, daß wir ihn nicht mehr hören können, nicht aber für Maschinen wie den Ultraschall-Abtaster, der den Hochtonschall auf dieselbe Weise einsetzt wie die Fledermäuse beim Fliegen, die sich aus dem Schall und seinem Echo ein Bild schaffen.

WELLEN IM RAUM

Die andere Art von Wellen schließt die Licht- und Radiowellen ein, die tatsächlich nur Variationen ein- und desselben Themas sind, obwohl sie sehr verschieden zu sein scheinen. Die Licht- und Radiowellen sind beide Mitglieder einer Wellenfamilie, die man die elektromagnetischen Wellen nennt. Diese mobilen Energieformen werden häufig Strahlen statt Wellen genannt – Wärmestrahlen gehören ebenfalls zur selben Familie. Diese Wellen unterscheiden sich nur in ihrer Frequenz. Elektromagnetische Wellen – Licht, Wärmestrahlen und Funkwellen – bestehen nicht aus schwingenden Molekülen, sondern vielmehr aus schwingenden elektrischen und magnetischen Feldern. Da diese Felder im leeren Raum bestehen können, sind elektromagnetische Wellen in der Lage, sich durch das Nichts fortzubewegen. Wie die Schallwellen besitzt jede Welle ihre eigene Frequenz. Beim Licht nehmen wir die verschiedenen Frequenzen als verschiedene Farben wahr, ähnlich wie hohe und tiefe Schallfrequenzen zu Hoch- und Baßtönen führen. Die Ähnlichkeit ist damit jedoch zu Ende. Elektromagnetische Wellen breiten sich mit Lichtgeschwindigkeit aus, wogegen Schallwellen sich mit einem Millionstel dieser Geschwindigkeit dahinschleppen.

ÜBERMITTLUNG MIT HILFE VON WELLEN

Während Wellen und Strahlen sich zu uns hin und durch uns hindurch bewegen, führen sie nicht nur Energie, sondern auch Nachrichten mit sich. Wellen, die konstant sind, wie die im Lichtstrahl einer Taschenlampe, können keine Informationen übermitteln. Doch wird dieser Strahl unterbrochen oder seine Helligkeit verändert, so kann dies sehr wohl eine Botschaft bedeuten. Auf diese Weise wirkt jede wellenartige Übertragung. Energiemuster stammen aus Energiequellen, die hoch oder tief, laut oder leise, hell oder dunkel, von der einen oder anderen Farbe sind. So liefern die Schall- und Lichtwellen uns die Musik, Stimmen, Wörter auf einem Blatt Papier sowie den Gesichtsausdruck. Indem eine Wellenart in eine andere umgewandelt wird, auch indem ihre Energie gespeichert wird, können Wellen dazu gebracht werden, Tone und Bilder rund um die Welt und darüber hinaus zu transportieren – auch durch die Zeiten hindurch. Die Maschinen und Geräte auf den folgenden Seiten zeigen eine breite Palette der Nachrichtenübermittlung durch den Einsatz von Wellen – vom Telefongespräch mit dem Nachbarn von nebenan bis hin zu den schwachen Funksignalen einer Raumsonde, die in die entfernteste Ecke des Sonnensystems unterwegs ist.

LICHT UND BILDER

ÜBER DAS SEHEN VON GEGENSTÄNDEN

Mein Leben als Erfinder war nicht frei von Rückschlägen. Der vielleicht ärgste aber war mein Mißerfolg im Zusammenhang mit der Herstellung athletischer Geräte. Nachdem ich einen zusammenklappbaren Speer aus Gummi und einen sagenhaften Diskus aus Kristall erfunden hatte, vertraute ich einem Lehrling deren Fertigung an. Sein anfänglicher Enthusiasmus wich jedoch wunderlichen Wahnvorstellungen, in denen stets mächtige Mammuts auftauchten.

LICHTSTRAHLEN

Alle Lichtquellen erzeugen Strahlen, die sich in sämtliche Richtungen ausbreiten. Treffen diese Strahlen auf Gegenstände, prallen sie gewöhnlich von ihnen ab. Treten Lichtstrahlen ins Auge ein, so sehen wir entweder die Lichtquelle oder den Gegenstand, der die Strahlen zu uns ablenkt. Der Einfallwinkel, unter dem die Strahlen auf das Auge treffen, geben dem Gegenstand seine sichtbare Größe.

STRAHLEN VON
DER LICHTQUELLE

ZUM AUGE
ABGELENKTE
STRAHLEN

SEHKRAFT

Die Linse des Auges sammelt die Lichtstrahlen, die von einem Gegenstand kommen. Sie wirft ein Abbild des Gegenstands auf die lichtempfindliche Netzhaut des Auges, das dann in Nervenimpulse umgewandelt wird, die zum Gehirn gelangen. Das Bild auf der Netzhaut steht kopf, das Gehirn jedoch deutet es als aufrecht stehend.

STRAHLEN VOM
GEGENSTAND

LINSE

NETZHAUT

AUGAPFEL

ABBILD DES GEGENSTANDES

Da ich annahm, daß mein Lehrling lediglich überarbeitet war, führte ich Feierschichten ein und sorgte für eine bessere Belüftung der Werkstatt. Sein Befinden verschlechterte sich jedoch von Tag zu Tag, und eines Tages stellte er mich in meinem Labor und behauptete, daß Miniatur-Mammuts das Grundstück überschwemmt hätten. Er beharrte auf seiner Darstellung, eine Prozession dieser Biester sei über die Wand gelaufen und habe eine Rauchfahne hinter sich hergezogen.

Eine Stunde später erreichte mich die Nachricht, daß die Werkstatt samt Inhalt auf mysteriöse Weise bis auf den Grund abgebrannt sei. Ich dachte mir, mein verängstigter Lehrling müsse wohl über eine brennende Kerze gestolpert sein, als er floh, und obwohl ich über den Verlust meiner Werkstatt sehr betrübt war, beschloß ich, das Unglück mit Geduld zu ertragen und es den bösen Geistern zuzuschreiben.

ABBILDUNG

Wenn Lichtstrahlen in durchsichtiges Material eintreten, werden sie gebeugt, wenn sie hinaustreten, werden sie gebrochen. Sieht man durch eine Linse hindurch, so erscheint ein naher Gegenstand viel größer, da die Strahlen dann in einem viel größeren Winkel ins Auge treten. Deshalb wird das Mammutauge durch den Kristalldiskus vergrößert. Linsen können Bilder auf eine Fläche werfen. Strahlenkegel von jedem Punkt des Gegenstandes aus werden durch die Linse gebeugt, bevor sie auf eine Fläche treffen. Diese Kegel gehen über Kreuz und stellen das Abbild der Mammuts auf den Kopf, während die Sonnenstrahlen an einem heißen Punkt auf der Wand gebündelt werden.

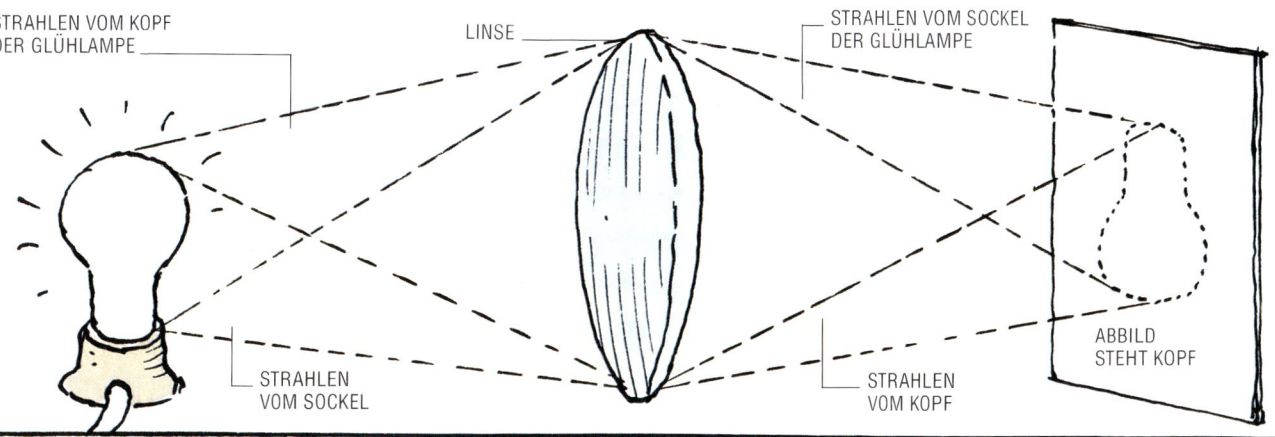

STRAHLEN VOM KOPF DER GLÜHLAMPE

LINSE

STRAHLEN VOM SOCKEL DER GLÜHLAMPE

STRAHLEN VOM SOCKEL

STRAHLEN VOM KOPF

ABBILD STEHT KOPF

BELEUCHTUNG

Es gibt zwei Hauptmethoden, um künstliches Licht zu erzeugen. Die erste: man erhitzt etwas so lange, bis es glüht. Die Flamme einer Kerze oder Öllampe enthält Kohlepartikel, die durch die Verbrennung von Wachs oder Öl weißglühend werden. In einer Glühlampe wird der Draht so erhitzt, daß er glüht. Die zweite: man schickt einen elektrischen Strom durch Gas oder Dampf, bis daß Gas oder Dampf glühen. Beide Methoden bewirken, daß die Elektronen, die geladenen winzigen Teilchen in den Atomen, Energie in Form von Lichtstrahlen abgeben.

KREISENDE ELEKTRONEN

ATOMKERN

STABILES ATOM
Im Atom umkreisen Elektronen den Kern in konzentrischen Kreisen.

GELADENES ELEKTRON

ELEKTRONEN ZIEHEN FORT
Wärme oder Elektrizität liefern genügend Energie, damit die Elektronen auf höhere Umlaufbahnen „springen" können.

LICHTSTRAHLEN

ELEKTRONEN FALLEN ZURÜCK
Fallen die Elektronen auf die alte Umlaufbahn zurück, geben sie ihre überschüssige Energie in Form von Lichtstrahlen ab.

ELEKTRODE   PHOSPHOR-UMMANTELUNG   GLASROHR   ELEKTRODE

FREIE ELEKTRONEN

QUECKSILBERDAMPF

LEUCHTSTOFFLAMPE

Eine Leuchtstofflampe besteht aus einer Glasröhre, die weißes Licht abstrahlt, wenn ein elektrischer Strom durch sie hindurchgeht. Zu beiden Seiten der Röhre befinden sich Elektroden, die vom Strom erwärmt werden und freie Elektronen abgeben. Die Atome des Quecksilberdampfes in der Röhre werden von den Elektronen getroffen und geben dadurch Strahlen ultravioletten Lichts ab. Diese unsichtbaren Strahlen wiederum treffen auf die Phosphorbeschichtung im Innern der Glasröhre. Die Strahlen regen die Elektronen in den Phosphor-Atomen an, und die Atome senden weißes Licht aus.

STRASSENLAMPE
Die Farbe elektrisch betriebener Straßenlampen wird vom Gas in der Glasröhre bestimmt. Natriumlampen enthalten Natriumdämpfe, die hell orangefarben erglühen, sobald Strom durch sie hindurchgeführt wird. Neonzeichen verwenden eine Reihe verschiedener Gase; Neon selbst glüht rot.

ELEKTRONENBLITZ
Der Elektronenblitz eines Fotoapparates ähnelt der Leuchtstofflampe. Ein Kondensator in der Kamera baut eine hohe elektrische Ladung auf, die sich entlädt, wenn der Auslöser gedrückt wird. Diese Ladung erzeugt einen zwar sehr kurzen, dafür jedoch sehr hellen Lichtblitz in der Blitzlampe.

DIE GLÜHLAMPE

Eine elektrische Glühlampe enthält einen bis zu rund einem Meter langen Leuchtdraht aus Wolfram, der spiralenförmig gewickelt und gewendelt ist. Strömt Elektrizität durch diesen Draht, so erwärmt sich die Spirale, erreicht eine Temperatur von etwa 2500 °C und wird weißglühend heiß. Wolfram hat von allen Metallen den höchsten Schmelzpunkt, den geringsten Dampfdruck und schmilzt bei Erwärmung nicht weg. Es macht die höchste bei Glühlampen erreichbare Lichtausbeute möglich.

Der Glaskolben ist mit einem neutralen Edelgas wie etwa Argon gefüllt, damit der Metalldraht sich nicht mit Sauerstoff verbinden und verbrennen kann. Die Gasfüllung, die sich gewöhnlich unter geringem Druck befindet, ermöglicht höhere Glühtemperaturen und mithin höhere Lichtausbeuten, weil sie die Wolframverdampfung abbremst.

GLASKOLBEN

EDELGAS UNTER NIEDRIGDRUCK

HALTER MIT ÖSE

BODENKONTAKT

ADDITIVE FARBMISCHUNG

Viele der farbigen Bilder, die wir sehen, sind nicht so, wie wir sie sehen. Statt aus allen Farben zu bestehen, die wir wahrnehmen, setzen sie sich jedoch nur aus einer Mischung der drei Grundfarben zusammen. Bilder, die wie ▷ Farbfernsehbilder Lichtquellen sind, kombinieren Farben durch „additive" Mischung, das heißt durch Übereinanderlegung der Farben. So auch erzeugt die Bühnenbeleuchtung ein breites Farbenspektrum, indem sie durch additive Farbmischung die drei Grundfarben in unterschiedlicher Helligkeit mischt.

SCHWARZ
Die drei Grundfarben in der additiven Farbmischung sind Rot, Grün und Blau. Wenn kein Licht erzeugt wird, gibt es auch keine Farbmischung, und das Resultat ist die Abwesenheit von Licht — also Schwarz.

GELB
Wenn grünes und rotes Licht auf einen weißen Gegenstand fallen, vermischen sie sich und färben den Gegenstand gelb. Beim Farbfernsehen hellen grüne und rote Streifen das Bild auf, und das Auge verschmilzt beide zu Gelb.

BLAUGRÜN
Vermischt man zwei Grundfarben zu gleichen Anteilen, ergibt sich eine Komplementärfarbe. Gelb ist eine Komplementärfarbe und auch Blaugrün, das man erhält, wenn man blaues und grünes Licht mischt.

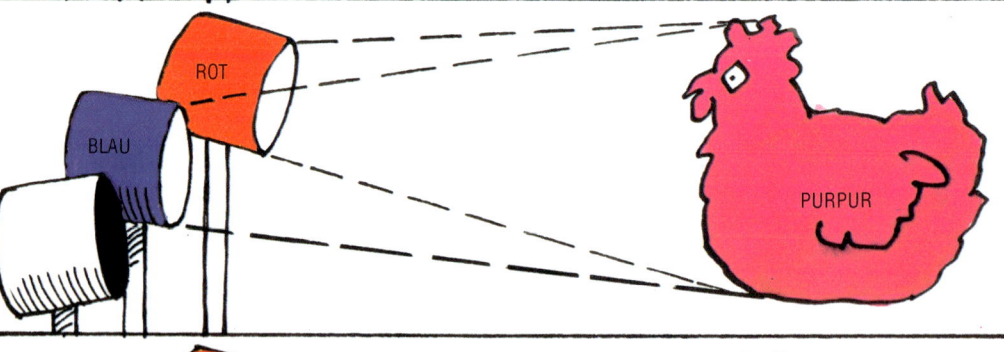

PURPUR
Purpur ist eine dritte Komplementärfarbe, eine Mischung aus Rot und Blau. Andere Farben erhält man, indem man die Grundfarben in unterschiedlichen Anteilen mischt.

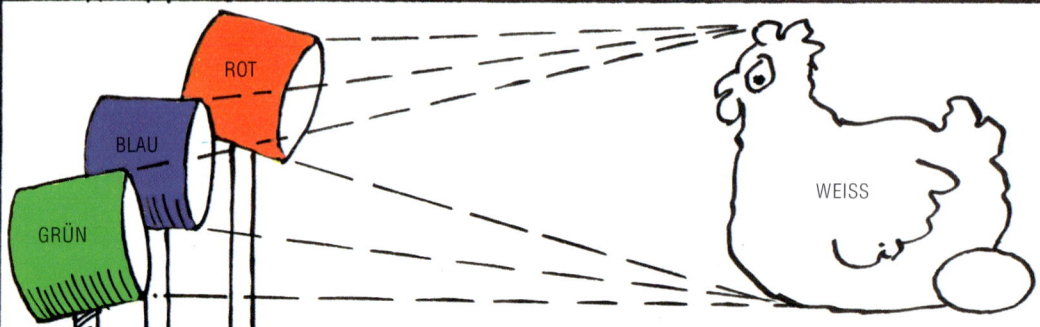

WEISS
Weiß erhält man, indem man alle drei Grundfarben mischt. Weißes Licht erhält man durch Mischung aus rotem, grünem und blauem Licht zu gleichen Anteilen.

SUBTRAKTIVE FARBMISCHUNG

Die Farbigkeit von Bildern, die man durch Mischen von ▷ Drucker- und Malerfarben erhält, entsteht durch die „subtraktive" Farbmischung, das heißt den Farbeindruck durch Mischen der Farben. Dies verleiht der additiven Farbmischung verschiedene Farben, da die Bilder selber keine Lichtquellen sind. Die Bilder strahlen einige der Grundfarben im weißen Licht, das sie beleuchtet, zurück, und absorbieren (saugen auf) oder subtrahieren die anderen Grundfarben. Was wir sehen, sind die zurückgestrahlten Grundfarben insgesamt.

WEISS
Eine weiße Fläche strahlt alles Licht, das auf sie fällt, zurück und absorbiert keins. Absorption findet nicht statt: Alle drei Grundfarben werden zurückgestrahlt und ergeben als Farbe weiß.

ROT
BLAU
GRÜN
WEISS

GELB
Aus dem weißen Licht, das auf eine gelbe Fläche fällt, absorbiert diese das blaue Licht. Blau wird absorbiert; Rot und Grün werden zurückgestrahlt und ergeben Gelb.

ROT
BLAU
GRÜN
GELB

BLAUGRÜN
Eine blaugrüne Fläche absorbiert die rote Farbe aus dem weißen Licht, das auf sie fällt. Blau und Grün werden zurückgestrahlt und ergeben Blaugrün. Bei einer Mischung aus Gelb und Blaugrün werden Blau und Rot absorbiert; es bleibt Grün übrig.

ROT
BLAU
GRÜN
BLAUGRÜN

PURPUR
Eine purpurne Fläche absorbiert Grün aus dem weißen Licht, das auf sie fällt. Rot und Blau werden zurückgestrahlt und ergeben als Mischung Purpur. Bei einer Mischung aus Purpur mit Gelb werden Grün und Blau absorbiert; es bleibt Rot übrig.

ROT
BLAU
GRÜN
PURPUR

SCHWARZ
Ein Pigment, das sämtliche Farben, die auf diese Fläche fallen, absorbiert, liefert die „Farbe" Schwarz. Alle drei Grundfarben werden absorbiert und keine zurückgestrahlt, weshalb die Fläche schwarz erscheint.

ROT
BLAU
GRÜN
SCHWARZ

SPIEGEL

Die Lichtstrahlen, die auf einen ebenen oder Plan-Spiegel auftreffen, werden im selben Winkel, in dem sie auf ihn einfallen, zurückgestrahlt. Diese Strahlen treten ins Auge ein, als kämen sie direkt von einem Gegenstand hinter dem Spiegel. Aus diesem Grunde sehen wir ein Bild des Gegenstands im Spiegel. Dieses Bild ist „virtuell", das heißt scheinbar: Es kann nicht auf einem Bildschirm aufgefangen werden und ist außerdem „spiegelverkehrt". Bilder, die von zwei Spiegeln zurückgeworfen werden — wie im Fall des Periskops —, sind nicht spiegelverkehrt, da der zweite Spiegel das Spiegelbild wieder spiegelverkehrt zurückwirft und somit in ein seitenrichtiges korrigiert.

PERISKOP

Mit einem Periskop, einem Sehrohr, kann man um die Ecke sehen. Es hat einen Spiegel zum Einfangen der Lichtstrahlen, die vom Gegenstand ausgehen, und wirft diese auf einen anderen Spiegel, der die Strahlen direkt zum Auge befördert.

BILD

KONVEXER SPIEGEL

GEGENSTAND

AUTORÜCKSPIEGEL

Ein Autorückspiegel besteht aus einem *konvexen* (nach außen gewölbten) Spiegel. Er wirft die Lichtstrahlen von einem Bild so zurück, daß sie divergieren (auseinanderstreben). Die Augen sehen ein verkleinertes Bild; der Spiegel hat dadurch ein weites Gesichtsfeld.

KONKAVER SPIEGEL

GLÜHBIRNE

PARALLELSTRAHLEN IM LICHTSTRAHL

AUTOSCHEINWERFER

In Scheinwerfern und Taschenlampen befindet sich ein *konkaver* (nach innen gewölbter) Spiegel hinter der Glühbirne. Die Lichtstrahlen werden von der gewölbten Oberfläche so zurückgeworfen, daß sie einander parallel verlaufen und einen schmalen, hellen Lichtstrahl bilden.

DAS ENDOSKOP

LICHTWEG   BILDLINSE

LICHT

FASEROPTIK

Geräte mit Faseroptik arbeiten mit innerer Widerspiegelung, bei der Licht einen dünnen Glasdraht entlang geführt wird. Die lichtleitenden Fasern in diesen Geräten, wie zum Beispiel dem Endoskop, besitzen einen Glasüberzug, der die Lichtstrahlen am Faserkern entlang widerspiegelt. Das von einer Linse an einem Ende des Glasfiberkabels erzeugte Bild erscheint am anderen Ende, und sei das Rohr auch noch so verdreht. Jede Faser befördert ein Teil des Bildes. Optische Fasern befördern auch Lichtsignale über weitere Entfernungen in der ▷ Fernmeldetechnik.

Mit Hilfe des Endoskops kann ein Arzt die inneren Organe des menschlichen Körpers untersuchen, ohne ihn aufzuschneiden. Ein biegsames Rohr mit sehr dünnen Fasern aus hochtransparenten optischen Gläsern wird in eine Körperhöhle oder einen Körperkanal, wie zum Beispiel den Hals, eingeführt. Ein Lichtstrahl wird im Innern dieser Lichtleitfaser durch Totalreflexion weitergeleitet; er folgt allen Biegungen der Faser und tritt am Ende wieder in den freien Raum aus. Der Bildleiter überträgt das Bild zum Auge des Arztes ans Rohrende, wo er es durch ein Okular betrachten kann.

OKULAR

STEUERKNÖPFE

ANSCHLUSSSTÜCK

Lichtquelle und Luft-, Wasser- und Saugleitungen werden am Anschlußstück angebracht, das sie mit dem Endoskoprohr verbindet.

STEUERDRAHT

INSTRUMENTENKANAL

WASSERKANAL

LUFTKANAL

LICHTLEITUNG

BILDLEITUNG

WINKELKNOPF

Durch Drehen am Winkelknopf werden die Steuerdrähte betätigt, die das Rohr biegen.

ROHR

LINSEN

In Geräten, die das Licht nutzen, sind Linsen von großer Wichtigkeit. Optische Geräte wie Fotoapparate, Projektoren, Mikroskope und Teleskope erzeugen Bilder mit Hilfe von Linsen, während manche Menschen die Welt durch Linsen betrachten, die ihre fehlerhafte Sicht korrigieren. Linsen funktionieren durch Brechung, das heißt durch Richtungsänderung, wenn Lichtstrahlen aus einem durchsichtigen Material in ein anderes übertreten. Die beiden bei Linsen beteiligten Materialien sind Glas und Luft. Die Linsen im Brillenglas und in den Haftschalen gleichen die Linse im Auge aus, die sonst nicht in der Lage wäre, die Lichtstrahlen in einem für eine scharfe Sicht erforderlichen Winkel zu brechen.

KONVEXE LINSEN

Eine konvexe Linse ist in der Mitte dicker als am Rand. Die Lichtstrahlen eines Gegenstands gehen durch sie hindurch und konvergieren, um ein „wirkliches" Abbild zu formen, eines, das man auf einem Bildschirm sehen kann.

KONKAVE LINSEN

Eine konkave Linse ist am Rand dicker als in der Mitte. Durch sie streben die Lichtstrahlen auseinander und treffen auf das Auge, das ein kleineres „virtuelles" Abbild des Gegenstands wahrnimmt.

VORDERE KONVEXE LINSE

EINFALLENDE STRAHLEN

TELEFOTO-ANORDNUNG
Um die größte Vergrößerung zu erzielen, wird die vordere konvexe Linse vor-, die konkave Linse dagegen rückwärts bewegt. Dadurch wird das Gesichtsfeld verkleinert.

EINFALLENDE STRAHLEN

EINFALLENDE STRAHLEN

ZOOMLINSE

Eine Zoom- oder Gummilinse erzeugt – entweder auf dem Film im Fotoapparat oder in der lichtempfindlichen Röhre einer Fernsehkamera (siehe S. 242) – ein auf dem Kopf stehendes, wirkliches Abbild. Dieses Bild kann in seiner Größe verändert werden. Ohne daß die Kamera sich dabei bewegt, entsteht der Eindruck, daß sie sich auf den Gegenstand zu oder von ihm weg bewegt. Eine Zoomlinse enthält mehrere verschiedene Linsen, die sich vor- wie rückwärts bewegen können, um den Einfallswinkel der Lichtstrahlen zu verändern, die von einer Szene auf die Linse treffen. Hier werden der Einfachheit halber nur drei Linsen gezeigt. Die mittlere konkave und die vordere konvexe Linse werden für ein Weitwinkelbild aufeinander zu, für ein Telefoto-Bild voneinander weg bewegt. Die hintere konvexe Linse bewegt sich dabei nicht.

WEITWINKEL-ANORDNUNG
Für ein Weitwinkel-Bild wird die vordere konvexe Linse rück- und die konkave Linse vorwärts-bewegt, das heißt sie bewegen sich aufeinander zu.

EINFALLENDE STRAHLE

DIE LUPE

Eine Lupe besteht aus einer großen konvexen Sammellinse. Wird sie nahe an einem kleinen Gegenstand gehalten, so kann durch die Linse ein vergrößertes virtuelles Bild gesehen werden. Die Linse konvergiert die Lichtstrahlen vom Gegenstand, wenn sie ins Auge einfallen. Der Teil des menschlichen Gehirns, der mit dem Sehen befaßt ist, geht stets davon aus, daß Lichtstrahlen auf geradem Wege auf das Auge treffen. Aus diesem Grunde nimmt das Auge den Gegenstand größer wahr, als er in Wirklichkeit ist.

VIRTUELLES BILD

ANGENOMMENER WEG DER LICHTSTRAHLEN

LICHTSTRAHLEN

LINSE

AUGE

GEGENSTAND

KONKAVE LINSE

HINTERE KONVEXE LINSE

TELEFOTO-BILD

Die Vergrößerung nimmt in der Telefoto-Anordnung zu und liefert eine Großaufnahme des Gegenstands. Da jedoch das Gesichtsfeld dabei verringert wird, kann nur ein kleiner Teil des Gegenstands abgebildet werden.

WEITWINKEL-BILD

Beim Weitwinkel-Bild ist das Gesichtsfeld groß genug, um große Gegenstände zu erfassen. Zum Ausgleich dafür ist die Vergrößerung sehr eingeschränkt.

DAS TELESKOP

Durch ein Teleskop kann man einen entfernten Gegenstand in Großaufnahme sehen. Beim Sternenteleskop, durch das man einen Planeten oder die Milchstraße in großer Entfernung sieht, ist der Gegenstand wirklich äußerst weit weg. Die meisten Teleskope funktionieren auf dieselbe grundlegende Weise: sie erzeugen ein wirkliches Bild des Gegenstands im Teleskoprohr. Im Okular kann man dieses Bild so wie durch eine ▷ Lupe betrachten. Der Betrachter sieht tatsächlich ein sehr nahes, wirkliches Bild, und deshalb erscheint es vergrößert. Der Vergrößerungsgrad hängt hauptsächlich von der Stärke der Okularlinse ab.

REFRAKTORTELESKOP

In einem Linsenfernrohr (Refraktor) formt die dem Gegenstand zugewandte Objektivlinse das reelle Bild, das man durch das dem Auge zugewandte Okular sieht. Das kopfstehende Bild stört bei der Himmelsbeobachtung nicht. Für die Beobachtung von Erdzielen besitzt das „terrestrische Fernrohr" eine weitere Sammellinse zwischen Objektiv und Okular, die das Bild umkehrt und dem Okular ein aufrechtstehendes Bild liefert.

SPIEGELTELESKOP

Im Spiegelteleskop bildet ein großer konkaver Spiegel das reelle Bild, das durch eine Okularlinse betrachtet werden kann. Gewöhnlich strahlt ein Fangspiegel die Strahlen des Hauptspiegels zurück, so daß das reelle Bild sich unterhalb oder seitlich des Spiegels formt, was ein bequemeres Betrachten ermöglicht.

Spiegelteleskope sind in der Astronomie wichtig, da der Durchmesser des Hauptspiegels bis zu sechs Metern betragen kann. Dadurch kann eine große Lichtmenge aufgefangen und lichtschwache Gegenstände sichtbar gemacht werden. Das Einfangen des Lichts von einem Gegenstand ist oftmals wichtiger als die Vergrößerung, da entfernte Sterne auch nicht größer erscheinen, wenn sie vergrößert werden.

LICHTSTRAHLEN VOM GEGENSTAND

OBJEKTIVLINSE

REELLES BILD

OKULARLINSE

HAUPTSPIEGEL

FANGSPIEGEL

LICHTSTRAHLEN VOM GEGENSTAND

CASSEGRAIN-FOKUS
Die Lichtstrahlen treten durch eine Durchbohrung des Hauptspiegels und vereinigen sich erst dahinter zu einem reellen Bild, das im Okular betrachtet oder mit einem Fotoapparat aufgenommen werden kann.

COUDÉ-FOKUS
Durch zwei zusätzliche ebene Spiegel wird das reelle Bild zur Seite des Teleskops abgelenkt, wo es leichter betrachtet oder fotografiert werden kann.

FANGSPIEGEL

DREHUNG UM
DIE HORIZONTALACHSE

CASSEGRAIN-FOKUS

HAUPTSPIEGEL

TELESKOPMONTAGE
Möchte man bei der
Himmelsbeobachtung einen
entfernten Gegenstand
ständig im Blickfeld des
Teleskops halten, so muß es
beweglich sein, um die
Bewegung der
Erdumdrehung
auszugleichen. Die meisten
modernen Teleskope
besitzen eine Altazimut-
Montage, bei der das
Fernrohr sich um eine
horizontale und eine
vertikale Achse zugleich
drehen kann.
Computergesteuerte Motoren
drehen das Teleskop um
beide Achsen gleichzeitig.

DREHUNG UM DIE VERTIKALACHSE

DAS PRISMENFERNGLAS

Ein Feldstecher besteht im Grunde aus zwei kleinen Refraktorteleskopen, die gemeinsam eine plastische oder dreidimensionale Sicht erzeugen. Jedes Auge sieht eine getrennte Großaufnahme, doch das Gehirn kombiniert sie zu einem Bild mit räumlicher Tiefe.

Im Gegensatz zum Teleskop enthält ein Prismenfernglas zwischen Objektiv und Okular je ein Prismenpaar, das den Strahlengang intern so ablenkt, daß ein aufrechtstehendes, seitenrichtiges Bild entsteht. Außerdem verlängern die Prismen den Weg des Lichts zwischen den Linsen und bewirken eine stärkere Vergrößerung. Schließlich kann der Abstand zwischen den beiden Objektiven größer sein als der Augenabstand, was für das räumliche Sehen von Vorteil ist.

OKULAR

PRISMEN
Das Objektiv liefert ein kopfstehendes, spiegelverkehrtes Bild. Das erste Prisma kehrt das Bild um, so daß es wieder seitenrichtig ist und das zweite Prisma stellt es wieder auf den Kopf, so daß es aufrechtsteht.

OBJEKTIV

DAS MIKROSKOP

In einem optischen Mikroskop (*links*) können sehr kleine Objekte, die mit bloßem Auge unsichtbar bleiben, vergrößert betrachtet oder abgebildet werden. Ein Mikroskop funktioniert genauso wie ein Refraktorteleskop, doch befindet sich das Objekt hier nicht sehr weit vom Objektiv entfernt, sondern sehr nahe daran. Das Objektiv formt ein vergrößertes Bild des Objekts nahe am Okular, und dieses Bild wird beim Betrachten durch das Okular noch mehr vergrößert. Das Objekt wird von einem Lichtstrahl beleuchtet, der von einem Spiegel abgelenkt und von Kondensorlinsen gebündelt wird.

OKULAR

REELLES BILD VOM OBJEKT

OBJEKTIV

OBJEKT

KONDENSOR

SPIEGEL

MAGNETISCHER KONDENSOR
Der Elektronenstrahl wird durch den Kondensor auf das zu untersuchende Objekt gebündelt.

MAGNETISCHES OBJEKTIV
Je nach Dicke und Zusammensetzung des Objekts werden die Elektronenstrahlen unterschiedlich abgelenkt; das Objektiv vereinigt sie zu einem vergrößerten Zwischenbild.

MAGNETISCHER PROJEKTOR
Vom Zwischenbild wird durch die Projektionsoptik ein weiter vergrößertes Bild zur Sichtbarmachung auf einen Fluoreszenzbildschirm geworfen.

ELEKTRONENQUELLE

OBJEKT

FLUORESZENZSCHIRM

DAS ELEKTRONENMIKROSKOP
Ein optisches Mikroskop vergrößert bis zu 2000mal, doch ein Elektronenmikroskop (*oben*) erlaubt eine Vergrößerung bis zu 500 000mal. Statt eines Lichtstrahls verwendet es einen Elektronenstrahl. Es besitzt Elektronenlinsen, die aus elektrischen Spulen bestehen, die Magnetfelder erzeugen, um die Elektronen auf dieselbe Weise abzulenken, in der optische Linsen die Lichtstrahlen brechen. Im Durchstrahlungselektronenmikroskop geht der Elektronenstrahl durch das Objekt hindurch, es wird direkt abgebildet. Im Rasterelektronenmikroskop wird ein äußerst schmaler Elektronenstrahl zeilenweise (rasterförmig) über das Objekt geführt.

POLARISIERTES LICHT

Lichtstrahlen sind ▷ elektromagnetische Wellen: Ihre Energie besteht aus schwingenden elektromagnetischen Wellen. Beim natürlichen Licht schwingen diese Wellen in Ebenen, die in willkürlichen Winkeln zueinander stehen. Beim polarisierten Licht schwingen alle Strahlen in derselben Ebene. Polarisationsfilter findet man unter anderem in Sonnenbrillen mit Blendschutz und in Flüssigkristallbildschirmen.

SENKRECHTES FILTER
Dieses Filter läßt nur Wellen durch, die in einer senkrechten Ebene schwingen.

WAAGERECHTES FILTER
Dieses Filter blockiert das senkrecht polarisierte Licht.

EBENEN IN WILLKÜRLICHEN WINKELN

NATÜRLICHES LICHT
Die Strahlen schwingen in Ebenen, die zueinander in willkürlichen Winkeln stehen.

POLARISIERTES LICHT

POLARISATIONS-FILTER

Ein Polarisationsfilter hält alle Strahlen zurück, die nicht in einer bestimmten Ebene schwingen. Wenn polarisiertes Licht auf ein Filter trifft, dessen Ebene rechtwinklig zur Ebene der Wellen steht, so dringt kein Licht durch.

Sonnenbrillen mit Blendschutz arbeiten auf diese Weise. Das von funkelnden Flächen zurückgestrahlte Licht wird teilweise polarisiert, und die Brillengläser sind Polarisationsfilter, die die Blendwirkung verringern.

SPIEGEL

HINTERES (SENKRECHTES) POLARISATIONSFILTER

FLÜSSIGKRISTALLE

VORDERES (WAAGERECHTES) POLARISATIONSFILTER

POLARISIERTES LICHT

HINTERE ELEKTRODE

VORDERE ELEKTRODE

NATÜRLICHES LICHT (WILLKÜRLICHE POLARISATION)

FLÜSSIGKRISTALL-BILDSCHIRM

Eine Schicht mit Flüssigkristallen befindet sich im Herzen des Flüssigkristallbildschirms LCD (für: *l*iquid *c*rystal *d*isplay), eines Taschenrechners oder einer Uhr. Das Umgebungslicht fällt zunächst durch ein Polarisationsfilter, durchläuft dann die transparenten Elektroden und Flüssigkristallschicht und anschließend ein zweites Polarisationsfilter, das rechtwinklig zum ersten steht. An einem Spiegel wird es dann reflektiert.

Die Flüssigkristallschicht wirkt auf polarisiertes Licht, das von Teilen der Bildschirmanzeige entweder blockiert oder zurückgestrahlt wird und die dadurch dunkel bleiben oder hell werden.

FLÜSSIGKRISTALLE

Flüssigkristalle bestehen aus einem flüssigen Material mit Molekülen, die in einem bei Kristallen ähnlichen Muster aufgebaut sind. Die Moleküle sind normalerweise verdrillt, und wenn polarisiertes Licht durch die Flüssigkristalle läuft, verdreht sich ihre Schwingungsebene um einen rechten Winkel.

Ein schwacher elektrischer Strom ändert in Flüssigkristallen das Muster der Moleküle. Sie werden dann so ausgerichtet, daß sie auf das polarisierte Licht nicht mehr einwirken. Die Flüssigkristalle sind zwischen zwei transparente Elektroden eingezwängt, die die Lichtstrahlen durchlassen und den Strom liefern.

Indem man Flüssigkristalle in getrennte Segmente aufteilt, kann man auf dem Flüssigkristallbildschirm Ziffern und Buchstaben darstellen. Der Bildschirm wird mit Hilfe von ▷ Mikrochips gesteuert.

TRANSPARENTE ELEKTRODEN (AUS)

VERSETZTE POLARISIERTE LICHTSTRAHLEN KOMMEN DURCH

STROM AUS

VERDREHTE MOLEKÜLE

UNVERÄNDERTES POLARISIERTES LICHT GESPERRT

STROM EIN

AUSGERICHTETE MOLEKÜLE

ELEKTRODEN LIEFERN STROM

STROM AUS
Die Flüssigkristalle drehen das polarisierte Licht so, daß es durch das hintere Polarisationsfilter zum Spiegel durchgeht. Das zurückgeworfene Licht wird wiederum gedreht und erscheint am vorderen Polarisationsfilter. Die Segmente bleiben hell.

LICHT ZURÜCKGESTRAHLT

LICHT GESPERRT

STROM EIN
Ein Strom fließt durch die Flüssigkristalle der Segmente. Dadurch wirken sie nicht auf das polarisierte Licht, das am hinteren Polarisationsfilter gesperrt wird. Die Segmente werden dunkel und sichtbar.

SEGMENTE
Eine Ziffer oder ein Buchstabe wird von einer Gruppe von Segmenten dargestellt, die mit einer Batterie oder einer Solarzelle verbunden ist. Gewöhnlich ist jedes Segment durchsichtig. Erst wenn ein Strom hindurchfließt, verdunkeln sich die Segmente.

ZIFFER „3"
Sieben Segmente erzeugen die Ziffern 0 bis 9. Hier stellen fünf Segmente die Ziffer 3 dar.

Du meine Güte! Ich komme zu spät!

LASER

Ein Laser erzeugt einen gebündelten Strahl sehr hellen Lichts, entweder als kurze Lichtimpulse oder als ununterbrochenen Strahl. Laser ist die Abkürzung für *light amplification by stimulated emission of radiation* (= Lichtverstärkung durch angeregte Strahlungsemission). Im Gegensatz zu natürlichem Licht ist Laserlicht *kohärent*, das heißt, die Strahlung ist in derselben Phase, von derselben Wellenlänge und erzeugt einen Strahl hoher Energie.

Ein Laserstrahl kann aus sichtbarem Licht oder aus unsichtbaren Infrarot-Strahlen bestehen. Ersterer wird bei digitalen Tonaufnahmen, in der Glasfaser-Fernmeldetechnik wie auch bei der Landvermessung und in Entfernungsmessern eingesetzt und liefert Ergebnisse sehr hoher Güte und Genauigkeit. Die intensive Hitze eines mächtigen Infrarot-Laserstrahls reicht aus, um Metall zu schneiden.

1 ANREGUNG DER ATOME

In einem Laser wird die Energie in einem laserfähigen Medium (Festkörper, Flüssigkeit oder Gas) gespeichert. Die Energie regt die Atome im Medium an und hebt sie auf einen höheren Energiezustand an. Auf solche Weise angeregte Atome senden spontan einen Lichtstrahl aus. In einem Gaslaser, wie hier gezeigt, werden die Gasatome von den Elektronen in einem elektrischen Strom angeregt.

2 LICHT WIRD AUFGEBAUT

Der Lichtstrahl des angeregten Atoms trifft auf ein anderes angeregtes Atom und veranlaßt es, ebenfalls einen Lichtstrahl auszusenden, und immer so weiter: der Vorgang der Lichterzeugung wächst an. Die Spiegel zu beiden Seiten der Glasröhre werfen die Lichtstrahlen zurück, so daß immer mehr angeregte Atome Licht aussenden.

3 DER LASER FEUERT

Der Lichtstrahl, den jedes angeregte Atom abgibt, schwingt im Gleichklang mit dem Lichtstrahl, der das Atom getroffen hat. Alle Strahlen schwingen nun im Gleichklang, und der Strahl wird hell genug, um den teildurchlässigen Spiegel zu durchdringen und den Laser zu verlassen. Auf diese Weise wird die Energie als Laserlicht freigesetzt.

DER GASLASER

Da die Gasatome Energie von Elektronen aufnehmen, die sich im Gas bewegen, und diese Energie als Licht abstrahlen, wird in einem Gaslaser ein ununterbrochener Laserstrahl erzeugt.

SPIEGEL · ELEKTRODE · ENERGIEQUELLE · TEILDURCHLÄSSIGER SPIEGEL

ANGEREGTES ELEKTRON ATOM

LASERSTRAHL

ELEKTRODE

GASFÜLLUNG

SPIEGEL · ELEKTRODE · GLASRÖHRE · TEILDURCHLÄSSIGER SPIEGEL

DIE HOLOGRAPHIE

Eine sehr wichtige Anwendung des Laserlichts ist die Holographie, ein Verfahren zur dreidimensionalen und reellen räumlichen Abbildung von Objekten. Zur Holographie benötigt man kohärentes Licht einer einzigen genauen Wellenlänge, das nur ein Laser erzeugt.

In der Holographie wird der scharf begrenzte Laser-strahl in zwei Lichtstrahlen aufgefächert: der Objekt-strahl beleuchtet das Objekt, die Referenzstrahlen werden zu einer fotografischen Platte nahe am Objekt abgezweigt. Nach der Entwicklung zeigen Platte oder Film ein Hologramm, das eine dreidimensionale Abbildung des Objekts zeigt.

SO STELLT MAN EIN HOLOGRAMM HER

Die fotografische Platte oder der Film wird mit Laserlicht von den Objekt- und den Referenzstrahlen belichtet. Der hier gezeigte Aufbau ergibt ein Reflexionshologramm, das eine Betrachtung bei natürlichem inkohärentem Licht zuläßt. Für ein Transmissionshologramm, das mit einem Laser betrachtet wird, müssen die beiden Strahlen auf derselben Seite der Platte oder des Films auftreffen.

AUFWEITUNGSOPTIK Der Laserstrahl wird so aufgeweitet, daß er das ganze Objekt beleuchtet.

GEGENSTAND

SPIEGEL

OBJEKTSTRAHLEN

HOLOGRAMM (FOTOGRAFISCHE PLATTE)

REFERENZSTRAHLEN

AUFWEITUNGSOPTIK Eine Aufweitungsoptik zerstreut den Laserstrahl so, daß er das Hologramm beleuchtet.

STRAHLUNGSTEILER Ein teildurchlässiger Spiegel teilt das Laserstrahlenbündel in zwei Teile, indem er einen Teil des Laserstrahls durchtreten läßt und den anderen Teil zurückwirft.

SPIEGEL

SPIEGEL

BLENDE

LASERSTRAHL

DAS HOLOGRAMM

Ein Reflexionshologramm wird mit Hilfe einer fotografischen Platte oder eines Films hergestellt. Auf der Platte oder dem Film trifft das vom Objekt zurückgeworfene Licht auf Licht, das direkt vom Laser kommt. Die beiden Strahlen — ein Strahl von jedem Punkt auf der Oberfläche des Objekts und einer von den Referenzstrahlen — überlagern sich (interferieren). Ein Strahlenpaar gibt Licht, wenn die Überlagerung (Interferenz) „verstärkend" ist, oder hebt sich gegenseitig auf, wenn sie „auslöschend" ist. Über das ganze Hologramm baut sich ein Interferenzmuster auf, das aus zusammentreffenden Strahlenpaaren besteht. Dieses Muster hängt von der Energiehöhe der Strahlen ab, die vom Objekt kommen und sich mit der Helligkeit seiner Oberfläche verändern.

VOM OBJEKT ZURÜCKGEWORFENE STRAHLEN

PLATTE ODER FILM

STRAHLEN AUS REFERENZSTRAHL

INTERFERENZMUSTER AN TREFFPUNKT VON STRAHLENPAAREN

VERSTÄRKENDE INTERFERENZ

Treffen sich zwei Lichtstrahle so überlagern sie sich. Die Energiehöhe jedes Strahls steigt und fällt wie eine Well Bei der verstärkenden Interferenz treffen Wellenber und Wellentäler stets zusammen: Die Strahlungsanteile verstärken sich, a Interferenzpunkt wir ein helles Licht erzeugt.

AUSLÖSCHENDE INTERFERENZ

Treffen die Wellenberge eines Lichtstrahls stets auf die Wellentäler eines anderen, so löschen sie sich gegenseitig aus, und am Interferenzpunkt gibt es kein Licht.

LICHTSTRAHL

INTERFERENZPUNKT

LICHTSTRA

ENERGIEWELLENBERG (POSITIVES MAXIMUM)

LICHTSTRAHL

ENERGIEWELLENTAL (NEGATIVES MAXIMUM)

INTERFERENZPUNKT

VIRTUELLES BILD EINES
PUNKTES VOM OBJEKT

SATZ GEWÖLBTER
SILBERSCHICHTEN IM
INTERFERENZMUSTER

LICHTSTRAHLEN
BELEUCHTEN DAS
HOLOGRAMM

SCHEINBARER
LICHTPFAD HINTERM
HOLOGRAMM

VON DEN
SILBERSCHICHTEN
ZURÜCKGEWORFENE
AUSEINANDER-
STREBENDE
STRAHLEN

AUGE

BETRACHTEN EINES REFLEXIONS-HOLOGRAMMS

Nach der Entwicklung enthält ein
Reflexionshologramm ein Interferenzmuster,
das in den Silberschichten der Fotoemulsion
eingefangen ist. Betrachtet man das
Hologramm bei natürlichem Licht, so sieht
man eine dreidimensionale Abbildung des
Objekts hinter dem Hologramm. Wenn
nämlich natürliches Licht auf das Hologramm
fällt, so dringt es bis zum Interferenzmuster
vor und wird dann zurückgeworfen. Ziehen
die weißen Strahlen an den Silberatomen
vorbei, so werden sie durch einen Vorgang,
den man Beugung nennt, in monochro-
matische oder einfarbige Strahlen verwandelt.
Das Interferenzmuster strahlt die farbigen
Strahlen zum Auge des Betrachters so zurück,
daß das Auge ein Bild sieht.

REFLEKTIERENDE SCHICHTEN

Jedes Paar sich überlagernder
Strahlen erzeugt sein eigenes Muster aus Silberatomen in ultradün-
nen gewölbten Schichten. Wenn
Licht auf das Hologramm fällt,
strahlen diese Schichten es so zurück, daß es auseinanderstrebt.
Das Auge nimmt dann ein „virtuelles" Abbild eines Punktes vom Objekt wahr. Es ist jener Punkt, von
dem der Lichtstrahl stammte, der
den Satz mit den Schichten bildete.
War dieser Punkt hell, so enthalten
die Schichten viel Silber und werfen mehr Licht zurück, so daß ein
helles Bild entsteht. War der Punkt
dunkel, so enthalten die Schichten
weniger Silber und werfen dementsprechend weniger Licht zurück.

RÄUMLICHE SICHT

In einem Hologramm sieht jedes Auge viele
Punkte, die aus verschiedenen Sätzen von
Schichten im Interferenzmuster gebildet
werden. Dies liefert ein Abbild des Objekts. Die
beiden Augen sehen verschiedene Teile des
Hologramms und sehen so getrennte Abbilder
des Objekts. Das Gehirn verbindet sie zu einem
dreidimensionalen Abbild.

Das Abbild vor jedem Auge wird von
verschiedenen Teilen des Hologramms erzeugt,
die von Strahlen stammen, die das Original-
objekt in verschiedenen Winkeln verließen. Jede
Seite des Hologramms wird von Strahlen
gebildet, die von dieser Seite des Objekts
stammen. Bewegt man seinen Kopf, so kommt
deshalb eine andere Sicht ins Blickfeld und die
Sicht auf das Abbild verändert sich.

DREIDIMENSIONALES BILD
DES OBJEKTS

LICHTSTRAHLEN

HOLOGRAMM

RECHTES AUGE

LINKES AUGE

FOTOGRAFIE

ÜBER MAMMUT-FOTOS

A ls ich eines Tages Golf spielte, fiel mir auf, daß der Rasen im Wartefeld für Schlägerträger bedeutend niedriger und weniger grün war als der Rasen in der Sonne. Ich spielte weiter, doch in Gedanken war ich anderswo. Wenn das Bild eines Mammuts zufällig auf dem Rasen abgebildet worden war, so grübelte ich, konnten dann nicht Bilder von anderen Gegenständen mit Absicht abgebildet werden?

Nachdem ich vom Golfspielen in meine Werkstatt zurückgekehrt war, bat ich meine Nachbarn, mir bei einem ersten Experiment zu helfen. Ich forderte die ganze Familie auf, sich in einer Reihe auf dem Gras vor der Werkstatt zum Schlafen hinzulegen. Sie sträubten sich erst. Dann bot ich ihnen ein Honorar an, und bald darauf hörte man sie schnarchen.

IN SILBER GEFASST

Um Bilder ständig aufzubewahren, wird in der Schwarzweiß-Fotografie Silber statt Rasen verwendet. Dazu werden kleinste Silberbromid-Kristalle auf eine Emulsionsschicht aus Gelatine aufgetragen, mit der ein transparenter Plastikfilm als Träger beschichtet wird. Das Objektiv eines Fotoapparats bildet ein Szenenbild auf dem Film ab. Diese Belichtung, und sei es auch nur für den Bruchteil einer Sekunde, reicht aus, um eine chemische Veränderung der Kristalle auszulösen. Dabei werden die Silberbromid-Kriställchen aktiviert und später dann durch einen Entwickler zu schwarzem Silbermetall reduziert. Es entsteht ein Negativ der Szene.

BELICHTUNG
Wenn das Licht der helleren Bildflächen auf den Film gelangt, werden die Silberbromid-Kristalle in der Emulsion aktiviert, die später zu schwarzem Silbermetall auseinanderbrechen.

LICHTQUELLE

SZENE

LINSE

FILM

ENTWICKLUNG
Der Entwickler reduziert die belichteten Silberbromid-Kriställchen zu schwarzem Silbermetall, der Fixierer löst das unbelichtete Silberbromid heraus.

NEGATIV
Schwarzes Silbermetall verbleibt dort, wo die Szene hell war, während heller Film dort zu sehen ist, wo die Szene dunkel war.

Bild 1

Bild 2

Bild 3

*I*ch bat sie, in den
folgenden fünf Tagen
wiederzukommen und sich genau auf dieselbe Stelle hinzulegen. Am Ende
einer Woche besaß ich ein perfektes Bild meiner Nachbarn. Das Verfahren
fand großen Anklang, und kurze Zeit später schon konnte man ganze
Schulklassen bewegungslos auf dem Rasen vor meiner Werkstatt
betrachten.

Es tauchten jedoch Hindernisse auf, mit denen ich nicht gerechnet hatte.
Die Bilder verlangten ständiges Stutzen, nachdem die Modelle die Szene
verlassen hatten. Zudem waren sie nur sehr schwer vorzuzeigen, und das
Rahmen war mit unerschwinglichen Unkosten verbunden. Hätte ich es
geschafft, die Leute schrumpfen zu lassen, bevor sie abgelichtet wurden, so
wäre meiner Erfindung — davon bin ich voll und ganz überzeugt — eine
verheißungsvolle Zukunft beschieden gewesen.

FOTOABZÜGE

Ein Abzug wird auf Fotopapier gemacht, das ebenso eine
lichtempfindliche Emulsion wie die auf dem Film trägt. Das
Negativ wird dazu verwendet, das Fotopapier zu belichten,
häufig mit Hilfe eines Vergrößerungsapparats, der ein
vergrößertes Bild auf das Fotopapier wirft. Das Papier wird
dann entwickelt, um ein Bild aus schwarzen Silberkristallen
zu erzeugen. Die hellen Flächen des Negativs erscheinen auf
dem Abzug dunkel und umgekehrt — genauso wie in der
abgelichteten Szene; es entsteht ein Schwarzweißbild. Mit
einem anderen Verfahren kann ein Positiv-Abzug direkt auf
Film oder Fotopapier gemacht werden, ohne daß man ein
Negativ anfertigt.

BELICHTUNG
Das Bild des Negativs im Vergrößerer wird auf das
Fotopapier projiziert. Durch das Bewegen der Linse kann
das Bild vergrößert werden.

LINSE

LAMPE

NEGATIV

FOTOPAPIER

ENTWICKLUNG
Das Fotopapier wird entwickelt und
bei Rotlicht fixiert, auf das die
Emulsion nicht reagiert.

POSITIV
Helle Flächen auf dem Ne-
gativ werden im Entwickler-
bad zu schwarzem Silber
auf dem Abzug reduziert,

dunkle Flächen erscheinen
weiß.

DIE EINÄUGIGE SPIEGELREFLEXKAMERA

SUCHER- ODER
UMKEHRPRISMA
(PENTADACHKANTPRISMA)

SUCHEROKULAR

AUSLÖSER

AUFWICKELSPULE

FILM

SCHLITZVERSCHLUSS
Der Verschluß besteht aus zwei (durch
Federwerkantrieb) beweglichen
Lamellenvorhängen direkt vor dem zu
belichtenden Film. Der zweite Lamellenvor-
hang bedeckt gewöhnlich den Film. Wird der
Auslöser gedrückt, so wird er wie ein Vorhang
vor dem Bildfenster weggezogen.

RAUM ZWISCHEN
LAMELLENVORHÄNGEN

ERSTER LAMELLENVORHANG

FILMSPULE

EINSTELLSCHEIBE
Die Einstellscheibe ist
aus Mattglas (Matt-
scheibe). Wenn das
Licht, das durchs Ob-
jektiv kommt und am
Spiegel umgelenkt
wird, auf sie auftrifft,
formt es ein Bild. Die
Einstellscheibe und
der Film sind gleich
weit vom Spiegel ent-
fernt. Ist daher das
Bild auf der Matt-
scheibe scharf einge-
stellt, so ist es auch
auf dem Film scharf.

SCHWING
SPIEGEL

ZWEITER
LAMELLENVORHANG

Manche Kameras besitzen zwei verschiedene Objektive: eins zur Bildbeobachtung und ein zweites für den Lichttransport zum Film. Viele Fotografen möchten das Motiv betrachten, bevor es auf den Film fällt und sie ihre Aufnahme machen. Die einäugige Spiegelreflexkamera heißt so, weil sie nur ein Objektiv sowohl für die Bildbetrachtung wie auch für die Aufnahme besitzt. Ein Schwingspiegel, der in einem Winkel von 45° vor dem Film arretiert ist, leitet den Lichtstrahl vom Objektiv zur Einstellscheibe über sich. Das Bild baut sich auf der Mattscheibe auf, und das Licht wird von dort aus durch das Umkehrprisma zum Sucherokular gelenkt. Durch die verschiedenen Spiegelungen ist das Bild im Sucherokular aufrecht und seitenrichtig. Wird der Auslöser gedrückt, schwingt der Spiegel hoch und der Lichtstrahl belichtet den Film.

SUCHEROKULAR EINSTELLSCHEIBE OBJEKTIV
SUCHERPRISMA
SPIEGEL
FILM

IRISBLENDE

Sie begrenzt die Menge der Lichtstrahlen, die durch das Objektiv ihren Weg in die Kamera finden. Die Blende befindet sich in der Mitte des Objektivs und setzt sich aus drehbaren Metallamellen zusammen, die sich so bewegen, daß sie das Loch in der Mitte öffnen oder schließen. Je stärker die Ausblendung (je höher die Blendenzahl f), desto schärfer, aber auch desto lichtschwächer ist das Bild.

OBJEKTIV

Ein Objektiv hoher Qualität besteht aus einer Kombination von Linsen, die so zusammenwirken, daß sie ein scharfes Bild auf den Film bannen. Das Gesichtsfeld hängt von der Brennweite des Objektivs ab, das heißt der Entfernung des Objektivs zum Film, wenn ein Gegenstand im Unendlichen sich im Brennpunkt befindet. Die Objektivfläche ist häufig entspiegelt, um unnötige Reflexe zu vermeiden.

LICHTSTRAHL

FARBFOTOGRAFIE

So vielfarbig auch immer ein Farbfoto oder Dia erscheinen mag, beide setzen sich stets nur aus den drei Farbschichten der ▷ Grundfarben zusammen. Betrachtet man ein Farbfoto, so durchläuft das Licht die drei Schichten nacheinander und die Farbigkeit ergibt sich durch subtraktive Farbmischung. Entwickelt man einen Papierfilm, so erhält man ein Farbnegativ, während bei einem Diafilm durch ein besonderes Verfahren (Umkehrverfahren) ein positives Farbbild (*siehe unten*) auf dem Film erscheint.

1 UNENTWICKELTER DIAFILM
Der Farbfilm besteht aus drei farbempfindlichen Schichten. Die mittlere Schicht ist grünempfindlich.

2 ERSTER ENTWICKLER
Purpurrotes Licht enthält kein Grün. Es belichtet die Schicht nicht, deshalb wird Silber entwickelt.

3 FARBENTWICKLER
Dieser fügt den Silberpartikeln einen purpurroten Farbstoff hinzu.

4 SILBER HERAUSGEBLEICHT
Wird das Silber herausgebleicht, verbleibt eine purpurrote Schicht.

PROJEKTION EINES DIAS
In einem Dia-Projektor wird das Licht von der Glühbirne durch einen gewölbten Spiegel und eine Sammellinse auf das Dia gebündelt. Das Projektorobjektiv wirft dann ein Bild des Dias auf die Leinwand. Beim Durchgang des weißen Lichts durch das Dia werden die Farbtöne des Bildmotivs aus dem weißen Licht durch subtraktive Mischung herausgefiltert.

SAMMELLINSE

GLÜHBIRNE

HOHLSPIEGEL

DAS DREISCHICHTENSYSTEM

Jede der farbempfindlichen Schichten eines Farbfilms ähnelt einem Schwarzweißfilm, nur daß die oberste Schicht blauempfindlich, die mittlere grünempfindlich und die unterste rotempfindlich ist. Die drei Schichten ermitteln den Anteil dieser Farben im Licht, das durch das Kameraobjektiv den Farbfilm belichtet.

Farbfilmentwickler enthalten Farbkuppler, die dem Silber, das die Emulsion bildet, während des Entwickelns Farbstoffe beimischen. Das Silber wird herausgelöst, der Farbstoff bleibt zurück. Die oberste Schicht wird gelb, die mittlere purpur und die unterste blaugrün.

Beim Farbdiafilm, einem Umkehrfilm (siehe linke Seite), werden die *unbelichteten* Schichten in Farbschichten umgewandelt. Grün zum Beispiel belichtet nur die mittlere Schicht, die erste und dritte Schicht werden daher gelb und blaugrün. Diese beiden Schichten zusammen ergeben grün. Jedes Stück Film wird zu einem Farbdia.

Beim Farbfilm werden die *belichteten* Schichten in eine Farbschicht umgewandelt. Gelb zum Beispiel erscheint als eine Mischung aus Purpur und Grün, die Blau ergibt. Das Negativ wird dann auf Farbpapier abgezogen, das dieselben drei Schichten wie der Film enthält und auf dieselbe Weise entwickelt wird.

FARBDIA VOR
FARBENTWICKLUNG

BLAUEMPFINDLICHE
SCHICHT

GRÜNEMPFINDLICHE
SCHICHT

ROTEMPFINDLICHE
SCHICHT

PROJEKTOROBJEKTIV

FARBDIA
NACH
ENTWICKLUNG

BILD AUF LEINWAND

[203]

SOFORTBILDFOTOGRAFIE

Unmittelbar nach einer Aufnahme gibt eine Sofort- bildkamera ein Plastikbild frei. Nach nur einer Mi- nute beginnt das Bild Konturen anzunehmen, und wenig später hält man ein Farbfoto in Händen. Die Sofortbild- fotografie arbeitet im wesentlichen nach demselben Ver- fahren wie der Umkehrfilm im Fall eines Farbdias. Der Film enthält drei für die Farben Blau, Grün und Rot

lichtempfindliche Silberhalogenidschichten, die nach der Entwicklung Schichten mit gelben, purpurnen und blau- grünen Farbstoffen ergeben. Er enthält auch die Ent- wicklungschemikalien. Bei der Entwicklung eines So- fortbildes verlassen die drei Farbstoffe ihre Schicht, durchdringen die Filmschichten und sammeln sich in der Schicht unter der Oberfläche zu einem Farbbild.

WALZEN

ENTWICKLERKAPSEL

ROTES LICHT TRIFFT
AUF DEN FILM

TRANSPARENTES DECKBLATT

SAURE POLYMERSCHICHT

ZEITREGULATORSCHICHT

BILDEMPFANGSSCHICHT

1 FILM WIRD BELICHTET
Der Film enthält neun getrennte chemische Schichten. Beim Belichten dringt das Licht bis zu den blau-, grün- und rotempfindlichen Silberschichten vor. Hier belichtet rotes Licht die rotempfindliche Schicht.

BLAUEMPFINDLICHE SCHICHT (UNBELICHTET)
GELBFARBSTOFF-ENTWICKLER- SCHICHT
TRENNSCHICHT
GRÜNEMPFINDLICHE SCHICHT (UNBELICHTET)
PURPURFARBSTOFF-ENTWICKLER- SCHICHT
TRENNSCHICHT
ROTEMPFINDLICHE SCHICHT (BELICHTET)
BLAUGRÜNFARBSTOFF-ENT- WICKLERSCHICHT
SCHWARZES RÜCKBLATT

2 FILM VERLÄSST KAMERA
Die Bildeinheit läuft durch Walzen, die die Entwick- lungschemikalien aus der Entwicklerkapsel heraus- pressen. Das Reagenz ent- hält weiße Pigmente, eine lichtundurchlässige Deck- schicht, Wasser und Alkali. Es tritt genau oberhalb der lichtempfindlichen Schich- ten in den Film ein, und die Deckschicht schützt

REAGENZSCHICHT TRITT
IN FILM EIN

das Negativ während der Entwicklung vor Lichtein- fall. Das Reagenz breitet sich durch die lichtempfind- lichen Schichten nach unten aus.

3 BILD NIMMT GESTALT AN
Das Reagenz aktiviert die Farbstoff-Entwicklerschicht in den lichtempfindlichen Schichten. Wo die Silber- schicht nicht belichtet wird, lösen sich die Farbstoffe und breiten sich durch die anderen Schichten zur Bildschicht hin aus. In den belichteten Schichten aber erzeugt der Entwickler Sil- ber, das die Bewegung der Farbstoffe verhindert. Hier kann der Blaugrün-Farb- stoff sich in der belichteten rotempfindlichen Schicht nicht ausbreiten.

GELB- UND PURPURFARBSTOFF- ENTWICKLER DRINGEN DURCH
SILBER HÄLT BLAUGRÜNFARBSTOFF ZURÜCK

4 BILD WIRD KLAR
Das Reagenz erreicht die saure Schicht, die das Alkali neutralisiert, und macht die Deckschicht durchsichtig. Die Farb- stoffe ergeben ein klares, vollfarbiges Foto.

REAGENZ TRITT IN
SAURE SCHICHT EIN

GELB UND PURPUR
VERMISCHEN SICH IN
DER BILDEMPFANGSSCHICHT
ZU ROT

WEISSE SCHICHT

...OMATON

FOTOPAPIERSPULE

2 REFLEKTIERTES LICHT
Das Prisma kehrt das Bild vom Objektiv um, so daß das Foto aufrecht steht.

LINSE

LICHT VOM PORTRÄTIERTEN

1 BELICHTUNG
Elektronenblitze beleuchten den Benutzer, wenn der Verschluß sich öffnet.

PAPIERSTREIFEN

3 PAPIERSCHNITT
Der Papierstreifen rückt nach jeder Belichtung weiter und wird nach vier Belichtungen abgeschnitten.

Ein Photomaton, eine automatische Fotokabine, liefert kurz nach den Blitzaufnahmen einen Streifen mit Porträtfotos aus. Dabei wird Fotopapier verwendet, das im Automaten in verschiedene Wannen mit Chemikalien getaucht wird und direkt auf dem Papier ein Positiv abbildet. Der Automat kann verschiedene Streifen zugleich entwickeln, so daß mehrere Kunden kurz nacheinander die Kabine benutzen können, während andere Benutzer noch auf ihren Filmstreifen warten.

4 PAPIERENTWICKLUNG
Der belichtete Papierstreifen durchwandert neun Wannen oder mehr. Er wird zuerst zu einem Negativ entwickelt, und das dunkle Silber wird dann herausgelöst. Die unbelichtete Emulsion, die zurückbleibt, wird behandelt und zu Silber entwickelt. Auf dem Papier erscheinen Positivbilder. Danach wird der Papierstreifen gewässert.

5 FOTOAUSGABE
Nach dem Wässern werden die Fotos mit einem Ventilator getrocknet. Ist dieser Vorgang abgeschlossen, fällt der Filmstreifen durch einen Ausgabeschlitz an der Seite der Kabine nach außen.

DIE FILMKAMERA

Die Wirkung von Filmen baut auf einer Illusion auf, nicht nur auf jener im Studio während der Filmaufnahmen, sondern vor allem jener in unseren Augen erzeugten. Eine Filmvorführung besteht nämlich aus der Projektion einer Serie von Stehbildern in genügend schneller Abfolge. Ist ein Bild von der Leinwand verschwunden, so verharrt es noch vor unserem Auge, bis das nächste Bild erscheint. Die getrennten Bilder der einzelnen Bewegungszustände verschmelzen im Auge des Betrachters zur Illusion einer bewegten Bildfolge.

Eine Kinokamera lichtet eine Sequenz von Stehbildern auf einem Filmstreifen ab, und zwar gewöhnlich mit 24 Bildern pro Sekunde.

AUFWICKELSPULE

ZUFÜHRSPULE

FLÜGELBLENDE

STRAHLENGANG

OBJEKTIV

BILD-FENSTER

GREIFER

KINOFILMSTREIFEN
Der Filmstreifen für den Normal-Kinofilm ist 35 mm, für den Schmalfilm (insbesondere fürs Fernsehen) 16 mm und für den Amateurschmalfilm 8 mm breit. Die Sonderbreite von 70 mm wird für Breitwandfilme (zum Beispiel Cinemascope) verwendet.

FILMTRANSPORT-TROMMEL
Die Zähne auf der Transporttrommel greifen in die Perforation des Filmstreifens und befördern ihn von der Zuführ- zur Aufwickelspule.

FILMSCHLAUFE
Der Filmstreifen bildet vor und hinter dem Bildfenster eine Schlaufe. Diese beiden Schlaufen erleichtern die Arbeit des Greifers beim ruckartigen Durchgang des Filmstreifens durch die Filmgleitbahn am Bildfenster vorbei.

FLÜGELBLENDE

BILDFENSTER

OKULAR

PRISMA

STRAHLENGANG

SEITLICHES OKULAR
Die Oberfläche der Flügelblende lenkt, wenn sie sich gerade vor dem Bildfenster befindet, den Lichtstrahl vom Objektiv zum seitlichen Okular ab. Der Kameramann beobachtet so die Filmszene, während sie gleichzeitig gedreht wird.

ACHTUNG, AUFNAHME!

FILMSTREIFEN

PERFORATIONSLOCH

BILDFENSTER

BILD

KURBEL

GREIFER

FLÜGELBLENDE

1 BELICHTUNG BEGINNT
Der Greifer löst sich aus dem Perforationsloch. Die Lücke in der Flügelblende dreht sich so vor den stehenden Filmstreifen, daß das Objektiv ein Lichtbild auf den Film werfen kann.

FLÜGELBLENDE BEWEGT SICH IN LICHTSTRAHL

2 BELICHTUNG BEENDET
Die rotierende Flügelblende schneidet den Lichtstrahl ab. Inzwischen hat die Kurbel den Greifer zur nächsten Lochung hochbefördert.

DER FILMPR KT

Ein Filmprojektor funktioniert wie eine Filmkamera, nur in umgekehrter Richtung. Ein Greifer bewegt den Filmstreifen ruckartig durch die Filmgleitbahn. Dadurch wird für den Bruchteil einer Sekunde ein Stehbild auf die Leinwand projiziert. Eine rotierende Sektorenblende (oder Flügelblende) läßt das Lichtbündel erst zur Leinwand durch und schneidet es dann ab, so daß das Bild auf der Leinwand verschwindet, während der Film weitertransportiert wird. Da jedes Bild von ein flimmerfreies Bild mit 2 × 24 Bildwechseln pro Sekunde.

ZUFÜHRSPULE

LAMPE

SAMMELLINSE

OBJEKTIV

HLSPIEGEL

ROTIERENDE
SEKTORENBLENDE

FILMSCHLAUFE

BILDFENSTER

GREIFER

VENTILATOR

AUFWICKELSPULE

KURBEL

LICHTQUELLE
Das Licht einer starken Glühbirne wird von einem Hohlspiegel zurückgestrahlt und von einer Sammellinse gebündelt, um die Filmbilder zu projizieren. Ein Ventilator kühlt die Birne.

FLÜGELBLENDE UNTERBRICHT
DEN STRAHLENGANG

FLÜGELBLENDE UNTERBRICHT
DEN STRAHLENGANG

NACH UNTEN
GEZOGENER FILMSTREIFEN

3 GREIFER KLINKT EIN
Der Greifer klinkt sich in die Filmperforation ein. Die Flügelblende unterbricht den Strahlengang, wenn der Filmstreifen sich zu bewegen beginnt.

4 FILM WIRD BEWEGT
Während die Kurbel sich dreht, bewegt der Greifer den Filmstreifen um ein Bild nach unten. Der Strahlengang ist noch immer unterbrochen.

DRUCKTECHNIK

MODERNE DRUCKTECHNIKEN

Die Mammut-Münzanstalt funktioniert nach einem Verfahren, das als Hoch- oder Buchdruck bekannt ist, das älteste der drei heute bekannten Druckverfahren. Die beiden anderen sind der Tief- und der Flachdruck (Lithographie). Der Einfachheit halber zeigen wir hier flache Druckplatten. In modernen Druckmaschinen sind die Druckplatten um rotierende Formzylinder herumgelegt und befestigt, um große Papiermengen bedrucken zu können, doch das Prinzip bleibt dasselbe.

HOCHDRUCK (z. B. BUCHDRUCK)

1 Die Buchstaben auf der Druckplatte sind erhaben.

2 Die Druckfarbe haftet auf den Buchstaben.

3 Das Papier wird gegen die Platte gedrückt.

4 Die Druckfarbe wird auf das Papier übertragen.

TIEFDRUCK (z. B. RADIERUNG)

1 Die Buchstaben auf der Druckplatte liegen vertieft.

2 Die Druckfarbe füllt die Vertiefungen aus.

3 Das Papier wird gegen die Platte gedrückt.

4 Die Druckfarbe wird auf das Papier übertragen.

ÜBER DIE MAMMUT-MÜNZANSTALT

Nachdem die ungewöhnlich gut gelungenen falschen Findlinge in Umlauf gekommen waren, traten höchste Stellen auf mich zu und baten mich, ein Zahlungsmittel für sie zu entwickeln, das sicherer und — falls möglich — tragbarer wäre. Das Resultat meiner Reflektionen war meine mobile Mammut-Münzanstalt.

Blätter qualifizierter Qualität und geeigneter Größe wurden Stück für Stück mit Hilfe eines Rüsselsaugers sorgfältig in der Mitte einer Matte abgelegt. Ein breites Kissen, das einen Pflanzenfarbstoff eigenen Gebräus enthielt, wurde von einem Spritzenmeister ständig benetzt. Nachdem ein Stempel auf das Kissen gepreßt worden war, fertigte der Münz-Meister mit eben jenem Stempel einen Abdruck auf dem zuvor zentrierten Blatt an. Vor dem Verschiffen zu einer der Mammut-Banken wurde jedes Blatt dann gründlich getrocknet, geprüft und gezählt.

Obwohl die Münzanstalt technisch makellos arbeitete, hatte sie doch mit beträchtlichen Personalschwierigkeiten zu kämpfen. Der schwungvolle Schwund der Blätter, den ich anfangs dem klammheimlichen Klau zugeschrieben hatte, konnte später auf den für Mammuts leckeren Geschmack des neuen Zahlungsmittels zurückgeführt werden.

Das hier vorgestellte Verfahren zeigt den einfarbigen Druck. Beim Farbdruck werden nacheinander verschiedene Druckfarben von verschiedenen Druckzylindern aufgetragen. Mit drei Druckfarben und Schwarz läßt sich durch ▷ subtraktive Farbmischung ein Tonreichtum erzielen, der dem der Farbfotografie sehr nahe kommt.

FLACHDRUCK (z. B. LITHOGRAPHIE)

1 Ein Bild des Buchstabens wird auf die Druckplatte projiziert.

2 Die Platte wird so behandelt, daß sich der Buchstabe wasserabstoßend verhält.

3 Die Platte wird angefeuchtet, der Buchstabe nimmt kein Wasser an.

4 Druckfarbe wird aufgetragen: der Buchstabe nimmt sie an, während die angefeuchtete Fläche sie abstößt.

5 Das Papier wird gegen die Druckplatte gedrückt.

6 Die Druckfarbe wird vom Buchstaben auf das Papier übertragen.

MIT STEINEN DRUCKEN

Im Flachdruck fanden zuerst Platten aus Stein als Druckplatten Verwendung. Das Wort „Lithographie" heißt wörtlich „auf Steinen schreiben". Heutzutage zeichnet ein Künstler mit Fettkreide oder -tusche, die die fette Druckfarbe annehmen, auf einen Stein, mit dem dann das Papier bedruckt wird.

Das moderne Tiefdruckverfahren arbeitet mit lichtempfindlichen Platten, auf die Text und Bild auf fotografischem Wege übertragen werden. Beim Offsetdruck wird die Druckfarbe zuerst auf einen Gummituchzylinder, dann auf das Papier gedruckt.

PAPIERHERSTELLUNG

Ohne Papier kein Druck. Ein Bogen Papier ist ein flaches Vlies (Netz) aus ineinandergreifenden Pflanzenfasern, hauptsächlich aus Holz und Baumwolle. Zur Papierherstellung werden die Pflanzen in ihre Fasern zerlegt, die dann ausgerichtet und mit zusätzlichen Materialien, wie Leimen, Pigmenten und mineralischen Füllstoffen, versetzt werden.

2 ENTRINDEN
Die Baumrinde muß so von den Stämmen geschält werden, daß das Holz nicht beschädigt wird.

1 FÄLLEN
Bäume werden gefällt und als Stämme zur Papiermühle transportiert.

TREIBBAND

GAUTSCHWALZEN

NASSE PAPIERBAHN

6 PRESSEN
Treibbänder bewegen die nasse Papierbahn zwischen den Gautschwalzen, die das Wasser teils aufsaugen, teils hinauspressen.

DANDYWALZE

STOFFAUFLAUF
Er drückt den dünnen Faserbrei auf das feine Metallgewebe.

ENDLOSES METALLGEWEBE

Wo steckt Freddie bloß?

FEUCHTES PAPIER

7 TROCKNEN
Die feuchte Papierbahn durchläuft die Trockenpartie, wo sie zwischen Trockenzylindern und Naßfilzen, die Wasser aufsaugen, hindurchgeführt wird.

UNTERER NASSFILZ

TROCKENZYLINDER

ZELLSTOFF AUFLÖSER
Andere Materialien als Holz werden in einen Faserbrei verwandelt.

3 KOCHEN DES FASERBREIS
Die Holzstämme werden zerhackt und dann in der Maschinenbütte mit Chemikalien behandelt, die das Lignin, einen harzartigen Stoff im Holz, auflösen. Oder das Holz wird in der Papiermühle zermahlen und dann mit Wasser versetzt. In beiden Fällen entsteht ein dünner Faserbrei, der gebleicht wird.

5 BILDUNG DES VLIESES
Der dünne Faserbrei fließt von der Durchflußwanne auf das Metallgewebe. Das Wasser tropft durch die Maschen des Gewebes; das Abtropfen wird durch einen Vakuumsauger beschleunigt. Die Dandywalze drückt die Fasern zusammen.

VAKUUMSAUGER

DURCHFLUSSWANNE

DÜNNER FASERBREI

MASCHINENBÜTTE

OBERER TROCKENFILZ

4 MISCHEN
Der Faserbrei gelangt in den Mischer, in dem Hilfsstoffe zur Qualitätsverbesserung zugefügt werden. Dazu gehören Stoffe wie Kaolin (Porzellanerde), die den Weißgehalt verbessern, und Leime, die das Wasser abstoßen, sowie Farbpigmente. In der Maschinenbütte werden die Fasern zu einem flüssigen Brei verarbeitet.

GETROCKNETES PAPIER

STREICHANLAGE
Im Kalander streichen Walzen die Papieroberfläche glatt.

Schnell! Wo ist der Schalter?!

DRUCKPLATTE

Wenn ein Buch wie dieses gedruckt wird, werden sämtliche Farbbilder mit nur vier Druckfarben erzeugt. Es sind die drei subtraktiven Komplementärfarben Gelb, Purpur und Blaugrün (siehe S. 183) und Schwarz. Jede Druckfarbe muß getrennt mit eigener Druckplatte aufgedruckt werden, die mit Hilfe von zwei Verfahren hergestellt wird: mit Farbauszügen und Satzherstellung.

Durch Ausfiltern werden die drei subtraktiven Komplementärfarben aus den farbigen Bildvorlagen herausgetrennt, während durch das Setzen, die Erstellung des Schriftsatzes, der Text druckfertig gemacht wird.

OPTISCHES SYSTEM — LASERSTRAHL — FARBAUSZÜGE — FILM — LICHTQUELLE

FARBSCANNING

Ein Farbscanner (Abtaster) zerlegt jede farbige Druckvorlage in vier getrennte Farbbilder, sogenannte Farbauszüge, die zusammengenommen wiederum ein farbiges Bild ergeben. Bei jedem Farbauszug wird das Bild in viele getrennte Punkte zerlegt. Der Computer im Scanner bestimmt die Größe der Punkte: große Punkte dort, wo die Druckfarbe stark aufgetragen werden soll, und kleine Punkte in den anderen Teilen des Farbauszugs. Dadurch kann eine Druckplatte jede Farbe in beliebiger Intensität aufdrucken.

SCHRIFTSATZ

Der Text eines Buches wird mit Hilfe einer Laser-Setzmaschine abgesetzt. Der Erfasser gibt den Text zugleich mit den Steuerbefehlen ein, die Schriftart und -grad bestimmen. Die Tastatur des Texterfassers ist mit einem Computer (Rechner) verbunden, dessen Gedächtnis eine Auswahl verschiedener Schriftarten in unterschiedlichen Schriftgraden enthält. Der Computer sendet dann Signale zur Setzmaschine, in der ein Laserstrahl die Linien des Textes auf Film oder Papier bannt.

BILDSCHIRM — COMPUTER

TASTATUR
Der Text, den der Texterfasser über die schreibmaschinenähnliche Tastatur eingibt, erscheint auf dem Bildschirm. Neuerdings kann eine Diskette aus dem Wortprozessor des Autors zwecks Satzerfassung direkt in die Setzmaschine eingelegt werden.

COMPUTER
Der Computer wandelt die Signale, die er über die Tastatureingabe erhält, in solche um, die den Laser steuern.

TROMMEL — LASERSTRAHL — FILM ODER PAPIER

LASER-SETZMASCHINE
Fotopapier oder Papier dreht auf einer Trommel, während ein Laserstrahl, der von einem rotierenden Spiegel abgestrahlt wird, sich über das Papier bewegt. Der Computer schaltet den Strahl so ein und aus, daß jeder Buchstabe aus einer Anzahl enger senkrechter Striche zusammengesetzt wird.

SCANNERTROMMEL
Die farbige Bildvorlage wird auf die Scannertrommel gespannt und gedreht. Dabei tastet das optische System langsam die Vorlage ab, zerlegt deren Farben und Helligkeit, indem es sie in eine große Anzahl sehr kleiner Flächen aufteilt. Diese Lichtsignale werden dem Computer („Farbrechner") des Scanners zugeführt, der sie speichert.

AUFZEICHNUNGSTROMMEL
Signale des Computers steuern die Aufzeichnungstrommel. Der Film wird um die rotierende Trommel gelegt. Der vom Computer gesteuerte Laserstrahl bewegt sich über den Film, um vier Auszüge anzufertigen, die aus Linien mit Punkten bestehen.

FERTIGE FARBAUSZÜGE
Die Gelb-, Purpur- und Blaugrünauszüge sind Schwarzweißbilder, die aus den entsprechenden Farbmengen der Originalvorlage stammen. Der

Schwarzauszug ist ein gewöhnliches Schwarzweißbild der Vorlage. Die Linien aus Punkten werden unter unterschiedlichem Rasterwinkel abgetastet, damit das Raster im gedruckten Bild nicht als störendes Muster (Moiré) zu erkennen ist.

DRUCKPLATTENHERSTELLUNG
Die Druckplatten werden aus Negativ- oder Positivfilmen hergestellt, die den Text oder die Farbauszüge tragen. Der Schwarzauszug wie

der Text können beide auf den (hier gezeigten) Schwarzfilm oder auch getrennt voneinander aufgezeichnet werden. Die Druckplatte ist mit einer lichtempfindlichen Substanz beschichtet. Sie wird durch den Film belichtet und entwickelt, so daß Text und Bild in der Beschichtung abgebildet werden. Anschließend wird sie mit Chemikalien behandelt, die in Teile der Beschichtung eindringen, um die Buchstaben- und Bildpunkte auf der Platte zu erzeugen. Hoch-, Tief- und Flachdruck verlangen eine je unterschiedliche Behandlungsweise der Platten. Von den drei anderen Farbauszügen werden auf dieselbe Weise Druckplatten hergestellt. Auf einer einzelnen Druckplatte können mehrere Seiten belichtet werden.

GELBAUSZUG

PURPURAUSZUG

BLAUGRÜNAUSZUG

SCHWARZAUSZUG

POSITIVFILM

DRUCKPLATTE

SCHWARZPLATTE MIT TEXT UND SCHWARZAUSZUG

DRUCKZYLINDER
Jede Druckplatte wird auf dem Druckzylinder einer Rotationsdruckmaschine befestigt.

DIE DRUCKMASCHINE

Eine Druckmaschine dient zur Herstellung von Druckerzeugnissen, indem Papier gegen eine farbtragende Druckplatte gepreßt wird. In Rotationsmaschinen werden die Druckplatten auf Druckzylindern befestigt. Von Rollen wird das Papier den rotierenden Zylindern zugeführt, von denen es während des Durchlaufens bedruckt wird. Druckmaschinen für den Vierfarbdruck sind mit vier oder mehr Druckzylindern ausgerüstet, so daß die Farbauszüge sofort nacheinander aufgedruckt werden können. Schnelltrocknende Druckfarben verhindern ein Verschmieren der Farben.

BOGEN-DRUCKMASCHINE (OFFSET)

Dieses Buch ist, wie viele andere Bücher und Zeitschriften auch, im Offsetdruck gedruckt worden, einem Druckverfahren, bei dem Schnelligkeit mit Qualität einhergeht. Wegen ihrer hohen Qualität werden für den Druck von Büchern hauptsächlich Bogen-Druckmaschinen eingesetzt. Papierbogen werden der Druckmaschine zugeführt und durch Druckeinheiten geschleust, die Gelb, Purpur, Blaugrün und Schwarz aufdrucken. Die drei Farben ergeben ein Farbbild, während die Schwarzplatte dem Farbbild Tiefe und Kontur verleiht und den schwarzen Text druckt. Die Bogen werden erst einseitig bedruckt, dann in die Maschine zurückgeführt und schließlich auf der Rückseite bedruckt.

BLAUGRÜN-EINHEIT PURPUR-EINHEIT GELB-EINHEIT SCHWARZ-EINHEIT

BEDRUCKTE BOGEN

BOGENANLEGER

ROTATIONSMASCHINE (OFFSET)

Rotationsmaschinen erreichen sowohl eine hohe Druckgeschwindigkeit als auch eine gute Qualität und werden oft für den Zeitungs- und Zeitschriftendruck verwendet. Die Papierbahn kommt von großen Papierrollen und wird mit vier oder mehr Farben bedruckt. Gewöhnlich enthält jede Druckfarbeneinheit jeweils zwei Druckzylinder, so daß Vor- und Rückseite der Papierbahn gleichzeitig bedruckt werden können. Nachdem sie bedruckt ist, wird die Papierbahn zu Falz- und Schneidemaschinen geführt.

NÄCHSTE ROLLE

FÜHRUNG
Die Walzen ermöglichen einen fliegenden Wechsel der Papierrollen ohne Maschinenstopp.

SPANNUNGS-STEUERUNG
Walzen halten die Papierbahn stramm.

EXTRA-EINHEIT
Zusätzliche Einheiten können zusätzliche Farben drucken oder einen Lack für eine Hochglanzausführung auftragen.

BLAUGRÜN-EINHEIT PURPUR-EINHEIT GELB-EINHEIT SCHWARZ-EINHEIT

PAPIERROLLE

PAPIERBAHN

KÜHLWASSER

DRUCKFARBENNACHSCHUB

FARBAUFTRAGWALZE

OFFSETDRUCK

Zuerst werden über das
Feuchtwerk die nichtdruckenden
Teile des Plattenzylinders ständig
befeuchtet. Dann werden über
die Farbauftragwalzen die
Druckfarben auf ihn
aufgetragen, die auf den
Gummituchzylinder übergehen.
Der Druckzylinder drückt gegen
die Papierbahn. Der Gummituchzylinder bedruckt die
Papierbahn. Durch das elastische
Gummituch lassen sich auch
rauhere Papiere als Bedruckstoff
verwenden.

BEDRUCKTE PAPIERBAHN ZU FALZ-
UND SCHNEIDEMASCHINEN

PENDELWALZEN
Diese Walzen werden
gekühlt, um einen
Feuchtigkeitsverlust in den
Druckfarben zu vermeiden.
Sie pendeln leicht hin und
her, um die Druckfarben
gleichmäßig auf den Walzen
zu verteilen.

GUMMITUCHZYLINDER

FEUCHTWERK

PLATTENZYLINDER

PAPIERBAHN

WASSER

DRUCKZYLINDER

TROCKNER
Die bedruckte
Papierbahn läuft durch
einen geheizten Tunnel,
in dem die Druckfarben
getrocknet werden.

KÜHLEINHEIT
Gekühlte Walzen kühlen das
Papier ab, das im Trockner
sehr heiß geworden ist.

ANFEUCHTEINHEIT
Um die im Trockner
entzogene Feuchtigkeit
zu ersetzen, wird Wasser
auf das Papier
aufgetragen.

BUCHBINDEREI

Die bedruckten Rohbogen oder Papierbahnen, die aus der Druckmaschine kommen, müssen noch gefalzt und, falls nötig, zu Falzlagen beschnitten werden, die man Signaturen nennt. Danach trägt man alle Signaturen zu einem Buch zusammen und bringt sie in die korrekte Reihenfolge. Alsdann werden die Signaturen zu einem Buchblock zusammengebunden und seine Kanten beschnitten. Schließlich wird der Buchblock in die getrennt gedruckte Buchdecke eingehängt. Das Buch ist fertig.

BOGENFALZMASCHINE

Ein Bogen aus einer Bogen-Druckmaschine wird gewöhnlich mit einer Signatur bedruckt und mehrfach gefalzt.

BOGEN

1 EINFÜHRUNG IN DIE TASCHE
Von Walzen wird der Bogen in die Tasche der Falzmaschine eingeführt und dadurch gestoppt.

TASCHE

2 EINKNICKEN DES BOGENS
Die Walzen führen den Bogen weiter, so daß er in der Mitte einknickt.

3 FALZEN DES BOGENS
Die unteren Walzen ergreifen den Knick und ziehen den Bogen abwärts, wobei er gefalzt wird.

ROTATIONS-FALZMASCHINE
Signaturen werden beim Rotationsdruck hintereinander gedruckt, und die Falzmaschine trennt und falzt jede Signatur.

1 ERSTER FALZ
Die Papierbahn rollt über eine „Nase" aus Metall und dann durch Walzen, die die Bahn in der Mitte falzen.

2 TRENNUNG
Ein gezacktes Messer durchstößt die gefalzte Papierbahn so, daß die Signatur abgetrennt ist.

3 ZWEITER FALZ
Ein Falzbeil drückt die Mitte der Signatur zwischen zwei Falzwalzen.

FALZWALZEN

SIGNATUR

FALZBEIL

4 DRITTER FALZ
Die Signatur wird nochmals gefalzt, die Seiten sind jetzt in der korrekten Reihenfolge.

FLÜGELRAD
Die Signaturen werden zu einem Flügelrad geführt, das sie auf einem Förderband ablegt. Von dort kommen sie zur Buchbinderei.

FLÜGELRAD

VORDERSEITE

RÜCKSEITE

SIGNATUREN

Die Seiten einer Signatur werden in einer ganz besonderen Reihenfolge auf Bogen oder die Papierbahn gedruckt. Und zwar so, daß alle Seiten einer Signatur sich nach dem Falzvorgang in der korrekten Reihenfolge befinden. Signaturen können unterschiedliche Seitenzahlen aufnehmen. Die meisten Bücher haben Signaturen mit 16, 24 oder 32 Seiten.

ERSTER FALZ

ZWEITER FALZ

DRITTER FALZ

16-SEITEN-SIGNATUR
Papierbogen oder -bahnen sind vier Seiten breit und alle Signaturen zwei Seiten tief. Jede Signatur wird dreimal in der Mitte gefalzt.

HANDBUCHBINDEREI

1 Die Signaturen werden in der korrekten Reihenfolge zusammengetragen.

2 Die Rücken der Signaturen werden mit einem Faden zusammengeheftet.

3 Der Buchblock wird zusätzlich am Rücken verleimt und danach noch beschnitten.

4 Ein Kapitalband wird auf dem Buchrücken aufgebracht und hinterklebt.

5 Die Buchdecke wird an das Kapitalband geleimt.

SIGNATUREN

KAPITALBAND

BUCH-DECKE

DAS FERTIG GEBUNDENE BUCH
Die Buchbindemaschine führt dieselben Arbeiten wie der Buchbinder aus, nur wird hier manchmal geleimt, ohne daß vorher geheftet wurde.

SCHALL UND MUSIK

WIE MAN EIN MAMMUT SPIELT

Obwohl ich nicht behaupte, daß ich von „moderner" Musik etwas verstünde, war ich lange Zeit an der Entwicklung des Mammuts zu einem neuen Musikinstrument beteiligt. Bei meinen frühesten Versuchen erzeugte ein Trio mutiger Musiker die köstlichste Kollektion von Tönen mit einem einzelnen, genau gestimmten und fest verankerten Vieh. Wenn man die Stoßzähne mit Holzschlegeln bespielte, so ertönte ein weiches, wohlklingendes Glockenspiel. Wenn man den großen Bauch mit lederbeschlagenen Schlegeln schlug, summte ein sonorer Sound. Wenn man den an einem biegsamen Baumstamm befestigten Schwanz zupfte, schwang er sanft und sang.

Spannte oder lockerte der Musiker den Schwanz, indem er den Baumstamm bog, so konnte er viele verschiedene Noten hervorzaubern. Doch ein Ton sondergleichen war der von dem Tier spontan selber gestaltete. Als das Mammut sich in den Geist der Musik hineingefunden hatte, gab es aus seinem riesigen Rüssel taktmäßig Trompetenstöße von sich. Und das Trio verwandelte sich in ein Quartett, in dem Mensch und Natur in unvergeßlicher Harmonie zusammenklangen.

SO ENTSTEHEN TÖNE

Jede Schallquelle erzeugt Töne, indem sie etwas zum Schwingen bringt. Bewegt sich ein schwingender Gegenstand hin und her, so verursacht er Schallwellen in der Luft. Diese Wellen bestehen aus alternierenden Teilen hohen und niedrigen Drucks, bekannt als Verdichtung und Verdünnung. Bewegt sich die Oberfläche eines Gegenstands in der Luft, so erzeugt sie eine Verdichtung. Bewegt sie sich zurück, so erzeugt sie eine Verdünnung. Jede Verdichtung und jede Verdünnung bildet eine Schallwelle, und die Wellen breiten sich mit hoher Geschwindigkeit in sämtliche Richtungen aus. Je stärker die Schwingungen, um so größer der Druckunterschied zwischen jeder Verdichtung und Verdünnung und um so lauter ist der Ton.

Schwingungen, die Töne verursachen, können auf viele verschiedene Weisen erzeugt werden. Die einfachste ist die durch Schlagen eines Gegenstands: die Energie des Schlags schwingt im Gegenstand, und diese Schwingungen werden an die Luft übertragen. Eine gespannte Saite (oder einen Schwanz) bringt man durch Zupfen zum Schwingen, während die in einem begrenzten Raum (einem Rüssel zum Beispiel) unter Druck freigesetzte Luft auch Schwingungen freisetzt.

VERDÜNNUNG — VERDICHTUNG

ERZEUGEN VON SCHALLWELLEN
Schlägt man auf einen Stoßzahn, so schwingt er, und diese Schwingungen werden an die Luft abgegeben. Um eine hörbare Schallwelle abzugeben, müssen die Schwingungen mindestens 20 Verdichtungen und 20 Verdünnungen pro Sekunde aufweisen.

*E*xperimente in jüngerer Zeit haben sich auf das Mammut als Orchesterinstrument konzentriert. Das vielleicht bekannteste Vorhaben war mein Arrangement für Mammuts, die wie die Orgelpfeifen angeordnet waren. Obwohl die Instrumente häufig während der Proben unruhig wurden, wuchsen die zwölf Musiker — je vier Zahntrommler, Bauchschläger und Schwanzzupfer — zu wahren Meistern ihres Fachs heran. Die Aufführungen waren nicht nur ein Ohren-, sondern auch ein Augenschmaus.

*D*ie Popularität der mächtigen Mammut-Musik erreichte ihren Gipfel mit der Gründung des Mammut-Festspiel-chors. Wenn ich ihn auch weder gesehen noch gehört habe, so bin ich doch davon überzeugt, daß seine Wirkung, besonders aus nächster Nähe, geradezu grandios gewesen sein muß.

SCHALLRÜCKSTRAHLUNG

Schallwellen treffen das Ohr des Hörers direkt und werden von umgebenden Gegenständen zurückgeworfen. Das Ohr hört eine Mischung aus direkten Tönen und dem Echo. Befinden sich die zurückstrahlenden Gegenstände weit genug entfernt, so braucht der zurückgestrahlte Ton länger, um das Ohr zu erreichen, und getrennte Echos werden gehört.

ZURÜCKGESTRAHLTE SCHALLWELLEN

TROMMELFELL   SCHALLWELLEN

GEHÖRNERV ZUM GEHIRN

SCHNECKENWINDUNGEN

MITTELOHR

HÖREN

Finden die Schallwellen Eingang in den Gehörgang, so versetzen die Druckunterschiede zwischen aufeinander-folgenden Verdichtungen und Verdünnungen das Trommelfell in Schwingung. Diese Schwingungen gehen auf die Schneckenwindungen im Mittelohr über, wo sie in elektrische Signale umgewandelt werden. Diese Signale gelangen über den Gehörnerv zum Gehirn, und der Ton wird gehört.

HOLZBLASINSTRUMENTE

Holzblasinstrumente sind nicht notwendigerweise aus Holz. Viele darunter, wie das Saxophon, sind aus Metall, doch um einen Ton zu erzeugen, sind sie auf Luft angewiesen. Hauptsächlich bestehen sie aus einem Rohr, das mit einer Reihe von Löchern versehen ist. An einer Seite des Rohrs wird, entweder durch ein Loch oder an einem Rohrblatt vorbei, Luft eingeblasen. Dieser Blasstrom versetzt die im Rohr eingeschlossene Luftsäule in Schwingung und erzeugt einen Ton. Die Tonhöhe hängt von der Länge der Luftsäule ab — je kürzer die Luftsäule, um so höher der Ton — und davon, welche Löcher bedeckt sind. Bläst man stärker, wird der Ton lauter.

LUFTEINLASS   SCHWINGENDE LUFT   GRIFFLÖCHER

ALLE GRIFFLÖCHER GESCHLOSSEN
Schließt man alle sieben Grifflöcher einer einfachen Flöte, so schwingt die ganze Luftsäule mit, wodurch sich ein eingestrichenes C ergibt.

DIE DREI ERSTEN GRIFFLÖCHER GESCHLOSSEN
Die mitschwingende Luftsäule wird auf zwei Drittel des Rohrs verkürzt, wodurch sich der höhere Ton G ergibt.

DIE ERSTEN FÜNF GRIFFLÖCHER GESCHLOSSEN
Die mitschwingende Luftsäule wird auf vier Fünftel des Rohrs verlängert, wodurch sich der Ton E ergibt.

KLAPPEN UND KRÜMMUNG
Um tiefe Töne zu erzeugen, müssen Holzblasinstrumente ziemlich lang sein. Das Rohr ist deshalb umgebogen, damit der Musiker es noch halten kann, wie zum Beispiel dieses Altsaxophon. Die Finger bedienen Klappen, die die Löcher am ganzen Rohr öffnen und schließen.

LIPPENPFEIFER
Flöte und Blockflöte werden vom Spieler über eine scharfe Kante im Mundloch geblasen. Die eingeschlossene Luftsäule im Rohr wird dadurch unmittelbar zum Schwingen gebracht.

EINFACHES ROHRBLATT ALS MUNDSTÜCK
Das Mundstück von Klarinette und Saxophon enthält ein Rohrblatt, das beim Blasen mitschwingt und die Luftsäule zum Schwingen bringt.

DOPPELTES ROHRBLATT ALS MUNDSTÜCK
Oboe, Englischhorn und Fagott besitzen ein doppeltes Rohrblatt, das beim Blasen mitschwingt und die Luftsäule zum Schwingen bringt.

GRIFFLÖCHER
Bei einem kurzen und einfachen Blasinstrument wie der Blockflöte können die Finger sämtliche Grifflöcher unmittelbar erreichen.

KISSEN
Einige Holzblasinstrumente haben Grifflöcher, die breiter als die Finger sind. Deshalb benötigen sie Kissen, um die Grifflöcher zu schließen.

KLAPPEN
Grifflöcher, die sich außerhalb der Fingerreichweite befinden, werden durch Drücken von gefederten Klappen mit Kissen geschlossen.

BLECHBLASINSTRUMENTE

Blechblasinstrumente sind wirklich meist aus Blech und bestehen aus einem langen Rohr, das gewöhnlich gekrümmt ist und keine Grifflöcher besitzt. Der Spieler bläst in ein Mundstück am Ende des Rohrs, die Schwingungen der Lippen versetzen die Luftsäule im ganzen Rohr in Schwingung. Die verändernde Kraft der Lippen teilt die schwingende Luftsäule in zwei Hälften, zwei Drittel, und so weiter. Dies ergibt eine ansteigende Tonreihe, die Harmonik genannt wird. Durch Verlängerung des Rohrs erzielt man andere Noten, die nicht in dieser harmonischen Reihe enthalten sind.

GERINGER LIPPENDRUCK
Bei geringem Lippendruck schwingt die Luftsäule in zwei Hälften, und jede Hälfte erzeugt das eingestrichene C. Das Rohr eines Blechblasinstruments muß deshalb doppelt so lang sein wie ein Holzblasinstrument, das denselben Ton erzeugt.

ERHÖHTER LIPPENDRUCK
Wird der Lippendruck erhöht, so schwingt die Luftsäule in drei Dritteln. Jeder schwingende Abschnitt beträgt zwei Drittel der Länge der vorherigen Abschnitte, wodurch die Tonhöhe auf G angehoben wird.

VERLÄNGERTES ROHR
Um ein E zu spielen, das nicht in der harmonischen Reihe enthalten ist, muß der Spieler die Luftsäule in drei Vierteln schwingen und das Rohr verlängern. Jeder schwingende Abschnitt nimmt vier Fünftel der Länge des gestrichenen C ein.

DIE POSAUNE
Die Posaune besitzt ein Rohrstück, das Posaunen Zug aus, um die schwingende Luftsäu-Reihe enthalten sind.

nenzug heißt und ein- und ausgezogen werden kann. Der Spieler fährt le zu verlängern und Töne zu erzeugen, die nicht in der harmonischen

MUNDSTÜCK

POSAUNENZUG

DIE TROMPETE
Eine Trompete besitzt drei Gleitventile, die niedergedrückt werden, um Rohrverlängerungen zu öffnen und Töne zu produzieren, die nicht in der harmonischen Reihe enthalten sind. Bis zu sechs verschiedene Noten kann man mit den verschiedenen Kombinationen der drei Gleitventile spielen.

SO WIRKEN DIE VENTILE
Bei Instrumenten wie der Trompete und der Tuba ist jedem Ventil eine Rohrbogenverlängerung zugeordnet. Normalerweise drückt die Feder gegen das Gleitventil: das Ventil ist zu und der Bogen abgeschlossen. Wird das Gleitventil niedergedrückt, wird die Luftsäule durch den Bogen abgeleitet.

GLEITVENTIL

VENTIL ZU

LUFTSÄULE

MUNDSTÜCK   GLEITVENTILE

BLASROHRVERLÄNGERUNG

BOGEN

FEDER

BOGEN

VENTIL OFFEN

STREICH- UND SCHLAGINSTRUMENTE

Unter den Musikinstrumenten bilden die Saiteninstrumente eine große Gruppe, zu der die Familie der Geigen und die Gitarre, aber auch Harfe, Zither und Klavier gehören. All diese Instrumente erzeugen Töne, indem sie eine gespannte Saite zum Schwingen bringen. Diese Saite kann wie bei der Geige gestrichen, wie bei der Gitarre, Harfe und Zither gezupft oder wie beim ▷ Klavier mit einem Hammer geschlagen werden. Die erzeugte Tonhöhe hängt von drei Elementen ab — von der Länge, dem Gewicht und der Spannung der Saite. Eine kürzere, leichtere oder straffere Saite liefert einen höheren Ton.

Bei vielen Saiteninstrumenten produzieren die Saiten selber kaum einen Ton. Ihre Schwingungen werden auf den Instrumentenkörper übertragen, der mitschwingt, um den gehörten Ton durch Resonanz zu verstärken.

SAITE   GRIFFBRETT

STIMMWIRBEL

Schlaginstrumente werden zur Tonerzeugung gewöhnlich mit Stöcken oder Schlegeln geschlagen. Häufig schwingt das ganze Instrument und erzeugt einen Knall oder ein Krachen, wie zum Beispiel Kastagnetten und Becken. Deren Tonhöhe kann man nicht variieren, sondern nur die Lautstärke. Trommeln sind mit Fellen bespannt, die beim Schwingen einen hohen Ton abgeben. So wie eine strammere Saite führt auch ein strammer gespanntes Fell zu einem höheren Ton, kleinere Trommeln haben höhere Töne.

Gestimmte Schlaginstrumente, wie das Vibraphon, haben eine Reihe von Metallplatten, die einen bestimmten Ton ergeben. Die Tonhöhe hängt von der Größe der Platte ab: eine kleinere Platte liefert einen höheren Ton.

DIE KESSELPAUKE

Kesselpauken erzeugen Töne mit bestimmter Tonhöhe, die verändert werden kann. Druck auf ein Pedal oder Drehen der Stimmschrauben zieht den Haubenring nach unten, spannt das Fell und erhöht den Ton, oder löst ihn wieder, lockert das Fell und senkt die Tonhöhe.

PAUKENFELL   STIMMSCHRA[...]

DIE GEIGE

Die Geige und ihre Verwandten gehören zu den ausdrucksstärksten Saiteninstrumenten. Die Geige ist mit vier Saiten unterschiedlichen Gewichts bespannt. Sie werden um Wirbel herumgeführt, mit deren Hilfe man die benötigte Spannung einstellen kann. Werden sie gezupft oder gestrichen, so kann man vier „offene" Töne hören. Der Spieler greift mit den Fingern der linken Hand die Saiten ab, um andere Töne zu erzeugen, indem er eine oder mehrere Saiten gegen das Griffbrett drückt und den schwingenden Abschnitt verkürzt, den Ton der Saite also erhöht.

Decke und Boden der Geige sind durch die Zargen miteinander verbunden, die die Schwingungen auf den Boden übertragen. Der ganze Resonanzkörper schwingt, und der Ton dringt durch die ƒ-förmigen Schallöcher in die Decke nach außen.

PAUKENFELL

UKENRING

STIMMSCHRAUBE

PAUKENKESSEL

DAS VIBRAPHON

Das Vibraphon und verwandte Instrumente wie Xylophon und Marimba haben eine Reihe mit Stäben, die wie eine Klaviatur angeordnet ist. Jeder Stab gibt einen besonderen Ton von sich, wenn er mit einem Klöppel geschlagen wird; die längeren Stäbe geben tiefere Töne von sich.

STAB

RESONATOREN
Die Luftsäule in den Röhren unter den Stäben, die Resonatoren heißen, verstärken die Töne.

RESONATOR

MIKROF

Ein Mikrofon ist eine Art elektrisches Ohr in dem Sinn, daß es ebenfalls Schallwellen in elektrische Signale umwandelt. Die Spannung des Mikrofonsignals ändert sich mit dem Druck der Schallwelle — mit anderen Worten: mit dem Schallvolumen. Die Frequenz, mit der seine Spannung schwankt, hängt von dem anderen wichtigen Merkmal der Schallwelle ab, nämlich von der Frequenz oder Tonhöhe.

MIKROFONSIGNAL
Das schwache, vom Mikrofon erzeugte Signal geht zu einem Mischpult, dann zu einem ▷ Verstärker und schließlich zu einem ▷ Lautsprecher.

KONDENSATORMIKROFON
Alle Mikrofone besitzen eine Membran, die im Takt der Schallwellen schwingt. Die Schwingungen veranlassen elektrische Baubestandteile, ein Ausgangssignal zu erzeugen. Das hier gezeigte Kondensatormikrofon verwendet einen Kondensator zur Erzeugung eines Tons hoher Qualität.

METALLMEMBRAN (NEGATIVE LADUNG)

GEGENELEKTRODE (POSITIVE LADUNG)

AUSGANGSSIGNAL NULL

ELEKTRONENFLUSS

AUSGANGSSIGNAL POSITIV

AUSGANGSSIGNAL NEGATIV

BATTERIE

KEIN TON
Die Batterie liefert der Membran und der Gegenelektrode, die zusammen den Kondensator bilden, eine gleichmäßige Spannung. Kein anderer Strom fließt.

VERDICHTUNG
Schwingt die Membran zurück, so zieht die Gegenelektrode die Elektronen in der Membran an. Elektronen im Ausgangssignal fließen zur Membran.

VERDÜNNUNG
Schwingt die Membran vor, so stoßen die Elektronen in der Membran einander ab und fließen weg von ihr. Das Ausgangssignal wird umgekehrt.

SYNTHESIZER

Zur Erzeugung elektronischer Musik wird der Synthesizer, ein Gerät, das wie das Mikrofon ein elektrisches Tonsignal produziert, ausgiebig eingesetzt. Im Synthesizer befinden sich elektronische Bauteile, die dieses Signal schaffen. Die Klaviatur steuert die Spannung oder Frequenz des Signals, um die Tonhöhe zu bestimmen, die aus einem mit dem Synthesizer verbundenen Lautsprecher herauskommt.
(Siehe auch S. 316 und 360).

ELEKTRISCHE GITARRE

SAITEN

TONABNEHMER

LAUTSTÄRKE-
UND KLANGSTEUERUNG

Eine elektrische Gitarre kann selber kaum einen Ton erzeugen. Durch das Zupfen der Metallsaiten erzeugen die Tonabnehmer unter den Saiten elektrische Tonsignale. Diese Signale laufen über eine Lautstärke- und Klangsteuerung, die die Lautstärke und die Art des Tons bestimmt, und dann zum Verstärker und zum Lautsprecher.

METALLSAITEN

MAGNET

TONABNEHMER

SAITE IN RUHESTELLUNG
Der Tonabnehmer erzeugt kein Signal.

SPULE

SAITE IN SCHWINGUNG
Schwingt die Saite vor (oben)
oder zurück (unten), so erzeugt
sie im Tonabnehmer ein Signal.

GRUNDPLATTE

VERBINDUNG ZU
LAUTSTÄRKE- UND
KLANGSTEUERUNG

MISCHPULT

Ein Mischpult hat mehrere Eingänge, über die Tonfrequenzsignale aus verschiedenen Quellen aufgenommen und gemischt werden. Klang und Lautstärke eines

TONABNEHMER
Ein Magnet im Tonabnehmer erzeugt ein magnetisches Feld um die Metallsaiten und die Spule herum. Schwingen die Metallsaiten, so verändert sich

dadurch die Feldstärke. Diese wiederum erzeugt einen veränderlichen elektrischen Strom in der Spule, und dieses Signal geht zur Gitarrensteuerung.

GITARRENSIGNAL

MIKROFONSIGNAL

LAUTSTÄRKESTEUERUNG

jeden Signals werden so gesteuert, daß sich eine gute Tonmischung ergibt. Ein kombiniertes Signal (oder zwei für Stereo-Ton) gehen dann zum Verstärker und zu den Lautsprechern.

KLANGSTEUERUNG

LAUTSTÄRKESTEUERUNG

SYNTHESIZERSIGNAL

STEREO-SIGNAL

[225]

VERSTÄRKER

Ein Verstärker erhöht die Spannung eines schwachen Signals, das aus einem Mikrofon, Mischpult, elektrischen Instrument, Radioempfänger, Bandgerät oder CD-Player stammt, und macht es stark genug, um einen Lautsprecher oder einen Kopfhörer damit zu betreiben. Dazu benutzt er das schwache Signal, um den Fluß eines viel stärkeren Stroms zu steuern, der gewöhnlich aus einer Batterie oder der Stromversorgung stammt. Die Hauptbauelememte, die diesen Stromfluß steuern, sind gewöhnlich Transistoren. Auf diesen beiden Seiten wird das Prinzipg des Transistors anhand eines elementaren Ein-Transistor-Verstärkers vorgeführt.

VERDÜNNUNG DER SCHALLWELLEN

Ein Transistor besteht aus einem kleinen Sandwich aus zwei Halbleiterarten, die so heißen, weil ihre Leitfähigkeit sich ändert, wenn der Transistor arbeitet. Die beiden n-Typ-(negativ)-Leitungen besitzen einige freie Elektronen, während die p-Typ-(positiv)-Leitung „Löcher" hat, in die die Elektronen hineinpassen. Die drei Leitungen sind auch als Emitter, Basis und Kollektor bekannt. Schwingt die Mikrofonmembran vor, füllen Elektronen aus dem schwachen Tonsignal die Löcher des p-Typ-Halbleiters. Dadurch werden die Elektronen aus der Stromquelle gestoppt.

KEIN STROMFLUSS

LAUTSPRECHER ERHÄLT KEIN SIGNAL

STROMVERSORGUNG

GESTOPPTE ELEKTRONEN

EMITTER (N-TYP)

BASIS (P-TYP)

KOLLEKTOR (N-TYP)

ELEKTRONEN FÜLLEN LÖCHER

FREIE ELEKTRONEN

LÖCHER

FREIE ELEKTRONEN

ELEKTRONEN ZUR BASIS

MEMBRAN SCHWINGT VOR

NEGATIVES AUSGANGSSIGNAL

VERSTÄRKTES STEREO-SIGNAL

EINTREFFENDES SCHWACHES SIGNAL
Beim Stereo-Ton führen vier Drähte das schwach ankommende Signal zum Verstärker — ein Paar Drähte für jeden Kanal.

VERSTÄRKER
Ein Verstärker enthält gewöhnlich viele Transistoren und andere Bauelemente, die einen unterschiedlichen Grad der Verstärkung — und daher auch der Lautstärke und des Klangs — ermöglichen.

STROMVERSORGUNG
Sie liefert die für die Verstärkung des Signals benötigte Energie.

VERDICHTUNG IN DER SCHALLWELLE
Wenn die Mikrofonmembran durch Verdichtung in der Schallwelle gedrückt wird, kehrt es den Elektronenfluß in ein schwaches Signal um. Elektronen verlassen den Halbleiter und lassen Löcher zurück. Durch die Stromversorgung füllen viele Elektronen vom Sender diese Löcher und gehen dann zum Kollektor. Daraus resultiert ein größerer Elektronenfluß als im schwachen Signal: dieses Signal wurde verstärkt.

LAUTSPRECHER ERHÄLT STARKES SIGNAL

STARKER STROMFLUSS

ELEKTRONENBEWEGUNG

ELEKTRONEN BEWEGEN SICH VOM EMITTER ÜBER DIE BASIS

ELEKTRONEN VERLASSEN BASIS

MEMBRAN SCHWINGT ZURÜCK

POSITIVES AUSGANGSSIGNAL

LAUTSPRECHER

SIGNAL VOM VERSTÄRKER

MAGNETFELD ZWISCHEN SPULE UND MAGNET

KEGELFÖRMIGE MEMBRAN

MAGNET

SCHWING-SPULE

Ein Lautsprecher gibt Töne wieder, indem er auf die vom Verstärker (siehe S. 226-227) erzeugten elektrischen Signale anspricht. Er enthält eine dünne aber starre, mit einer Spule verbundene kegelförmige Membram. Das elektrische Signal gelangt zur Spule, die sich in einem von einem runden Dauermagneten erzeugten Magnetfeld befindet. Außerdem erzeugt die Spule ihr eigenes Magnetfeld, das sich entsprechend der sie passierenden Signale verändert. Diese beiden Magnetfelder wirken durch Druck und Zug aufeinander und lassen die Spule im gleichen Rhythmus wie die Signale schwingen. Die Membran schwingt mit derselben Frequenz wie die Schallwellen, die ursprünglich zu dem Mikrofon (siehe S. 224) gelangten; dadurch wird auch die sie umgebende Luft in Schwingung versetzt, und die ursprünglichen Schallwellen werden wiedergegeben.

KOPFHÖRER

Ein Kopfhörer ist im Grunde ein kleiner Lautsprecher und funktioniert auf die gleiche Weise. Wie zwei Lautsprecher ermöglichen auch zwei Kopfhörer das stereophone Hören. Zwei Kabelpaare leiten von zwei oder mehr Mikrofonen oder anderen Tonquellen (siehe S. 224-227) ausgehende Paare von Schallsignalen. Obwohl die Töne direkt ins Ohr gelangen, bewirkt der stereophone Effekt, daß die Stimmen oder Instrumente von Stellen zwischen den Kopfhörern oder Lautsprechern zu kommen scheinen.

IM INNERN DES KOPFHÖRERS
Das Signal geht zu einer mit einer Membran verbundenen Spule, in der sich ein Magnet befindet. Spule und Membran schwingen und geben die Töne wieder.

GITTER

POLSTERUNG

MAGNET

SPULE

MEMBRAN

STECKER
Das Kabel vom Verstärker endet in einer Steckdose. Der Stecker des Kopfhörers paßt in diese Dose. So entsteht eine Verbindung, die die Übertragung der elektrischen Signale zu den zu beiden Kopfhörern führenden Kabeln ermöglicht.

PLATTENSPIELER

Ein Plattenspieler bewegt Schallplatten, die auf jeder Seite eine Rille in Spiralform besitzen, mit 33 1/3 oder 45 Umdrehungen pro Minute. Das inzwischen veraltete Aufnahmesystem ist analog. Die Anzahl und die Tiefe der Umrißlinien in der Rillenwand entsprechen Frequenz und Lautstärke des aufgezeichneten Schalls.

Die Schallplatte liegt auf einem rotierenden Plattenteller, und der Tonarm des Plattenspielers besitzt ein Tonabnehmersystem mit einem Abtaststift, der beim Abfahren der Rille in Schwingung versetzt wird. Durch die Schwingungen des Abtaststifts wird im Tonabnehmersystem ein stereophones elektrisches Signal erzeugt. Dieses Signal geht an einen Verstärker und danach an ein Lautsprecherpaar, das den aufgezeichneten Schall wiedergibt.

STIFT

PLATTENTELLER

TREIBRIEMEN
Viele Plattenteller werden mit einem Riemen angetrieben, der um eine von einem Elektromotor gedrehte Spindel läuft. Dieses System soll verhindern, daß Motorschwingungen sich auf die Platte übertragen.

SCHALLPLATTENAUFNAHME

Nach dem Stereo-Mutterband wird eine Mutterplatte (master disc) aus Metall angefertigt. Die Rillen werden mit Hilfe eines Schneidekopfs in die Oberfläche der Mutterplatte geschnitten. Mit dieser Mutterplatte werden dann die Kopien aus Kunststoff gepreßt.

SCHNEIDEKOPF

Der Schneidekopf besitzt zwei Messer, die entsprechend den Stereosignalen auf dem Mutterband im rechten Winkel zueinander schwingen. Die leere Platte bewegt sich am Kopf vorbei, und die Messer schneiden eine V-förmige Rille in ihre Oberfläche. Dabei wird das rechte Signal in die eine Wand und das linke in die andere geschnitten.

TONARM

VERSTÄRKER

LAUTSPRECHER

TONABNEHMERSYSTEM

In einem Magnet-Tonabnehmer bewegt die Nadel einen kleinen Dauermagneten relativ zu zwei feststehenden Spulen, die in rechtem Winkel zum Magneten befestigt sind. Versetzen die Rillenwände die Abtastnadel in Schwingung, so schwingt der Magnet mit und erregt elektrische Spannungen in den Spulen.

RECHTES SIGNAL

LINKES SIGNAL

FESTE SPULEN

BEWEGLICHER MAGNET

Untergangstheorie Nr. 6: Der Foxtrott

RILLE

DIAMANT- ODER SAPHIRNADEL

ANDRUCKPLATTE (FILZ)
Die Andruckplatte hat die
Aufgabe, das Band sanft
gegen den Kombikopf zu
drücken, wenn das Band
läuft.

LÖSCHKOPF
Ein hochfrequent
elektrisches Signal wird
während der Aufnahme
zum Löschkopf geführt.
Es erzeugt ein ▷ Magnet-
feld, das so schnell
alterniert, daß sämtliche
magnetische Partikel auf
dem Band desorientiert
sind und jede alte
Aufnahme ge-
löscht wird.

NICHTMAGNETISIERTES
BAND

BANDSPULE

MAGNETISCHES BAND

FÜHRUNGSROLLE

BANDSPULE

ANTRIEBSMECHANISMUS
Für den Antrieb sorgt ein
elektronisch gesteuerter
Motor. Die Tonwelle
besitzt eine aus-
gleichende
Schwung-
masse.

TONWELLE

STEREOSPUREN

GUMMI-
ANDRUCK-
ROLLE

FÜHRUNGSROLLE

MAGNETKERN

STEREOSPUREN
Zwei Stereospuren werden zugleich
auf eine Hälfte derselben Seite eines
analogen Bandes aufgezeichnet, so
daß die Spule umgedreht und ein
zweites Mal benutzt werden kann.

WICKLUNG

STEREO-SIGNALE

AUFNAHME-/WIEDERGABEKOPF

Ein Kupferdraht ist um jeden
Magnetkern gewickelt, der
dadurch als Elektromagnet
wirkt. Bei der Aufnahme
werden zwei stereophone
elektrische Signale verstärkt
und zu den beiden Wicklungen
im Kopf geführt. Sie erzeugen
ein Magnetfeld, das die
Partikel im Tonband magnetisiert. Bei der Wiedergabe
erzeugen die magnetisierten
Partikel in jeder Spur ein
stereophones elektrisches
Signal in den Wicklungen, und
diese gehen zu einem
Verstärker und einem
Lautsprecherpaar oder
Kopfhörern, die den Ton
wiedergeben.

DAS TONBANDGERÄT

Ein Tonbandgerät kann Stimmen und Musik auf eine
Tonbandspule, die ein Magnetband von bestimmter
Länge enthält, aufzeichnen und auch wiedergeben. Analoge Geräte wie das oben dargestellte zeichnen ankommende Tonsignale, zum Beispiel solche aus einem
Mikrofon, direkt auf das Band auf. Digitale Geräte dagegen wandeln die Tonsignale vor dem Aufzeichnen in
digitale Form um (siehe S. 322 und 334).

Beim Einlegen der Tonbandspule gleitet der Wickel-
kern über die Spindel des Tonbandgeräts und wird
verriegelt. Nachdem das Band eingefädelt ist, drückt
man den Startknopf, und das laufende Band wird nun
mit dem Lösch- und dem Kombikopf (Aufnahme- und
Wiedergabekopf) in Berührung gebracht. Während das
Band läuft, zeichnet der Kombikopf den Schall auf oder
gibt ihn wieder. Bei der Aufnahme löscht der Löschkopf
automatisch jede bereits bestehende Aufzeichnung.

TELEKOMMUNIKATION

WIE MAN NACHRICHTEN ÜBERMITTELT

Als ich einmal in den südlichen Bergen nach Mammuts Aus schau hielt, wurde ich in Sachen Nachrichten übermittlung zwischen entfernten Dörfern um Rat angegangen. Es schien, daß das steinalte Verfahren der Nachrichtenübermittlung — das darauf fußt, daß von einem Ort zum nächsten einfach Kuriere katapultiert werden — mangels Freiwilliger ernsthaft auf der Kippe stand. Nachdem ich die Schleudern in Augenschein und zu bestimmten Berechnungen der Berge und Abstände Zuflucht genommen hatte, verwarf ich das alte Verfahren in Bausch und Bogen und entwickelte ein vollständig verändertes. Statt auf schwindendes Menschenmaterial zu setzen, schlug ich vor, die Nachrichten in Form von Steinen durch die Luft zuzustellen.

SOFORTSCHALL UND SOFORTBILD

Die Telekommunikation umfaßt die Übermittlung von Nachrichten über die natürliche Hör- oder Sichtweite hinaus. Um Botschaften ohne Verzug über große Entfernungen zu befördern, ist man auf ein schnelles Signal angewiesen. Das oben geschilderte Verfahren zur Nachrichtenübermittlung katapultiert Steine als Signalträger. Die Steine werden in einer Abfolge in die Luft geschleudert, die eine verschlüsselte Botschaft übermittelt, und wenn sie landen, wird die Abfolge entschlüsselt und die Botschaft gelesen.

Moderne Telekommunikation verwendet Elektrizität, Licht und Funkwellen als Signalträger. Sie befördern Signale, die Töne, Bilder oder Computerdaten repräsentieren. Das können entweder analoge Signale sein, deren Frequenz sich ständig ändert, oder digitale, die aus Ein-Aus-Impulsen bestehen. Der Träger – ein elektrischer Strom, ein Lichtstrahl oder eine Radiowelle – wird häufig „moduliert", das heißt, so mit einem analogen oder digitalen Signal kombiniert, daß er sich zusammen mit dem Signal verändert. Der modulierte Träger wird an einen Empfänger gesandt. Ein Umwandler im Empfänger holt das Signal aus dem Signalträger heraus und gibt Schall, Bild oder Computerdaten wieder. Über digitale Kommunikation siehe S. 349-351.

STROMVERSORGUNG

VERSTÄRKER

SCHALLSIGNAL

OSZILLATOR

SENDEMAST

MIKROFON

LASER

MODULATOR

*M*ein Verfahren funktionierte wie folgt.
Steine unterschiedlicher Größe wurden in
ausgeklügelten Kombinationen katapultiert, wobei jede
Kombination einen Buchstaben des Alphabets bedeutet.
Die unterschiedlichen Steinkombinationen wurden bei
ihrer Ankunft beobachtet und von einem dollen
Dolmetscher in Buchstaben zurückverwandelt. Aus
Sicherheitsgründen wurde in eines jeden Dorfes Mitte ein
großer Metalltrichter aufgestellt, der als Empfänger für
die eingehenden Nachrichten diente.
    Der technische Teil des Verfahrens funktionierte famos.
Doch ich hatte nicht damit gerechnet, daß die
beschränkten Dorfbewohner so haarsträubend blöd
buchstabierten. Unbeabsichtigte Mißverständnisse
führten dazu, daß sie sich gegenseitig Beschimpfungen ins
Gesicht schleuderten und schließlich jegliche Form des
Nachrichtenverkehrs unterblieb.

METALLKABEL ÜBERTRÄGT VERSTÄRKTES SIGNAL

ZUSATZVERSTÄRKER

ELEKTROKABEL
Ein Schallsignal von einem Mikrofon kann über einen Draht oder ein Kabel geschickt werden. Es
wird dem Leitungsstrom aufmoduliert, danach wird das Ganze zur Erhöhung der Leistung
verstärkt.

ELEKTRISCHES SCHALLSIGNAL

LAUTSPRECHER

EMPFANGSANTENNE

FUNKÜBERTRAGUNG
Ein Oszillator und ein Sender erzeugen
Funkwellen, die beim Senden mit dem
Schallsignal kombiniert werden.

**MODULIERTE FUNKWELLEN
DURCHLAUFEN DEN RAUM**

VERSTÄRKER

FUNKUMWANDLER

LICHTUMWANDLER

VERSTÄRKER

GLASFASERKABEL
Ein Laser erzeugt einen Lichtstrahl, der vom Schallsignal
moduliert wird, bevor er ein Glasfaserkabel entlang gefeuert
wird.

**GLASFASERKABEL ÜBERTRÄGT
MODULIERTEN LICHTSTRAHL**

ELEKTRISCHES SCHALLSIGNAL

TELEFON

Ein den ganzen Globus umspannendes Telefonnetz ermöglicht uns Gespräche mit Menschen überall auf der Welt. Über Metallkabel, Funk oder Glasfaserkabel wird ein Anruf von einem festen Apparat aus über eine Reihe von Orts- und Hauptvermittlungen zu einem anderen Apparat weitergeleitet. Bei einem Mobiltelefon, gewöhnlich Handy genannt, wird über Funk eine Verbindung zu einer nahen Basisstation im Zentrum einer sechseckigen Zelle hergestellt. Jede Zelle hat eine Basisstation, deren Größe je nach der Anzahl der Anrufer schwankt. Wenn sich ein Mobiltelefon von einer Zelle zur nächsten bewegt, wird automatisch eine Verbindung zur Basisstation der nächsten Zelle hergestellt. Jede Basisstation leitet den Anruf dann zu einer mobilen Vermittlung weiter, die die Verbindung zu einer Hauptvermittlung im Telefonnetz herstellt. Sprech- und Hörmuschel in einem Telefonhörer funktionieren auf die gleiche Weise wie ein Mikrofon (siehe S. 224) und ein Kopfhörer (siehe S. 229). Über das Telefonnetz werden auch Faxgeräte (siehe S. 326) betrieben und Computerdaten (siehe S. 349-351) übermittelt.

TELEFON-HANDAPPARAT

FAXGERÄT

TELEFON-STECKDOSE

ORTSVERMITTLUNG
Sämtliche Telefone in einem engen Umkreis sind mit einer Ortsvermittlungsstelle verbunden.

HAUPT-VERMITTLUN

ZELLE

BASIS-STATION

TELEFONHÄUSCHEN

BASIS-STATION

FUNKVERBINDUNG

MOBILTELEFFON

FUNK-VERINDUNG

BASIS-STATION

MOBILE VERMITTLUNG

ZELLE

ZELLE

BASIS-STATION

BASIS-STATION

FUNKVER-BINDUNG

MOBIL-TELEFON

BASISSTATION

FUNKVER-
BINDUNG

NACHRICHTEN-
SATELLIT

INTERNATIONALE
VERMITTLUNG

INTERNATIONALE VERMITTLUNG
Ein Gespräch in ein anderes Land geht über eine
mit der Hauptvermittlung im Heimatland verbundene
internationale Vermittlung, die den Anruf dann an
eine internationale Vermittlung in dem anderen Land
weiterleitet.

SEEKABEL

FUNK-
VERBIN-
DUNGEN

HAUPTVERMITTLUNG
Sämtliche Ortsvermittlungen in einem
größeren Umkreis sind mit einer
Hauptvermittlung verbunden.

RICHTFUNKTURM
Funkverbindungen mit Mikrowellenfre-
quenzen stellen mit Hilfe von hohen
Richtfunktürmen eine Verbindung zwi-
schen zwei weit auseinander liegenden
Vermittlungen her.

BASIS-
STATION

ORTSVERMITTLUNG

ZELLE

TELEFON-
HANDGERÄT

STECKDOSE

FAXGERÄT

STECKDOSE

RUNDFUNKSENDER

Funkwellen werden durch Einspeisen eines elektrischen Signals in einen Sendemast oder in die Antenne eines Senders erzeugt. Das Signal bringt die Elektronen in den Metallatomen des Mastes oder der Antenne dazu, ihre Energiehöhe zu verändern und Funkwellen auszusenden. Sie tun dies auf dieselbe Weise, in der Elektronen in Atomen Lichtstrahlen aussenden. Rundfunksender, vom Walkie-talkie bis zu den riesigen Sendemasten, strahlen modulierte Funkwellen aus. Das heißt, daß das originale Schallsignal auf eine Funkwelle überlagert wird, so daß die Funkwelle den Schall „trägt".

Wie alle Wellen besitzen Funkwellen eine spezielle Frequenz oder Wellenlänge. Die Frequenz ist die Maßeinheit für die Zahl der übertragenen Schwingungen pro Sekunde und wird in Hertz gemessen. Die Wellenlänge ist die Maßeinheit für die Länge jeder vollständigen Schwingung und wird in Metern gemessen. Frequenz und Wellenlänge sind direkt miteinander verbunden: eine Funkwelle mit hoher Frequenz hat eine kurze Wellenlänge, und eine mit einer niedrigen Frequenz hat eine lange Wellenlänge.

Sonnig und mild...

MIKROFON

ELEKTRISCHES SIGNAL

SCHALLSIGNAL
Ein Mikrofon reagiert auf Schallwellen, indem es ein elektrisches Signal erzeugt, dessen Spannung sich mit derselben Frequenz ändert. Die Kurve stellt die Spannungsänderung des Signals dar.

DURCH KOMPRESSION ERZEUGTE HOCHSPANNUNG

DURCH VERDÜNNUNG IN SCHALLWELLE ERZEUGTE NIEDERSPANNUNG

TRÄGERSIGNAL
Die Funkwelle, die das Schallsignal trägt, heißt Trägerwelle. Produziert wird sie von einem hochfrequenten (hf) Trägersignal, einem elektrischen Signal, das durch ein Oszillator genanntes Bauelement erzeugt wird. Die Frequenz des hf-Trägers ist konstant und sehr viel größer, als der Frequenzbereich des übertragenen Schalls.

FUNKFREQUENZ DES TRÄGERSIGNALS

MODULIERTES SIGNAL
Das Schallsignal vom Mikrofon und das hf-Trägersignal aus dem Oszillator werden verstärkt und dann im Modulator des Senders überlagert. Dies geschieht entweder durch Amplituden-Modulation (AM) oder durch Frequenz-Modulation (FM). Bei AM werden die Schwingungen so moduliert, daß die Amplitude (Energiepegel) der Trägerschwingungen sich mit derselben Frequenz ändert wie die wechselnde Spannung im Schallsignal. Bei FM werden die Schwingungen so moduliert, daß die Frequenz der Trägerwelle sich mit dem Spannungspegel des Schallsignals ändert.

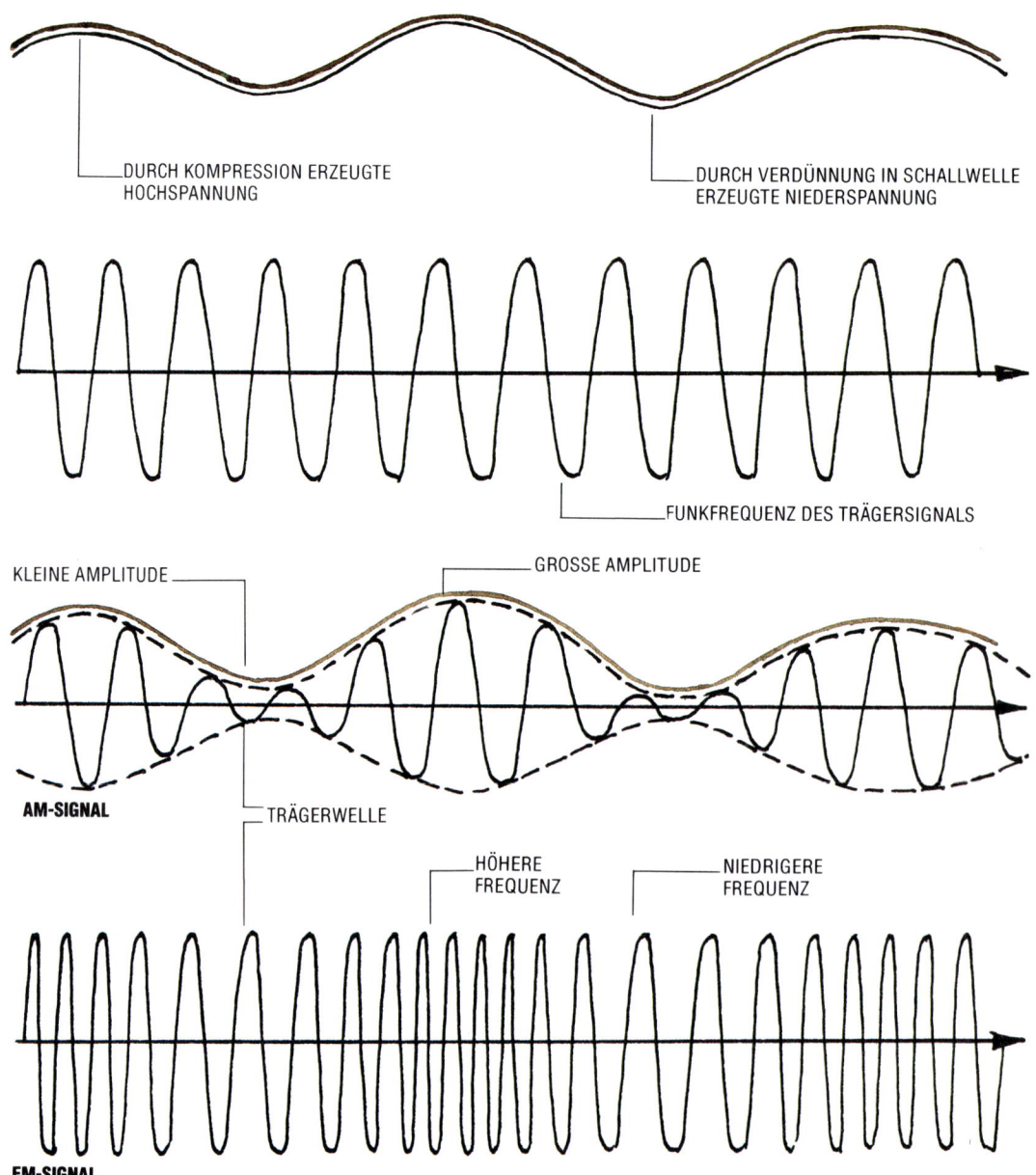

KLEINE AMPLITUDE

GROSSE AMPLITUDE

AM-SIGNAL

TRÄGERWELLE

HÖHERE FREQUENZ

NIEDRIGERE FREQUENZ

FM-SIGNAL

ANALOGE UND DIGITALE FUNKWELLEN

Die hier gezeigten AM-Wellen tragen ein analoges Schallsignal, aber AM- und FM-Wellen können auch digitale Signale tragen. Mikrowellenstrahlen und Funkwellen extrem hoher Frequenz tragen Telefongespräche wie auch digitale Signale.

VERSTÄRKUNG UND ÜBERTRAGUNG

Das modulierte Signal geht zuerst zu einem mächtigen Verstärker, der es zum Sendemast oder zur -antenne schickt. Trägerwellen, die auf genau dieselbe Weise moduliert sind wie das modulierte Signal, strahlen vom Sender aus. Ein Sendemast verbreitet mehrere Trägerwellen mit unterschiedlichen Frequenzen, und jede trägt ein unterschiedliches Schallsignal. Jeder Radiosender oder -kanal, der vom Sendemast aussendet, besitzt eine andere Frequenz.

ELEKTROMAGNETISCHE WELLEN

Funkwellen gehören zur großen Familie der Strahlen und Wellen, die als elektromagnetische Wellen bekannt sind. Sie bestehen aus elektrischen und magnetischen Feldern, die rechtwinklig zueinander schwingen, und zwar mit derselben Frequenz.

Lichtstrahlen sind auch elektromagnetisch, ebenso wie Radarwellen, Mikrowellen, infrarote, ultraviolette und Röntgenstrahlen. Alle elektromagnetischen Wellen bewegen sich mit Lichtgeschwindigkeit, also mit genau 299 792,458 Kilometern pro Sekunde. Sie bewegen sich in der Luft und im Raum fort.

WECHSELNDES MAGNETFELD

WECHSELNDES ELEKTROFELD

RUNDFUNKEMPFÄNGER

Ein Rundfunkempfänger (Radio) ist eigentlich ein umgekehrter Sender. Funkwellen treffen auf die mit dem Empfänger verbundene Antenne. Sie wirken auf die Metallatome, die ein schwaches elektrisches Trägersignal in der Antenne erzeugen. Der Empfänger wählt dann das Trägersignal des gewünschten Senders oder Kanals aus. Er holt das Schallsignal aus dem Trägersignal heraus, und dieses Signal geht zum Verstärker und danach zu den Lautsprechern, die den ursprünglichen Schall wiedergeben.

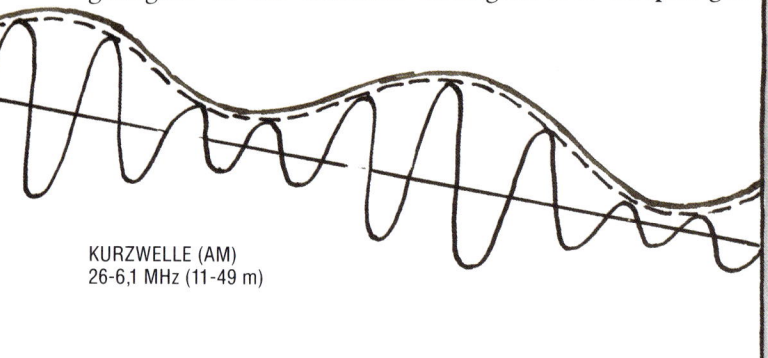

KURZWELLE (AM)
26-6,1 MHz (11-49 m)

UKW (FM)
87,5-104 MHz (2,9-3,4 m)

MITTELWELLE (AM)
525-1 605 kHz (187-570 m)

LANGWELLE (AM)
150-500 kHz (600-2 000 m)

WELLENBEREICHE

Funkwellen werden in mehreren Wellenbereichen ausgestrahlt, die allgemein oft Langwelle, Mittelwelle, Kurzwelle und UKW (ultrakurze Wellen) heißen. Jeder Bereich umfaßt eine Bandbreite von Wellenlängen oder Radiofrequenzen, und jeder Radiosender oder Kanal hat seine eigene besondere Frequenz oder Wellenlänge in einem Wellenbereich.

Sender werden auf einer Frequenzeinstellskala entweder in Metern (m) angezeigt, die die Wellenlänge der Trägerwelle angeben, oder in Hertz (Hz), die seine Frequenz angeben. Radiofrequenzen sind so hoch, daß 1 000 Hertz als Kilohertz (kHz) oder 1 Million Hertz als Megahertz (MHz) angezeigt werden. Lang-, Mittel- und Kurzwellen senden mit AM; UKW mit FM.

SCHALLWIEDERGABE

Das vom Steuergerät ausgewählte Trägersignal wird mit dem ursprünglichen Schallsignal moduliert. Der Umwandler im Empfänger entfernt die Trägerfrequenz, um das Schallsignal herauszufiltern. Dieses Signal wird dann verstärkt und geht zum Lautsprecher im Empfänger. Bei einer Stereo-Sendung werden die linken und rechten Signale gemeinsam und auf einer Trägerwelle gesendet. Ein Stereo-Empfänger hat einen Entschlüßler (Decoder), der sie in zwei Schallsignale trennt, während ein gewöhnlicher (Mono-)Empfänger das gemeinsame Signal wiedergibt.

STEUERGERÄT (TUNER)

Das Steuergerät sucht einen bestimmten Sender oder Kanal aus, indem es alle anderen Frequenzen entfernt. Das gewünschte Trägersignal geht durch das Steuergerät und dann zum Umwandler.

MITTELWELLE
KURZWELLE
LANGWELLE
UKW

FUNKSIGNALE

UKW UND MITTELWELLEN

UKW-Wellen (*unten*) bewältigen nur kurze Strecken und prallen von der Erde und großen Gegenständen ab.

DIREKTE WELLE

ZURÜCKGESTRAHLTE WELLE

RAUMWELLE

ZURÜCKGESTRAHLTE RAUMWELLE

IONOSPHÄRE

Mittelwellen werden von der Ionosphäre zurückgestrahlt.

OBERFLÄCHENWELLE

LANGWELLEN

Eine Oberflächenwelle biegt sich rund um den Erdball und reicht Tausende von Kilometern weit.

OBERFLÄCHENWELLE

KURZWELLEN

Vielfache Reflexionen einer Raumwelle zwischen Ionosphäre und der Erdoberfläche machen eine weltum-spannende Kommuni-kation mit Kurz-wellen möglich.

ZURÜCKGESTRAHLTE RAUMWELLE

IONOSPHÄRE

MODULIERTES TRÄGERSIGNAL

SCHALLSIGNAL

VERSTÄRKER

LAUTSPRECHER GIBT SCHALL WIEDER

sonnig und mild

[241]

DIE FERNSEHKAMERA

D as Fernsehen überträgt eine Sequenz von 25 Einzelbildern pro Sekunde, und im Auge des Betrachters verschmilzt die Bildsequenz wie beim Film (siehe S. 206) zu einem bewegten Bild. Eine Farbfernsehkamera erzeugt von dem Einzelbild drei Farbbilder in den Primärfarben Rot, Grün und Blau. Je ein Detektor wandelt das Bild in ein elektrisches Signal um und tastet das Bild ab, teilt es in 625 waagerechte Zeilen auf und gibt ein elektrisches Signal aus, dessen Ladung sich entsprechend der Helligkeit des Bildes in jeder Zeile ändert. Die Signale aus den drei Detektoren werden dann zu einem Signal verbunden, das über Funk oder Kabel ins Haus übertragen wird. Digitales Fernsehen siehe S. 326 und 352.

STUDIOKAMERA
Spiegel hinter den Objektiven zerlegen das einfallende Farbbild in ein rotes, grünes und blaues. Jeder Detektor ist ein CCD (siehe nächste Seite) oder, bei älteren Kameras, eine lichtempfindliche Röhre.

ROTDETEKTOR

UMKEHR-SPIEGEL

TEILDURCHLÄSSIGER BLAUSPIEGEL

GRÜNDETEKTOR

TEILDURCHLÄSSIGER ROTSPIEGEL

BLAUDETEKTOR

LINSE

LICHT VOM BILD

UMKEHR-SPIEGEL

GRÜNES SIGNAL

ROTES SIGNAL

BLAUES SIGNAL

LUMINANZSIGNAL
Die Bildsignale von den drei Detektoren gelangen zu einem Farbmischer, der sie zu einem Luminanzsignal zusammenträgt. Dieses gibt die in einem Schwarz-Weiß-Bild enthaltene Helligkeitsinformation wieder, die die drei Detektoren durch Abtasten ermittelt haben.

CHROMINANZSIGNAL
Die drei Farbsignale werden in einem Verschlüssler verbunden, der das Chrominanzsignal liefert. Es enthält Informationen über die Sättigung und die Töne der Farben in jedem Teil des Bildes.

SYNCHRONIMPULS
Ein Impulsgeber sorgt dafür, daß die drei Detektoren das Bild vollkommen synchron abtasten. Diese drei Bildsignale werden dann gemeinsam mit dem Synchronimpuls in einem Videosignal übertragen.

MIKROFON

SCHALLSIGNAL
Vor der Übertragung kommt zum Videosignal noch das Schallsignal.

SCHALL DER SZENE

SCHALLSIGNAL

VIDEO- UND SCHALLSIGNALE

CAMCORDER

Mit einem Camcorder, einer Kombination aus einer tragbaren Fernsehkamera und einem Videorecorder (siehe S. 244-245) kann man seine eigenen Filme drehen. Die Kamera enthält eine Linse und ein CCD, das das Bild ohne Mithilfe von Spiegeln in die drei Primärfarben aufspaltet. Das CCD arbeitet mit Rot-, Grün- und Blaufiltern über lichtempfindlichen Elementen. Im Recorderteil werden das Videosignal vom CCD und das Schallsignal vom Mikrofon des Camcorders wie in einem Videorecorder auf ein Magnetband aufgezeichnet.

VIDEOKOPFTROMMEL

MAGNETBAND

MIKROFON

LINSE

CCD

SUCHER
Der Sucher ist ein winziger Fernseh-bildschirm. Er zeigt die Szene, die der Camcorder aufnimmt.

CCD (LADUNGSTRÄGERGEKOPPELTES ELEMENT)

Das Bild, das zerlegt werden soll, trifft auf ein CCD, einen Mikrochip mit Tausenden von winzigen, in Reihen angeordneten lichtempfindlichen Elementen, die Photodioden (siehe S. 272) enthalten. In jeder von ihnen setzt einfallendes Licht Eletronen frei, die eine negative Ladung erzeugen, deren Stärke von der Lichtintensität abhängt. Jede Reihe von Elementen liefert eine Zeile des Bildes. Schließlich wandeln Elektroden hinter den Photodioden die Ladung in das Videosignal um.

MASKE

DUNKEL

BILD VON ZEILE 1

HELL

FREIGE-SETZTE ELEKTRONEN

LADUNGEN IN ZEILE 1

LADUNGEN IN ZEILE 2

POSITIVE LADUNG WIRD VON DEN ELEKTRODEN GELEITET

ELEKTRODEN

POSITIVE LADUNG STEIGT AUF

SENDE-MAST

1 LADUNG ENTSTEHT
Rotes Licht, aus dem die Zeilen 1 und 2 des Bildes bestehen, fällt auf zwei Reihen von Elementen im roten CCD einer Kamera. Dadurch werden Elektronen freigesetzt, die eine der Lichtintensität entsprechende elektrische Ladung erzeugen.

LADUNGEN IN ZEILE 2

2 LADUNGEN STEIGEN AUF
In den Elektroden hinter den Elementen steigt eine positive Ladung auf. Sie zieht die Elektronen zur nächsthöheren Reihe von Elementen. Das bewirkt, daß die Sequenz von negativer Ladung in Zeile 1 in die oberste, maskierte Reihe von Elementen eindringt.

3 LADUNGEN ZIEHEN AUS
Jetzt bewegt sich eine positive Ladung durch die Elektroden hinter der obersten Reihe, wo sie in den Ausgabekanal gezogen wird. Auf diese Weise bewegen sich die Ladungen von einer Reihe nach der anderen nach oben und hinaus und erzeugen das Videosignal.

REFLEK-TOR

KABEL

LADUNGEN IN ZEILE 1

AUSGABEKANAL

VIDEORECORDER

FÜHRUNGSROLLE

FÜHRUNGSSTIFTE

VIDEOKOPFTROMMEL

LÖSCHKOPF
Jede vorhandene
Aufnahme auf
dem Band wird
vom Löschkopf
gelöscht.

SCHRÄGSPUREN

VIDEOKOPFTROMMEL

KOPF

BAND

KOPF

Wie ein Fernsehgerät (siehe S. 246-247) filtert auch ein Videorecorder zuerst das Video(Bild)signal aus dem Fernsehsignal heraus, das über die Antenne oder den Kabelanschluß ins Haus kommt. Doch statt das Videosignal zum Fernseher zu schicken, speichert der Videorecorder das Signal auf einem Videoband. Dabei wird eine Videokassette auf eine ähnliche Weise mit einem Schallsignal bespielt wie bei einem Tonbandgeät (siehe S. 232-233).

Das Videosignal geht zu einem Aufnahme-Wiedergabe-Kopf, der es auf das Magnetband aufzeichnet und das aufgezeichnete Signal vom Band an ein Fernsehgerät weitergibt. Das Band muß jedoch während der Aufzeichnung des Videosignals mit sehr hoher Geschwindigkeit am Kopf vorbeigeführt werden, da sehr viele Informationen gespeichert werden müssen. Deshalb rotiert der Videokopf sehr schnell, wenn das Band an ihm vorbeiläuft, und zeichnet das Videosignal im Schrägspurverfahren auf.

Das hier gezeigte VHS (Video Home System)-System hat sich bei Videorecordern für den Heimgebrauch durchgesetzt. Andere Videosysteme verwenden im Prinzip dieselbe Aufzeichnungsmethode mit einem rotierenden Videokopf.

ROTIERENDE VIDEOKÖPFE
Die Kopftrommel, die dem Band gegenüber gekippt wird, trägt zwei einander gegenüberliegende Aufnahme-Wiedergabe-Videoköpfe, die bei jeder Umdrehung zwei Halbbilder in Form zweier Schrägspuren auf dem Band aufzeichnen bzw. abtasten.

ABSPULROLLE

MAGNETBAND

TELEKOMMU

FÜHRUNGSSTIFTE

FÜHRUNGSROLLE

ANDRUCKROLLE

VIDEOKASSETTE

VIDEO-(BILD-)
SPUR

AUDIO(TON)
SPUR

EINLEGEN DER KASSETTE

Wird die Kassette in den Recorder eingelegt,
so holen die Führungsstifte das Band aus
der Kassette heraus und bringen es mit
den Videoköpfen und Andruckrollen im
Recorder in Berührung.

ANDRUCK-
ROLLE

TONWELLE

Die Andruckrolle drückt das Band gegen
die rotierende Tonwelle, damit das Band
von der Abspul- zur Aufwickelrolle
befördert wird.

N- UND
EUERKOPF

ser Kopf ist für die Auf-
me und Wiedergabe
Schallsignals sowie für
Synchronisationssignal
ändig, das das Band
ert. Beide Spuren
den entlang der Ober
der Unterkante des
gnetbandes abgespei-
t. Bei manchen Video-
rdern wird Stereoton
hoher Qualität auf
ägen Tonspuren auf-
eichnet.

TONWELLE

WICKELROLLE

STEUERSIGNAL

FERNSEHEMPFÄNGER

Ein Fernsehgerät empfängt vom Fernsehsender oder Videorecorder ein Videosignal heraus. Es funktioniert wie eine Fernsehkamera, nur umgekehrt, um eine Abfolge von Stehbildern auf einem Bildschirm abzubilden. Dies geschieht durch Abtasten auf dieselbe Weise, in der eine Kameraröhre ein Bild in waagerechte Zeilen auf dem Bildschirm aufbaut. Beim Farbbild enthält jede Zeile eine Reihe von roten, grünen und blauen Streifen. Bei normaler Sehentfernung zum Fernseher können Zeilen und Streifen nicht ausgemacht werden. Die Augen lassen sie ineinander aufgehen und sehen ein scharfes Farbbild.

ANTENNE
Mit Videosignalen modulierte Funkwellen treffen auf die Antenne oder Parabolantenne und erzeugen elektrische Videosignale, die zum Fernsehgerät gelangen. Diese elektrischen Signale können ersatzweise auch über Kabel eintreffen.

STEUERGERÄT
Das Steuergerät wählt einen Fernsehkanal an, indem es ein Videosignal auf einer bestimmten Trägerfrequenz auswählt, nicht anders als dies auch beim Rundfunkempfänger geschieht.

BILDAUFBAU
Die Umwandler trennen Luminanz-, Chrominanzsignal und Synchronimpuls aus dem Videosignal heraus. Der Chrominanzumwandler erzeugt die drei Farbauszugsignale. All diese Signale gelangen zur Bildröhre und steuern die drei Elektronenstrahlen, die die innere Oberfläche des Bildschirms abtasten.

LUMINANZ-UMWANDLER

LUMINANZSIGNAL

ROTAUSZUG

GRÜNAUSZUG

BLAUAUSZUG

KONVERGIERENDE ELEKTRONENSTRAHLEN

GLÜHKATHODEN SYNCHRONIMPULS

SYNCHRONUMWANDLER

LAUTSPRECHER

SCHALLSIGNAL

SCHALLUMWANDLER

LEUCHTSCHIRM

ABLENKSPULEN ÄNDERN RICHTUNG DER STRAHLEN

CHROMINANZ-UMWANDLER UND -ENTSCHLÜSSLER

SCHATTENMASKE

BILDSCHIRM

BILDRÖHRE

ZEILENSPRUNGVERFAHREN
Jedes Stehbild setzt sich aus zwei Teilbildern zusammen. Sowohl die Kamera- als auch die Bildröhre tasten für das erste Teilbild die ungerade numerierten, für das zweite die gerade numerierten Zeilen ab.

ERSTES ABTASTEN

ZWEITES ABTASTEN

BLAUSTRAHL

BEWEGUNG DER
ELEKTRONENSTRAHLEN

GRÜNSTRAHL

SCHATTENMASKE

ROTSTRAHL

FARBBILDSCHIRM

Die drei Elektronenstrahlen, je einer für eine Grundfarbe, sind
so ausgerichtet, daß sie gemeinsam durch eines der
357 000 Löcher einer Lochmaske (Schattenmaske)
auf eine Dreiergruppe von rot, grün und blau
aufleuchtenden Phosphorstreifen fallen. Diese
Streifen sind so klein, daß sie vom Auge nicht
einzeln wahrgenommen werden.
Durch additive Mischung der
drei Grundfarben entsteht der
farbige Bildeindruck. In einem
Schwarzweiß-Gerät gibt es
nur einen Elektronenstrahl,
der vom Luminanzsignal
und Synchronimpuls ge-
steuert wird, und
keine Lochmaske.

LEUCHTSTREIFEN

SATELLITEN

Künstliche Satelliten umkreisen die Erde und nehmen Verbindung mit uns Menschen auf. Wetter- und Erdbeobachtungs-satelliten sehen auf uns herunter, astronomische Satelliten spähen ins Weltall hinaus, und Nachrichtensatelliten verbinden weit voneinander entfernte Gegenden auf dem Erdball und strahlen Fernsehprogramme ab. Einige Satelliten kreisen auf Umlaufbahnen, die quer zur Erde stehen, wieder andere sind so auf einer geostationären Umlaufbahn geparkt, daß sie sich immer auf einem Fixpunkt über dem Äquator befinden.

BODENSTATION

SATELLITEN-TELEFON

BODEN-STATION

PASSGAGIERTELEFON IN FLUGZEUG

SOLAR-ZELLEN

TRICHTERSTRAHLER   TRICHTERSTRAHLER

REFLEKTOR   FUNKSTRAHL   REFLEKTOR

FUNKVERBINDUNGEN

Alle Satelliten sind über Funk mit den Bodenstationen verbunden, so daß sie Fotos und Meßdaten senden und Anweisungen und Informationen empfangen können. Viele Satelliten und Bodenstationen haben Parabolspiegel, die die von einem zentralen Trichterstrahler ausgehenden Signale gebündelt abstrahlen und die eingehenden Signale empfangen.

BILD-SYSTEM

KOMMUNIKATIONS-AUSRÜSTUNG

WETTERSATELLIT

Die Meteosat-Satelliten übermitteln Bilder von Wolkenformationen und Daten über Wetterverhältnisse wie Windgeschwindigkeiten und Temperaturen auf der Erde. Die von Wettersatelliten gelieferten Bilder und Daten ermöglichen den Wetterämtern exakte Vorhersagen.

NACHRICHTENSATELLIT

Die Inmarsat-III-Satelliten befinden sich auf einer geostationären Umlaufbahn und sorgen für weltweite Übermittlung von Telefongesprächen, Faxen und Computerdaten. Sie stellen nicht nur Verbindungen zwischen großen Bodenstationen her, sondern auch zwischen tragbaren Anschlüssen, sogenannten Satellitentelefonen, und Anschlüssen in Flugzeugen, Schiffen und Kraftfahrzeugen. Inmarsat wird hauptsächlich für Kommunikation in Katastrophenfällen und zur Nachrichtenübermittlung aus entlegenen Gegenden benutzt.

GEOSTATIONÄRE UMLAUFBAHN

In einer Höhe von 35 880 Kilometern braucht ein Satellit genau 24 Stunden, um die Erde einmal zu umkreisen.

PARABOLSPIEGEL

SONNENKOLLEKTOR

WIND-
DETEKTOR

WELLEN-
DETEKTOR

**RADAR MIT
KÜNSTLICHER APERTUR**
Hochauflösende
Radaraufnahmen von der Erde
informieren über Zustände auf
ihrer Oberfläche.

ERDBEOBACHTUNGSSATELLIT

Die ERS (European Remote Sensing)-Satelliten schauen auf die Erde herab und übermitteln Daten über viele Aspekte der Erdoberfläche und des Klimas. Sie liefern nicht nur detaillierte Bilder von der Erde für Landkarten, sondern können auch Rohstoffvorkommen erkennen, Wälder und Felder überwachen, die Ozonschicht untersuchen, Oberflächenbewegungen wie Erdbeben und Vulkanausbrüche entdecken und die Meeresbewegungen messen, die uns Aufschlüsse über Wind und Wellen geben.

SCHILD UND SENSOREN

Damit sie die sehr schwache Hintergrundstrahlung im Weltraum messen konnten, mußten die Wärmesensoren von COBE sehr kalt gehalten werden. Flüssiges Helium sorgte für eine Temperatur nahe dem absoluten Nullpunkt. Die Sensoren waren von einem konischen Schild umgeben, der sie vor der Wärme und dem Licht der Sonne und der Erde schützte.

FUNKANTENNE

WÄRMESENSOREN

SONNENKOLLEKTOR
Solarzellen (siehe S. 271)
in Kollektoren oder an
der Außenhaut versorgen
Satelliten mit Strom,
indem sie das Sonnenlicht
in Elektrizität umwandeln.

SCHILD

ASTRONOMISCHER SATELLIT

Der amerikanische Satellit COBE (Cosmic Background Explorer) wurde 1989 gestartet und hat über mehrere Jahre hinweg die Hintergrundstrahlung im Weltraum gemessen. Diese Strahlung besteht aus Wärmestrahlen, die bei der Entstehung des Universums durch den sogenannten Urknall vor 15 Millionen Jahren freigesetzt wurden. COBE fand Regionen, die etwas kühler waren als andere, vermutlich Stellen, an denen sich Galaxien zu bilden begannen. COBE lieferte die ersten Beweise für die Entwicklung des Universums vom Urknall bis zu seinem heutigen Zustand.

SONNEN-
KOLLEKTOREN

DAS RADIOTELESKOP

Viele Objekte im Weltraum senden Funkwellen aus, und ein Radioteleskop dient zu deren Empfang. Ein großer gewölbter Metallspiegel fängt die Funkwellen auf und strahlt sie zu einem Brennpunkt über der Spiegelmitte ab, genau wie der Hohlspiegel eines Teleskops die Lichtwellen aus dem All sammelt (siehe S. 188). Am Brennpunkt fängt eine Antenne die Funkwellen ein und wandelt sie in ein schwaches Elektrosignal um, das zu einem Computer gelangt. Radioteleskope können Strahlen mit sehr schwacher Intensität empfangen und auch Verbindung mit Raumschiffen aufnehmen.

Beim Aufspüren der Radiofrequenzstrahlung von Galaxien und anderen Objekten im Weltraum haben Radioteleskope die Existenz vieler bis dahin unbekannter Körper entdeckt. Es ist möglich, sichtbare Bilder von Radioquellen zu erzeugen, indem man mit einem Einzelteleskop oder mehreren Teleskopen die Radioquelle abtastet. Dies ergibt eine Reihenfolge von Signalen aus unterschiedlichen Gebieten der Quelle, die ein Computer zu einem Bild verarbeiten kann. Unterschiede in der Frequenz des Signals geben Aufschluß über die Zusammensetzung und die Bewegung der Radioquelle.

PARABOLSPIEGEL

EINTREFFENDE FUNKWELLEN

SENKRECHTE SCHWENK- ACHSE

ANTENNE

WAAGERECHTE SCHWENKACHSE

ANTENNE

SCHWENKBARES TELESKOP
Bei den meisten Radioteleskopen kann der Parabolspiegel so gekippt und gedreht werden, daß er sich auf jeden beliebigen Punkt am Himmel ausrichten läßt. Schwenkbare Teleskope dürfen keinen Spiegel haben, dessen Durchmesser größer als 100 Meter ist. Allerdings können sehr weit voneinander entfernte Radioteleskope gekoppelt werden, um detailliertere Bilder zu erhalten.

SATELLITENSCHÜSSEL
Von einem Satelliten ausgestrahlte Fernsehprogramme werden von einer Satellitenschüssel empfangen, die wie ein kleines Radioteleskop funktioniert. Die gewölbte Oberfläche fängt die eintreffenden Funkwellen auf und strahlt sie zu einer zentralen Antenne ab, die das Videosignal dann an das Fernsehgerät weiterleitet.

DAS WELTRAUMTELESKOP

Das Weltraumteleskop Hubble ist teils ein optisches Teleskop und teils ein Satellit. Es umkreist die Erde und liefert, über Funk gesteuert, Bilder und Meßdaten von Planeten, Sternen, Galaxien und anderen Objekten im Weltraum. Da es im völlig klaren Weltraum arbeitet, liefert das Weltraumteleskop wesentlich schärfere Bilder als die auf der Erde stationierten Teleskope. Es hat sehr ferne und schwache Objekte aufgespürt und detailliertere Bilder von bekannten Objekten gesendet und uns damit viele neue Erkenntnisse über das Universum geliefert. Das Raumteleskop wurde 1990 von der Raumfähre in den Weltraum befördert und 1993 und 1997 verbessert. Es sollte bis mindestens zum Jahr 2005 funktionsfähig bleiben.

RADIOSPIEGEL
Der Spiegel sendet teleskopische Bilder und Messungen per Funk an die Bodenstation.

GERÄTETEIL
Lichtumwandler wandeln die vom Spiegel erzeugten Bilder in Funksignale um. Das Raumteleskop enthält auch wissenschaftliche Instrumente.

TÜRÖFFNUNG

FANGSPIEGEL

LICHTSTRAHLEN VON STERNEN ODER GALAXIEN

HAUPTSPIEGEL
Der Hauptspiegel des Raumteleskops besitzt einen Cassegrain-Fokus (siehe S. 188) und hat einen Durchmesser von 2,4 Metern.

SCHUTZSCHIRM
Diese Kämme verringern die Strahlung von Streulicht, das von den Oberflächen im Zylinderinnern zurückstrahlt.

TELESKOPZYLINDER
Der Hauptteil des Teleskops ist 13 Meter lang und mißt 4,3 Meter im Durchmesser.

RAUMFÄHRE

SONNENPADDEL
Die beiden Sonnenpaddel (siehe S. 271) liefern die Elektrizität, die die Geräte an Bord des Raumteleskops zum Funktionieren benötigen.

RAUMSONDEN

Die äußerste Grenze der Funkverbindungen wird von den Raumsonden erreicht, die uns detaillierte Bilder und Informationen von jedem Planeten im Sonnensystem mit Ausnahme von Pluto, dem fernsten Planeten, gesendet haben. Raumsonden haben auch unseren Mond und viele der Monde inspiziert, die ferne Welten umkreisen.

Funkwellen, die mit Lichtgeschwindigkeit reisen, haben ihre Entdeckungen zur Erde gebracht. Ihre Geschwindigkeit ist so enorm, daß Signale aus den entferntesten Welten uns in nur wenigen Stunden erreichen. Diese Signale umfassen geologische und atmosphärische Daten sowie Videosignale, die Nahaufnahmen von fernen Welten liefern und uns über Details ihrer Oberflächen informieren. Da die Signale sehr schwach sind, müssen die Bodenstationen ihre großen Spiegel auf eine Raumsonde richten, um sie aufzufangen. Raumsonden können entweder an einem Himmelskörper vorbeifliegen oder in eine Umlaufbahn einschwenken und ihn über einen langen Zeitraum hinweg beobachten. Manche Sonden landen auch auf der Oberfläche oder setzen Landefahrzeuge ab.

MARS PATHFINDER

Die Raumsonde Mars Pathfinder wurde im Dezember 1996 ins All befördert und erreichte im Juli 1997 den Mars. Sie umkreiste ihn nicht, sondern landete auf seiner Oberfläche. Die Landung wurde mit Hilfe von Luftkissen abgefedert. Dann öffnete sich die Sonde und entließ einen kleinen, mit sechs Rädern ausgestatteten Erkundungsroboter namens Sojourner. Während Pathfinder eine rostrote, mit Felsbrocken übersäte Wüstenebene erkundete, ging Sojourner daran, die nähere Umgebung zu erforschen. Die Bodenstationen hätten Sojourner anweisen können, zu den Felsbrocken zu fahren, die auf Pathfinders Bildern zu sehen waren. Aber der Roboter suchte sich mit Hilfe seines eingebauten Computers, seiner Kamera und seines Laser-Abtastgeräts selbst seinen Weg und analysierte das Gestein mit einer Sonde.

Die von Pathfinder zur Erde übermittelten Meßergebnisse beweisen, daß die Marsgesteine den Gesteinen auf der Erde gleichen und sich wahrscheinlich auf ähnliche Weise gebildet haben. Sojourner fand Gestein, das aussah, als hätte es sich in Wasser gebildet, was darauf hindeutet, daß dieser Teil des Mars früher von einem Ozean bedeckt war. Obwohl der Mars heute trocken und sehr kalt ist, könnte er einst feucht und warm gewesen sein, so daß sich dort lebende Organismen wie etwa Bakterien entwickeln konnten, die vielleicht bis heute überlebt haben.

SOJOURNER   SONNENPADDEL   KAMERA   PATHFINDER-LANDEEINHEIT

RADAR-
SONDE

KAMERAS UND SENSOREN

HUYGENS-LANDEFAHRZEUG

ATOMGETRIEBENER
ELEKTROGENERATOR

RADIO-
SPIEGEL

RAKETENTRIEBWERKE

KRAFTFELD- UND
MAGNETFELD-
DETEKTOR

MAGNETOMETER

LANDUNG AUF TITAN
Huygens soll im November 2004 mit Hilfe
eines Fallschirms auf der Oberfläche des
Saturnmondes Titan landen.

CASSINI

Mit seinem fantastischen Ringsystem ist Saturn der
schönste Planet in unserem Sonnensystem. Über Saturn
und seine vielen Monde wissen wir noch recht wenig;
bisher sind nur zwei Voyager-Sonden an ihm
vorbeigeflogen. Aber im Jahr 2004 soll die Raumsonde
Cassini nach siebenjähriger Reise dort eintreffen und in
eine Umlaufbahn um Saturn einschwenken. Sie wird sich
dem Planeten so weit nähern, daß sie seine Wolken
beobachten kann, und sich dann weiter von ihm
entfernen, so daß sie auf seine Pole und seine berühmten
Ringe herabblicken kann. Außerdem wird Cassini in
noch größerer Entfernung die Monde des Saturn
umkreisen und die Oberfläche von einigen von ihnen
genauer untersuchen. Im Laufe von vier Jahren wird
Cassini viele Fragen über Saturn und seine Ringe und
Monde beantworten und uns damit wichtige Hinweise
auf die Entstehung unseres Sonnensystems liefern.

Der wichtigste Teil der Cassini-Mission wird ihr
Besuch des Saturnmondes Titan sein. Titan ist der größte
Mond des Saturn. Er hat eine dunstige Atmosphäre, die
seine Oberfläche unsichtbar macht. Cassini wird ein
Landefahrzeug namens Huygens absetzen, das an einem
Fallschirm auf die Oberfläche herabschwebt. Dort soll es
verschiedene Gase aufspüren, Fotos machen und
Messungen vornehmen. Die Ergebnisse werden an
Cassini übermittelt, der sie dann zur Erde sendet. Man
vermutet, daß die Atmosphäre von Titan der ähnelt, die
vor langer Zeit auf der Erde existierte, und die
Beobachtungen von Huygens könnten Aufschlüsse über
die Anfänge des Lebens auf der Erde liefern.

DIE
ENTDECKUNG DES
MAGNETISCHEN
NORDPOLS

Teil 4

ELEKTRIZITÄT
&
AUTOMATISIERUNG

EINLEITUNG

Die Kraft hinter der Elektrizität stammt von den kleinsten Dingen, die die Wissenschaft kennt. Es sind die Elektronen, kleinste Teilchen in den Atomen, von denen jedes eine winzige elektrische Ladung trägt. Könnte man eine Milliarde dieser Teilchen aufreihen, so wären sie kaum größer als der Kopf einer Stecknadel. Wenn ein elektrischer Strom durch einen Draht fließt, drängen diese Teilchen in unvorstellbarer Zahl durch das Metall. In einem Strom von 1 Ampère, der ausreicht, um die Glühlampe in einer Taschenlampe zum Leuchten zu bringen, durchlaufen 6 Millionen Millionen Millionen Elektronen jeden Punkt innerhalb einer Sekunde.

Ein einzelnes Elektron bewegt sich relativ langsam, aber die elektrische Ladung wird mit Lichtgeschwindigkeit von einem Elektron zum anderen übertragen. Gehörte das 19. Jahrhundert den mechanischen Maschinen, so gehörte das 20. Jahrhundert den elektrisch betriebenen Maschinen. Das heißt aber nicht, daß das Zeitalter der mechanischen Maschinen abgelaufen wäre. Maschinen, die sich bewegen, werden immer zum Arbeiten eingesetzt werden, aber sie werden in ständig zunehmendem Maße von Elektromotoren betrieben und mit elektronischen Vorrichtungen gesteuert. Außerdem wurden im 20. Jahrhundert Maschinen entwickelt, die die Elektrizität zum Übermitteln von Informationen nutzen und kaum bewegliche Teile besitzen. Zu ihnen gehören diejenigen Geräte, die Schallwellen und Bilder aufzeichnen und weiterleiten können und die in Teil 3 dieses Buches vorgestellt wurden. Dieser Zweig der Technologie gewinnt mit der Digitalisierung der Maschinen, auf die in Teil 5 ausführlich eingegangen wird, immer größere Bedeutung.

EINSATZ DER ELEKTRONEN

Die Maschinen in diesem Teil von *Macaulay's Neuem Mammut-Buch der Technik* erzeugen entweder Elektrizität oder setzen sie auf unterschiedliche Weise ein.

Viele benutzen die Elektrizität, um ein Magnetfeld zu erzeugen. Magnetfelder ziehen einander an oder stoßen sich ab, und zwar mit großer Kraft. Maschinen mit Elektromotoren bewegen sich, indem sie sich die Kräfte der Magnetfelder nutzbar machen, die um stromführende Drähte herum entstehen. Auch die Elektrogeneratoren, die uns mit Strom versorgen, machen von den Magnetfeldern Gebrauch. Magneten sind selbst magnetisch und erzeugen ein Magnetfeld, weil sich die Elektronen in ihren Atomen bewegen. Das heißt, daß alle Maschinen, die auf irgendeine Weise die Magnetkräfte nutzen, letzten Endes mit Elektronen arbeiten.

Außerdem erzeugen die Elektronen elektrische Felder, die dieselben Anziehungs- und Abstoßungseigenschaften besitzen wie Magnetfelder. Manche Maschinen wie der Fotokopierer und der Luftionisator funktionieren durch Verlagerung von Elektronen, so daß elektrische Anziehung und Abstoßung wirksam werden. Wieder andere Maschinen nutzen Elektronen nur als Mittel der Informationsübertragung. Trotz aller Unterschiede sind die Gesetze, die den Stromfluß in diesen Maschinen bestimmen, stets dieselben. Für ihre Bewegung benötigen die Elektronen immer Energie. Sie bewegen sich stets in einer bestimmten Richtung (von Negativ zu Positiv) und mit einer bestimmten Geschwindigkeit. Zudem erzeugen sie während ihrer Bewegung stets besondere Wirkungen. Eine dieser Wirkungen ist der Magnetismus. Andere sind Wärme und Licht, wie wir bereits in Teil 2 gelernt haben. Elektronen können noch auf andere Weise Licht erzeugen und außerdem Strahlen, die unsichtbar sind, und Töne, die man nicht hören kann, die aber überaus nützlich sind.

ELEKTRIZITÄT UND BEWEGUNG

Zur Elektrizität als Energiequelle gibt es kaum Alternativen. Sie ist sauber, kann sofort ein- und ausgeschaltet und leicht dorthin befördert werden, wo sie gebraucht wird. Elektrische Maschinen, die Bewegungen erzeugen, sind außerordentlich verschieden. Auf den ersten Blick gibt es wenig Gemeinsamkeiten, zum Beispiel zwischen einer Quarz-Armbanduhr und einer Elektrolokomotive. Beide jedoch setzen die motorische Kraft ein, die von der magnetischen Wirkung eines elektrischen Stroms erzeugt wird - wenn auch der Zug hunderttausendmal mehr Strom verbraucht als die Armbanduhr. Wie alle elektrischen Maschinen verbrauchen auch jene, die zur Erzeugung von Bewegungen Elektrizität aufnehmen, nur so viel Energie, wie sie benötigen. Das bedeutet, daß eine Energiequelle viele Maschinen mit Strom versorgen kann, weil jede Maschine nur den Strom abnimmt, den sie benötigt, und kein bißchem mehr.

MASCHINEN, DIE SICH SELBST STEUERN

Elektronen können in unterschiedlichen Mengen in einen Draht gezwungen werden, und entsprechend unterschiedlich ist die elektrische Ladung, die fast augenblicklich durch den Draht zu einer Maschine befördert wird. Diese schwankende Ladung stellt ein elektrisches Signal dar, das Einfluß auf das Funktionieren einer Maschine haben kann, indem es sie entweder ein- oder ausschaltet oder ihre Arbeitsweise bestimmt. Viele Maschinen enthalten Vorrichtungen, die es den Maschinen ermöglichen, sich selbst so effektiv zu steuern, daß sie völlig selbständig arbeiten. Beispiele aus dem Alltag sind automatische Türen und Verkehrsampeln. Sensoren und Detektoren (Meßfühler) sind oft die Quelle dieser Steuersignale. Sie sind in der Lage, physische Gegenstände wie Metall oder Rauch wahrzunehmen und können auch Quantitäten wie etwa Geschwindigkeiten messen. Das Signal geht vom Detektor zur Maschine, die sofort darauf reagiert, und zwar in den meisten Fällen auf eine von zwei Arten. Bei der einfacheren löst das Steuersignal eine bestimmte Reaktion aus. Eine automatische Tür zum Beispiel öffnet sich, wenn sich ihr jemand nähert, und ein Airbag bläst sich bei einem Zusammenstoß automatisch auf. Diese Maschinen tun nur das und sonst nichts, weil es nicht erforderlich ist. Es gibt aber auch wesentlich komplizertere automatische Maschinen, bei denen Sensoren und Detektoren geleistete Arbeit messen und dafür sorgen, daß die Maschine reibungslos funktioniert und sich, falls erforderlich, selbst korrigiert. Ein Flugzeug ist eine solche Maschine. Der Autopilot erkennt jede Abweichung von der Flugroute und steuert das Flugzeug so, daß sie sofort korrigiert wird, während das Navigationssystem ständig die Position des Flugzeugs überprüft und dafür sorgt, daß es seine Route exakt einhält.

Immer mehr Aspekte in unserem Alltag beruhen irgendwie darauf, daß Milliarden von Elektronen durch Drähte und Stromkreise in Maschinen fließen. Automatische Maschinen nehmen uns viel Arbeit ab und machen das Leben angenehmer und häufig auch sicherer. Einige verleihen uns Fähigkeiten, über die wir sonst nicht verfügen würden oder die wir nur mit sehr viel Mühe erlernen könnten. So macht zum Beispiel eine automatische Kamera das Fotografieren erheblich einfacher. Viele derartige Maschinen werden von digitalen Instrumenten gesteuert, weil diese überaus komplizierte Steuerungssequenzen ermöglichen. Sie sind das Thema des nächsten Teils dieses Buches.

ELEKTRIZITÄT

ÜBER DIE MAMMUT-ANZIEHUNG

Eines Tages stieß ich zufällig auf ein Mammut, dessen Haare hübsch gekämmt wurden. Bald war der Frisör soweit, daß er dem Besitzer seine Kreation zurückgeben konnte. Kaum hatte sich jedoch die perfekt gekämmte Kreatur auf die Straße gewagt, als ein Sammelsurium aus Abfällen, herrenloser Wäsche und streunenden Katzen sich in die Luft erhob und sich auf dem frisch gekämmten Haar des verblüfften Tiers rundherum in Sicherheit brachte. Es ist allgemein bekannt, daß ein gut geschniegeltes Individuum äußerst attraktiv ist, doch nie zuvor habe ich diese Tatsache so anschaulich illustriert gesehen.

STATISCHE ELEKTRIZITÄT

Alle Gegenstände bestehen aus Atomen, und in den Atomen gibt es noch kleinere Teilchen, die Elektronen heißen. Jedes Elektron trägt eine elektrische Ladung, die negativ und die hauptsächlichste Ursache für die Elektrizität ist.

Statische Elektrizität heißt so, weil daran Elektronen beteiligt sind, die eher von einem Ort zum nächsten bewegt werden, als daß sie in einem Strom fließen. In einem Körper, der nicht elektrostatisch geladen ist, besitzen sämtliche Atome ihre normale Anzahl Elektronen. Wenn nun einige der Elektronen — durch kräftiges Reiben oder Bürsten zum Beispiel — auf einen anderen Körper übertragen werden, so wird dieser andere Körper negativ geladen, während der Körper, der Elektronen abgibt, sich positiv auflädt. Um jeden Körper herum entsteht ein elektrisches Feld.

Ungleiche Ladungen ziehen sich stets an, gleiche Ladungen stoßen sich stets ab. Das ist der Grund dafür, daß das Mammut nach dem Kämmen mit Müll behängt ist wie ein Weihnachtsbaum mit Lametta, und daß ein Kamm, den man über ein Stück Stoff reibt, Papierfetzen anzieht. Durch Reiben oder Kämmen erzeugt man eine Ladung und deshalb ein elektrisches Feld. Dieses Feld wirkt auf Gegenstände in der Umgebung, erzeugt eine ungleiche Ladung in ihnen, und ungleiche Ladungen ziehen sich an.

ERZEUGEN EINER LADUNG
Durch Reiben mit einem Plastikkamm über einen Stoff gehen die Elektronen in den Stoffatomen auf das Plastik über . . .

. . . und das Feld des Kamms stößt Elektronen im Papier ab, wodurch eine Anziehungskraft entsteht.

KAMM

STOFF

VOM STOFF ÜBERTRAGENE ELEKTRONEN

ABGESTOSSENE ELEKTRONEN

PAPIER

ÜBER MAMMUT-ZITRONEN

Zur Erntezeit besichtigte ich einen Obstgarten, der seiner ungewöhnlich großen Zitronen wegen geradezu gerühmt wurde. Mit beträchtlicher Bewunderung beobachtete ich, wie Mannschaften, bestehend aus einem Mammut und einem Mann, peinlich genau die Reihen abgrasten, um die reifen Früchte zu ernten. Besonders erklecklliche Exemplare aber wurden von Mammut und Mann zugleich mit Lanzen harpuniert. Die Mammuts waren mit altmodischen, schweren Kupferlanzen ausgerüstet, und ihre Reiter mit solchen aus Zink — eine leichtgewichtige Ausführung meines ersten Entwurfs. Während meines Besuchs beklagten sich die Reiter darüber, daß sie kräftige Schläge erlitten, die sie irgendwie mit ihren neuen Lanzen in Verbindung brachten. Ich konnte jedoch keinen Zusammenhang erkennen, mußte aber zugeben, daß die Luft irgendwie elektrisch aufgeladen war.

STROMLEITUNG

Eine Stromleitung wird von Elektronen erzeugt, die sich bewegen. Im Gegensatz zur statischen Elektrizität kann es eine Stromleitung nur in einem Leiter geben — das ist ein Material, wie zum Beispiel die Metalle, in dem frei bewegliche Elektronen die Stromleitung bewirken.

Damit Elektronen sich bewegen, ist eine Energiequelle vonnöten. Diese Energie kann in Form von Licht, Wärme oder Druck zugeführt werden, oder sie kann aus einer chemischen Reaktion stammen. Chemische Energie ist die Energiequelle in einem batteriebetriebenen Stromkreislauf. Mammut und Reiter leiden unter elektrischen Stromschlägen, weil sie ungewollt einen solchen Kreislauf bilden. Zitronen enthalten Säure, die mit dem Zink und Kupfer der Lanzen reagiert. Atome in der Säure übernehmen Elektronen aus den Kupferatomen und übertragen sie auf die Zinkatome. Die Elektronen fließen nun zwischen den beiden durch die Zitronensäure verbundenen Materialien zu den beiden Lanzen aus Metall. Die Lanze aus Zink, die negativ geladene Elektronen abgibt, ist der negative Pol der Zitronenbatterie. Die Lanze aus Kupfer, die Elektronen aufnimmt, ist der positive Pol. Wenn auch gewöhnliche Zitronen nicht genügend Elektronen für einen starken Strom liefern können, so erbringen die Riesenzitronen genug, um einen kleinen Stromschlag zu erzeugen.

ZINK

SÄURE

ELEKTRONENFLUSS (STROM)

BATTERIEKREISLAUF
Elektronen reisen vom negativen Pol durch den Draht zum positiven Pol.

KUPFER

SÄURE ÜBERNIMMT POSITIVE LADUNG VOM ZINK

SÄURE ÜBERNIMMT ELEKTRONEN VOM KUPFER

DOKUMENT

TONERBÜRSTEN TRAGEN TONER AUF
KOPIERTROMMEL AUF

SPIEGEL

OBJEKTIV

STREIFEN VOM DOKUMENT

KOPIERTROMMEL

TROMMELLADER

REINIGER

ERSTE LÖSCHLAMPE
Diese Lampe entfernt
die Ladung von der
Kopiertrommel.

LADUNGSAUFSPRÜHER
Dieser Ladungsaufsprüher trägt eine
negative Ladung auf das Kopier-
papier auf, damit es die
Tonerteilchen anzieht.

ZWEITE LÖSCHLAMPE
Diese Lampe entfernt die
Ladung von der Kopier-
trommel, nachdem
der Toner auf das
Papier gelangt
ist.

DAS KOPIERGERÄT

GLASFENSTER

LAMPE

SPIEGEL

Ein elektrostatisches Verfahren versetzt einen modernen Kopierer in die Lage, fast unverzüglich Kopien von Dokumenten zu erstellen. Herzstück des Geräts ist eine Metalltrommel, die zu Beginn des Kopiervorgangs gleichmäßig elektrostatisch aufgeladen wird. Das optische System projiziert dann ein Abbild des Dokuments auf die Trommel. Dort, wo Licht auf die Metalloberfläche fällt, wandert die Ladung ab, während an den dunklen, unbelichteten Stellen die elektrostatische Ladung erhalten bleibt. Positiv geladene Tonerteilchen werden dann auf die Trommel aufgetragen. Die geladenen Partien der Trommel ziehen das dunkle Farbpulver an, das dann auf ein Blatt Papier übertragen wird. Die entstandene Kopie wird unter einem Wärmestrahler durchgeführt, der die ausgegebene Kopie „wischfest" macht. Ein Farbkopierer funktioniert ähnlich, tastet jedoch das Dokument mit Blau-, Grün- und Rotfiltern sowie ohne Filter ab. Mit farbigem Toner werden auf der Trommel vier Bilder in Gelb, Purpur, Blaugrün und Schwarz erzeugt, die sich so überlagern, daß eine farbige Kopie entsteht (siehe S. 214).

TRANSPORTBAND

WÄRMESTRAHLER
Der Wärmestrahler wärmt das Papier so auf, daß die Tonerteilchen schmelzen und in die Papieroberfläche eingebrannt werden.

OPTISCHES SYSTEM
Unter dem Glasfenster wird das Dokument mit Hilfe einer Lampe, eines Spiegelsystems und eines Objektivs Streifen für Streifen abgetastet und auf die rotierende Trommel projiziert. Geeignete optische Systeme vergrößern oder verkleinern eventuell dieses Bild.

LUFTREINIGER

Der wirksamste Luftreinigertyp verwendet einen elektrostatischen Ausfällapparat, um sehr kleine Teilchen, wie Zigarettenrauch und Pollen, aus der Luft im Raum herauszufiltern. Der Ausfällapparat gibt eine positive Ladung an die Teilchen in der Luft ab und fängt sie anschließend in einem negativ geladenen Gitter ein. Eventuell enthält der Luftreiniger noch Filter, um Staub und Gerüche zu entfernen, und einen Ionisator, der negative Ionen an die gereinigte Luft abgibt.

VORFILTER
Ein Netzwerk im Vorfilter entfernt größere Staub- und Schmutzteilchen aus der angesaugten Luft.

SCHMUTZIGE LUFT

ELEKTROSTATISCHER AUSFÄLLAPPARAT
An die beiden Gitter werden ungleiche Hochspannungsladungen angelegt. Das erste Gitter verleiht den in der Luft verbliebenen Teilchen eine positive Ladung, und das negativ geladene Gitter zieht sie an.

SAUBERE LUFT

VENTILATO

KOHLEFILTER
Ein Filter mit Aktivkohle saugt Gerüche aus der Luft auf, die von einem Ventilator durch den Luftreiniger angesaugt wird.

BLITZABLEITER

LADUNG BAUT SICH AUF
Ein Gewitter erzeugt Felder mit stark negativer elektrischer Ladung im Wolkensockel. Diese Ladungen führen zur Bildung stark positiver Ladungen in der Erde.

NEGATIVE LADUNG IM WOLKENSOCKEL

POSITIVE LADUNG IN DER ERDE

BLITZSCHLAG
Das sehr starke elektrische Feld erzeugt in der Luft Ionen und freie Elektronen. Die Luft kann daher Elektrizität leiten, und ein Blitz fährt durch sie hindurch.

IONISATOR

Atome mit elektrischer Ladung nennt man Ione. Sie kommen in der Natur vor; sie bilden sich in festen Substanzen und sind auch in der Atmosphäre anzutreffen. Luft, die eine hohe Konzentration an negativen Ionen enthält, gilt als wohltuend; Ionisatoren wurden zu dem Zweck entworfen, sie herzustellen. Ein Ionisator versorgte eine oder mehrere Nadeln mit einer stark negativen Ladung. An der Spitze jeder Nadel entwickelt sich ein dichtes elektrisches Feld, das Ionen in den Atomen der Luft erzeugt. Positive Ionen werden von der Nadel angezogen, während negative Ionen an die Luft abgegeben werden.

GELADENE NADEL

POSITIVE IONEN

NEGATIVE IONEN

KONDENSATOR

DIODE

GELADENE NADEL

SPANNUNGSVERSTÄRKER

Dieser Verstärker wandelt den Wechselstrom aus der Elektrizitätsleitung in einen Hochspannungsgleichstrom um, der die Ionisatornadeln auflädt: die Dioden wandeln den Wechselstrom in Gleichstrom um, der die Kondensatoren lädt. Diese speichern die anwachsenden Ladungsmengen, um die Spannung zu erhöhen.

VERRINGERN DER LADUNG

Ein Blitzableiter schützt vor Blitzeinschlag. Starke positive Ladungen an der Spitze des Blitzableiters erzeugen positive Ionen, die aufwärts fliegen, um die negative Ladung in der Gewitterwolke zu verringern, während überschüssige negative Ladung nach unten angezogen wird.

BLITZABLEITER

ELEKTRONEN TRETEN IN DIE ERDE EIN

ABLEITEN DER LADUNG IN DIE ERDE

Wenn ein Blitz einschlägt, so ist er bestrebt, dem Ionenweg zu folgen und trifft daher den Blitzableiter. Der mächtige Strom wird vom Blitzableiter aufgefangen und über eine Kabelleitung in die Erde abgeleitet, ohne daß am Haus ein Schaden entsteht.

DIE AUTOMATISCHE UHR

PIEZOELEKTRIZITÄT

Beansprucht man bestimmte Metalle und keramische Materialien auf Druck, so können sie sich elektrisch positiv und negativ aufladen. Diese Erscheinung nennt man Piezoelektrizität. Sie wird in verschiedenen elektrischen Geräten eingesetzt. In vielen Substanzen sind die Atome in Form in Ionen vorhanden (siehe Seite 263), die von ihrer elektrischen Ladung sehr eng zusammengehalten werden.

Quarz zum Beispiel besitzt positive Siliziumionen und negative Sauerstoffionen. Beansprucht man einen Quarzkristall auf Druck, so bewegen sich seine negativen Ionen auf die eine, seine positiven auf die andere Kristallseite. Die gegenüberliegenden Seiten entwickeln negative und positive Ladungen. Das Umgekehrte kann auch eintreten. Legt man ein elektrisches Signal an einen Kristall an, so schwingt er mit präziser, natürlicher Frequenz.

NORMALER QUARZKRISTALL

NEGATIVE SAUERSTOFFIONEN

POSITIVE SILIZIUMIONEN

KRISTALL UNTER DRUCK

NEGATIVE LADUNG AUF OBRFLÄCHE

POSITIVE LADUNG AUF OBERFLÄCHE

QUARZOSZILLATOR

EINTREFFENDES SIGNAL

REGELMÄSSIGES SIGNAL

SCHWINGQUARZ

Eine Quarzuhr (siehe gegenüberliegende Seite) verbraucht sehr wenig Energie, aber irgendwann ist ihre Batterie leer und muß durch eine neue ersetzt werden. Die automatische oder kinetische Uhr ist eine Quarzuhr, die von der Piezoelektrizität Gebrauch macht, aber keine Batterie benötigt. Sie erzeugt ihre eigene Elektrizität, indem sie sich die Bewegung des Handgelenks zunutze macht. Im Innern der Uhr befindet sich ein oszillierendes Gewicht, das hin und her schwingt, wenn sich die Uhr bewegt. Die oszillierende Bewegung wird über ein Getriebe auf einen winzigen magnetischen Rotor übertragen, der sich mit einer Geschwindigkeit von bis zu 100 000 Umdrehungen pro Minute dreht und in einer Spule Stromstöße erzeugt. Dieser Strom wird dann in den Kondensator der Uhr geleitet und dort für den Quarzoszillator und den Motor der Uhr gespeichert.

KABEL ZUM KONDENSATOR IN DER UHR

STROMSPULE

MAGNETISCHER ROTOR

GETRIEBE

OSZILLIERENDES GEWICHT

DIE QUARZUHR

Die Piezoelektrizität liefert eine einfache Methode für eine genaue Zeitmessung. Viele Uhren enthalten einen Quarzkristall-Oszillator, der die Zeiger oder die Leuchtanzeige steuert. Energie von einer kleinen Batterie bringt den Kristall zum Schwingen, der dann mit sehr genauem Takt oder genauer Frequenz Impulse abgibt. Ein Mikrochip verringert diesen Takt zu einem Impuls pro Sekunde, und dieses Signal steuert den Motor, der die Uhrenzeiger bewegt oder die Leuchtanzeige in Betrieb setzt.

MIKROCHIP
Ein Mikrochip teilt die sehr hohe Schwingungsfrequenz des Oszillators so lange, bis ein Steuersignal von einem Impuls pro Sekunde erreicht wird.

KONDENSATOR

QUARZOSZILLATOR

ELEKTROMAGNET

MOTOR
Der Motor dreht sich pro Sekunde um 180° und treibt das Zahnradwerk an, das die Zeiger bewegt.

BATTERIE

ZAHNRADWERK FÜR ZEIGERANTRIEB

SPULE
Die Spule erhält Steuersignale und versorgt den Elektromagneten, der den Motor antreibt, mit Strom.

DER STROMKARREN

Weil die Elektrizität unsichtbar bleibt, während sie fließt, ist sie einfacher zu begreifen, wenn man sie mit etwas anderem vergleicht. Die Maschine auf dieser Seite, die es in Wirklichkeit nicht gibt, ist das wasserbetriebene Gegenstück zum elektrischen Stromkreis. Statt der Elektronen zirkuliert hier Wasser und liefert die Antriebsenergie. Jeder Teil des Karrens hat ein Gegenstück in dem einfachen Stromkreis auf der gegenüberliegenden Seite.

SCHLEUSENTOR
Durch Öffnen des Schleusentors erhöht man den Wasserdurchfluß, so daß mehr Wasser auf das Wasserrad fällt und die Maschine beschleunigt wird. Dies ist das Gegenstück zum Widerstand der Glühlampe im Stromkreis. Setzt man eine größere Lampe ein, so besitzt sie weniger Widerstand, und mehr Strom fließt hindurch.

WASSERKANAL
Die Wassermenge, die durch den Kanal fließt, entspricht dem Strom. Sie ändert sich mit der Höhe des Wasserhebers (der Spannung) und der Stellung des Schleusentors (des Widerstands).

WASSERHEBER
Der Wasserheber, der dem Wasser die Kraft gibt, zur Wanne am Sockel des Karrens zurückzufließen, ist das Gegenstück zur Batterie. Dabei entspricht die Kurbel dem negativen Pol, der Elektronen mit so ausreichender Stärke ausschickt, daß sie den ganzen Kreis durchlaufen und die Birne zum Leuchten bringen können. Die Höhe des Wasserhebers entspricht der Spannung.

WANNE
Das Wasser fließt in die Wanne zurück und hat dort seine gesamte Energie verloren. Dies entspricht de positiven Pol der Batterie: die Elektronen kehren zu ihrer Quelle zurück, nachdem sie den Strom kreis einmal durchlaufen haben.

DER STROMKREIS

Alle Geräte und Maschinen, die mit elektrischem Strom betrieben werden, enthalten einen Stromkreis. Eine Elektrizitätsquelle, gewöhnlich eine Batterie oder ein Generator, treibt Elektronen durch einen Draht zu jenem Teil der Maschine, der die Energie liefert oder freisetzt. Die Elektronen kehren dann durch einen Draht zur Quelle zurück und vollenden den Stromkreislauf. Die Quelle erzeugt eine bestimmte Voltzahl — eine Maßeinheit für die elektrische Kraft, die die Elektronen auf den Rundkurs schickt. Der Strom — die Elektrizitätsmenge, dei — wird in Ampere gemessen. Der Arbeitsteil des Stromkreises besitzt einen Widerstand, der in Ohm gemessen wird.

BATTERIE

BIRNE

ELEKTRONENFLUSS

EINBAHNSTROM

FREIE ELEKTRONEN GEHEN VON EINEM ATOM ZUM NÄCHSTEN

METALLATOM

ELEKTRONEN VON DER QUELLE

ELEKTRISCHE LADUNG

GLEICHSTROM

Der elektrische Strom, der von einer Batterie oder Solarzelle zeitlich konstant kommt, ist Gleichstrom. Die Elektronen fließen vom negativen Pol der Quelle zum positiven Pol in eine Richtung. Obwohl einzelne Elektronen sich sehr langsam bewegen, bewegt sich die elektrische Ladung sehr viel schneller. Der Grund: Ankommende Elektronen stoßen mit freien Elektronen in den Metallatomen zusammen, wodurch ein Atom freigesetzt wird und mit dem nächsten zusammenstößt. Wie bei rangierenden Güterwagen setzt sich die Verschiebung in den Elektronen sehr schnell in dem Draht fort, weshalb die elektrische Ladung sich sehr schnell bewegt.

ELEKTRISCHE LADUNG

ZWEIBAHNSTROM

ELEKTRISCHE LADUNG

WECHSELSTROM

Das Stromnetz liefert gewöhnlich keinen Gleich-, sondern Wechselstrom. Hierbei bewegen sich die Elektronen 50mal pro Sekunde hin und her, weil die Pole der Stromversorgung ständig vom Positiven zum Negativen wechseln und umgekehrt. Das hat keinen Einfluß auf eine Glühlampe, die aufleuchtet, wenn der Strom in beide Richtungen fließt.

ELEKTRISCHE LADUNG

BATTERIEN

Eine Batterie erzeugt einen elektrischen Strom, wenn ihre Pole miteinander zu einem Stromkreis verbunden werden. Jede Batterie enthält zwei Elektroden und eine leitende Flüssigkeit (Elektrolyt), die die chemische Reaktion mit den Polen in Gang setzen und den Strom erzeugen. In „Trocken"elementen wird die Elektrolytlösung durch Zusatz geeigneter Quellungs- und Verdickungsmittel pastenartig verdickt. „Nasse" Batterien, wie die Autobatterie, enthalten einen flüssigen Elektrolyten.

Die Spannung einer Batterie hängt von den Metallen ab, die für die Elektroden verwendet wurden.

POSITIVER POL

ZINKPULVER

MANGANOXID UND GRAPHIT ZUR STROMLEITUNG

ELEKTROLYT

AUFSAUGENDE TRENNSCHICHT

STABBATTERIE
In einer festen Stahlhülle befinden sich Zinkpulver und eine Form des Manganoxids, beide vermischt mit einem basischen Elektrolyten. Der Elektrolyt verursacht eine chemische Reaktion, bei der sich Zink in Zinkoxid verwandelt. Dadurch geben die Zinkatome Elektronen ab und werden zu positiven Zinkionen. Die Manganionen im Manganoxid erhalten Elektronen.

STAHLHÜLLE GIBT ELEKTRONEN AN MANGAN WEITER

STAHL„NAGEL" SAMMELT ELEKTRONEN VOM ZINK

NEGATIVER POL

NEGATIVER POL

ZINKPULVER

KNOPFZELLE
Knopfzellen enthalten Zinkpulver und Quecksilberoxid mit einem basischen Elektrolyten. Das Zink gibt Elektronen ab und wird zu Zinkoxid, die Quecksilberatome erhalten Elektronen, und aus Quecksilberoxid wird Quecksilber. Eine Zelle hat eine Spannung von 1,35 Volt und wird in Hörgeräten, Taschenrechnern, Fotoapparaten usw. verwendet.

QUECKSILBEROXID

POSITIVER POL

SAUGKISSEN MIT ELEKTROLYTEN

AUTOBATTERIE

Braucht man höhere Spannungen, als eine normale Trocken-
batterie liefern kann, so schaltet man mehrere Zellen in Reihe
hintereinander: man erhält eine Batterie. Eine Autobatterie
versorgt den Anlasser mit dem starken Strom, den er
braucht, um den Motor zu starten. Läuft der Motor, so dreht
sich ein Stromgenerator (Lichtmaschine) mit, der Strom an
die Batterie abgibt, um sie wieder aufzuladen.

Eine Autobatterie enthält Bleioxid- und Bleiplatten, die in
verdünnte Schwefelsäure (Elektrolyt) getaucht sind. Erzeugt
die Batterie Strom, so bildet sich an beiden Platten Bleisulfat,
das beim Ladevorgang wieder zurückgewandelt wird.

ELEKTRONENFLUSS
WÄHREND ENTLADUNG

ELEKTRONENFLUSS
WÄHREND AUFLADUNG

SCHWEFELSÄURE

BLEIOXID

BLEIMETALL

BLEISULFAT

BLEISULFAT

SCHWEFELSÄURE

TRENNWAND

NEGATIVER
POL

ZELLE 1   ZELLE 2   ZELLE 3   ZELLE 4   ZELLE 5   ZELLE 6

AUTOTEMPERATURMESSER

Elektrische Temperaturmesser und Thermometer arbeiten mit dem veränderlichen Widerstand einer wärmeempfindlichen Zelle. Der Widerstand ändert sich mit der Temperatur, so daß die Größe des Stromflusses davon abhängt, wie heiß die Zelle wird.

ANZEIGE

NADEL

STABILISATOR

SCHWACHER STROM

SPULE

BIMETALLSTREIFEN

BATTERIE

KÜHLWASSER

THERMISTOR
Ein Thermistor besteht aus einem Halbleiter (siehe rechte Seite). Durch Wärme schwingen seine Atome stärker und geben Elektronen frei, die Strom befördern und deshalb seinen Widerstand verringern. Der Stabilisator sorgt dafür, daß eine stete Spannung zum Thermistor gelangt.

KALTER MOTOR
Ist der Motor noch nicht warm geworden (oben), fließt nur ein schwacher Strom durch den Temperaturmesser. Von der Batterie fließt er durch den Stabilisator, die Spule und den Thermistor im Kühlsystem des Automotors. Der hohe Widerstand des Thermistors schränkt den Strom ein, und die Nadel zeigt an, daß der Motor kalt ist.

HEISSER MOTOR
Beginnt sich das Wasser im Motor zu erwärmen (unten), nimmt der Widerstand des Thermistors ab. Dadurch kann ein stärkerer Strom durch ihn hindurchfließen, der die Spule im Temperaturmesser erwärmt. Durch die Wärme krümmt sich der ▷ Bimetallstreifen, der mit der Nadel verbunden ist.

STARKER STROM

STREIFEN SCHLÄGT AUS, WENN DIE TEMPERATUR ANSTEIGT

HEISSES WASSER

SOLARZELLEN

Eine Solarzelle wandelt Licht in Strom um. Satelliten werden mit großen Sonnenbatterien betrieben, während ein Streifen mit Solarzellen ausreicht, um einen Taschenrechner mit Strom zu versorgen. Wie viele andere elektronische Geräte, so arbeiten auch Solarzellen mit Halbleitern. Dabei handelt es sich um Materialien, deren Elektronenfluß gesteuert werden kann — in diesem Fall, um einen schwachen Strom zu erzeugen. Jede Zelle besteht aus zwei Schichten verschiedener Siliziumatome. Diese sind in Modulen angeordnet, in die andere Atome mit mehr oder weniger Elektronen eingefügt werden.

SOLARZELLENMODUL

EINZELNE ZELLEN

VERBINDUNG

N-TYP-SCHICHT

LICHTSTRAHLEN

NEGATIVER POL

POSITIVER POL

P-TYP-SCHICHT

ATOMGITTER

Im n-Typ-Silizium besitzen manche Atome ein überschüssiges oder freies Elektron, während im p-Typ-Silizium manche ein Elektron zuwenig haben. An der Verbindungsnaht zwischen beiden bewegt sich das freie Elektron vom n-Typ- zum p-Typ-Silizium, um dort die Löcher zu füllen. Dadurch erhält das p-Typ-Silizium eine positive Ladung und das vom n-Typ eine negative.

N-TYP-SILIZIUM

ATOM MIT FREIEM ELEKTRON

AUSSEN-ELEKTRONEN

SILIZIUM-ATOME

ATOM MIT LOCH

P-TYP-SILIZIUM

IN EINER ZELLE

Eine einzelne Solarzelle (oben) besteht aus zwei Siliziumarten — einer oberen n-Typ-Schicht und einer unteren des p-Typs. Fällt Licht auf die Zelle (unten), dringen die Strahlen in das Silizium ein und setzen die Elektronen der Atome frei. Die beiden Schichten veranlassen die Elektronen, zwischen ihnen hin und her zu pendeln. Die Elektronen werden von der Verbindung einge-fangen, und die Zelle erzeugt einen Strom, während die Elektronen fließen.

N-TYP

P-TYP

LÖCHER

ELEKTRONEN-FLUSS (STROM)

LICHT TRIFFT AUF EINE ZELLE

Die Lichtstrahlen setzen ein Elektron frei, das von der positiven Ladung in der n-Typ-Schicht angezogen wird.

DAS LOCH WIRD GEFÜLLT

Ein Elektron von einem benachbarten Atom bewegt sich nach oben, um das Loch zu besetzen, das ein freigesetztes Elektron gerissen hat.

DER STROM FLIESST

Da das Licht Elektronen freisetzt, erzeugen sie einen Strom. Zurückkehrende Elektronen füllen die Löcher auf, die sie gerissen haben.

DIE FERNBEDIENUNG

DIODE

Eine Diode ist ein ungesteuertes elektrisches Ventil. Sie läßt den Strom nur in einer Richtung durch und sperrt ihn in der anderen. Eine Diode besteht aus einer *p-n*-Halbleiter-Verbindung. Wenn ein positiver Pol mit der *p*-Schicht verbunden wird (rechts außen), zieht die positive Ladung am Pol Elektronen an, und ein Strom fließt. Kehrt man die Schaltung um (rechts), so läßt die negative Ladung der *p*-Typ-Schicht keinen Elektronenfluß durch. Ein schwacher Strom fließt, wenn wenige durch Atomschwingungen freigesetzte Elektronen die Verbindung durchkreuzen.

SPERRSCHALTUNG: SCHWACHER STROM

DURCHLASSSCHALTUNG: STARKER STROM

PHOTODIODE

P-TYP   N-TYP

STRAHLEN

ELEKTRONENFLUSS STEIGT AN

STROMVERSORGUNG

ENTSCHLÜSSLER-CHIP

Ein mit der Photodiode verbundener Mikrochip empfängt eine Reihe von elektrischen Impulsen im Binärcode, wenn der Infrarotstrahl eingeschaltet ist. Strichcode-Lesegeräte, digitaler Filmton und CD-Player (siehe S. 334-337) arbeiten auf ähnliche Weise.

STROMLEITUNGEN

PHOTODIODE

INFRAROTSTRAHLE

Drückt man eine Taste der Fernbedieung eines Fernseh- oder Videogeräts, so wird ein unsichtbarer Infrarotstrahl zum Gerät geschickt. Dieser Strahl ist ei verschlüsseltes digitales Signal, ähnlich dem, das aus gesandt wird, wenn man auf eine Taste einer Computer Tastatur drückt (siehe S. 317). Die Empfangseinheit ir Gerät erkennt das Signal, entschlüsselt es, zum Beispie den Befehl zum Kanalwechsel oder zur Änderung de Lautstärke. Sowohl die Sende- als auch die Empfangs einheit arbeiten mit Dioden, doch in beiden Fälle arbeiten die Dioden auf entgegengesetzte Weise.

EMPFANGSEINHEIT

Die Empfangseinheit enthält eine Photodiode, eine Diode also, die auf Licht oder Infrarotstrahlen reagiert. Sie ist auf Sperrschaltung eingestellt, so daß normalerweise nur ein schwacher Strom durch sie hindurchfließt. Fallen Strahlen auf die Diode, so setzen sie einige Elektronen frei und vergrößern den Strom, um ein Signal zu erzeugen, das an den Entschlüssler geht.

SCHALTBRETT

WIDERSTÄNDE

TASTE

LEUCHTANZEIGE

KONDENSATOR

MIKROCHIP

KLEMMVERBIN-
DUNG

TRANSISTOR

LEUCHTANZEIGE
(LED = LIGHT EMITTING DIODE)

N-TYP

ELEKTRONEN
BESETZEN
FREIE LÖCHER

ÜBERTRAGUNGS-
LEUCHTANZEIGE

LICHT ODER
INFRAROTSTRAHLEN

ELEKTRONEN TRETEN
IN DIODE EIN

ÜBERTRAGUNGSEINHEIT

Diese handliche Übertragungseinheit enthält
Tasten und elektronische Bauelemente, ähnlich
denen in einer Computer-Tastatur (siehe
S. 317). Drückt man auf eine Taste, so
schickt man ein Signal zum Verschlüssler-
Chip, der eine Reihe elektrischer Impulse zur
Leuchtdiode (LED) schickt. Die Impulse
bilden ein Signal im Binärcode, und die
Leuchtdiode leuchtet auf und erlischt, um ein
Signal an das Empfangsgerät zu senden. Eine
Leuchtdiode leuchtet auf, solange die Taste
gedrückt wird.

   Eine Leuchtdiode ist in Durchlaßschaltung
mit einer Stromversorgung verbunden. Elektronen, die Halbleiter-Atome verlassen, lassen
Löcher zurück, die eintreffende Elektronen ausfüllen. Wenn die Elektronen und die Atome sich
verbinden, erzeugen sie Licht- oder Infrarotstrahlen.

P-TYP

ELEKTRONEN
VERLASSEN
DIODE

VERSCHLÜSSLER-CHIP

STROMVERSORGUNG

MAGNETISMUS

WIE MAN EIN MAMMUT BESCHLÄGT

*A*rbeitsmammuts tragen ihre Schuhe so schnell auf, so daß ich irre daran interessiert war, einem Schmied bei der Arbeit zuzusehen, als er gerade ein Tier, das sich freiwillig zur Verfügung gestellt hatte, mit neuem, verbessertem Schuhwerk beschlug. Der Versuch zeitigte ein erbärmliches Ergebnis. Der Verschleiß von Schuhwerk wurde zwar auf null verringert, jedoch nur, weil eine merkwürdige und mächtige Anziehung zwischen den gegenüberliegenden Schuhen jegliche Bewegung des Benutzers unterband.

WO NORD UND SÜD SICH TREFFEN

Ein Magnet ist anscheinend ein gewöhnliches Metall- oder Keramikstück, das von einem unsichtbaren Kraftfeld umgeben ist, das auf jedes darin befindliche magnetische Material einwirkt. Jeder Magnet besitzt zwei Pole. Treffen sich zwei Magnete, so zieht ein Nord-Pol stets einen Süd-Pol an, während gleiche Pole sich abstoßen. Stabmagneten sind die einfachsten Dauermagneten. Hufeisenmagneten, die eine dermaßen unglückliche Wirkung haben, wenn man damit Mammuts beschlägt, sind nichts anderes als lange Stabmagneten, die so gebogen sind, daß ihre Pole sich nahe beieinander befinden.

NORD-POL

SÜD-POL

FELDER ZIEHEN SICH AN

FELDER STOSSEN SICH AB

KRAFTLINIE
Da ein Magnetfeld unsichtbar ist, benutzt man Linien, um die Feldrichtung anzuzeigen.

MAGNETISCHE ANZIEHUNG
Die Kraftlinien gehen vom Nord-Pol eines Magneten zum Süd-Pol des anderen und ziehen die beiden Magneten an.

ÜBER DEN MAMMUT-KLEIDERTROCKNER

Die Lösung der Aufgabe, die wetterfeste Kleidung von Arbeitsmammuts in feuchtem Klima zu trocknen, hat meine Erfindungsgabe vor eine harte Bewährungsprobe gestellt. Zuerst entwarf ich einen hohlen Trockner in Form eines stehenden Mammuts, der ein Einlaufen der Kleidung während des Trockenvorgangs unterbinden sollte. Folglich beauftragte ich einen Schmied mit der Ausführung meines Entwurfs, und in Null Komma nichts war er fröhlich damit beschäftigt, irgendeinen stabilen Draht spiralförmig um einen Eisenstab zu wickeln, der auf Holzbeinen ruhte.

Was danach geschah, war so unerhört wie unerklärlich. Ein plötzliches Gewitter donnerte über uns hinweg, und ein Blitzstrahl schlug genau in das Ende der Spirale ein. Und im Nu wirbelten sämtliche Werkzeuge des Schmieds durch die Luft und klebten an seinem unvollendeten Werkstück fest. Der Schmied gab entnervt auf.

ELEKTROMAGNETEN

Fließt ein elektrischer Strom durch einen Draht, so erzeugt er ein Magnetfeld. Dieses von einem einzelnen Draht erzeugte Feld ist nicht sehr stark; um es zu verstärken, wird er daher in einer Spirale gewunden. Dadurch wird das Magnetfeld konzentriert, besonders wenn man einen Eisenstab in die Mitte des Feldes bringt. Elektromagneten können sehr stark sein — das erfuhr der Schmied am eigenen Leibe. Ein plötzlicher Stromstoß verwandelte seinen Kleidertrockner in einen starken Elektromagneten, der alle in der Umgebung befindlichen Gegenstände aus Eisen zu seinen Polen anzog.

MAGNETFELD — DRAHT

ELEKTRONEN-FLUSS

MAGNETFELD

ELEKTRONEN-FLUSS

DRAHT

EINFACHER DRAHT
Die Kraftlinien bilden Kreise um den Draht herum und rechtwinklig dazu.

SPULE
Die Kraftlinien aller Schleifen in einer Spule addieren sich zu einem mächtigen Magnetfeld, das ähnlich stark ist wie das Feld um einen Stabmagneten. Die Pole des Magneten befinden sich zu beiden Seiten der Spule.

N   S

MAGNETFELD   ELEKTRONENFLUSS

MAGNETE IM EINSATZ

MAGNETKOMPASS

Unsere Erde hat ihr eigenes natürliches Magnetfeld. Eine Kompaßnadel stellt sich in Nord-Süd-Richtung, da sie sich an Kraftlinien ausrichtet, die in Richtung des irdischen Magnetfelds verlaufen. Die erdmagnetischen Pole weichen übrigens von den geographischen Polen ab.

MAGNETISCHE INDUKTION

Mit einem Magneten kann man übrigens ein Stück Stahl oder Eisen aufheben, da das Magnetfeld in das Metall übergeht. Dadurch wird es kurzfristig zum Magneten, und die beiden Magnete ziehen sich an.

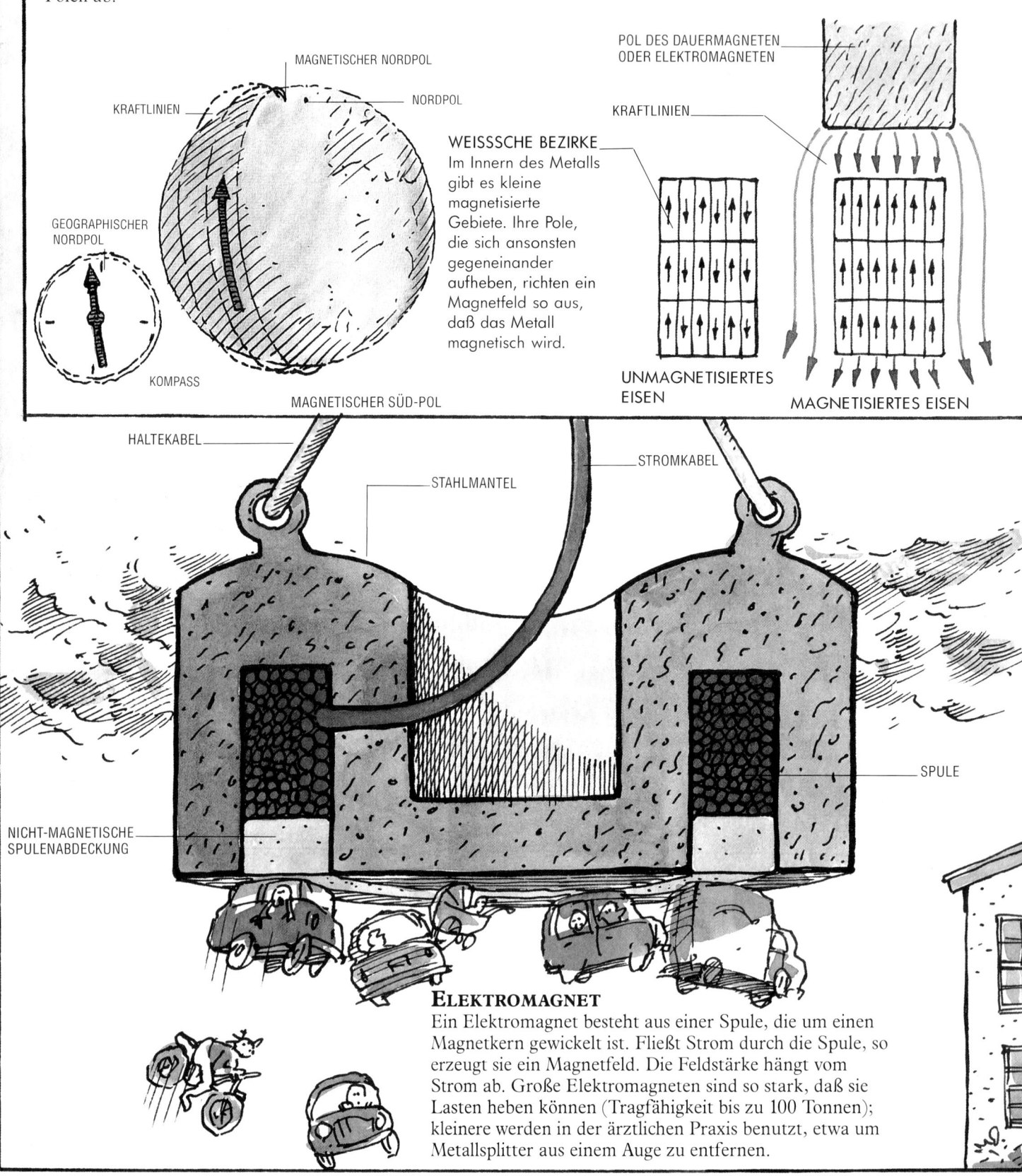

MAGNETISCHER NORDPOL

NORDPOL

KRAFTLINIEN

GEOGRAPHISCHER NORDPOL

KOMPASS

MAGNETISCHER SÜD-POL

POL DES DAUERMAGNETEN ODER ELEKTROMAGNETEN

KRAFTLINIEN

WEISSSCHE BEZIRKE
Im Innern des Metalls gibt es kleine magnetisierte Gebiete. Ihre Pole, die sich ansonsten gegeneinander aufheben, richten ein Magnetfeld so aus, daß das Metall magnetisch wird.

UNMAGNETISIERTES EISEN

MAGNETISIERTES EISEN

HALTEKABEL

STAHLMANTEL

STROMKABEL

SPULE

NICHT-MAGNETISCHE SPULENABDECKUNG

ELEKTROMAGNET

Ein Elektromagnet besteht aus einer Spule, die um einen Magnetkern gewickelt ist. Fließt Strom durch die Spule, so erzeugt sie ein Magnetfeld. Die Feldstärke hängt vom Strom ab. Große Elektromagneten sind so stark, daß sie Lasten heben können (Tragfähigkeit bis zu 100 Tonnen); kleinere werden in der ärztlichen Praxis benutzt, etwa um Metallsplitter aus einem Auge zu entfernen.

METALLSTAB

MAGNET

FEDER

ELEKTRISCHE KONTAKTE

MAGNETISCHE ALARMANLAGE

Ein Magnetfühler kann das Öffnen einer Tür oder eines Fensters erkennen. Dazu werden ein Dauermagnet an der Tür oder dem Fenster und ein besonderer Schalter am Rahmen befestigt. Solange Tür oder Fenster geschlossen sind, zieht das Magnetfeld den Metallstab an und hält den Schalter in Stellung.

ALARMKLINGEL

Wird Tür oder Fenster geöffnet, bewegt sich der Magnet weg und zieht den Metallstab nicht mehr an. Die Feder zieht den Stab zurück und unterbricht die Kontakte. Der Stromkreis wird unterbrochen und löst den Alarm aus. Auch das Durchschneiden der von den Kontakten zur Klingel führenden Drähte führt zur Auslösung des Alarms.

MAGNETISCHE MASCHINEN

Sehr viele Maschinen enthalten Elektromagneten. Viele verwenden sie in ihren Elektromotoren, um Energie zu erzeugen. Elektromagneten werden auch verwendet, um in Tonbandgeräten, Videorecordern und Computer-Laufwerken Signale zu speichern, um in Klingeln, Summern, Lautsprechern und Telefonen Töne zu erzeugen und um in Fernsehkameras und Computermonitoren Elektronenstrahlen abzulenken.

DIE ELEKTRISCHE KLINGEL

GLOCKE

HAMMER

ARMATUR

KONTAKTE

FEDER

ELEKTRO-
MAGNET

STROM
FLIESST

TROCKENELEMENT

KNOPF

Die elektrische Klingel ist eines der alltäglichsten Beispiele für den Einsatz des Elektromagnetismus. Der Klingelknopf an der Tür ist ein elektrischer Schalter, der Strom von einer Energiequelle (etwa von einem Trockenelement) zum Auslösemechanismus befördert. Dadurch bewegt sich ein Hämmerchen mehrere Male hin und her und schlägt dabei gegen eine Metallglocke. Ein Elektromagnet und eine Feder ziehen abwechselnd den Hammer an.

KLINGELKNOPF GEDRÜCKT

Wird der Klingelknopf gedrückt, ist der Kontakt geschlossen. Der Strom fließt durch die Kontakte und erzeugt im Elektromagneten ein Magnetfeld. Dieses Feld zieht die Armatur aus Eisen an, die sich gegen die Feder zum Elektromagneten hin bewegt: der Hammer schlägt gegen die Glocke.

KLINGEL LÄUTET

Schlägt der Hammer gegen die Glocke, so werden die Kontakte geöffnet. Der Strom fließt nun nicht mehr durch den Elektromagneten, der daher seine Anziehungskraft verliert. Die Feder drückt die Armatur zurück, und der Hammer löst sich von der Glocke. Die Kontakte schließen sich wieder, und der Zyklus wiederholt sich so lange, wie der Klingelknopf gedrückt bleibt.

HUPENHORN

DIE ELEKTRISCHE AUTOHUPE

SPULE MIT
ELEKTROMAGNET

BEWEGLICHER
STAB

KONTAKTE

ZULEITUNG VON
DER BATTERIE

MEMBRAN

Die Hupe eines Motorfahrzeugs ist ein weiteres Beispiel für den Einsatz der Anziehungskraft beim Erzeugen eines Tons durch einfache Schwingungen. Der Mechanismus einer Hupe ähnelt dem einer elektrischen Klingel: eine Reihe von Kontakten öffnet und schließt sich wiederholt, um den Stromfluß zu einem Elektromagneten zu unterbrechen. Hier bewegt sich eine Eisenstange in einer Spule eines Elektromagneten auf und ab, wenn das Magnetfeld ein- und ausgeschaltet wird. Die Stange ist an einer Membran befestigt, die schnell schwingt und dadurch einen lauten Ton von sich gibt.

Die Hupe hat meistens ein glockenförmiges Horn, das an der Membran befestigt ist. Es hallt wider, verleiht der Hupe einen durchdringenden Ton und wirft das Geräusch nach vorne.

ZUR STROMVERSORGUNG

STÄNDERWICKLUNG
(MAGNETFELD-
ERZEUGUNG)

KOLLEKTOR

BÜRSTE

DER ELEKTROMOTOR

LÄUFER
Der zentrale Läufer (oder Anker) enthält mehrere Wicklungen. Dreht er sich, so wird nach und nach jede Wicklung über die Bürsten auf dem Kollektor mit Strom versorgt.

STÄNDERWICKLUNG
Der Netzstrom fließt durch die im feststehenden Ständer untergebrachte Erregerwicklung und erzeugt ein Magnetfeld. Dieses Magnetfeld und jenes, das vom elektrisierten Läufer (oder Motoranker) stammt, wirken so aufeinander ein, daß sich der Anker dreht.

Der Elektromotor ist neben dem ▷ Generator eine der wichtigsten und praktischsten elektrischen Maschinen. Er ist rein und sauber, startet sofort und kann so groß gebaut werden, daß er die schnellsten Züge der Welt antreibt oder so klein, daß er in einer Uhr Platz findet. Seine Energie kann ihm per Kabel über äußere Energiequellen oder kleine Knopfzellen zugeführt werden.

Es gibt verschiedene Arten von Elektromotoren. Viele Haushaltsgeräte sind mit dem hier gezeigten Universalmotor bestückt. Der Name dieses Motors stammt daher, daß er mit Gleich-, Dreh- und Wechselstrom, also sowohl mit Netzstrom als auch mit Batterien, betrieben werden kann. Er ist wie ein Gleichstrommotor, hat jedoch statt eines Dauermagneten einen Elektromagneten, der in einem Ständer untergebracht ist, und rotierende Ankerwicklungen. Verwendet man Gleichstrom, so kehrt sich das Magnetfeld der Ankerwicklungen nach jeder halben Umdrehung um und das der Erregerwicklungen im Ständer nicht. Bei Wechselstrom geschieht das Umgekehrte. In beiden Fällen dreht sich der Anker (oder Läufer).

KRAFTLINIEN
An diesen Punkten liegen all die Kraftlinien eng beieinander und besitzen dieselbe Richtung. Dadurch wird eine starke Abstoßungskraft zwischen dem Magneten und den Spulen erzeugt.

GLEICHSTROMMOTOR
In einem einfachen Elektromotor gelangt der Gleichstrom in eine Spule, die zwischen den beiden Polen eines Magneten rotieren kann. Das Magnetfeld der Spule und das des Magneten wirken aufeinander ein und zwingen die Spule, sich zu drehen. Die Spule treibt die Motorwelle an.

SPULE

NORD-POL DES MAGNETEN

ELEKTRONENFLUSS

STROMVERSORGUNG

BATTERIE

SÜD-POL DES MAGNETEN

KOLLEKTOR
Der Kollektor kehrt nach jeder halben Umdrehung der Spule den Strom um. Dies ist notwendig, um das Magnetfeld der Spule umzukehren und sie zum Weiterdrehen zu bewegen.

MAGNETSCHWEBEBAHN

Eine Magnetschwebebahn hat keine Räder, sondern benutzt Magnetfelder, um sich selbst über einer Schiene zu erheben. Von jeglicher Reibung mit der Schiene befreit, kann der Zug darüber hinwegschweben. Der hier gezeigte Zug funktioniert nach dem Prinzip des elektromagnetischen Schwebens: am Fahrzeug sind Elektromagneten befestigt, die unterhalb der Führungsschiene verlaufen und es durch Anziehung anheben.

FÜHRUNGSSCHIENE
ELEKTROMAGNET
LINEARMOTOR
REAKTIONSSCHIENE

MOTORSPULEN
REAKTIONSSCHIENE
S N N S N
N S N S N

LINEARINDUKTIONSMOTOR

Ein Induktionsmotor genannter Elektromotor treibt die Magnetschwebebahn an. Spulen am Zug erzeugen ein Magnetfeld, dessen Pole sich am Zug entlang ändern. Das Feld induziert elektrische Ströme in der Reaktionsschiene, die ihrerseits ein eigenes Magnetfeld erzeugt. Die beiden Felder wirken so aufeinander ein, daß das sich verschiebende Feld den schwebenden Zug die Schiene entlang zieht.

Das Diskettenlaufwerk eines Computers „schreibt" oder speichert Programme und Dateien mit Hilfe des Elektromagnetismus. Die Schreib-Lese-Köpfe wandeln elektrische Codesignale des Computers in einen magnetischen Code um, der auf der Oberfläche einer Diskette abgespeichert wird; das Laufwerk kehrt den Vorgang beim „Lesen" der Diskette dann um.

Ein Diskettenlaufwerk enthält zwei Elektromotoren — einen Diskettenmotor, der die Diskette mit hoher Geschwindigkeit dreht und einen Motor, der den Kopf über die Diskette

SEKTOREN MIT MAGNETISCHEN CODESIGNALEN

FLOPPY DISK
Eine biegsame Diskette wird ins Laufwerk eingelegt. Sie ist drehbar in eine Hülle eingelegt, in der eine Öffnung ausgeschnitten ist. Im Laufwerk kann der Schreib-Lese-Kopf durch radiales Hin- und Herfahren jede Stelle erreichen.

INDEXLOCH
Einige Disketten haben ein Indexloch, durch das ein Licht auf einen Umwandler strahlt, mit dessen Hilfe das Laufwerk den gewünschten Sektor auffindet.

HÜLLE
EINSPANNLOCH
ÖFFNUNG FÜR SCHREIB-LESE-KOPF
LAUFWERK

SCHRITTMOTOR

Der Schrittmotor eines Laufwerks enthält einen Läufer, der ein zylindrischer Dauermagnet mit mehreren Polen ist. Die Läuferpole befinden sich am Außenrand. Er dreht sich in zwei Reihen mit Ständerspulen, deren jede eine Serie von Metallzähnen besitzt. Sendet man einen elektrischen Strom zu einer Spule (rechts), so magnetisieren sich ihre Zähne abwechselnd mit Nord- und Süd-Polen. Kehrt man den Strom um (rechts außen), so wird auch die Reihenfolge der Pole umgekehrt. Die beiden Serien mit Zähnen auf dem oberen und dem unteren Ständer sind versetzt angeordnet, und der Läufer bewegt sich so, daß jeder Pol an einem Paar sich überlappender Zähne mit ungleichnamigem Pol ausgerichtet wird. Signale von der Laufwerk-Steuereinheit an den Ständerspulen ändern die Pole der Zähne so, daß der Läufer sich drehen muß, um ihnen zu folgen.

DISKETTENLAUFWERK

hin und her bewegt. Das Laufwerk muß mit großer Präzision arbeiten, da ein kleiner Irrtum in der Stellung des Kopfes das Programm oder die Dateien beschädigen und den Computer blockieren könnte. Der Kopf wird deshalb von einem Schritt-motor bewegt, der — statt ständig zu rotieren — einem Steuer-signal gehorcht, das ihn um eine genau angegebene Strecke dreht.

LAUFWERKMOTOR

ANDRUCKKISSEN

RIEMEN

FÜHRUNGSSCHIENEN

RINGE SPANNEN
DISKETTE EIN

RIEMEN

SCHREIB-LESE-KOPF
Der Kopf enthält einen
kleinen Elektromagneten,
der magnetische Signale
erzeugt.

STÄNDERSPULEN

LÄUFER

KOPFMOTOR
(SCHRITTMOTOR)

OBERER ZAHN   UNTERER ZAHN
OBERER STÄNDER

UNTERER STÄNDER   STROM

SPULE

ERSTES SIGNAL
Jeder Nord-Pol
auf dem Läufer
stellt sich gegen-
über einem über-
lappenden Süd-
Pol-Paar auf den
Ständerzähnen
auf, während je-
der Süd-Pol auf
dem Läufer sich
gegenüber einem
Nord-Pol-Paar auf
den Zähnen auf-
stellt.

SPULE

LÄUFER-
POLE

LÄUFER

UMGEKEHRTE POLE

LÄUFERPOLE

LÄUFER
DREHT SICH

ZWEITES SIGNAL
Der Strom zu den
oberen Ständerzäh-
nen kehrt sich um,
so daß die Reihen-
folge der Pole auf
den oberen
Zähnen sich
ebenfalls umkehrt.
Jeder Pol verschiebt
sich im Uhrzeigersinn
um einen Zahn, und
der Läufer dreht sich
um einen Zahn
weiter.

DER GENERATOR

MAGNET

NORD-POL

SÜD-POL

SPULE

NORD-POL

SÜD-POL

KRAFTLINIEN

ELEKTRONENFLUSS

KOHLEBÜRSTEN

ANTRIEB

KOLLEKTORRINGE

ELEKTRONENFLUSS

GLEICHSTROMGENERATOR

In der Spule eines Generators kehrt sich der Elektronenfluß im Draht nach jeder halben Umdrehung um. Der geteilte Ring des Stromwenders dreht sich mit und berührt jeweils abwechselnde Bürsten. Auf diese Weise ist eine Bürste stets negativ und die andere positiv geladen, so daß Gleichstrom erzeugt wird.

STROMWENDER

BÜRSTEN

Ein Generator wird mit elektrischer Induktion betrieben — er benutzt also den Magnetismus zur Stromerzeugung. Die Energiequelle dreht eine Spule zwischen den Polen eines Magneten oder Elektromagneten. Wenn sie durch die Kraftlinien schneidet, fließt ein elektrischer Strom durch die Spule.

WECHSELSTROMGENERATOR — ERSTE HALBDREHUNG

Ein Wechselstromgenerator enthält zwei Kollektorringe, die mit dem Spulenende verbunden sind. Wird der Strom in der Spule umgekehrt, so entsteht in den Bürsten ein Wechselstrom. Wenn ein Teil der Spule die Kraftlinien nahe am Nord-Pol des Magneten durchschneidet, bewegen sich die Elektronen im Draht nach oben und erzeugen am unteren Kollektorring eine positive Ladung.

ENERGIEVERSORGUNG

Die großen Generatoren in den Elektrizitätswerken werden von Dampf-, Wasser- oder Gasturbinen angetrieben, die ebenso funktionieren wie die Turbinen in Strahltriebwerken (siehe S. 160). Die Elektrizität wird über ein Netzwerk von Überlandleitungen ins Haus geliefert. Anfangs ist die Spannung sehr hoch, weil bei niedrigerer Spannung zu viel Energie verloren ginge. Transformatoren wandeln die Spannung auf verschiedene Stufen für Industrie und Hausgebrauch herunter.

HOCHSPANNUNGS-LEITUNG

Strom mit sehr hoher Spannung ist in der Lage, über erhebliche Entfernungen durch die Luft zu sausen. Aus Sicherheitsgründen sind die Leitungen mit langen Abspannisolatoren an hohen Masten aufgehängt.

GENERATOR

Der Generator erzeugt einen Starkstrom von mehreren tausend Volt.

HOCHSPANNUNGS-TRANSFORMATOR

Dieser Transformator wandelt die Spannung auf mehrere hunderttausend Volt hoch.

NORD-POL

SÜD-POL

KOLLEKTORRINGE

ELEKTRONENFLUSS

BÜRSTEN

WECHSELSTROMGENERATOR — ZWEITE HALBDREHUNG

Derselbe Teil der Spule hat sich nun gedreht, um die Kraftlinien nahe am Süd-Pol des Magneten zu durchschneiden. Elektronen fließen nun im Draht nach unten und erzeugen am unteren Kollektorring eine negative Ladung; sie kehren den Stromfluß um. Die Frequenz der Stromumkehrung, die ein Wechselstromgenerator erzeugt, hängt von der Drehgeschwindigkeit der Spule ab.

TRANSFORMATOR

NIEDER-SPANNUNG

HOCH-SPANNUNG

EISENKERN

Ein Transformator (Umspanner) ändert die Spannung eines Wechselstroms. Der Eingangsstrom geht zu einer Primärwicklung, die um einen Eisenkern gewunden ist. Der ausgehende Strom stammt von einer Sekundärwicklung, die ebenfalls um den Eisenkern gewunden ist. Der eingehende Wechselstrom erzeugt ein Magnetfeld, das sich ständig ein und ausschaltet. Der Eisenkern überträgt dieses Feld zur zweiten Wicklung, wo er einen ausgehenden Strom induziert (bewirkt). Die beiden Spannungen verhalten sich zueinander wie die beiden Windungszahlen; der hier gezeigte Transformator wandelt die Spannung um den Faktor drei hoch oder herunter.

VERTEILUNGS-TRANSFORMATOR

Dieser Transformator wandelt die Spannung vor der Verteilung auf einige tausend Volt herunter. Dieser Starkstrom gelangt zu Fabriken mit Hochspannungsmaschinen und zu elektrisch betriebenen Hochgeschwindigkeitszügen.

HAUSVERTEILUNGS-TRANSFORMATOR

Bevor der Strom in ein Privathaus gelangt, wandelt ein weiterer Transformator die Verteilerspannung auf 220 Volt herunter.

DER DOPPELSCH

Ist die Stromzuleitung im Haushalt angekommen, wird sie in einem Stromzähler gemessen und zu den Lichtschaltern und Steckdosen verzweigt. Der Doppelschalter ist ein gewöhnlicher Bestandteil des häuslichen Stromkreislaufs. Dabei werden zwei Schalter so miteinander verbunden, daß das Licht ein- oder ausgeschaltet wird, wenn man irgendeinen der beiden Schalter betätigt. Jeder Schalter hat zwei doppelte Kontaktstücke, die über zwei Drähte miteinander verbunden sind. Durch Betätigen eines Kippschalters wird eines der Kontaktstücke geöffnet, während das andere geschlossen wird. Um das Licht einzuschalten, müssen die Kontakte am Ende der beiden Drähte geschlossen sein.

Viele Geräte besitzen einen dritten Draht, der mit ihrem Gehäuse und über das Leitungsnetz mit der Erde verbunden ist (Erdung). Ist das Gerät defekt und ein Elektrokabel berührt das Gehäuse, wird der Strom sofort in die Erde abgeleitet.

OFFENE KONTAKTE

GESCHLOSSENE KONTAKTE

STROMZÄHLER UND SICHERHEITSSYSTEM
Der Strom fließt durch einen Stromzähler, der wie ein Elektromotor arbeitet und ein Zählwerk antreibt. Danach durchläuft er einen Sicherungskasten oder Unterbrecher. Steigt der Strom in irgendeinem Teil des Stromkreislaufs bedrohlich an, so schmilzt eine Sicherung durch, und der Stromkreis wird unterbrochen. Ein Unterbrecher sperrt die Stromversorgung durch einen elektromagnetischen Schalter, der bei hohem Strom betätigt wird.

OFFENE KONTAKTE

GESCHLOSSENE KONTAKTE

STECKBUCHSEN

ERDUNGSBUCHSE

ERDUNGSDRAHT

MOTORZÜNDUNG

Mit Hilfe des Elektromagnetismus kann ein Motor gestartet werden und auch weiterdrehen, indem er den Zündfunken erzeugt, der das Luft-Kraftstoff-Gemisch zündet. Durch Drehen des Zündschlüssels bezieht der Anlasser zum Starten Gleichstrom aus der Batterie. Um das starke Magnetfeld zu erzeugen, das der Anlasser benötigt, ist ein so mächtiger Strom vonnöten, daß er nicht durch den Zündschalter laufen darf. Deshalb schickt eine Zylinderspule, von der Niedrigspannung im Zündschalter in Betrieb gesetzt, einen hohen Strom zum Anlasser.

Bei dem hier gezeigten elektromagnetischen Zündungssystem öffnet und schließt der Unterbrecher im Zündverteiler den Strom mit Niedrigspannung zur Induktionsspule. Das Magnetfeld um die Primärwicklung bricht zusammen und induziert eine hohe Spannung in der Sekundärwicklung. Der Verteiler gibt den Strom an die Zündkerzen weiter.

STROM ZUR INDUKTIONSSPULE

NIEDERSPANNUNG ZUR ZYLINDERSPULE

ZÜNDUNGSSCHALTER
Der Schlüssel hat zwei Schaltstellungen. Zuerst wird die Zylinderspule in Betrieb gesetzt, und dann gelangt der Strom zur Induktionsspule.

ZYLINDERSPULE
Die Niederspannung aus dem Zündschalter fließt durch eine Spule und erzeugt ein Magnetfeld. Dieses bewegt die Tauchspule, dadurch schließen sich die Kontakte, und eine Hochspannung gelangt zum Anlasser. Eine Feder drückt die Tauchspule zurück, sobald der Zündschlüssel losgelassen und der Stromkreis unterbrochen wird.

KONTAKTE

SPULE

TAUCHSPULE

SCHWUNGRAD

HOCHSPANNUNG ZUM ANLASSER

ANLASSER
Ein sehr starker Strom fließt durch den Anlasser, um die mächtige Kraft zu erzeugen, die zum Drehen des ▷ Schwungrads benötigt wird.

BATTERIE
Ein Pol der Batterie ist mit der Karosserie verbunden, die als Umkehrpfad für die Stromkreise im elektrischen System des Autos dient.

ERDUNG
(MIT DER KAROSSERIE VERBUNDEN)

STROM

ROTIERENDER
ARM

ZÜNDKERZEN-
STECKER

FEDER

ZÜNDKERZEN-
STECKER

KONDENSATOR

UNTER-
BRECHER-
KONTAKTE

VERTEILER

ZÜNDSPULE

PRIMÄRWICKLUNG
(WENIGE WINDUNGEN)

VERTEILERWELLE

SEKUNDÄRWICKLUNG
(VIELE WINDUNGEN)

VOM MOTOR
GEDREHTE
NOCKENWELLE

HOCHSPANNUNGS-
STROM
ZUR
ZÜNDKERZE

ZÜNDKERZE

KERAMIK-
ISOLATOR

ELEKTRODE

ZYLINDER-
KOPF

ZYLINDER

ELEKTRODENABSTAND

ELEKTRODE

ZÜNDFUNKE

SENSOREN UND DETEKTOREN

ÜBER DIE EMPFINDLICHKEIT VON MAMMUTS

Was Gefühl und Körper anbelangt, so sind Mammuts hochempfindliche Geschöpfe. Ihre körperliche Empfindlichkeit kann auf vielfältige Weise genutzt werden, immer unter der Voraussetzung, daß es stets gelingt, ihre gefühlsmäßige Empfindlichkeit im Zaum zu halten. Eine Auswahl solcher Anwendungen ist hier aufgezeichnet. Im 1. Bild wird der Rüssel eines ratzenden Mammuts zwecks Abschreckung von Einbrechern als druckbetriebene Alarmanlage eingesetzt.

Im 2. Bild ist der Rüssel eines anderen ratzenden Mammuts als Rauchmelder an der Decke aufgehängt. Büsche und Pflanzengrün tarnen die Körperfülle der Kreatur und liefern ihr hin und wieder einen Imbiß.

Bild 1

Bild 2

Im 3., 4. und 5. Bild versieht ein eigens dazu ausgebildetes und geübtes Mammut als Metalldetektor seinen Dienst. Nach der Überprüfung ist offensichtlich, wo im Gepäckstück sich die sperrigen Gegenstände befinden. Und viele davon sind aus Metall, da kann man Gift drauf nehmen!

Bild 3

Bild 4

Bild 5

*D*as 6. und 7. Bild zeigt den Mammutrüssel bei seinem Einsatz als mobiles und hochempfindliches Alkoholtestgerät.

Bild 6

Bild 7

*D*as 8. Bild illustriert meinen vollautomatischen Skilift. Da das Mammut ständig Wasser tankt, erhöht sich sein Gewicht, bis es das der bemannten Kabine übersteigt und diese hochzieht.

*D*as 9. Bild stellt die eigens dafür entworfene Quetsche dar, die das Wasser so aus dem Wesen herauswringt, daß die Kabine wieder sinkt.

Bild 8

Bild 9

ENTDECKEN UND MESSEN

Sensoren und Detektoren (Meßfühler) sind Geräte, die man zum Nachweis von irgend etwas einsetzt und oft auch, um dies zu messen. Alarmsysteme melden sofort jedes Anzeichen eines unerwünschten Vorkommnisses, wie zum Beispiel die verräterischen Schritte eines Einbrechers oder die Rauchteilchen in der Luft. Andere Sensoren und Detektoren verwenden durchdringende Strahlen oder Magnetfelder, um Gegenstände zu orten und aufzudecken, die nicht zu sehen sind. Meßinstrumente, vom Seismographen bis zum Verkehrsradar, sind Sensoren und Detektoren, die auf etwas Bestimmtes reagieren und dann dessen Quantität aufzeichnen.

Sensoren und Detektoren sind auch sehr wichtig als wesentliche Bauelemente automatischer Maschinen. Viele Maschinen, zum Beispiel der Autopilot eines Flugzeugs, nutzen die Rückkopplung. Das heißt: Sensoren messen die Maschinenleistung und leiten diese Informationen zurück, um den Leistungsausstoß zu steuern. Dies wiederum wirkt sich auf die Leistung aus, die von Sensoren gemessen wird . . . und endlos so weiter. Da automatische Maschinen ihre eigene Leistung abfragen, verbleiben sie in gewissen Grenzen. Der mammutbetriebene Skilift ist eine einfache automatische Maschine.

SENKRECHTE SCHWINGUNGEN

SENKRECHTES PENDEL

SCHREIBER

FEDER

BEWEGUNGS-RICHTUNG DES PAPIERS

DER SEISMOGRAPH

Seismographen können den Herd von Erdbeben orten und ihre Stärke messen. Wenn unterirdisches Gestein plötzlich in Bewegung gerät, werden seismische Wellen ausgelöst, die durch die Erde wandern und sie erbeben lassen. Ein Seismograph reagiert sehr empfindlich auf Schwingungen, sogar wenn sie sehr schwach und weit vom Herd des Bebens entfernt sind, und zeichnet sie in Form von Zacken-linien auf Papier auf.

ERDSCHWIN-GUNGEN

DREI GLEICHZEITIG
Zwei Pendel zeichnen im rechten Winkel zueinander waagerechte Schwingungen auf, das dritte registriert die senkrechten.

WAAGERECHTES PENDEL

WAAGERECHTES PENDEL

WAAGERECHTE SCHWINGUNGEN

WAAGERECHTE SCHWINGUNGEN

DER AIRBAG

Vor den Insassen eines Wagens und zum Teil auch seitlich von ihnen befinden sich ein unsichtbarer Beutel sowie ein Gasgenerator und eine Zündvor-richtung mit einem Treibsatz. Bei einem Zusammenstoß löst ein Aufprallsensor die Zündvorrichtung aus, und der Treibsatz wird gezündet. Er erzeugt eine große Menge Stickstoffgas (nicht Luft), und der Beutel bläht sich in ungefähr 30 Millisekunden auf. Er wird herausgestoßen und entleert sich dann allmählich, wenn der Kopf des Fahrers in ihn einsinkt.

AIRBAG-WARNLEUCHTE

AUFPRALLSENSOR

AIRBAG BLÄHT SICH AUF

SICHERHEITS-GURT HÄLT KÖRPER

DER AUTOPILOT

Durch Vergleich des Zeitpunktes, zu dem seismische Wellen bei Seismographen an verschiedenen Standorten eintreffen, läßt sich der Herd des Bebens ermitteln, und anhand der Stärke der Schwingungen kann die Stärke des Bebens geschätzt werden. Seismographen können auch die von unterirdischen Atomtests ausgelösten Schwingungen registrieren. Der hier gezeigte einfache Seismograph funktioniert mechanisch; moderne Seismographen arbeiten mit elektromagnetischen Detektoren.

EINFACHER SEISMOGRAPH
Der Seismograph besteht im Grunde aus einem waagerecht oder senkrecht befestigten Pendel, das aus einer schweren Masse mit einer großen Trägheit besteht (siehe S. 70). Wenn die Erde bebt, bewegen sich die Detektoren im Verhältnis zu dieser Masse, und ein am Pendel befestigter Schreiber zeichnet die Schwingungen auf einer gleitenden Papierrolle auf.

AUFPRALLSENSOR
Der Sensor, der die plötzliche Verlangsamung eines Wagens bei einem Zusammenprall registriert, ist ein Mikrochip, der ein winziges, mit dünnen Bändern an einem Rahmen befestigtes Quadrat enthält.

BÄNDER

QUADRAT

Wegen der Trägheit des Quadrats werden die Bänder durch die Bewegungen des Wagens gedehnt oder zusammengedrückt, wodurch sich ihr elektrischer Widerstand ebenso ändert wie in einem Dehnungsmeßgerät (siehe S. 321). Bei einem Aufprall erzeugt der Sensor ein starkes Signal, das den Airbag auslöst.

Das Navigationssystem eines Flugzeugs betätigt die Steuervorrichtungen und hält die Maschine auf Kurs. Es besteht aus zwei Hauptteilen. Der Autopilot sorgt dafür, daß die Maschine Kurs und Flughöhe beibehält, und zwar mit Hilfe von Gyroskopen (siehe S. 76), die jede Abweichung registrieren. Der andere Teil des Navigationssystems überprüft ständig die Position des Flugzeugs, sorgt dafür, daß es auf seiner Route bleibt, und ändert, falls erforderlich, Flughöhe und -richtung. Es enthält Geschwindigkeitsmesser, die auf einer von Gyroskopen stabilisierten Wasserwaage montiert sind und die auf das Flugzeug einwirkenden Kräfte messen. Die abgefederte Armatur wird durch die Trägheit veranlaßt, in Ruhe zu verharren, wenn die Spulen darunter sich bewegen und ein elektrisches Signal induzieren, das die Kräfte mißt.

ARMATUR

FEDER

SPULEN

WECHSEL-STROM

AUSGANGS-SIGNAL

AUSGANGSSIGNAL
Der Wechselstrom erzeugt ein Magnetfeld, das gestört wird, wenn die Spulen sich der Armatur gegenüber bewegen. Das veränderte Feld erzeugt ein Signal in den äußeren Spulen.

STETER FLUG

VERZÖGERUNG

BESCHLEUNIGUNG

NORD-SÜD-BESCHLEUNIGUNGSMESSER

OST-WEST-BESCHLEUNIGUNGS-MESSER

SENKRECHTER BESCHLEUNIGUNGS-MESSER

TRÄGHEITSFÜHRUNG
Systeme mit Trägheitsführung enthalten drei Beschleunigungsmesser, die auf einer festen Ebene montiert sind. Sie nehmen senkrechte und waagerechte Kräfte in Nord-Süd- und in Ost-West-Richtung wahr. So können sie alle Bewegungen des Flugzeugs registrieren. Ihre Signale gelangen in einen Computer, der die aktuelle Flughöhe und die geographische Länge und Breite der Position ausrechnet, um das Flugzeug auf Kurs zu halten.

ALKOHOLTESTGERÄT

Mehrere Sensoren sind in der Lage, das Vorhandensein bestimmter Substanzen zu erkennen. Ein Alkoholtestgerät, volkstümlich „Röhrchen" genannt, erkennt und mißt die Alkoholkonzentration im Atem, die genau derjenigen im Blut entspricht. Alkoholtestgeräte arbeiten entweder mit einer Brennstoffzelle (wie hier) oder mit Infrarotstrahlen, die von Alkoholdämpfen aufgesaugt werden. Mit Hilfe dieses Testgeräts kann die Polizei innerhalb von Sekunden feststellen, ob Verkehrsteilnehmer unter Alkoholeinfluß stehen.

LICHT A   ZEITSCHALTUNG   LICHT B

DRUCKSENSOR

2 LUFTABNAHME

Der Fahrer bläst in ein Röhrchen, bis erst Licht A und dann Licht B aufleuchten. Die beiden Lichter sind untereinander mit einem Drucksensor und einer Zeitschaltung verbunden, die sicherstellen, daß eine ausreichende Atemmenge ins Testgerät gelangt. Dann wird der Leseknopf gedrückt, wodurch die Membran sich hebt, um die Atemprobe in die Brennstoffzelle einzulassen. Alkohol im Atem führt dazu, daß die Brennstoffzelle einen Strom erzeugt.

MEMBRAN   FESTSTELLKNOPF

LESEKNOPF

LUFT   ELEKTRODEN

MIKROCHIP

ATEMPROBE

1 VORBEREITUNG DES GERÄTS

Zuerst wird der Feststellknopf gedrückt, um die Membran abzusenken und die Luft aus der Brennstoffzelle herauszupressen. Die Brennstoffzelle enthält zwei mit einem Mikrochip verbundene Platinelektroden.

ANZEIGE ZEIGT NULL

BATTERIE

3 ALKOHOLPEGEL

Der Mikrochip mißt die Spannung in der Zelle und wandelt sie in ein Signal um, das zur Anzeige geht und die Alkoholkonzentration anzeigt.

RAUCHMELDER

MIKROCHIP

BATTERIE

ELEKTRODEN

NACHWEISKAMMER

RADIOAKTIVE QUELLE

ALARM

ELEKTRODE

IONEN

ELEKTRODE

IONISIERENDE STRAHLEN
Strahlen aus der radioaktiven Quelle ionisieren die Luftatome in der Nachweiskammer, indem sie ihnen eine positive und negative elektrische Ladung verleiht. Die geladenen Atome oder Ionen befördern einen elektrischen Strom zwischen den geladenen Elektroden. Rauchpartikel, die in die Nachweiskammer gelangen, ziehen Ionen an und verringern den Strom.

RAUCH ZIEHT IONEN AN

Rauchmelder können die kleinen Rauchteilchen erkennen, die von einem schwelenden Gegenstand herrühren, und Alarm melden, bevor ein Feuer ausbricht. Sie funktionieren auf zweierlei Weise. Optische Detektoren verwenden einen Lichtstrahl und einen Lichtsensor, der sofort reagiert, wenn der Lichtstrahl verdunkelt wird. Die hier gezeigte Art ionisierender Detektoren sind elektrische Sensoren, die noch kleinere Teilchen erkennen als ihre optischen Gegenstücke.

Ionisierende Rauchmelder enthalten eine Kammer, in der ein schwacher elektrischer Strom durch die Luft fließt. Rauchteilchen, die in die Kammer eintreten, erhöhen den elektrischen Widerstand, so daß weniger Strom fließt. Ein Mikrochip reagiert auf diesen Stromabfall (und eine leere Batterie), indem er einen Alarm auslöst.

HOCHSPANNUNGSKABEL

ÖLFÜLLUNG

KUPFERANODE

WOLFRAMSCHEIBE

RÖNTGENSTRAHLEN

ELEKTRONENSTRAHL

FADEN

GLÜHKATHODE
Ein Glühfaden erzeugt
einen Elektronenstrahl. Die
Röntgenröhre arbeitet mit
einer von einem
Transformator gelieferten
Hochspannung.

ÖLFÜLLUNG

RÖNTGENAPPARAT FÜR ZÄHNE

In der Röntgenröhre erzeugt
eine negativ geladene Elektrode
einen Elektronenstrahl, der auf
eine Wolframscheibe in einer
positiv geladenen Kupferanode
auftrifft. Die Elektronen
veranlassen die Wolframatome,
Röntgenstrahlen auszusenden.
Die Scheibe ist so angewinkelt,
daß diese Strahlen durch ein
Fenster aus der Röhre austreten
können. Das Fenster ist
strahlendurchlässig, doch die
übrige Röhre befindet sich in
einem Bleigehäuse, das alle
anderen Röntgenstrahlen
absorbiert. Die Kupferanode
leitet die in der Wolframscheibe
erzeugte erhebliche Wärme zur
Ölfüllung ab, die die
Röntgenröhre umgibt.

STRAHLENAUS-
TRITTS-
FENSTER

HOCHEVAKUIERTER
GLASKOLBEN

FILMHALTER

BLEIGEHÄUSE

ZAHNFÜLLUNG

RÖNTGENBILD DER ZÄHNE

ERZEUGUNG VON RÖNTGENSTRAHLEN

Millionen von Hochgeschwindigkeits-
elektronen bombardieren die Wolframscheibe, um starke Röntgenstrahlen zu
erzeugen. Treffen die Elektronen auf die
Wolframatome in der Scheibe, wirken sie
gegenseitig auf die Elektronen und den
Kern eines jeden Atoms ein. Ein eintreffendes Elektron wird abgebremst und vom
Kern abgelenkt und gibt beim Energie-
verlust Röntgenstrahlen ab. Auch kann es ein
inneres Elektron aus einem Wolframatom
herauslösen; ein äußeres Elektron nimmt
dann dessen Platz ein und sendet dabei
Röntgenstrahlen aus.

RÖNTGENSTRAHLEN

Die meisten von uns kennen die Röntgenaufnahmen aus eigener Erfahrung, zum Beispiel von der zahnärztlichen Untersuchung. Der Röntgenapparat erzeugt einen unsichtbaren Röntgenstrahl, der durch die Zähne hindurchgeht und ein Stück Film belichtet, das in einem Halter hinter die Zähne geklemmt wird. Der Zahnarzt entwickelt den Film und erhält eine Aufnahme, die das Innere der Zähne und zugleich schadhafte Stellen aufzeigt, die behandelt werden müssen.

Röntgenstrahlen werden auf dieselbe Weise dazu benutzt, um ins Innere vieler Gegenstände zu sehen. Es sind elektromagnetische Strahlen, den ▷ Lichtstrahlen ähnlich, nur mit höherer Energie. Sie dringen leicht in Körper ein, die aus leichten Atomen bestehen, darunter die Atome im Fleisch. Schwerere Atome, wie die in den meisten Metallen, absorbieren die Strahlen. Zähne und Knochen enthalten etwas Kalzium, ein Metall, und deshalb werden Zahn- und Metallfüllungen sichtbar.

HCHSPANNUNGSKABEL

FILMHALTER
Der Plastikbehälter enthält ein Stück Film, das mit Röntgenstrahlen belichtet wird, die durch die Umhüllung hindurchgehen. Die Zahnteile, die die Strahlen aufnehmen, erscheinen auf der Röntgenaufnahme hell.

FILM

GEPÄCKABTASTER
Die Flugsicherheit verlangt, daß das Reisegepäck schnell und zuverlässig untersucht wird. Dazu dient ein Abtaster, der Röntgenstrahlen verwendet, um ein Gepäckstück zu durchleuchten und Metallgegenstände im Innern anzuzeigen. Dank seines sehr empfindlichen Fühlers kommt er mit einer niedrigen Strahlendosis aus, so daß Filme im Gepäck nicht belichtet werden.

DÜNNER RÖNTGENSTRAHL

RÖNTGENRÖHRE

BILDSCHIRM

NIEDRIGDOSIS-DURCHLEUCHTUNG
Auf einem Förderband bewegen sich die Gepäckstücke unter der Röntgenröhre hindurch, die bleistiftdünne Röntgenstrahlen erzeugt. Der Strahl tastet die Gepäckstücke ab und streicht über eine Reihe von ▷ Photodioden unter dem Förderband. Die Signale von den Photodioden gelangen zu einem Computer, der ein Bild vom Innern des Gepäckstücks auf dem Betrachterbildschirm aufbaut.

PHOTODIODEN

FÖRDERBAND

DAS SONARGERÄT

Das Sonar (Abk. für *Sound Navigation and Ranging*) ist ein Navigations- und Entfernungsmeßgerät, das Gegenstände mit Hilfe von Schallwellen aufspürt. Es wird vor allem unter Wasser eingesetzt, wo andere Wellen und Strahlen sich nicht so gut ausbreiten. Schiffe benutzen das Sonar, um die Wassertiefe zu messen und um Fischschwärme und Wracks aufzuspüren. Ein Umwandler sendet einen Tonimpuls, der durch das Wasser in die Tiefe dringt und am Meeresboden zurückgeworfen wird. Er nimmt dieses Echo auf, und das Sonar rechnet die Zeit, die der Schall für die Strecke gebraucht hat, in einen Wert für die Entfernung um.

ECHOLOT

Ein Echo benötigt eine Sekunde, um von einem 750 Meter tiefen Gegenstand zurückzukehren. Dieses eintreffende Echo erzeugt ein elektrisches Signal, das zu einem Bildschirm geleitet wird. Die Zeitunterschiede der Echos werden als Lichtpunkte in verschiedenen Positionen auf dem Bildschirm dargestellt. Auf diese Weise wird ein Profil des Wassers unterhalb des Schiffs vollständig und im Tiefenmaßstab sichtbar: Fischschwärme und Gegenstände können geortet werden.

SCHIFFSRUMPF

DREHBARE BEFESTIGUNG

UMWANDLER

Ein Umwandler ist, wie der Name schon sagt, ein Gerät, das eine Signalart in eine andere umwandelt. Beim Sonar wandelt der am Schiffsrumpf befestigte Umwandler ein elektrisches Signal in einen Schallimpuls um; die zurückkehrenden Schallwellen wandelt er wieder in ein elektrisches Signal zurück. Er ähnelt einer Kombination aus Lautsprecher und Mikrofon.

UMWANDLER

AUSGEHENDE SCHALLIMPULSE

ZURÜCKKEHRENDE ECHOS

WAAGERECHTE BEWEGUNG DES ABTASTSTRAHLS

VORWÄRTSBEWEGUNG DES STRAHLS

ABTASTSONAR

Es ist möglich, Bilder des Meeresbodens zu erhalten, indem man mit einem Sonarstrahl unter einem bestimmten Winkel den Boden abtastet. Ein Computer baut aus der Intensität der Echos ein unscharfes Bild auf. Der Strahl kann nach vorne und zur Seite hin abtasten.

ULTRASCHALLGERÄT

Eine der wichtigsten Anwendungen des Sonar-Prinzips ist das Ultraschallgerät. Dieses Gerät kann das Bild eines ungeborenen Babys im Mutterleib liefern. Die Schallimpulse einer Sonde tasten das Körperinnere ab. Die inneren Organe, auch die des Babys, werfen ein Echo zurück. Ein Computer verwendet dieses Echo, um ein Querschnittsbild des Babys aufzubauen.

Der Abtaster erzeugt Ultraschallimpulse, das heißt Schallwellen mit Frequenzen, die oberhalb der menschlichen Hörgrenze liegen. Der Ultraschall wird vielfach angewendet, unter anderem zur Messung von Schallgeschwindigkeiten, zur Nachrichtenübermittlung unter Wasser, zur Echolotung, zur Werkstoffprüfung und -bearbeitung und zur medizinischen Diagnostik.

1 SONDE sendet Ultraschallimpulse aus.

2 Bauch wirft ein ECHO zurück.

3 Baby wirft ein ECHO zurück.

BAUCH
IMPULS
KÖRPER DES BABYS
UNTERLEIB
SONDE
IMPULS GEHT WEITER
ECHO VOM BAUCH
ECHO VOM BABY

SENKRECHTE ABTASTBEWEGUNG DES STRAHLS

COMPUTER
Ein Computer empfängt elektrische Signale von der Sonde, wenn das Echo zurückgeworfen wird. Er zeichnet Lichtpunkte auf dem Bildschirm, die das Echo in verschiedenen Tiefen zeigen. Tastet der Ultraschallstrahl den Bauch ab, so werden die Lichtpunkte zu einem Bild gebaut.

RÜCKGRAT DES WALS
WALBABY

BILDSCHIRM

VORWÄRTSBEWEGUNG DES STRAHLS

RADAR

WETTERRADAR
Die Radarkuppel in der Flugzeugnase empfängt die von Wassertröpfchen voraus zurückgestrahlten Signale. Dadurch wird eine Schlechtwetterzone auf der Flugroute frühzeitig erkannt.

PRIMÄR-RADAR
Die Antenne des Primär-Radarsystems strahlt stark gebündelte Radarsignale ab und empfängt die vom Flugzeug zurückgeworfenen Signale. Die vom Signal benötigte Zeit ist ein Maß für die Entfernung zwischen Flugzeug und Antenne. Das Primär-Radar gibt deshalb nur die Entfernung zum Flugzeug an.

ANTWORTGERÄT

SIGNAL VOM ANTWORTSENDER

ZURÜCKGEWORFENES SIGNAL

ABGESTRAHLTES SIGNAL

RADARHÖHENMESSER
Durch Aussenden eines Radarsignals zum Boden und Zeitnahme des zurückgeworfenen Signals kann der Höhenmesser im Flugzeug die jeweilige Flughöhe über Meer oder Land ermitteln.

ANTENNE

Der Flugverkehr wäre heute ohne Radar undenkbar und viel zu gefährlich. Mit Hilfe des Radars werden Flugzeuge auch bei Nacht und Nebel sicher durch den inzwischen überfüllten Luftraum geleitet. Um die Position eines Flugzeugs zu ermitteln, sind die Fluglotsen auf Radar angewiesen. Über Funk geben sie dann den Piloten Anweisungen, damit sie ihr Flugzeug sicher landen oder ohne Zusammenstoß über die Luftverkehrstrassen navigieren können.

Das Radar (Abk. für *R*adio *D*etection *a*nd *R*anging) selbst setzt Funkwellen ein. Radarstationen besitzen hohlspiegelförmige Richtantennen, über die Funksignale mit Frequenzen oberhalb der Rundfunkwellen abgestrahlt werden. Diese Funkwellen werden vom Flugzeug zur Antenne zurückgestrahlt, die ein elektrisches Signal erzeugt, das zu einem Radarbildschirm geht, der die Position des Flugzeugs anzeigt. Die Antenne dreht sich, so daß sie Flugzeuge in allen Richtungen ermittelt. Ein Signal von einem 320 Kilometer weit entfernten Flugzeug benötigt nur 1/500 Sekunde, so daß Radarstationen einen großen Luftraum überwachen können.

VERKEHRSRADAR

Ein Radarsignal, das gegen ein sich bewegendes Fahrzeug gerichtet ist, kann zur exakten Geschwindigkeitsmessung eingesetzt werden. Es nutzt den sogenannten Doppler-Effekt aus: Die Frequenz eines zurückgeworfenen Signals nimmt zu, wenn das Fahrzeug sich nähert, und nimmt ab, wenn es sich entfernt. Diese Frequenzverschiebung ist ein Maß für die Geschwindigkeit des reflektierenden Objekts. Diese kann auf einer Anzeigetafel des Verkehrsradars direkt abgelesen werden.

Die Frequenz eines Signals ist ein Maß für die Zahl der Schwingungen in der Zeiteinheit. Nähert sich ein Fahrzeug dem Verkehrsradar, so wirft es dessen Signale schneller zurück: die Frequenz steigt an. Entfernt es sich, so brauchen die Echosignale eine längere Zeit: die Frequenz nimmt ab.

RADARANTENNE

ANZEIGE-TAFEL

ENGES ZURÜCK-GESTRAHLTES SIGNAL

RADARBILDSCHIRM

Auf dem Radarbildschirm *(unten),* auf dem die Umgebungskarte aufgezeichnet ist, erscheinen die Positionen der Flugzeuge, die von einer Radarstation erfaßt werden. Während der Primär-Radar rotiert, leuchtet die Position der Flugzeuge auf, die Radarsignale zurückstrahlen. Der Computer zeigt die Information aus dem Sekundär-Radar neben der Position eines Flugzeugs an. Diese Information umfaßt die Flugnummer (in diesem Fall TW 754), sein Flugziel (LL für London) und seine aktuelle Flughöhe (300 für 30 000 Fuß = ca. 9 200 m). Der Bildschirm liefert dem Fluglotsen also diejenigen Informationen, die er zur Erfüllung seiner Aufgabe benötigt.

ZURÜCKGESTRAHLTES SIGNAL

SEKUNDÄR-RADAR

Die Antenne des Sekundär-Radarsystems strahlt Signale zum Antwortgerät des Flugzeugs ab. Im Gegenzug sendet jedes Antwortgerät ein Signal zurück, das Flughöhe und Kennung des Flugzeugs mitteilt.

ANTENNE

DOO TW 754
300 LL

ABGESTRAHLTE FUNKWELLEN

15

DER METALLDETEKTOR

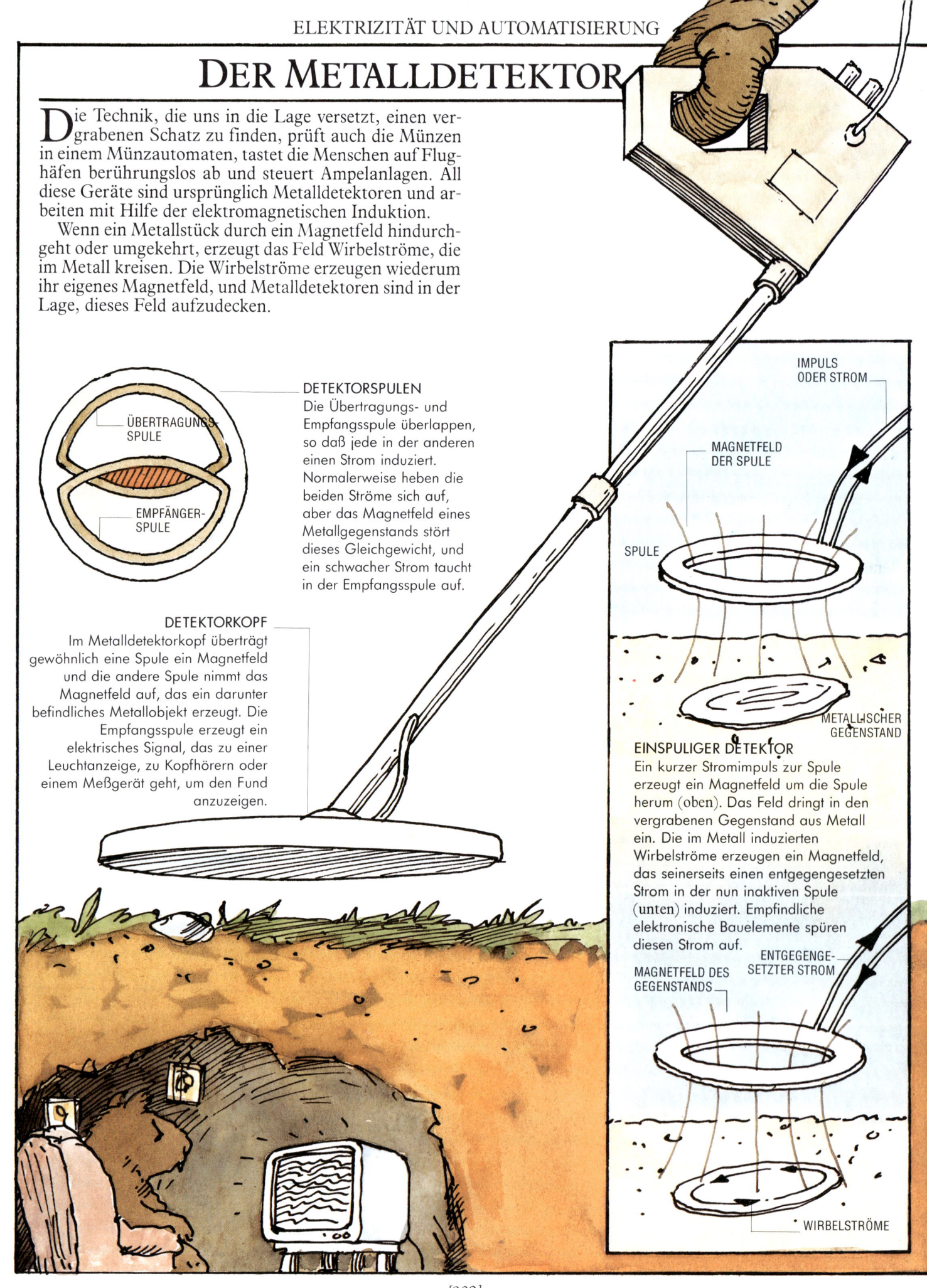

Die Technik, die uns in die Lage versetzt, einen vergrabenen Schatz zu finden, prüft auch die Münzen in einem Münzautomaten, tastet die Menschen auf Flughäfen berührungslos ab und steuert Ampelanlagen. All diese Geräte sind ursprünglich Metalldetektoren und arbeiten mit Hilfe der elektromagnetischen Induktion.

Wenn ein Metallstück durch ein Magnetfeld hindurchgeht oder umgekehrt, erzeugt das Feld Wirbelströme, die im Metall kreisen. Die Wirbelströme erzeugen wiederum ihr eigenes Magnetfeld, und Metalldetektoren sind in der Lage, dieses Feld aufzudecken.

DETEKTORSPULEN
Die Übertragungs- und Empfangsspule überlappen, so daß jede in der anderen einen Strom induziert. Normalerweise heben die beiden Ströme sich auf, aber das Magnetfeld eines Metallgegenstands stört dieses Gleichgewicht, und ein schwacher Strom taucht in der Empfangsspule auf.

ÜBERTRAGUNGS-SPULE

EMPFÄNGER-SPULE

DETEKTORKOPF
Im Metalldetektorkopf überträgt gewöhnlich eine Spule ein Magnetfeld und die andere Spule nimmt das Magnetfeld auf, das ein darunter befindliches Metallobjekt erzeugt. Die Empfangsspule erzeugt ein elektrisches Signal, das zu einer Leuchtanzeige, zu Kopfhörern oder einem Meßgerät geht, um den Fund anzuzeigen.

IMPULS ODER STROM

MAGNETFELD DER SPULE

SPULE

METALLISCHER GEGENSTAND

EINSPULIGER DETEKTOR
Ein kurzer Stromimpuls zur Spule erzeugt ein Magnetfeld um die Spule herum (oben). Das Feld dringt in den vergrabenen Gegenstand aus Metall ein. Die im Metall induzierten Wirbelströme erzeugen ein Magnetfeld, das seinerseits einen entgegengesetzten Strom in der nun inaktiven Spule (unten) induziert. Empfindliche elektronische Bauelemente spüren diesen Strom auf.

MAGNETFELD DES GEGENSTANDS

ENTGEGENGE-SETZTER STROM

WIRBELSTRÖME

MÜNZPRÜFGERÄT

ELEKTRISCHE PRÜFUNG
Ein elektrischer Strom geht durch die Münze, um sie auf Metallgehalt und Größe zu überprüfen. Nur die korrekten Münzen leiten die richtige Elektrizitätsmenge.

MAGNET

LEUCHTANZEIGE   LICHTSENSOREN

ELEKTRISCHER STROM

AUSWERF-MECHANISMUS

Elektronische Münzprüfgeräte in Fahrkarten- und Verkehrsautomaten können Münzen sofort erkennen und Falschgeld aussortieren. Nachdem die Münze durch den Schlitz gefallen ist, wird sie zuerst auf Metallgehalt und Größe überprüft. Falsche Münzen bestehen diese Überprüfung nicht und fallen durch. In einem zweiten Test werden ein Magnet und ein Lichtsensor eingesetzt.

MAGNETTEST
Die Münze gleitet zwischen den beiden Magnetpolen durch. In der Münze induzierte Wirbelströme erzeugen ein entgegenwirkendes Magnetfeld, das die Münze entsprechend ihrer Größe abbremst.

LICHTTEST
Die Münze gleitet an einer Anordnung von Leuchtdioden und Lichtsensoren vorbei, die Durchlaufgeschwindigkeit und Durchmesser messen. Jede Münze hat eine ihr eigene Geschwindigkeit und einen Durchmesser, Meßwerte, an denen sie zu erkennen ist.

AUSWERF-MECHANISMUS

FLUGHAFENDETEKTOR
Die Schleuse des Metalldetektors auf dem Flughafen enthält Spulen, die im Prinzip so arbeiten wie die Spulen in einem Schatzsucher. Ein Empfänger erkennt die Verzerrungen des übertragenen Felds, die von Metallgegenständen herrühren, die eine durchgeschleuste Person am Körper trägt. Die Spulen sind deshalb abgedeckt, damit Personen in der Nähe des Detektors nicht versehentlich ein Signal auslösen können.

KONTAKTSCHLEIFE IN DER STRASSE

VON STOSSSTANGE INDUZIERTES MAGNETFELD

STROM

KONTAKTSCHLEIFE IN DER STRASSE

MAGNETFELD DER KONTAKTSCHLEIFE

AMPELANLAGE
Ampeln können ankommende Fahrzeuge erkennen. Manche von ihnen funktionieren wie umgedrehte Schatzsucher. Eine Kontaktschleife im Straßenbett ist mit dem Steuerungskasten der Ampelanlage verbunden. Ein Strom fließt durch die Schleife. Fährt ein Fahrzeug darüber, erzeugt es ein Signal in der Kontaktschleife. Dieses Signal geht zum Steuerungskasten, der das ankommende Fahrzeug registriert. Bei anderen Ampeln werden die Fahrzeuge mit Radardetektoren erfaßt.

DAS NRM-SPEKTROSKOP

Ein Arzt kann heutzutage jeden Körperteil mit Hilfe des NRM-Spektroskops genau ansehen (NRM = Abk. für Nuclear Magnetic Resonance, kernmagnetische Resonanz). Es erzeugt Querschnittsbilder vom Menschen, die Gewebestrukturen und jedes gewünschte innere Organ erkennen lassen. Ein Patient im NRM-Spektroskop wird zuerst mit starken Magnetfeldern, dann mit Radiowellenimpulsen bombardiert. Die Atomkerne im Körper erzeugen magnetische Signale, die von Detektoren aufgenommen werden, und ein Computer baut aus den Signalen ein Bild auf. Im Gegensatz zum Computertomographen, der den Körper mit Röntgenstrahlen abtastet, ist eine Untersuchung mit dem NRM-Spektroskop für den Patienten wesentlich risikoärmer.

POL DES ELEKTROMAGNETEN

ATOMARES MAGNETFELD

ATOMKERN IM KÖRPER

STARKES MAGNETFELD

POL DES ELEKTRO-MAGNETEN

1 ANGEWANDTES MAGNETFELD

FELD BEGINNT ZU ROTIEREN

SPULE

RADIO-IMPULS

2 RADIOIMPULS ABGEFEUERT

ROTIERENDES FELD SCHNEIDET DURCH DIE SPULE

SPULE

3 NRM-SIGNALE ERZEUGT

IM NRM-SPEKTROSKOP
Der Patient wird auf einem Schlitten liegend in das Spektroskop gefahren. Im Innern umgeben ihn gewölbte Platten, die die Spulen enthalten, welche die NRM-Signale und die Radioimpulse erzeugen. Die gewölbten Flächen sind von ringförmigen Elektromagneten umgeben, die durch Kühlung mit flüssigem Helium supraleitend gemacht werden. Ein Patient fühlt im Innern nichts, nicht einmal ein Prickeln.

SO FUNKTIONIERT DAS SPEKTROSKOP
Atomkerne besitzen ihr eigenes winziges Magnetfeld. Das Spektroskop wirkt mit einem starken Magnetfeld (1), um die Kernfelder des Körpers aufzureihen. Danach sendet es Radioimpulse aus (2), die das Kernfeld zum Drehen bringen. Das rotierende Feld induziert elektrische Signale im Spektroskop (3), die von einem Computer zu einem Bild aufgebaut werden, aus dem die Verteilung der Atome bestimmter Elemente hervorgeht. Anhand der Schwankungen dieser Elemente von Körperteil zu Körperteil liefert das Spektroskop ein Bild der inneren Organe.

ELEKTROMAGNETEN

GEWÖLBTE PLATTE

SCHLITTEN

MODERNE ALARMANLAGEN

PHOTODIODEN

LINSEN

Alarmanlagen können selbst die geringfügigsten Bewegungen eines Eindringlings melden. Sie arbeiten mit aktiven oder passiven Detektoren und werden gewöhnlich hoch oben in der Ecke eines Zimmers angebracht.

Ein aktiver Detektor schickt unsichtbare Strahlen von Mikro- oder Ultraschallwellen durch das Zimmer, die von jedem Objekt im Zimmer zum Detektor zurückgeworfen werden. Ein von einem feststehenden Objekt wie etwa einem Möbelstück zurückgeworfener Strahl ändert seine Frequenz nicht, wohl aber etwas, das sich bewegt. Der Effekt ist der gleiche wie beim Verkehrsradar (siehe S. 300). Der Detektor registriert eine Veränderung der Frequenz und löst den Alarm aus.

Ein passiver Detektor arbeitet mit Infrarotstrahlen. Alle Objekte senden ihrer Temperatur entsprechende Infrarot- oder Wärmestrahlen aus, die umso stärker sind, je wärmer der Gegenstand ist. Der Detektor registriert jede Veränderung der Infrarotstrahlung, die von dem Raum ausgeht. Die Körperwärme eines Eindringlings erhöht die Strahlung und löst den Alarm aus.

PASSIVER INFRAROT-BEWEGUNGSMELDER

Der Detektor enthält eine Reihe von Linsen, die Infratrotstrahlen auf eine Gruppe von Photodioden (siehe S. 272) lenken. Sie sammeln Infrarotstrahlen aus allen Teilen des Zimmers. Alarm wird nur dann ausgelöst, wenn sich die Stärke der von einer Photodiode registrierten Infrarotstrahlung eine Zeitlang geändert hat. Wenn sich ein Eindringling im Zimmer bewegt, nimmt das Ausmaß der von einer Photodiode registrierten Strahlung zu und dann wieder ab.

INFRAROT-STRAHLEN VON WARMEM BEWEGLICHEM OBJEKT

STRAHLEN VON KÜHLEN UNBEWEGLICHEN OBJEKTEN

MIKROWELLEN-DETEKTOR

MIKRO-WELLEN-STRAHL

SICHERHEITS-STRAHL

AUTOMATISCHE TÜR

Wenn man sich einer automatischen Tür nähert, wird man von einem unsichtbaren und harmlosen Mikrowellenstrahl von einem Detektor über der Tür getroffen. Durch die Bewegung auf die Tür zu erhöht sich die Frequenz des Strahls, wenn er – wie bei der Alarmanlage oben – zum Detektor zurückgeworfen wird. Der Detektor registriert die Erhöhung und löst einen Mechanismus aus, der die Tür öffnet. Ein unsichtbarer Sicherheitsstrahl sowie ein Detektor in der Tür verhindern, daß sie sich zu früh wieder schließt.

LEITUNG ZUR ÖLPUMPE

REGLER

Die Antriebswelle, die die Räder dreht, dreht auch den Regler. Beschleunigt der Wagen, so dreht der Regler schneller. Wegen der Zentrifugalkraft bewegt sich das Ventil nach außen und schickt Öl von der Pumpe zum Gleitventil. Verringert sich die Geschwindigkeit, so rückt das Ventil ein und schickt Öl in die entgegengesetzte Richtung.

VENTIL RÜCKT AUS
Öl mit einem von der Fahrgeschwindigkeit abhängig Druck gelangt zum Gleitventil.

ÖL VON DER ÖLPUMPE

LEITUNG ZUR ÖLPUMPE

GASPEDAL

HERUNTERSCHALTEN
Dreht der Regler langsamer oder wird das Gaspedal gedrückt, übersteigt der Druck der Drosselklappe den Druck im Regler. Das Gleitventil rückt ein, und der Niedrig-Gang-Kolben legt den niedrigen Gang ein, während der Höher-Gang-Kolben diesen zugleich ausklinkt.

REGLER

NIEDRIG-GANG-KOLBEN

HÖHER-GANG-KOLBEN

GLEITVENTIL

DROSSELKLAPPE

ÖLPUMPE

ÖL VON DER DROSSELKLAPPE

DROSSELKLAPPE
Das Gaspedal bewegt den Kolben. Dadurch erhöht sich der Öldruck im Ventil. Eine Feder drückt das Pedal zurück und verringert den Öldruck.

DAS AUTOMATISCHE GETRIEBE

Das automatische Getriebe erleichtert das Autofahren, da es keinen Schalthebel und kein Kupplungspedal mehr zu bedienen gibt. Der Mechanismus reagiert auf die Fahrgeschwindigkeit und legt automatisch einen höheren oder tieferen Gang ein, wenn die Geschwindigkeit zu- oder abnimmt. Es kann auch die Stellung des Gaspedals erkennen.

Das Steuersystem arbeitet mit Öldruck. Jeder Gangwechsel wird von einem Wechselventil gesteuert. Ein mit den Rädern verbundener Regler und eine vom Pedal gesteuerte Drosselklappe befördern das Öl in unterschiedlichem Druck zum Gleitventil. Das Ventil bewegt sich entsprechend und leitet den Ölstrom zum Gangwechselmechanismus im Getriebe.

NIEDRIG-GANG-KOLBEN
Das Ventil rückt ein, um den niedrigen Gang auszuklinken.

KOLBEN
Die beiden Kolben bedienen die Kupplung oder den Bremsring, die die Gänge wechseln (siehe nächste Seite). Öl mit Pumpendruck vom Gleitventil bewegt einen der Kolben nach außen, um den neuen Gang einzulegen. Eine Feder (nicht gezeigt) drückt den anderen Kolben zurück, schickt Öl mit niedrigem Druck zur Pumpe zurück und klinkt seinen Gang aus.

HÖHER-GANG-KOLBEN
Der Kolben rückt aus, um den Gang einzulegen.

ÖL ZURÜCK ZUR PUMPE

ÖL VON DER PUMPE

ÖL VOM REGLER

FEDER

GLEITVENTIL
Ein Ende eines jeden Gleitventil bekommt Öl vom Regler und

das andere Ende von der Drosselklappe. Wenn der Reglerdruck größer wird (wie hier), bewegt sich das Gleitventil, um Öl aus der Ölpumpe zum Höher-Gang-Kolben zu schicken. Öl fließt vom Niedrig-Gang-Kolben ab und zur Ölpumpe zurück.

ÖLPUMPE
Die Ölpumpe pumpt Öl durch das Getriebe und auch durch den Motor.

ÖL VON DER ÖLPUMPE (MAXIMALDRUCK)

HOCHDRUCKÖL

NIEDRIGDRUCKÖL

ÖL ZURÜCK ZUR ÖLPUMPE (MINIMALDRUCK)

DAS AUTOMATISCHE GETRIEBE

Ein automatisches Getriebe besteht aus zwei Teilen: dem Drehmomentumwandler und dem automatischen Getriebegehäuse. Der Umwandler überträgt die Kraft vom Schwungrad des Motors auf das Getriebegehäuse. So allmählich und fließend, daß Starten und Gangwechsel nicht ruckartig geschehen, sondern ähnlich wie beim Kuppeln in einem mechanischen Getriebe.

Das automatische Getriebe enthält zwei Sonnen- oder Umlaufgetriebe, in denen Getrieberäder mit unterschiedlichen Geschwindigkeiten drehen. Überall, ausgenommen im höchsten Gang, wird die Drehzahl des Schwungrads so untersetzt, daß es langsamer, dafür aber mit mehr Kraft dreht. Der Rückwärtsgang kehrt die Drehrichtung der Räder um.

ZWEITER RING

ZENTRALES SONNENRAD

ZWEITER PLANETENTRÄGER

ERSTER RING

ERSTES PLANETENRAD

ERSTER PLANETENTRÄGER

EINGANGSWELLE

REGLER

ANTRIEBSWELLE ZU DEN RÄDERN

ZWEITES PLANETENRAD

PLANETENRAD

KUPPLUNG 2
Die Scheiben verriegeln die Eingangswelle mit dem ersten Ring.

BREMSRING 1
Der Ring rückt ein, um das zentrale Sonnenrad zu stoppen.

KUPPLUNG 1
Die Scheiben verriegeln um die Eingangswelle mit dem zentralen Sonnenrad zu verbinden.

BREMSRING 2
Der Ring rückt ein, um den zweiten Planetenträger zu stoppen.

PLANETENTRÄGER

SONNENRAD

RING

PLANETENRAD

SONNEN- ODER UMLAUFGETRIEBE
Jedes Teil rotiert entweder oder wird so blockiert, daß die anderen Teile darum rotieren.

AUTOMATISCHES GETRIEBEGEHÄUSE

Dieses Getriebegehäuse besitzt drei Vorwärtsgänge und einen Rückwärtsgang. Die verschiedenen Teile werden von vielfachen Kupplungen, die zwecks Kraftübertragung verriegelt werden, und von Bremsringen gesteuert, die einrücken, um die drehenden Teile zu stoppen.

	Kupplung 1	Kupplung 2	Ring 1	Ring 2
1. Gang	frei	verriegelt	aus	ein
2. Gang	frei	verriegelt	ein	aus
3. Gang	verriegelt	verriegelt	aus	aus
Rückwärtsgang	verriegelt	frei	aus	ein

GEHÄUSE   ÖL   SCHWUNGRAD

FLÜGELRAD

LEITRAD

ÖLKREISLAUF

TURBINE

TEMPOREGLER

Manche Autos sind mit einem Temporegler ausgerüstet, der auf Knopfdruck reagiert und für eine bestimmte Fahrgeschwindigkeit sorgt. Auf diese Weise kann der Fahrer eine Geschwindigkeitsbegrenzung einhalten, ohne daß er ständig auf den Tachometer sehen muß. Das dafür notwendige automatische System ist ein Beispiel für einen Rückkoppelungsmechanismus. Ein Sensor mißt die Fahrgeschwindigkeit und steuert den Vergaser oder die Einspritzanlage (siehe S. 140). Er vergrößert den Kraftstoffzufluß, wenn die Geschwindigkeit bei einer Bergauffahrt sinkt, oder drosselt ihn, wenn der Wagen beschleunigt. Der Sensor kann aus einem Elektromagneten auf der Antriebswelle bestehen, der ein elektrisches Signal erzeugt, das von der Geschwindigkeit abhängt. Ein Mikroprozessor kontrolliert ständig das Sensorsignal und sendet ein Kontrollsignal zum Vergaser oder zur Einspritzanlage. Der Vorteil eines Mikroprozessors besteht darin, daß er mehr kann, als nur die Geschwindigkeit steuern. Wenn er die Geschwindigkeit kennt, kann er die zurückgelegte Strecke und das dabei verbrauchte Benzin errechnen, und das wiederum ermöglicht es dem Mikroprpzessor, den Benzinverbrauch zu berechnen und anzuzeigen und den Motor so zu steuern, daß der Verbrauch optimiert wird.

GESCHWINDIGKEITS-SIGNAL

GESCHWINDIGKEITS-SENSOR

KNOPF DES TEMPOREGLERS

MIKRO-PROZESSOR

KRAFTSTOFFSIGNAL

MOTOR   VERGASER

DREHMOMENTUMWANDLER

Der Drehmomentumwandler besteht aus drei Teilen: einem vom Schwungrad eines Motors betriebenen Flügelrad, einer Turbine, welche die Eingangswelle des automatischen Getriebes dreht, und dem Leitrad dazwischen. Der Umwandler ist mit Öl gefüllt, das von den Flügelradblättern bewegt wird. Die Schaufeln des Leitrads lenken dieses Öl ab, damit es die Turbinenschaufeln antreibt. Rotiert nun das Flügelrad, so erhöht sich die Geschwindigkeit der Turbine, da sie sich der Flügelradgeschwindigkeit anpaßt. Dadurch entsteht eine Flüssigkeitsverbindung zwischen dem Motor und dem Getriebe, das die Gangschaltung glättet. Und das Drehmoment (Drehkraft) wird auch erhöht.

Teil 5

DAS DIGITALE IMPERIUM
& DAS LETZTE MAMMUT

DAS LETZTE MAMMUT
ERSTES KAPITEL

*D*as Mammut stand im Fluß und stopfte sich Büschel von Sumpfgras ins Maul. Während ihm die leckeren Säfte die Kehle hinabrannen, dachte es über das Für und Wider eines Lebens als Einzelgänger nach. Einerseits brauchte es die schwindenden Nahrungsvorräte nicht mit anderen Mammuts zu teilen – weil es keine anderen Mammuts mehr gab. Andererseits litt es sehr unter seiner Einsamkeit und fragte sich, wie es hatte geschehen können, daß all seine Artgenossen verschwunden waren. Eine große Ölpfütze trieb vorbei. Verwundert betrachtete es, wie sie in allen Regenbogenfarben schillerte, dann trottete es auf der Suche nach weiterem Futter davon.

Die Spur des immer kärglicher werdenden Sumpfgrases führte zu einer beeindruckenden Mauer mit einem Tor, an dem ein Invididuum Wache hielt, das sich als Bill vorstellte. Bill verkündete, daß dies sein „digitales Imperium" sei und angefüllt mit wunderbaren und erstaunlichen Dingen, die die Lebensqualität steigerten, aber sämtlich noch nicht restlos erprobt seien. Während sich Bill begeistert über die Zukunft ausließ, konnte das Mammut nur in der Vergangenheit verharren und an seine Einsamkeit denken. Es vergoß eine Träne, die Bills Tennisschuhe durchweichte. Bill, der erkannt hatte, worin der Kummer des Mammuts bestand, schlug eine Zusammenarbeit vor. Er und sein digitales Personal brauchten jemanden (oder etwas) zum Verarbeiten. Und das Mammut sehnte sich offenbar verzweifelt nach Gesellschaft. So kam es, daß das Mammut, das normalerweise hohen Mauern mißtraute, zögernd Bills Tor durchschritt.

*S*ofort war das Mammut von Leuten in weißen Kitteln umgeben, die daran gingen, es zu vermessen. Das war nicht gerade die Art von Gesellschaft, nach der es sich gesehnt hatte. Eine Gruppe vermaß es von oben bis unten, eine zweite vom Kopf bis zum Schwanz. Eine dritte Gruppe hatte den Auftrag, sein beachtliches Gewicht zu ermitteln. Selbst Stimme und Geruch, die sich nicht messen ließen, wurden sorgfältig registriert.

Binnen weniger Stunden war alles, was das letzte Mammut ausmachte, auf Zahlen reduziert worden, die Bill auf große weiße Karten schrieb. Er erklärte dem Mammut, daß das zwar sehr gute Zahlen wären, aber nicht die richtigen für das digitale Imperium. Wenn sie dazu dienen sollten, die geeignete Gesellschft für ihn zu finden, müßten sie zuerst verändert werden.

An einer langen Seite eines riesigen Kürbisfeldes waren acht Reihen von Kisten aufgestellt worden. Jede Reihe war halb so lang wie die vorhergehende. Die erste und längste Reihe enthielt 128 Kisten, die zweite 64 und so weiter. Als Bill die Karte mit der Zahl 237 hochhielt (die Höhe des Mammuts in Zentimetern), erntete eine Mannschaft von Hilfsarbeitern rasch genau 237 Kürbisse.

Dann legten sie, sich von der längsten bis zur kürzesten Reihe vorarbeitend, in jede Kiste einen dieser Kürbisse. Wenn sie eine Reihe nicht vollständig füllen konnten, übersprangen sie sie einfach. Sobald alle Kürbisse untergebracht waren, wies Bill das Mammut auf das Muster der Kürbisse am Ende aller acht Reihen hin.

Er erklärte, daß in der Sprache des digitalen Imperiums die relativ einfache Zahl 237 jetzt „Kürbis, Kürbis, Kürbis, Kein-Kürbis, Kürbis, Kürbis, Kein-Kürbis, Kürbis" lautete. „Das ist Fortschritt", setzte er stolz hinzu. Das Mammut hatte einige Probleme, das zu verstehen, schüttelte aber entrüstet den Kopf, als Bill behauptete, „Kürbis" wäre ebenso wichtig wie „Kein-Kürbis". Für das Mammut war das dasselbe, als wenn er gesagt hätte, Sumpfgras und kein Sumpfgras wären gleichermaßen nahrhaft.

Bill sah zu, wie die Kürbisse aus der ersten Kiste jeder Reihe an einem langen Seil aufgehängt wurden, wobei besonders darauf geachtet wurde, daß die Reihenfolge unverändert blieb. Für jedes „Kein-Kürbis" wurde ein Platz freigelassen. Da zufällig Waschtag war, wurde jeder Zwischenraum mit einem feuchten Wäschestück ausgefüllt. Als Kürbis, Kürbis, Kürbis, Socke, Kürbis, Kürbis, Unterhose, Kürbis an der Leine befestigt waren, begann die ganze Anordnung, sich langsam außer Sichtweite zu bewegen. „Komm mit, Mammut", rief Bill. „Wir müssen uns an die Arbeit machen."

HERSTELLEN VON BITS

Wie das Mammut treten auch wir jetzt kurz vor Anbruch des neuen Jahrtausends in das digitale Imperium ein. Digitale Maschinen und Systeme eröffnen uns Möglichkeiten, von denen wir bisher nur geträumt haben. Digitale Maschinen können herkömmliche Maschinen überflüssig machen, weil sie auf eine völlig neue Art und Weise arbeiten – mit Zahlen. Wie die Ausmaße des Mammuts, sein Bild und Ton zu Zahlen werden, sobald es digitalisiert wird, besteht auch die erste Aufgabe jeder digitalen Maschine darin, Dinge dieser Art in Zahlen umzuwandeln. Aber die Zahlen im digitalen Imperium beruhen nicht auf dem Dezimalsystem, das mit zehn Ziffern arbeitet, sondern bestehen aus „binary digits" (engl. wörtlich „Zweier-Finger"), das heißt, es werden nur zwei Ziffern benutzt, was die Arbeit der Maschinen erheblich vereinfacht. Diese Ziffern werden „bits" genannt – die Abkürzung von englisch „binary digits" –, und eine digitale Maschine beginnt ihre Arbeit mit dem Herstellen von Bits.

Das Mammut sieht zu, wie seine Höhe, mit 237 Zentimetern vermessen, im digitalen Imperium zu einer Kombination aus acht Kisten wird, von denen einige einen Kürbis enthalten, andere dagegen leer bleiben. Die Abfolge von vollen und leeren Kisten ist eine binäre Zahl, die aus acht Ziffern oder Bits besteht; aus 237 ist voll-voll-voll-leer-voll-voll-leer-voll geworden. Wenn wir binäre Zahlen schreiben, verwenden wir zur Darstellung von Bits die Ziffern 1 und 0, wobei 1 voll oder ja bedeutet und 0 leer oder nein. Auf diese Weise wird die Dezimalzahl 237 zu 11101101. Aber in einer digitalen Maschine nehmen die Bits eine Form an, die ebenso erfaßbar ist wie ein Kürbis. Sie erscheinen in erster Linie als elektrische Ladung, bei der Strom entweder ein- oder ausgeschaltet wird. Hier wird 237 zu ein-ein-ein-aus-ein-ein-aus-ein. Wenn also eine Maschine Bits herstellt, erzeugt sie Ein-Aus-Sequenzen von elektrischer Ladung; sie sind die Bits in binären Zahlen. Dann machen sich die Bits auf ihren Weg durch das digitale Imperium im Innern einer Maschine oder eines Systems; sie werden gespeichert, verarbeitet, möglicherweise woanders hingeschickt und schließlich wieder in eine Form gebracht, die wir nutzen oder verstehen können, wie etwa Schrift, Töne und sogar Geldscheine.

Zahlen in Gestalt von elektrischen Ein-Aus-Signalen oder Ein-Aus-Lichtsignalen flitzen in riesigen Mengen und mit hoher Geschwindigkeit auf den Pfaden digitaler Maschinen hin und her. Da es unzählige Möglichkeiten gibt, riesige Mengen von Ziffern zu kombinieren, können digitale Maschinen eine gewaltige Zahl von Aufgaben in kürzester Zeit bewältigen. Außerdem sind die Bits sehr zäh: sie werden bei ihrer rasenden Fahrt durch das digitale Imperium kaum beschädigt. Als geborene Überlebenskünstler ermöglichen sie es den digitalen Maschinen, auf sehr hohem Qualitätsniveau und überaus zuverlässig zu arbeiten.

FINGERSPITZENARBEIT

Der Teil eines digitalen Systems, in dem Bits hergestellt werden, heißt Eingabegerät. Es gewährt Zugang zum digitalen Imperium und setzt eine digitale Maschine oder ein digitales System in Betrieb. Bei vielen Eingabegeräten braucht man seine Finger - man muß Tasten niederdrücken und die Maschine mit Daten füttern. Bei diesen Daten kann es sich um eine Zahl handeln, zum Beispiel einen Code, der ein elektrisches Schloß öffnet, oder eine PIN-Nummer (siehe S. 330), wenn man an einen Geldautomaten herankommen will. Man kann aber auch Geldbeträge eingeben, Buchstaben, die Worte ergeben, und sogar Musiknoten. Ein Schloß oder ein Geldautomat vergleichen die eingegebenen Zahlen mit der korrekten Code- oder PIN-Nummer. Auf Seite 341 steht, wie das vor sich geht.

GELDAUTOMAT UND ELEKTRONISCHES SCHLOSS

Um Geld aus einem Automaten zu erhalten, braucht man nur auf einem Tastenfeld die PIN-Nummer und den gewünschten Betrag einzugeben. Beim Öffnen eines elektronischen Schlosses tippt man den Code auf einem ähnlichen Tastenfeld ein. Wie bei den Zahlentasten der Computertastatur auf der gegenüberliegenden Seite fungieren die Tasten als Schalter, die eine Sequenz von elektrischen Ein-Aus-Impulsen erzeugen und damit die Bits in den Zahlen. Von einem Geldautomaten aus wandern die Bits zum Zentralcomputer der Bank, der PIN-Nummer und Kontostand überprüft, bevor er den Automaten anweist, das Geld auszuzahlen (siehe S. 365). Beim Schloß wandern die Bits zu einem Chip, der die Codezahl überprüft. Wenn sie korrekt ist, erzeugt ein Chip ein elektrisches Signal. Es löst die Verriegelung, und die Tür kann geöffnet werden.

TASTENFELD
Mit der Taste ABBRECHEN kann man jede Eingabe rückgängig machen und von vorn beginnen.

DAS ELEKTRONISCHE KEYBOARD

Elektronische Musikinstrumente wie Keyboards oder Synthesizer bedienen sich eines Standards, der MIDI (Musical Instrument Digital Interface) genannt wird. Wenn man auf einem MIDI-Keyboard spielt, funktioniert es ebenso wie eine Computertastatur. Jede Taste erzeugt eine digitale Codezahl. Jede dieser Codezahlen besteht aus sieben Bits: das eingestrichene C ist 0111100 (dezimal 60), Cis ist 0111101 (61) und so weiter. Ein weiterer Sieben-Bit-Code meldet die Stärke, mit der die Taste angeschlagen wurde. Die Bits werden zu einem Synthesizer im Keyboard oder zu einem separaten Synthesizer (siehe S. 360) weitergeleitet, und man hört den angeschlagenen Ton laut oder leise.

NOTENSCHREIBER
Die MIDI-Bits können an einen Computer übermittelt werden, der die Noten während des Spiels auf einem Bildschirm sichtbar macht.

TONSTEUERUNG
Man kann mit einer Hand spielen und mit der anderen die Tonsteuerung bedienen.

DIE COMPUTERTASTATUR

Ungefähr die Hälfte der rund hundert Tasten einer Computertastatur liefert Zeichen – Buchstaben, Zahlen und Satzzeichen. Die übrigen dienen dazu, dem Computer mitzuteilen, was er tun soll; durch das gleichzeitige Niederdrücken von zwei oder sogar drei Tasten erhöht sich die Zahl der möglichen Befehle. Diese Vielfalt ist möglich, weil durch das Niederdrücken einer Taste ein elektrisches Signal erzeugt wird; es bildet eine Codezahl, die die Taste identifiziert und die Form von Bits hat, die aus elektrischen Ein-Aus-Impulsen bestehen. Dieses digitale Signal wandert durch das Kabel, das die Tastatur mit dem Computer verbindet, der die Codezahl oder die Zahlenkombination interpretiert und dann entweder ein Zeichen erscheinen läßt oder einen Befehl ausführt.

3 TASTATURCHIP
Der Chip (siehe S. 343) schickt über zwei Leitungen ein Prüfsignal zu den Kontakten sämtlicher Tasten. Wenn sich das Signal in einem Leitungspaar ändert, erzeugt der Chip einen Code für die mit dieser Taste verbundenen Leitungen. Die Bits für die Taste B sind 01100010 (dezimal 48).

4 BUCHSTABE b ERSCHEINT
Die Bits für die Taste Nummer 48 wandern durch das Kabel zum Computer. Dort wandelt ein Chip die Bits in 01100010 (98) um, den Code für das kleine b.

GUMMIKAPPE BEFÖRDERT DIE TASTE WIEDER IN DIE AUSGANGSPOSITION

GUMMIMATTE UNTER DEN TASTEN SCHÜTZT DAS INNERE

1 TASTE B DRÜCKEN
Ein Metallkontakt in einer Gummikappe unter der Taste B verbindet zwei Kontakte an den Enden von zwei vom Tastaturchip ausgehenden Leitungen.

2 PRÜFSIGNAL
Sobald der Kontakt zustandekommt, verändert ein Signal in den vom Chip ausgehenden Leitungen seine Stärke.

KAPPE UND METALLKONTAKT

KONTAKTE AM ENDE ZWEIER VOM TASTATURCHIP AUSGEHENDEN LEITUNGEN

PHOTODIODE

WAAGERECHTES RAD

SCHLITZE

LEUCHTDIODE
(LED)

TASTE

LEUCHTDIODE
(LED)

GUMMIKUGEL

PHOTODIODE

SENKRECHTES RAD

VERBINDUNGSKABEL

IM INNERN DER MAUS

Die Maus wird mit einer Gummikugel herumgerollt, die
zwei im rechten Winkel zueinander angeordnete geschlitzte
Räder bewegt. Jedes Rad besitzt ein oder zwei Paar
Leuchtdioden (siehe S. 273) und Photodioden (siehe S. 272).
Wenn sich die Räder bewegen, fällt Licht durch die Schlitze
und erzeugt in den Photodioden ein elektrisches Signal. Die
Signale der Räder melden Bewegungen der Maus weiter.

DIE MAUS

Das Bedienen eines Computers wird durch die Verwendung einer „Maus" vereinfacht, die die Position des Cursors (oft in Gestalt eines Schrägpfeils) auf dem Bildschirm steuert. Man betätigt (klickt) die Maustaste auf der Tischplatte oder einem speziellen „Mauspad", und der Cursor auf dem Bildschirm spiegelt ihre Bewegung wider. Dann wird der Cursor zu einem eine bestimmte Aktion symbolisierenden Icon oder Zeichen geführt und die Maustaste betätigt („geklickt"), woraufhin der Computer sofort den eingegebenen Befehl ausführt.

ICONS UND HOTSPOTS
Auf dem Bildschirm kann eine Reihe von Icons (Symbolen) zu sehen sein, kleinen Bildern, die für Programme oder Operationen stehen. Andere Teile des Bildschirms können „heiß" sein (man nennt sie Hotspots), was bedeutet, daß sie auf Mausklicks reagieren. Jeder Teil des Bildschirms hat zwei Positionsnummern, aus denen die horizontale Position (von links nach rechts) und die senkrechte (von oben nach unten) hervorgehen. Der Computer übermittelt zwei Positionsnummern an den Cursor, der daraufhin an diese Stelle wandert. Durch Bewegen der Maus werden Signale an den Computer übermittelt, die die Positionsnummern ändern, und der Cursor bewegt sich entsprechend.

DER MAUSKLICK
Wenn der Cursor ein bestimmtes Icon erreicht, sind seine Positionsnummern mit denen des Icons identisch. Wird die Maustaste geklickt, vergleicht der Computer die Positionsnummern des Cursors mit denen sämtlicher Symbole (wie er das tut, steht auf Seite 341). Dann führt er den Befehl des Symbols aus, das die gleichen Positionsummern hat wie der Cursor.

TASTEN
Die Maus hat gewöhnlich zwei Tasten, mit denen unterschiedliche Befehle gegeben werden können.

ENDGÜLTIGE CURSORPOSITION

GRUPPE VON ICONS

URSPRÜNGLICHE CURSORPOSITION

SENKRECHTE BEWEGUNG

MAUS

TATSÄCHLICHE MAUS-BEWEGUNG

HORITZONTALE BEWEGUNG

MAUSPAD

UHRZEIT ERSCHEINT AUF FLÜSSIGKRISTALLANZEIGE (SIEHE S. 359).

Zeit wird mit einem Quarzkristall-Oszillator gemessen (siehe S. 265)

STUNDEN-TASTE

MINUTEN-TASTE

START-TASTE

DIGITALER ZEITMESSER
Durch Drücken der Tasten eines digitalen Zeitmessers werden Bits für die gewünschte Zeitspanne eingegeben. Danach registriert ein Chip die vergehende Zeit und löst den Alarm aus, wenn der Nullpunkt erreicht ist. Eine elektronische Parkuhr funktioniert ebenso: Durch das Einschieben von Münzen wird eine Eingabeeinheit aktiviert, die die entsprechenden Zeitbits an den Chip übermittelt.

SIGNALEINGABE

Es gibt zahlreiche digitale Maschinen und Systeme, bei denen zum Eingeben von Informationen keine Finger gebraucht werden. Sie können ihre Bits ohne Hilfe von außen herstellen, mit nur wenig oder gar keiner Kontrolle. Digitale Thermometer und elektronische Waagen messen ständig Temperatur und Gewicht. Viele digitale Geräte reagieren auf Schallwellen oder Lichtstrahlen, die sie in Sequenzen von Binärzahlen verwandeln. So können Sprache und Musik digital aufbereitet oder digitale Fotos gemacht werden. Sobald Ton und Licht in digitale Form gebracht worden sind, kann eine Maschine die Zahlen verarbeiten und erstaunliche Dinge vollbringen.

Das ist mit Hilfe eines ganz speziellen Geräts möglich: Der Analog-Digital-Wandler ist die Hauptpforte, durch die man aus unserer Umwelt – der analogen Welt – in das digitale Imperium gelangt. Unsere Welt besteht aus Bewegung und Kräften, Wärme, Licht und Tönen. All dies sind analoge Erscheinungen, deren Stärke und Intensität sich ständig verändern.

Diese Veränderungen werden in einem digitalen System in Ziffernfolgen oder Bitgruppen umgewandelt. Zuerst wandelt der Detektor oder Sensor die wechselnden Stärken von Wärme, Gewicht, Ton oder Licht in ein analoges oder veränderliches elektrisches Signal um. Dann mißt ein Chip im Analog-Digital-Wandler laufend die Spannung dieses Signals und verwandelt jede Voltzahl in eine Binärzahl, die aus Bits in Form von elektrischen Ein-Aus-Impulsen besteht. Diese Bits machen sich dann auf die Reise durch das digitale Imperium.

ANALOG-DIGITAL-WANDLER (ADC)

Dieser Wandler erzeugt der Einfachheit halber nur drei Bits. In der Praxis erzeugen die ADCs Binärzahlen mit 8, 16 oder mehr Bits.

DIGITAL-ANALOG-WANDLER (DAC) (SIEHE S. 360).

ANALOGES EINGABESIGNAL

Das Vergleichsregister empfängt das Eingabe- und das DAC-Signal und liefert nur dann ein Ein-Bit (1), wenn das eingegebene Signal genauso stark oder stärker ist als das DAC-Signal.

LEITUNG 1
LEITUNG 2
LEITUNG 3

DIGITALE AUSGABE

1 ANALOGE EINGABE
Ein analoges Signal von fünf Volt gelangt in den ADC, der es in die Drei-Bit-Zahl 101 (dezimal 5) umwandelt. Der ADC besteht aus zwei Teilen. Das Signal wandert zum Vergleichsregister, das über drei Leitungen mit einem Digital-Analog-Wandler (DAC) verbunden ist.

Wenn das Eingabesignal mit fünf Volt stärker ist als das Vier-Volt-DAC-Signal, liefert das Vergleichsregister ein Ein-Bit (1).

LEITUNG 1 EIN

ERSTES BIT

1

2 ERSTES BIT
Das Vergleichsregister sendet auf Leitung 1 ein elektrisches Signal zum DAC, der die Binärzahl 100 (dezimal vier) empfängt und ein Vier-Volt-Signal erzeugt. Dieses Signal kehrt zum Vergleichsregister zurück, das das DAC-Signal mit dem Eingabesignal vergleicht.

Da das Fünf-Volt-Eingabesignal jetzt schwächer ist als das Sechs-Volt-DAC-Signal, erzeugt das Vergleichsregister ein Aus-Bit (0).

LEITUNG 2 EIN

ZWEITES BIT

0   1

3 ZWEITES BIT
Jetzt öffnet das Vergleichsregister die zweite Leitung zum DAC, der die Binärzahl 110 (dezimal 6) empfängt und sie in sechs Volt umwandelt, die zum Vergleichsregister zurückkehren.

Das DAC-Signal hat dieselbe Stärke wie das Eingabesignal; deshalb liefert das Vergleichsregister ein Ein-Bit (1).

LEITUNG 3 EIN

DRITTES BIT

1   0   1

4 DRITTES BIT
Da das zweite Bit ein Aus-Bit war, schließt das Vergleichsregister Leitung 2 und öffnet Leitung 3. Der DAC empfängt die Binärzahl 101 (dezimal fünf) und wandelt sie in fünf Volt um.

DAS DIGITALTHERMOMETER

Der Temperaturfühler eines Digitalthermometers enthält einen Thermistor (siehe S. 270). Er erzeugt ein elektrisches Signal, das im gleichen Maße schwankt wie die Temperatur. Dieses Signal gelangt in einen Analog-Digital-Wandler, der jede Messung in Bits umwandelt. Mit Hilfe von Chips, die denen in elektronischen Waagen gleichen, zeigt das Thermometer die Temperatur in Form einer Zahl an.

C/F-Taste liefert Temperatur in Celsius oder Fahrenheit

H- und N-Tasten liefern die höchste und die niedrigste der zuvor gemessenen Temperaturen. Sie sind in Form von Bits gespeichert.

FÜHLER

SPANNUNG

ANZEIGE (SIEHE S. 359).

Die Spannung der analogen elektrischen Signale aus dem Thermistor schwankt in dem Maße, in dem die Temperatur steigt, gleich bleibt oder fällt.

SPANNUNGS-MESSUNGEN

ZEIT

DIE ELEKTRONISCHE WAAGE

GEWICHT FESTSTELLEN

Das Gewicht der Ware biegt geringfügig den Balken, der den dünnen Draht im Dehnungsmesser dehnt oder zusammendrückt. Dadurch verändert sich der elektrische Widerstand des Drahtes und zugleich die Stärke des durch den Dehnungsmesser fließenden Stroms.

DEHNUNGSMESSER ENTHÄLT ZWEI DRAHTSCHLEIFEN

ZWEITER DEHNUNGSMESSER UNTER BALKEN

SPANNUNG

SPANNUNGS-MESSUNGEN

GEWICHT DER WAAG-SCHALE PLUS EINKAUF

SIGNAL VOM DEH-NUNGS-MESSER

GEWICHT DER WAAG-SCHALE

ZEIT

ANALOG-DIGITAL-WANDLER

PROZESSORCHIP

ANZEIGECHIP

SPEICHER CHIP

TASTEN-KONTROLL-CHIP

AUS-TASTE

ANZEIGE SIEHE S. 359)

GRAMM-TASTE

LÖSCH-TASCHE

EIN-TASTE

Wie diese Briefwaage enthalten auch die in Läden benutzten elektronischen Waagen einen Dehnungsmesser, der das Gewicht des Einkaufs feststellt. Der Dehnungsmesser liefert ein analoges elektrisches Signal, dessen Spannung dem Gewicht entsprechend schwankt, und ein Analog-Digital-Wandler verwandelt die Spannung in eine aus elektrischen Ein-Aus-Impulsen bestehende Binärzahl. Diese Bits wandern zum Prozessor der Waage, der das Gewicht errechnet, das (gespeicherte) Gewicht der Waagschale abzieht und auch den Preis der Ware ausrechnen kann. Zum Schluß werden Gewicht und Preis angezeigt.

BITS AUS TÖNEN

Der Prozeß, in dessen Verlauf die Töne von Stimmen und Musik in Bits umgewandelt werden, beginnt mit einem Mikrofon. Die durch die Luft zum Mikrofon gelangenden Schallwellen bewirken, daß der Luftdruck steigt und sinkt – wie sich kräuselndes Wasser, aber erheblich schneller. Die Luftdruckschwankungen bewirken, daß im Mikrofon (siehe S. 224) ein elektrisches Tonsignal erzeugt wird, dessen Spannung im gleichen Maße schwankt. Von dort aus geht das Tonsignal zu einem Analog-Digital-Wandler (siehe S. 320), der die Spannung des Tonsignals mißt und jede Voltzahl in eine Binärzahl in Form von elektrischen Ein-Aus-Impulsen umwandelt. Für Ton in CD-Qualität nimmt der Wandler pro Sekunde 44 000 Messungen vor. Jede von ihnen wird in eine Sechzehn-Bit-Zahl umgewandelt, die 65 536 Spannungsstärken liefert. Das so entstehende digitale Signal ist ein sehr exaktes Bild einer Schallwelle und der Grund dafür, weshalb die Qualität der digitalen Tonwiedergabe außerordentlich hoch ist.

SPANNUNG

SPANNUNGS-MESSUNGEN

TONSIGNAL
Die Spannung des von einem Mikrofon kommenden Tonsignals ändert sich blitzschnell. Dieser Klang dauert nur etwa eine Zweitausendstelsekunde.

ZEIT

EINGABE BUCHSE

DIE SOUNDKARTE WIRD IN DEN COMPUTER EINGESTECKT

ANALOG-DIGITAL-WANDLER

MIKROFON

SOUNDKARTE

Computer und digitale Geräte, die mit Tönen arbeiten, enthalten eine Sound- oder Audiokarte. Ein Mikrofon oder eine andere Vorrichtung, die – wie etwa ein CD-Player, ein Bandgerät oder ein Radioapparat – Tonsignale erzeugen kann, wird in die Eingabebuchse der Soundkarte eingestöpselt. Einer der Chips der Soundkarte ist ein Analog-Digital-Wandler, der die eintreffenden Tonsignale in Bits umwandelt, die dann gespeichert, weiterverarbeitet oder an einen anderen Ort übermittelt werden können.

STIMMERKENNUNG

Man kann einem Computer gesprochene Worte eingeben, und der Computer kann gesprochenen Befehlen gehorchen. Der Speicher enthält ein Wörterverzeichnis in Form von Bitsequenzen, und der Computer erkennt ein Wort, indem er die Bits mit einer identischen oder ähnlichen Sequenz im Speicher vergleicht. Er kann auch gesprochene Worte in eine andere Sprache übersetzen und bei Fremdsprachen die Aussprache überprüfen.

DIGITALE TONAUFZEICHNUNG

Die Tonbits können für die spätere Wiedergabe von Stimmen oder Musik gespeichert werden. Das kann auf der Festplatte des Computers (siehe S. 333) geschehen oder auf einem digitalen Band, einem digitalen Film oder einer CD (siehe S. 334-337). NICAM-Videorecorder können digitale Töne auf Videoband aufzeichnen.

DIGITALES RADIO

Die Tonbits werden in Radiowellen, die von der Radiostation ausgesandt werden, an digitale Radioempfänger in Autos und Häusern gesendet (siehe S. 352).

MOBILTELEFON

Viele Mobiltelefone sind digital und enthalten Schaltsysteme, die das vom Mikrofon in der Sprechmuschel erzeugte Tonsignal in Bits umwandeln. Diese Bits werden dann über Funk an eine Basisstation übermittelt (siehe S. 236 und 352).

! * *!!!"?

DIE STIMMUNGSERKENNUNG-SOFTWARE IN DIESEM COMPUTER KANN DAS GESPROCHENE WORT NICHT IDENTIFIZIEREN.

BITTE ERNEUT VERSUCHEN.

BITS IM DIGITALEN TONSIGNAL

BITS AUS LICHT

Computer und andere digitale Geräte sind imstande, das Licht in Bildern einzufangen und sie in Bits umzuwandeln. Dazu muß das Gerät zuerst das Original abtasten. Das kann geschehen, indem es das Bild auf ein CCD (leistungsträgergekoppeltes Element) projiziert, das zahlreiche Reihen von winzigen lichtempfindlichen Detektoren enthält (siehe S. 243). Jeder Detektor erfaßt einen winzigen Teil des Bildes und erzeugt eine der Helligkeit des jeweiligen Bildteils entsprechende Spannung, und eine Detektorreihe nach der anderen meldet ihre Spannungssequenz. Eine andere Möglichkeit ist ein CCD mit nur einer Reihe von Detektoren, auf die aufeinanderfolgende Bildstreifen treffen. Die Spannung geht dann in einer Sequenz von dieser einen Reihe aus. In beiden Fällen wird das Bild in ein elektrisches Signal umgewandelt, bei dem die Spannungsschwankungen die unterschiedliche Helligkeit eines Bildstreifens nach dem anderen reflektieren. Diese Spannungsschwankungen werden gemessen und von einem Analog-Digital-Wandler in Bits umgewandelt (siehe S. 320).

Messungen der Spannung in einem Bildstreifen treffen auf die mittlere Reihe des CCD. Je heller die Stelle, desto stärker die Spannung.

CCD ENTHÄLT REIHEN VON LICHTDETEKTOREN

BILD EINES AUGES FÄLLT AUF CCD

OPTISCHE ZEICHENERKENNUNG (OCR)

Mit OCR-Software kann man seinem Computer das Lesen beibringen. Dazu ist ein Scanner (siehe S. 324-325) erforderlich, der ein Dokument abtastet, das geschriebene Worte enthält, und dann das Bild der Wörterzeilen in Bits umwandelt. Die Software versetzt den Computer in die Lage, die Form der einzelnen Buchstaben und andere Zeichen, wie etwa Zahlen oder Interpunktion, genau zu erkennen, als hätte man sie über die Tastatur eingegeben. Auf diese Weise kann

man ein Dokument direkt in den Computer einspeisen und es dann zum Beispiel als E-Mail versenden (siehe S. 350-351). Was noch wichtiger ist: Der Computer kann Blinden Bücher vorlesen. Er tastet die Worte auf jeder Seite ab und wandelt die Bitsequenzen der geschriebenen Worte in solche der gesprochenen Worte um, die dann in einen Digital-Analog-Wandler und zu einem Lautsprecher gelangen, die sie hörbar machen (siehe S. 360).

ABTASTEN VON D
Der geschriebene Buchstabe D wird in eine Bitsequenz umgewandelt.

2 VERGLEICHEN VON D
Der Computer vergleicht die Bits mit den Bitsequenzen aller ihm bekannten Zeichen.

3 D GLEICHSETZEN
Die Bitsequenz des Buchstabens D ist den Bits des geschriebenen Buchstabens am ähnlichsten.

4 ANZEIGEN VON D
Die Bits für den Buchstaben D gelangen auf den Bildschirm, und der Computer zeigt ein D an.

ZEICHENERKENNUNG

Der Computer tastet jedes geschriebene Zeichen ab und verwandelt seine Form in eine Sequenz aus Ein-Bits und Aus-Bits. Der Speicher des Computers enthält die Bitsequenzen sämtlicher Zeichen und setzt die abgetastete Bitsequenz mit einer identischen oder ähnlichen Sequenz in seinem Speicher gleich.

TASCHEN-ÜBERSETZER

Wenn man den Übersetzer auf einer Zeile mit ausländischen Wörtern, zum Beispiel den Namen eines Gerichts auf einer Speisekarte, entlangrollt, erscheint auf der Anzeige das fremde Wort und seine Übersetzung ins Deutsche. Der Übersetzer tastet die Wörter ab und benutzt das OCR zum Erkennen jedes fremden Worts. Sein Speicher enthält sämtliche Wörter beider Sprachen in Form von Bits und kann deshalb blitzschnell fremdsprachliche in deutsche Bits umwandeln.

yes
ja

ja

3 ERSTER SPIEGEL
Ein Spiegel bewegt sich mit der Lichtquelle und reflektiert jede Zeile des Bildes zu einem zweiten Spiegel.

2 LICHTQUELLE
Wenn das Bild abgetastet wird, bewegt sich eine helle Lichtquelle unter dem Fenster auf dem Bild entlang und erhellt eine schmale Bildzeile nach der anderen.

KABEL VERBINDET SCANNER MIT COMPUTER

1 DEN SCANNER BENUTZEN
Ein Bild von Sonne und Himmel wird mit der Bildseite nach unten auf das Fenster des Scanners gelegt.

SCANNER

Mit Hilfe eines Scanners kann man Fotos, Zeichnungen, Gemälde und Dokumente in einen Computer eingeben. Sobald die Vorlage in digitale Form gebracht worden ist, kann sie abgeändert und auf vielerlei Weise verwendet werden. Sie kann für künftiges Betrachten gespeichert, in ein anderes Dokument eingefügt und ausgedruckt, in digitaler Form an einen anderen Computer übermittelt oder in eine Internetseite aufgenommen werden. Bei einem Scanner kann es sich um ein separates, mit einem Computer verbundenes Gerät handeln, er kann aber auch Teil eines Allzweckgeräts sein, das außerdem noch ein Faxgerät, einen Drucker und einen Fotokopierer enthält. Der Scanner löst die Vorlage in zahlreiche Zeilen von Pixeln (Bildpunkten) auf, von denen jeder eine bestimmte Farbe hat. Anschließend wird jedes Pixel in Bits umgewandelt, die eine der jeweiligen Farbe entsprechende Binärzahl bilden. Auf diese Weise wird die Vorlage zu einer langen Sequenz aus Farbnummern in binärer Form.

[324]

FENSTER

BILDSEITE NACH UNTEN

24 BIT-ZAHL FÜR GELBES PIXEL IN SONNE

8-BIT-ZAHL FÜR BLAU

8-BIT-ZAHL FÜR GRÜN

8-BIT-ZAHL FÜR ROT

4 ZWEITER SPIEGEL
Der zweite Spiegel steht fest und reflektiert jede eintreffende Bildzeile auf eine Linse.

ANALOG-DIGITAL-WANDLER

8 DIGITALE FARBAUSGABE
Der Analog-Digital-Wandler wandelt die drei Spannungsstärken jedes Pixels in drei 8-Bit-Zahlen um. Die daraus resultierende 24-Bit-Sequenz wird zum Computer weitergeleitet, dort gespeichert oder weiterverarbeitet und auf dem Monitor des Computer sichtbar gemacht (siehe S. 361).

7 ANALOGES FARBSIGNAL
Auf drei Leitungen gelangen die unterschiedlichen Spannungen der roten, grünen und blauen Zeilen im CCD zum Analog-Digital-Wandler (siehe S. 320) des Scanners.

GELBES PIXEL IN SONNE

GELBES PIXEL IN SONNE

PIXELANORDNUNG FÜR ROT

PIXELANORDNUNG FÜR GRÜN

GELBE PIXEL IN DER SONNE

Ein Teil der Vorlage mit dem Rand der Sonne und dem blauen Himmel durchwandert das CCD und wird in eine Anordnung von 11 Zeilen mit jeweils 11 Pixeln aufgelöst.

PIXELANORDNUNG RÜR BLAU

BLAUES ANALOGES SIGNAL

ROTES ANALOGES SIGNAL

GRÜNES ANALOGES SIGNAL

LINSE
Die Linse projiziert in Abbild jeder vorbeigleitenden eile auf ein CD.

6 CCD
Das CCD (siehe S. 243) enthält drei Reihen mit Hunderten von winzigen Lichtdetektoren mit Rot-, Grün- und Blaufiltern. Wenn die Vorlage vorbeigleitet, erzeugt jeder Detektor ein analoges elektrisches Signal, dessen Spannung der Helligkeit des auf ihn fallenden Lichts entspricht. Anschließend liefert jede Gruppe von drei Rot-, Grün- und Blaudetektoren jeweils ein Pixel.

DIGITALE FARBE
Farben entstehen durch die Mischung von rotem, grünem und blauem Licht von verschiedener Intensität. Aus Rot und Grün wird (wie hier) Gelb. Viele Scanner benutzen zum Messen dieser Lichtintensitäten 8-Bit-Zahlen. Damit entstehen von Rot, Grün und Blau jeweils 256 Farbtöne, die sich zu mehr als 16 Millionen verschiedenen Schattierungen kombinieren lassen.

FAXGERÄT

Das Dokument, das gesendet werden soll, durchläuft ein Faxgerät und passiert dabei ein CCD mit einer einzigen Reihe von Lichtdetektoren (siehe S. 243). Das CCD tastet die Seite ab und liefert elektrische Signale, deren Spannung den hellen und dunklen Teilen des Dokuments entsprechend schwankt. Danach wandelt ein Analog-Digital-Wandler (siehe S. 320) das analoge Signal in Bits um, die über eine Telefonleitung an das Faxgerät des Empfängers gesendet werden (siehe S. 352).

DOKUMENT PASSIERT CCD

CCD

ANALOG-DIGITAL-WANDLER

ANALOGES SIGNAL

DIGITALES SIGNAL GELANGT IN TELEFONLEITUNG

DIGITALE FOTOKAMERA

Die Fotografie betritt das digitale Imperium mit der digitalen Festbildkamera, die ohne Film auskommt und Aufnahmen in digitaler Form macht, die man dann auf dem Bildschirm der Kamera, eines Fernsehers oder eines Computers betrachten oder von einem Computer_drucker ausdrucken lassen kann. Die Kamera ist wie alle Fotoapparate mit Linse, Blitzlicht und Sucher ausgerüstet. Das auf der Linse entstehende Bild fällt auf ein CCD mit einer Anordnung von rund einer Million Lichtdetektoren. Das CCD erzeugt ein analoges Farbsignal, das in ein digitales 24-Bit-Farbsignal umgewandelt wird (siehe S. 325). Sobald man auf den Auslöser drückt, werden die Bildbits in der Kamera gespeichert.

PROZESSOR

ANALOG-DIGITAL-WANDLER

CCD

LINSE

SPEICHERCHIP
Der Flashspeicher (siehe S. 332) speichert eine bestimmte Zahl von Aufnahmen. Jede von ihnen kann gelöscht und durch eine andere ersetzt werden; auf diese Weise kann man die Aufnahme wiederholen, bis man mit ihr zufrieden ist.

BUCHSE FÜR SPEICHERKARTE

SPEICHERKARTE
Auf jeder Speicherkarte speichert ein Blitzlichtchip weitere Aufnahmen so lange, wie sie gebraucht werden.

COMPUTERKABEL

DIGITAL-ANALOG-WANDLER (SIEHE S. 360)

ANALOGES BILD-SIGNAL

ANSCHLUSS-BUCHSE FÜR FERNSEHER

DIGITALES BILDSIGNAL

COMPUTERBUCHSE
Die Bits können vom Prozessor der Kamera an einen Computer übermittelt werden. Er kann die Fotos auf seiner Festplatte speichern, sie mit Hilfe von Grafik-Software abändern, sie per E-Mail verschicken, sie auf eine Internetseite befördern und sie ausdrucken.

FARBBILDSCHIRM
An der Rückseite der Kamera befindet sich ein Flüssigkristall-Bildschirm (siehe S. 361), der das gerade aufgenom-mene Foto ebenso zeigen kann wie sämtliche anderen Fotos im Speicher der Kamera. Er erhält ein analoges Bildsignal direkt vom CCD oder vom Digital-Analog-Wandler.

DIGITALES FERNSEHEN

Eine Fernsehkamera enthält CCDs wie eine digitale Festbildkamera. Sie erzeugen ein analoges Bildsignal, das an Fernsehgeräte gesendet wird (siehe S. 242-243). Beim digitalen Fernsehen wird das Signal von einem Analog-Digital-Wandler in Bits umgewandelt, die gesendet werden (siehe S. 352). Dieses digitale System garantiert erstklassigen Empfang auf einer Vielzahl von Kanälen.

ZWEITES KAPITEL

Das andere Ende des Seils war an
eine fahrbare Trittleiter geknotet,
die vor einem hohen Regal stand.
Jedes Regalbord hatte eine Nummer
und war in acht Felder unterteilt.
Hilfskräfte packten jeden
ankommenden Kürbis in sein Fach,
wobei sie genau darauf achteten, daß
die Reihenfolge gewahrt blieb. Wenn
ein Kein-Kürbis oder ein Wäschestück
eintraf, wurde das Fach leer gelassen.
Das Mammut hielt das zwar für eine
ziemlich komplizierte Methode,
Wäsche zu trocknen, aber das war
vermutlich „Fortschritt".

*A*ls das Mammut um die Ecke bog, konnte es kaum glauben, was es sah. Unzählige Reihen von mit Kürbissen und Kein-Kürbissen gefüllten Regalen erstreckten sich, soweit das Auge reichte. Zum ersten Mal in seinem Leben kam es sich regelrecht klein vor, und ein kalter Schauder überlief seinen massigen Körper. Es war in das digitale Imperium eingetreten und hatte sogar zugelassen, daß man es vermaß, weil es gehofft hatte, Gesellschaft zu finden. Aber jetzt, wo es all die Kürbisse betrachtete, kam es sich unbedeutender vor als je zuvor und ließ alle Hoffnung fahren.

Obwohl jedes Bord eine Nummer hatte, fragte es sich, wie irgendjemand – Bill eingeschlossen – die Übersicht über all diese Kürbisse behalten konnte – von den Kein-Kürbissen ganz zu schweigen. Als sich das Mammut verwirrt umschaute, entdeckte es, daß sämtliche Regale über eine zweite, noch größere Trittleiter erreicht werden konnten. Wenn Bill die Nummer eines bestimmten Bords aufrief, wurde die Leiter vor das entsprechende Bord gerollt und sämtliche acht Fächer entleert. Dann wurde ihr Inhalt an einem von zwei laufenden Seilen befestigt und fortgeschafft.

SPEICHERN VON BITS

Das Mammut schaut zu, wie seine persönlichen Daten gespeichert werden. Die Kürbisse werden in Acht-Bit-Gruppen auf numerierten Borden gelagert, so daß jede Gruppe wiedergefunden und woanders hinbefördert werden kann.

Die Bits gelangen als elektrische Ein-Aus-Impulse in den Speicher und wieder aus ihm heraus, aber im Speicher eines digitalen Geräts werden die Bits in anderen Formen aufbewahrt. Die Bits können im Speicher nur kurz geparkt werden, aber auch sehr lange oder für immer darin bleiben.

Digitale Geräte speichern zwei Klassen von Bits: Programme und Daten. Ein Programm ist ein Satz von Befehlen, die der Computer verstehen und abarbeiten kann. z.B. bei der Textverarbeitung oder dem Aufnehmen von Fotos. Diese Befehle bestehen aus Bits, die Codenummern für die abzuarbeitenden Schritte bilden. Daten bestehen aus Bits, die Informationen liefern, die vom Programm benötigt oder produziert werden, während das Programm läuft, zum Beispiel in Form von Wörtern, Bildern oder erzielten Punkten.

0	1	SPEICHERTYPEN
		SPEICHERCHIP Die Bits werden in Form elektrischer Ein-Aus-Sequenzen gespeichert.
		DISKETTEN UND BÄNDER Vorwärts und rückwärts gerichtete Magnetfelder speichern Bits.
		STRICHCODE Weiße Leerräume und schwarze Balken stehen für Aus-Bits und Ein-Bits.
		DIGITALFILMTON Die Bits werden als transparente Punkte auf dem Film gespeichert.
		COMPACT DISCS Bits sind als Vertiefungen und Erhebungen (Pits) auf der CD gespeichert.
		BESCHREIBBARE CDs Bits werden als dunkle Markierungen und Nicht-Markierungen gespeichert.

BITS UND BYTES

Jede Speichervorrichtung hat eine bestimmte Speicherkapazität, die in Bytes gemessen wird. Ein Byte ist eine winzige Einheit von nur acht Bits, die in binärer Form jede Zahl zwischen 0 und 255 speichern kann; für höhere Zahlen sind zwei oder mehr Bytes erforderlich. Die Bytes einer Speicherkapazität werden in großen Einheiten zusammengefaßt. Ein Kilobyte (1 KB) sind 1024 Bytes, ein Megabyte (1 MB) sind 1 048 576 Bytes, und ein Gigabyte (1 GB) sind 1 073 741 824 Bytes. Jedes Byte hat im Speicher seine eigene „Adresse" mit der dazugehörigen Zahl. Ein digitales Gerät führt gewissermaßen Buch darüber, welches Byte wo gespeichert ist, und arbeitet sich durch eine Liste von Adressenzahlen, wenn die Bytes in einer Byte-Gruppe gebraucht werden.

EIN BYTE

Acht Bits sind ein Byte. Buchstaben, Zahlen und Satzzeichen werden in Form von 8-Bit-Codezahlen dargestellt. So ist der Buchstabe „a" 01100001 (dezimal 97). Also speichert ein Byte einen Buchstaben.

EIN KILOBYTE

Ein Kilobyte ist etwas mehr als tausend Bytes. Mit ihm können die Buchstaben von rund 150 Wörtern oder einer halben Romanseite gespeichert werden.

CD-ROM

Eine CD-ROM hat eine Speicherkapazität von 650 Megabytes, was mehreren hundert Romanen entspricht. Aber CD-ROMs enthalten Bilder, die mehr Speicherplatz brauchen als Wörter. Eine CD-ROM kann den Inhalt einer Enzyklopädie einschließlich mehrerer Tausend Bilder speichern.

DISKETTE

Eine Diskette hat eine Speicherkapazität von ungefähr einem Megabyte (rund einer Million Bytes). Damit können an die 150 000 Wörter gespeichert werden - die Durchschnittslänge eines Romans.

FESTPLATTE

Die Festplatte in einem Heimcomputer hat gewöhnlich eine Speicherkapazität von mehreren Gigabyte. Eine Festplatte kann Tausende von Romanen speichern - so viele, daß man damit eine kleine Buchhandlung füllen könnte.

Haben Sie ein Exemplar von "Die Rache der Schreibmaschine"?

Shhhhh.....

ZUSAMMENQUETSCHEN VON BITS

Die Datenmenge, die eine Speichervorrichtung aufnehmen kann, läßt sich durch Datenkomprimierung erheblich vergrößern. Das geschieht mit einem mathematischen Prozeß. So werden zum Beispiel nicht sämtliche vom Eingabegerät gelieferten Zahlen gespeichert, sondern die Vorrichtung speichert vielleicht nur die erste Zahl und errechnet und speichert nur die Differenz zu jeder nachfolgenden Zahl. Diese Differenz kann sehr gering sein oder sogar Null betragen (wie bei aneinander grenzenden, gleichfarbigen Teilen eines Bildes). Mit dieser Komprimierung wird die Zahl der zu speichernden Bits stark verringert – bei Videobildern im Verhältnis von 200 zu 1. Wenn die komprimierten Bits aus dem Speicher abgerufen werden, kann das digitale Gerät sie dekomprimieren und durch Umkehr des mathematischen Prozesses die ursprüngliche Bitmenge wieder herstellen.

PINS UND PASSWÖRTER

Gesicherte digitale Geräte und Systeme wie etwa Geldautomaten und E-Mail verlangen die Eingabe einer PIN (Persönlichen Identifikationsnummer) oder eines Paßworts. PIN oder Paßwort sind in Form einer Bitsequenz in dem Gerät oder System gespeichert. Die eingegebenen Bits werden mit denen im Speicher verglichen, und der Eingabevorgang kann nur dann fortgesetzt werden, wenn sie übereinstimmen.

ELEKTRISCHE SPEICHERUNG

Mikrochips speichern Bits in elektrischer Form. Ein Speicherchip besteht aus einem Gitter von winzigen elektrischen Speicherzellen, die jeweils ein Bit speichern. Die Zellen sind in Achtergruppen angeordnet, von denen jede ein Byte (acht Bits) enthält. Jede Gruppe hat eine „Adresse", und wenn Bits gespeichert oder abgerufen werden sollen, öffnet ein Adreß-Entschlüssler Leitungen zu Zellgruppen. Das Zellgitter läßt sich am besten mit einer riesigen Stadt aus langen Straßen mit numerierten Häusern vergleichen. Gruppen von acht Bits jagen durch die Straßen und besetzen in jedem Haus acht Zimmer.

SPEICHER-CHIP

RANDOM ACCESS MEMORY (RAM)

Der Arbeitsspeicher in einem digitalen Gerät besteht aus RAM-Chips. Sie halten Daten und Programme fest, aber nur so lange, wie die Bits gebraucht werden; während das Gerät benutzt wird, werden sie ständig durch neue Bitgruppen ersetzt. Die Bits können in jeder verfügbaren Gruppe von Speicherzellen gespeichert werden – daher der Name „random access" (wahlfreier Zugriff). Weitere RAM machen das Gerät schneller.

ADRESS-ENTSCHLÜSSLER

ADRESSE

UNTER ADRESSE 1 GESPEICHERTE BITS

VIER SPEICHERZELLEN VERGRÖSSERT (RECHTS)

ADRESSLEITUNG 0 GESCHLOSSEN

DATEN-LEITUNG EIN

TRANSISTOR AUS

TRANSISTOR AUS

ADRESSLEITUNG 1 OFFEN

TRANSISTOR EIN

TRANSISTOR EIN

KONDENSATOR SPEICHERT IMPULS (1)

DATENLEITUNG AUS

KEIN IMPULS GESPEICHERT (0)

IM INNERN EINES RAM-CHIPS

Jede Speicherzelle enthält einen Transistor (siehe S. 341) und einen Kondensator und ist mit einer Adreß- und einer Datenleitung verbunden. Zum Speichern von Bits öffnet der Adreß-Entschlüssler eine Adreßleitung und schaltet sämtliche Transistoren unter dieser Adresse ein. Die Bits wandern als elektrische Ein-Aus-Impulse auf der Datenleitung entlang. Jedes Ein-Bit (1) durchläuft den Transistor der Zelle und lädt ihren Kondensator auf. Beim Aufrufen von Bits entlädt sich die Zelle und schickt über die Datenleitung Ein-Aus-Impulse zurück.

READ-ONLY MEMORY (ROM)

Die in einem ROM-Chip enthaltenen Bits sind dauerhaft gespeichert und können nicht verändert, sondern nur gelesen werden. Das BIOS (Basic input-Output-System) eines Computers ist ein ROM. Es enthält eine Routine zum Laden des Betriebssystems, die in Aktion tritt, wenn der Computer eingeschaltet wird. Ein ROM-Chip enthält ein Gitter von Speicherzellen, die genau wie in einem RAM-Chip mit Adreß- und Datenleitungen verbunden sind. Bei der Herstellung des Chips werden einige der Verbindungen der Adreßleitungen unterbrochen. Beim Aufrufen von Bits werden alle Zellen unter Strom gesetzt, aber der Strom gelangt zu einer Adresse nur durch miteinander verbundene Transistoren, die eingeschaltet werden und in im ROM gespeicherten Bits Ein-Impulse auslösen. Die unterbrochenen Verbindungen schalten die anderen Transistoren unter dieser Adresse aus und liefern die Aus-Impulse.

UNTERBROCHENE VERBINDUNG

STROM-LEITUNG

ADRESSLEITUNG 0 GESCHLOSSEN

TRANSISTOR AUS

TRANSISTOR AUS

ADRESSLEITUNG 1 OFFEN

UNTERBROCHENE VERBINDUNG

TRANSISTOR EIN

TRANSISTOR AUS

DATENLEITUNG EIN

DATENLEITUNG AUS

[331]

FLASHSPEICHER

RAM-Chips (siehe S. 331) sind flüchtig; sie können ihren Speicherinhalt nur bewahren, wenn sie ständig Verbindung mit einer elektrischen Stromquelle haben, und wenn der Strom abgeschaltet wird, sind die Bits verloren. Für die immer kleiner und tragbar werdenden digitalen Geräte mußte eine kompakte, nichtflüchtige Speicherungsmöglichkeit gefunden werden. Das ist der Flashspeicher, der Bits auch ohne ständige Stromzufuhr speichern und trotzdem jederzeit neue Bits aufnehmen kann. Er enthält ein Gitter aus speziellen Transistoren, die – einmal ein- oder ausgeschaltet – in diesem Zustand bleiben.

DIGITALES GELD
Eine Bank speichert das Geld ihrer Kunden als Bits in ihrem Computer. Der Kunde kann es auch in Form von Bits ausgeben. Dazu steckt er eine Geldkarte ein. Bits (in Form von elektrischen Ein-Aus-Impulsen), die einen bestimmten Geldbetrag repräsentieren, werden zu der Karte geschickt und in einem winzigen Flashspeicher auf ihr gespeichert. Gibt der Kunde Geld aus, wird der Betrag von einem Terminal im Geschäft abgebucht.

NOCH VERFÜGBARER BETRAG

GELD LADEN
Die Karte in das Ladegerät stecken und den gewünschten Betrag eintippen. Das Gerät lädt die Karte mit diesem Betrag.

GELD AUSGEBEN
Bei einem Einkauf wird der Betrag in ein Terminal eingegeben. Die Karte wird eingesteckt und der Betrag vom gespeicherten Guthaben abgezogen.

GELD ÜBERPRÜFEN
Auf einer kleinen Anzeige kann man ablesen, wieviel Geld auf der Karte noch verfügbar ist.

KARTENKONTAKTE
Kontakte in der Karte verbinden den Flashchip mit Kontakten im Ladegerät, einem Terminal und der Anzeige und ermöglichen den Zugriff auf die Speicherzellen.

KARTENSPEICHER
Im Plastik der Karte befindet sich unter den Kontakten ein winziger Flashspeicher. Genau wie die Zahl der Geldscheine in der Brieftasche nimmt auch der in Form von Bits gespeicherte Betrag zu oder ab. Wenn das Geld aufgebraucht ist, kann man die Karte mit weiterem digitalen Geld aus dem Ladegerät aufladen.

DIGITALE KAMERA
Bildbits werden in der Kamera auf Flash-Chips gespeichert sowie auf speziellen Speicherkarten, die Flash-Chips enthalten (s. S. 326).

MOBILTELEFON
Ein Flash-Chip speichert häufig gebrauchte Telefonnummern, die man eingeben und dann auf Tastendruck abrufen kann.

WEGFAHRSPERRE
Im Zündschlüssel oder in der Fernbedienung eines Autos befindet sich ein Flash-Chip mit einer Codezahl. Diese ist auch im Fahrzeugcomputer gespeichert. Der Code wird an den Computer übermittelt, der die Wegfahrsperre kontrolliert. Das Auto kann nur gestartet werden, wenn der Code stimmt.

MAGNETISCHE SPEICHERUNG

Speicherchips sind nicht imstande, die Milliarden von Bits aufzunehmen, aus denen Programme und Daten sowie digitale Töne und Bilder bestehen. Deshalb werden die von Eingabegeräten in Form von elektrischen Ein-Aus-Impulsen erzeugten Bits in magnetische Markierungen umgewandelt und auf magnetischen Disketten oder Bändern gespeichert. Bits, die nicht mehr gebraucht werden, können gelöscht und durch neue ersetzt werden.

DISKETTE

In der Plastikummantelung befindet sich eine flexible Scheibe mit einem magnetischen Überzug. Bits werden in konzentrischen Kreisen gespeichert. Sie sind in numerierte Sektoren unterteilt, so daß jede Bitgruppe rasch auffindbar ist. Ein Schreib-Lese-Kopf im Diskettenlaufwerk (siehe S. 283) bewegt sich hin und her und ermöglicht den Zugriff auf eine bestimmte Spur auf der Diskette.

SCHREIB-LESE-KOPF

SEKTOR

SPUR IN SEKTOR

ROTIERENDE DISKETTE

FLEXIBLE MAGNETSCHEIBE

ZUGRIFF
Im Diskettenlaufwerk öffnet sich das Fenster der Diskette und gewährt dem Kopf Zugriff auf die Scheibe.

HÜLLE

FESTPLATTE
Disketten dienen zur Beförderung von Programmen und Daten von einem Computer zum anderen; sie sind inzwischen teilweise von CD-ROMs und Datenübertragung durch E-Mail und Internet (siehe S. 351) ersetzt worden. Im Innern des Computers sind riesige Datenmengen auf einer Festplatte gespeichert. Das Laufwerk enthält mehrere starre Magnetplatten, die zum Schutz vor Staub versiegelt sind. Die Schreib-Lese-Köpfe sind an Armen befestigt, die über beide Seiten der Festplatte vor und zurück schwenken.

SCHREIB-LESE-KOPF

MAGNET-PLATTEN

ARME

MAGNETISIER-TE STREIFEN

DISKETTE

MAGNETISIER-BARE SCHICHT

KERN

SPULE

IMPULS

EIN BIT GESPEICHERT
Der Schreib-Lese-Kopf enthält eine um einen Eisenkern gewickelte Spule. Ein Bit wird in zwei Impulse umge-wandelt. Die Impulse laufen durch die Spule, die die Oberfläche der Diskette magnetisiert, und jeder Impuls wird als Magnetstreifen gespeichert.

ERSTES BIT (1)

ZWEITES BIT (0)

ZWEI BITS GESPEICHERT
Sobald ein Bit gespeichert ist, wendet der erste Streifen immer die Richtung der Magnetisierung des vorherigen Streifens, um ein neues Bit anzuzeigen. Wenn das Bit eine 0 ist, hat der zweite Streifen dieselbe Richtung, bei einer 1 wird sie umgekehrt.

DRITTES BIT (1)

SPUR AUF DISKETTE

DREI BITS GESPEICHERT
Jetzt sind die Bits –101 – auf sechs Streifen gespeichert. Die Streifen bilden auf der Oberfläche der Diskette eine Kreisspur. Einige der gespeicherten Bits bilden ein Verzeichnis mit den Namen und Positionen von Dateien.

VIERES BIT (1)

VIER BITS GESPEICHERT
Vier Bits - 1011 - sind gespeichert. Für den Zugriff auf sie wird die Diskette am Kopf vorbeigedreht und induziert dabei in der Spule ein elektrisches Signal, das Bits in Form von elektrischen Ein-Aus-Impulsen liefert.

MAGNETISCHE SPEICHERUNG

KREDITKARTE

Auf einer Kredit- oder Scheckkarte befindet sich ein Streifen mit einem magnetischen Überzug, auf dem Bits ebenso gespeichert sind wie auf einer Diskette (siehe S. 333). Die Bits bezeichnen die Nummer der Karte, den Namen des Inhabers und die Gültigkeitsdauer.

Wird die Karte durch-gezogen, bewegt sich der Magnetstreifen an einem Lesekopf im Kartenlesegerät vorbei.

MAGNET-
STREIFEN

DIGITALES BAND

Die Bits werden auf einem Magnetband in einem digitalen Bandlaufwerk gespeichert, das ebenso funktioniert wie ein Videorecorder (siehe S. 244). Bei der digitalen Schallaufzeich-nung, bei der die Bits aus einem Mikrofon und einem Analog-Digital-Wandler kommen, werden kleine DAT (Digital Audio Tape)-Kassetten benutzt, während bei der digitalen Datenspei-cherung (DDS) digitale Bänder zur Sicherung der Daten von der Festplatte eines Computers dienen (siehe S. 367). Digitale Videorecorder arbeiten gleichfalls mit Bändern; auf sie werden die Bits aufgezeichnet, die digitale Fernsehprogramme liefern.

DAT- UND DDS-KASSETTEN PASSEN
AUF EINE HANDFLÄCHE

OPTISCHE SPEICHERUNG

STRICHCODE

Das Muster aus schwarzen und weißen Streifen in einem Strich-code speichert Bits, die die Codenummer einer Ware bilden. Je nach Breite entspricht jeder schwarze Strich einer oder mehreren binären Einsen und jeder weiße Zwischenraum einer oder mehreren binären Nullen. Wenn der Verkäufer die Ware über das Lesegerät führt oder einen Lesestift an die Ware hält, bewegt sich ein heller Lichtstrahl über den Strichcode. Ein Detek-tor fängt das reflektierte Licht ein, das aufblitzt und wieder verlöscht, wenn der Strahl über die schwarzen und weißen Striche gleitet. Ähnlich wie in einem CD-Player (siehe S. 336) wandelt der Detektor die Licht-signale in ein elektrisches Signal um, das die Bits in Form von Eins-Aus-Impulsen registriert. Das Codesignal wandert von dem Detektor zu einem Com-puter, der anhand der Codezahl die Ware und ihren Preis iden-tifiziert. Der Name der Ware und ihr Preis erscheinen auf einer Anzeige und können ausgedruckt werden (siehe S. 368).

MITTELTEIL

PRÜFSTRICH

BUCHCODE
Dieser Strichcode enthält zwei durch einen unveränderlichen Mittelteil (01010) getrennte Gruppen von sechs Dezimal-zahlen. An den Enden jedes Strichcodes steht ein Anfangs-und ein Endmuster (101), das Prüfstrich genannt wird.

1   5   8   PRÜF-
STRICH

SIEBEN-BIT-STRICHCODE
Bei den meisten Strichcodes besteht jede Dezimalzahl (0 bis 9) aus sieben Bits. Sie werden in vier Gruppen angeordnet, in denen sich Striche und Leerräume abwechseln und die jeweils ein bis vier Bits enthalten.

DIGITALE TONPUR BEFINDET SICH IN DER PERFORATION

INFRAROTQUELLE

LINSE

PUNKTEMUSTER

DIGITALES SIGNAL VOM DETEKTOR

ANALOGE STEREOTONSPUR FÜR KINOS OHNE DIGITALE AUSRÜSTUNG

CCD-DETEKTOR

PROZESSOR

VERSTÄRKER

DIGITALER FILMTON

Ihr Besuch in diesem Kino wird ein einzigartiges Erlebnis sein. Der Ton dringt von allen Seiten auf Sie ein, weil die Tonspur in digitaler Form aufgezeichnet wurde. Das liefert nicht nur Ton von sehr hoher Qualität; die digitale Speicherung ermöglicht außerdem die Aufspaltung der Tonspur auf mehrere Kanäle, die von Lautsprechern hinter der Leinwand und im Zuschauerraum wiedergegeben werden.

DIGITALER FILMTON

Ihr Besuch in diesem Kino wird ein einzigartiges Erlebnis sein. Der Ton dringt von allen Seiten auf Sie ein, weil die Tonspur in digitaler Form aufgezeichnet wurde. Das liefert nicht nur Ton von sehr hoher Qualität; die digitale Speicherung ermöglicht außerdem die Aufspaltung der Tonspur auf mehrere Kanäle, die von Lautsprechern hinter der Leinwand und im Zuschauerraum wiedergegeben werden.

RECHTE RAUMLAUTSPRECHER

LINKE RAUMLAUTSPRECHER

LEIN-WAND

SECHSKANALTON

Die Tonbits, die nach Durchlaufen eines Analog-Digital-Wandlers aus analogen Mikrofonsignalen entstanden sind, werden am Rande des Films in Form von kleinen, aus Tausenden von schwarzen und weißen Punkten bestehenden Quadraten gespeichert. Der Film passiert eine Quelle von Infrarotstrahlen, die jedes dieser Quadrate durchleuchten, sowie eine Linse, die das vorbeigleitende Punktemuster auf einen CCD-Detektor (siehe S. 243) projiziert. Der Detektor wandelt das Punktemuster in Bits um, die aus elektrischen Ein-Aus-Impulsen bestehen. Ein Prozessor, Verstärker und Lautsprecher wandeln diese digitalen Signale in Sechskanalton um.

ZU RECHTEN LAUTSPRECHERN

ZUM BASS-LAUTSPRECHER

ZUM MITTLEREN LAUTSPRECHER

ZU LINKEN LAUTSPRECHERN

DER CD-PLAYER

Auf einer CD (Compact Disc) können bis zu 70 Minuten Musik in digitaler Form gespeichert werden. Auf der glänzenden Unterseite befindet sich eine spiralförmige Bit-Spur in Form einer Folge winziger Vertiefungen („pits"). Diese Spur ist dünner als ein menschliches Haar und mehrere Kilometer lang. Die CD rotiert mit wechselnden Geschwindigkeiten, je nachdem, wo sich das Ablesesystem gerade befindet: zwischen 500 Umdrehungen pro Minute nahe dem Zentrum der CD bis 200 Umdrehungen pro Minute, an den Außenkanten. Auf diese Weise passiert die Spur mit konstanter Geschwindigkeit das Ablesesystem, das die Bits zurückholt und ein elektrisches Stereo-Tonsignal erzeugt, das an einen Verstärker und zwei Lautsprecher oder Kopfhörer weitergeleitet wird.

SPIRALFÖRMIGE BITSPUR

OPTISCHES ABLESESYSTEM
Ein System aus Spiegeln und Linsen lenkt einen Laserstrahl a[uf] die Vertiefungen auf der rotieren[den] CD. Der Strahl wandert von[n] der Mitte zum Rand. Die lichtempfindliche Photodiode (siehe S. 272) registriert den reflektierte[n] Strahl und erzeugt Bits in Form von Ein-Aus-Impulsen, die dan[n] von einem Digital-Analog-Wandler (siehe S. 360) in Tonsig[nale] umgewandelt werden.

SPURCODES

Die Folge von Vertiefungen in der Tonspur einer CD enthält mehrere Arten von Codes. Toncodes für rechte und linke Stereo-Wiedergabe sind abwechselnd aufgezeichnet. Die Folge enthält auch Codes, die die Laufgeschwindigkeit des Motors und die Synchronisierung steuern.

UNTERSEITE DER CD

EIN UND AUS

Bei der optischen Speicherung kann ein Ein-Bit eine binäre 0 und aus Aus-Bit eine binäre 1 sein. Falls erforderlich, kann mit Hilfe eines NICHT-Gatters (siehe S. 341) jedes Ein-Bit wieder in ein Aus-Bit umgewandelt werden und umgekehrt. Es wird Nicht-Gatter genannt, weil es ein Ein-Bit in ein Bit umwandelt, das NICHT ein ist, und ein Aus-Bit in eines, das NICHT aus ist.

LESEN VON BINÄR 1

Der Laserstrahl dringt in eine Vertiefung der Spur ein und wird nicht reflektiert; also erzeugt die Photodiode kein Signal.

LESEN VON BINÄR 0

Die Oberfläche der CD reflektiert den Laserstrahl zur Photodiode, die ein elektrisches Signal erzeugt.

LINSEN

CD-OBER-
FLÄCHE

VERTIE-
FUNG

DURCHSICHTIGE
SCHICHT

LASER

HALBDURCHLÄSSIGER
SPIEGEL

PHOTODIODE

CD-ROM

Eine CD-ROM ist eine Compact Disc, auf der Bits gespeichert sind, die Computerprogramme, Töne und Bilder repräsentieren; sie wird häufig für Multimedia-Darstellungen und in Computerspielen verwendet. Die Platte wird in einem sehr schnellen, mit einem Computer verbundenen CD-ROM-Laufwerk abgespielt oder in einer mit einem Fernsehgerät verbundenen Heimkonsole.

BESCHREIBBARE CD

Wenn eine Mutter-CD oder eine CD-ROM hergestellt werden, richtet ein Laser seinen Strahl auf die Oberfläche und brennt die Sequenz von Vertiefungen ein. Von dieser Mutterplatte werden die Kopien gepreßt. Mit Hilfe eines CD-Aufzeichnungs-Laufwerks oder eines mit einem Computer verbundenen CD-Schreibers (CD-Recorder) können Bits auf leeren Platten gespeichert werden. Anstatt Vertiefungen einzubrennen, verdunkelt der Laser die Oberfläche und liefert eine spiralförmige Spur, die eine Sequenz aus dunklen Markierungen enthält. Der Detektor im Ablesesystem liest die Markierungen genauso wie Vertiefungen. Eine CD-R (beschreibbare CD) kann nur einmal benutzt werden. Bei einer CD-RW (wiederbeschreibbare CD) können die dunklen Markierungen gelöscht und neue Bits gespeichert werden.

DIE OBERFLÄCHE EINER CD-R ENTHÄLT EINEN GRÜNEN FARBSTOFF, DER SICH VERDUNKELT

GLÄNZEND GOLDENE TRÄGERSCHICHT

DATEN UND MUSIK
Auf beschreibbaren und wiederbeschreibbaren CDs können Computerdaten und -programme sowie Musik in digitaler Form gespeichert werden.

DUNKLE MARKIERUNGEN IN SPUR

RILLE IN PLATTENOBERFLÄCHE DIRIGIERT LASERSTRAHL

DIGITALE VIDEO-CD (DVD)

Die Tausende von Bildern, aus denen ein Film besteht, enthalten, nachdem sie in digitale Form umgewandelt worden sind, Millionen von Bits. Dank der Datenkomprimierung (siehe S. 330) kann eine neue Art von CD, die Digital Video Disc (DVD) all diese Bits aufnehmen, so daß eine DVD einen ganzen Spielfilm speichert. Soll der Film abgespielt werden, wird das Abspielgerät, der DVD-Player, an ein Fernsehgerät angeschlossen. Da es sich um eine digitale Aufzeichnung handelt, sind Bild- und Tonqualität hervorragend, und die DVD könnte das Videoband ablösen.

Ein DVD-Laufwerk kann auch an einenComputer angeschlossen werden. Da jede in das Laufwerk eingelegte DVD ebenso viele Bits speichern kann wie eine Festplatte, ist denkbar, daß wiederbeschreibbare DVDs eines Tages an die Stelle der Festplatte treten werden.

DRITTES KAPITEL

Gerade als das Mammut dachte, jetzt könnte die Angelegenheit nicht noch komplizierter werden, da wurde sie es. Nun rief Bill Arbeitern an einer riesigen Maschine Befehle zu, woraufhin Kürbisse von der Wäscheleine abgenommen und in große Röhren geworfen wurden.

*O*bwohl das Röhrensystem so unübersichtlich war und ganz gleich, wieviele Kürbisse hineingeworfen wurden, kam unten doch immer wieder eine Kombination von acht Kürbissen und Kein-Kürbissen heraus. Die inzwischen ziemlich angeschlagenen Kürbisse landeten auf einem klebrigen Fließband. Sobald alle acht Fächer auf dem Band belegt waren, setzte es sich in Bewegung und trug sie davon.

Bill erklärte dem Mammut, daß die Kürbisse auf ihrem Weg durch die riesige Maschine eine Reihe von gefederten Gattern passierten. Die Art, auf die sich diese Gatter öffneten und schlossen, bestimmte ganz exakt das Muster, in dem die Kürbisse schließlich auf dem Fließband landeten. Als sie eine Reihe von Gatter-Prototypen in einem Testareal erreichten, hatte Bill den Eindruck, daß sein massiger Begleiter endlich anfing, den Einfallsreichtum und die technische Vielfalt dieser Einrichtungen zu begreifen. Aber dann wurde ihm klar, daß das, was dem Mammut vertraut vorkam, lediglich ihre rüsselähnliche Geometrie war. Zum ersten Mal seit langer Zeit fühlte sich das Mammut etwas weniger einsam.

VERARBEITEN VON BITS

Das Mammut schaut jetzt zu, wie die Bits, die seine Körpermaße repräsentieren, aus den Speicherregalen eintreffen und verarbeitet werden. Die Kürbis-Sequenzen fallen in eine riesige und komplizierte Verarbeitungsmaschine, wo sie auf Gatter treffen, die sich öffnen und sie durchlassen oder sich schließen und ihnen den Weg versperren, so daß neue Sequenzen von Kürbissen erscheinen und ihren Weg durch das digitale Imperium fortsetzen. Die Gatter werden von anderen Kombinationen von Kürbissen gesteuert, die von anderen Regalen eintreffen.

Jedes digitale Gerät oder System enthält eine Zentraleinheit mit einem Prozessor, kurz CPU (Central Processing Unit) genannt. Das ist ein Mikrochip mit Tausenden von winzigen elektronischen Gattern, sogenannten logischen Gattern. Bits in Form von elektrischen Ein-Aus-Impulsen kommen aus dem Speicher und sausen zu den Gattern, die ankommende Bits durchlassen oder blockieren, so daß neue Gruppen von Bits entstehen. Diese neuen Bits sind das Ergebnis der vom Programm des Geräts gestellten Aufgabe. Sie kehren in den Speicher zurück oder werden zum nächsten Teil des digitalen Geräts weitergeleitet.

LOGISCHE GATTER

Der Prozessor in einem digitalen Gerät oder System ist eine Art elektronisches Miniaturgehirn in einem leistungsfähigen Mikrochip. Aus dem Speicher des Geräts empfängt er zwei Arten von Bits: Programmbits, die den Prozessor anweisen, einen Befehl auszuführen, und Datenbits, die verarbeitet werden, damit sie ein Ergebnis liefern. Jeder Schritt besteht aus einfachen Rechenvorgängen, die mit großer Geschwindigkeit elektronisch vorgenommen werden. In einem Prozessor-

chip stecken eine Million oder mehr winzige Transistoren (siehe S. 343). Sie sind so miteinander verbunden, daß sie Tausende logischer Gatter bilden, und die Transistoren in dem Chip schalten sich blitzschnell ein und aus. Sie lassen Bits passieren oder versperren ihnen den Weg, damit sie Aufgaben in binärer Arithmetik erledigen können. Die Bits bestehen aus elektrischen Ein-Aus-Impulsen mit hoher (ein oder binär 1) oder schwacher bzw. Nullspannung (aus oder binär 0).

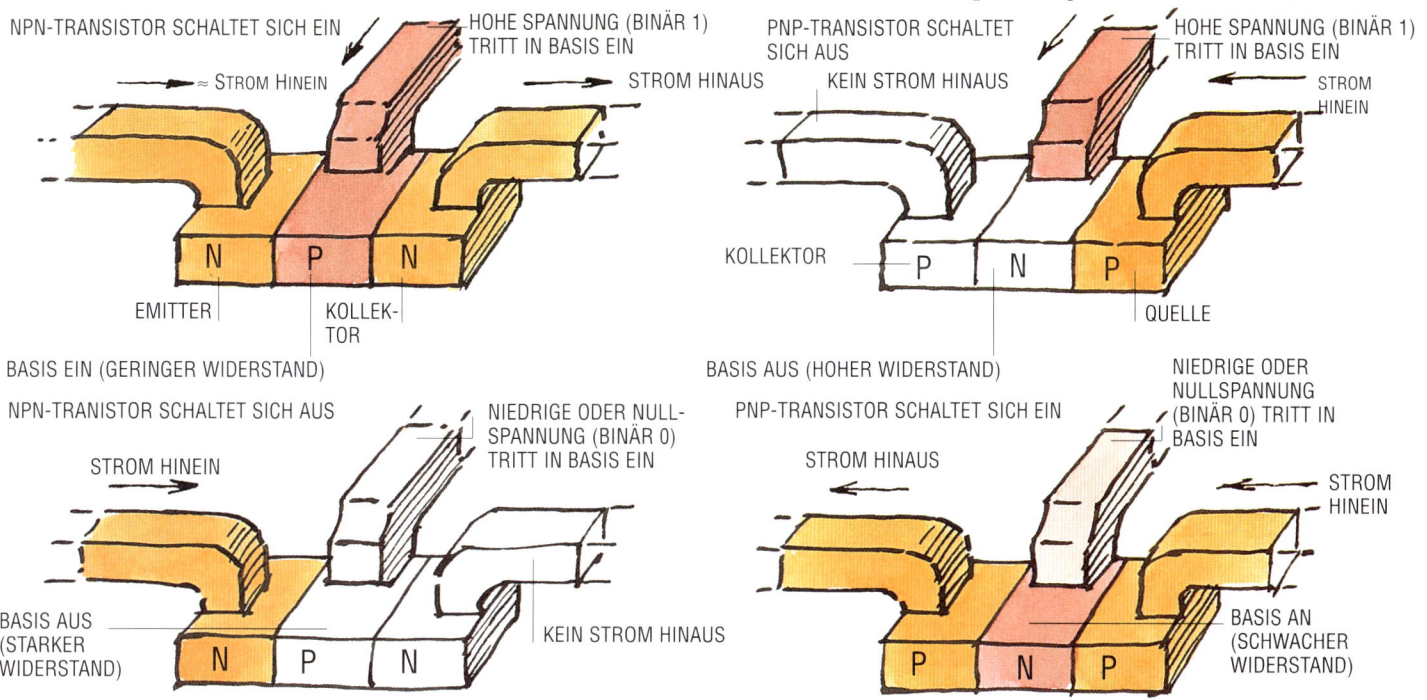

PROZESSOR-TRANSISTOR

Ein Transistor ist ein Bauelement mit zwei Arten von Halbleitern, Typ N und Typ P, die entgegengesetzte elektrische Eigenschaften haben. Er besteht aus drei Teilen: der Quelle, dem Gatter und der Ableitung oder Senke, die als N-P-N oder P-N-P angeordnet sind. Ein elektrischer

Strom wird zum Gatter geleitet, und ein Kontrollbit (ein Ein- oder ein Aus-Impuls) erreicht das Gatter. Dadurch kann sich der elektrische Widerstand des Gatters verringern, woraufhin sich der Transistor einschaltet und den Strom durchläßt. Wenn sich der Widerstand des Gatters erhöht, schaltet sich der Transistor aus und blockiert den Stromfluß.

NICHTGATTER

Rechenvorgänge laufen ab, wenn ein digitales Gerät zwei Zahlen miteinander vergleichen muß, zum Beispiel, wenn ein Symbol mit einer Maus angeklickt wird (siehe S. 319). Der Prozessor zieht die eine Zahl von der anderen ab; wenn dabei Null herauskommt, sind die Zahlen identisch. Diese arithmetische Vorgehensweise ermöglicht es dem Gerät, Entscheidungen zu treffen. Das NICHT-Gatter ist das simpelste von mehreren Typen von logischen Gattern, die in einem Prozessor Rechenvorgänge vornehmen. Es verwandelt ein Ein-Bit (binär 1) in ein Aus-Bit (binär 0) und umgekehrt und enthält einen mit niedriger Spannung gespeisten NPN-Transistor sowie einen mit hoher Spannung gespeisten PNP-Transistor. Das ist die elektronische Version des mechanischen NICHT-Gatters, neben dem das Mammut auf der gegenüberliegenden Seite steht. Andere logische Gatter enthalten vielfältigere Transistor-Anordnungen, die mit zwei oder mehr Bits arbeiten, aber ähnlich funktionieren.

MIKROCHIPS

Ein Mikrochip oder integrierter Halbleiterschaltkreis enthält mehrere tausend elektronischer Bauelemente, die in eine dünne Siliziumschicht mit einer Fläche von weniger als 1 cm² untergebracht sind. Diese Bauelemente sind untereinander zu Geräten wie logischen Gattern und Speicherzellen verbunden.

Diese miniaturisierten Elemente in einem Chip werden nicht einzeln hergestellt und zusammengesetzt, sondern in Materialschichten in komplizierten Miniaturmustern aufgebaut. Diese werden mit Hilfe der Maskentechnik durch Verkleinerung großer Muster auf fotolithographischem Wege hergestellt. Auf diesen beiden Seiten wird die Herstellung eines Transistorbauteils in einem Chip illustriert.

SILIZIUMZYLINDER

CHIPSCHEIBEN

Ein Mikrochip besteht zumeist aus p-Typ-Silizium. Zuerst wird ein Siliziumzylinder angefertigt und dann in hauchdünne Halbleiterscheiben (Wafers) von etwa 0,25 mm Dicke geschnitten. Jede Scheibe wird dann so bearbeitet, daß man mehrere hundert Mikrochips daraus machen kann. Die Scheiben werden alsdann getestet und in einzelne Chips zerlegt. Diese werden unter dem Mikroskop auf ihre Qualität hin geprüft.

SO STELLT MAN EINEN TRANSISTOR HER

1 ERSTE MASKIERUNG

Die Siliziumgrundlage wird zuerst mit Siliziumdioxid überzogen, das elektrisch nicht leitend ist, dann mit einem lichtempfindlichen Lack (Fotolack). Nach Belichtung mit ultraviolettem Licht durch eine Fotoschablone (Maske) hindurch härtet der Fotolack. Die unbelichteten Stellen bleiben weich.

2 ERSTE ÄTZUNG

Der unbelichtet gebliebene und darum nicht härtende Lack wird herausgelöst, die frei werdenden Siliziumdioxid-Stellen werden weggeätzt, anschließend wird auch der gehärtete Lack beseitigt, so daß ein Grat aus Siliziumdioxid übrigbleibt.

3 ERSTE MASKIERUNG

Polysilizium-Schichten, die elektrisch geladen sind, und Fotolack werden aufgetragen. Danach wird eine zweite Maskierung durchgeführt.

4 ZWEITE ÄTZUNG

Der unbelichtete Fotolack wird herausgelöst, und die Ätzung entfernt das Polysilizium und Siliziumdioxid darunter. Zwei Streifen des p-Typ-Siliziums kommen zum Vorschein.

5 DOTIERUNG

Der harte Fotolack wird entfernt. Die Schichten werden einem Vorgang unterzogen, der Dotierung heißt. Dadurch werden die beiden, gerade freigelegten Streifen aus p-Typ-Silizium zu n-Typ-Silizium.

6 DRITTE MASKIERUNG UND ÄTZUNG

Schichten aus Siliziumdioxid und Fotolack werden hinzugefügt. Die Maskierung und Ätzung schaffen Löcher in dem dotierten Silizium und mittleren Streifen aus Polysilizium.

SILIZIUMSCHEIBE

SCHEIBE MIT CHIPS

MIKROCHIP

VERBINDUNG ZU STIFT

STIFTE

GRUPPE AUS STIFTEN

Ein fertiger Mikrochip schrumpft zusammen angesichts der Verbindungsstifte, die nötig sind, um ihn in die Schaltkarte eines Computers einzubauen. Der Chip wird in Plastik gefaßt und mit zwei Reihen von Stiften verbunden, die elektrische Signale leiten.

7 FERTIGSTELLUNG

Der Fotolack löst sich auf, und in einer letzten Maskierungsstufe werden drei Aluminiumstreifen hinzugefügt. Diese schaffen elektrische Verbindungen durch die Löcher und vervollständigen den Transistor.

In diesem Transistor zieht eine an das Gatter angelegte positive Ladung die Elektronen in der Basis aus p-Typ-Silizium an. Ein Strom fließt zwischen Quelle und Senke und schaltet den Transistor ein. Eine negative Ladung am Gatter stößt Elektronen ab und schaltet den Strom aus. Wäre der Transistor in einem Chip in Wirklichkeit so groß wie hier gezeigt, so hätte der ganze Chip die Ausmaße einer Großstadt!

ALUMINIUM

ALUMINIUM

ALUMINIUM

SILIZIUMDIOXID

POLYSILIZIUM GATTER

QUELLE

SENKE

N-TYP-SILIZIUM

N-TYP-SILIZIUM

ELEKTRONEN

P-TYP-SILIZIUM

DER PROZESSOR

In jedem digitalen Gerät befindet sich eine Platine mit Mikrochips und anderen Bauelementen, die sämtlich über elektrische Leitungen miteinander verbunden sind, die Busse genannt werden. Die Platine enthält einige der wichtigsten Einheiten des Geräts, zum Beispiel die Speichereinheiten, und verbindet es mit externen Einheiten wie der Tastatur. Das Herzstück der Platine ist der mit allen anderen Einheiten verbundene Prozessor. Von einem Software-Programm gesteuert, empfängt der Prozessor Bits in Form elektrischer Ein-Aus-Impulse, verarbeitet sie und liefert ein Resultat, gleichfalls in Bits. Außerdem steuert der Prozessor die Einheiten so, daß sie bei der Ausführung von Befehlen zusammenarbeiten.

MONITOR
Das ist eine Ausgabeeinheit, die Resultatbits vom Prozessor empfängt und auf einem Bildschirm sichtbar macht (siehe S. 361).

PROZESSOR
Der Prozessor ist ein Mikrochip und wird auch Mikroprozessor oder Zentraleinheit genannt. Die Geschwindigkeit, mit der der Prozessor mit Bits umgeht und ein Gerät steuert, hängt von seinem Taktgeber ab. Diese Vorrichtung liefert regelmäßige Impulse, deren Frequenz in Megahertz (MHz) gemessen wird; sie bestimmen das Arbeitstempo.

FESTPLATTE
Sie ist der Hauptspeicher des Geräts für Daten- und Programm-Bits (siehe S. 333).

MODEM
Diese Einheit ermöglicht es dem Prozessor, mit anderen Geräten zu kommunizieren und Bits zu versenden und zu empfangen (siehe S. 349).

TELEFONLEITUNG BEFÖRDERT BITS

ADRESSBUCH
Bits für die Adressen der Speicherpositionen wandern auf dieser Leitung entlang und öffnen Plätze auf Speichereinheiten, so daß der Prozessor Bits speichern und zurückholen kann.

ROM
Dieser Speicher enthält die permanenten Daten- und Programmbits, die der Prozessor braucht (siehe S. 331).

RAM
Dieser Speicher ist für die Bits auf ihrem Weg zum und vom Prozessor zuständig (siehe S. 331).

PLATINE

DATENBUS
Auf dieser Leitung holt der Prozessor Daten- und Programmbits und schickt Resultatbits zurück.

BITS UND BUSSE
Busse und Prozessor verarbeiten Bits in Gruppen von 8, 16, 32, 64 usw. Je mehr Bits gleichzeitig erarbeitet werden, desto schneller ist das Gerät.

STEUERBUS
Bits, die Steuersignale bilden, wandern auf dieser Leitung zwischen dem Prozessor und anderen Einheiten hin und her.

TASTATUR
Diese Eingabeeinheit liefert die Datenbits, die der Prozessor braucht (siehe S. 317).

DIE SOFTWARE

Ohne Software ist jedes digitale Gerät kaum mehr als ein nutzloser Klumpen aus verarbeitetem Sand und Öl. Als Software bezeichnet man die Programme, die die Geräte anweisen, wie sie Befehle ausführen sollen. Das Gegenstück dazu ist die Hardware, die eigentlichen Geräte und ihre Bestandteile. Die von Programmierern mit Hilfe von Computern entwickelte Software besteht aus komplexen Befehlscodes in Form von Bits. Die Programme werden auf in die Geräte eingesetzten Mikrochips, auf Disketten und CD-ROMs ausgeliefert oder über das Internet (siehe S. 350) verbreitet. Software kann eingebaut sein und dem Gerät einen bestimmten Befehl erteilen; sie setzt zum Beispiel einen Automaten instand, Geld auszuzahlen, und eine Digitalkamera, Fotos zu machen. In einem Computer ist die Software auf der Festplatte gespeichert. Ein Computer kann mit verschiedenen Programmen ausgerüstet werden und eine Vielzahl von Aufgaben erledigen. Dazu gehören Textverarbeitung, grafische Aufbereitung von Texten und Bildern, Computerspiele, Zeichnen von Bildern, Erstellen von Bilanzen und Datenspeicherung.

BETRIEBSSYSTEM

Jedes digitale Gerät braucht ein Betriebssystem. Das ist das Programm, das die grundlegende Arbeitsweise des Geräts steuert und es benutzbar macht. Ein solches Betriebssystem ist Windows, bei dem der Computer mit Hilfe einer Maus gesteuert wird. Das Betriebssystem ist auf der Festplatte gespeichert und kann, falls erforderlich, erweitert oder verbessert werden.

WINKELTASTE
Hier klicken, um den Winkel des Mammutrüssels zu verändern. Ein größerer Winkel kann bewirken, daß das Mammut Wasser weiter spritzt - aber nicht immer.

SPRITZKRAFTTASTE
Mehr Kraft befördert das Wasser weiter, aber zuviel Kraft kann bewirken, daß das Wasser am Kürbisfeld vorbeigeht.

WASSERTASTE
Ein Klicken dieser Taste verändert die Wassermenge, die das Mammut einsaugt und wieder ausspritzt. Bei zu wenig Wasser vertrocknen die Kürbisse, bei zu viel werden sie ertränkt.

ZEITTASTE
Diese Taste steuert die für jedes Spiel erlaubte Zeitspanne. Der Computer mißt die Spielzeit und stoppt das Spiel, wenn der Zähler bei Null angelangt ist.

WETTERTASTE
Hier klicken, um die Menge des Sonnenlichts zu steuern. Bei zu viel Sonne trocknet das Feld aus, bei zu wenig können die Kürbisse nicht rasch wachsen.

ANZEIGETAFEL
Sie zeigt das Gewicht des größten Kürbisses an. Die obere Zahl bezeichnet die erzielten und die untere die höchstmögliche Punkte.

RÜSSELRICHTUNG
Das Mammut anklicken, damit es seinen Rüssel schwenkt.

SPRITZTASTE
Hier klicken, damit das Mammut spritzt. Der Prozessor des Computers speichert alle gewählten Faktoren in seinem Speicher. Mit Hilfe mathematischer Formeln im Programm errechnet der Prozessor den Weg des Wassers und das Wachstum der getroffenen Kürbisse. Dann erstellt er die bildliche Darstellung, so daß man sehen kann, wie das Mammut sein Wasser verspritzt und der Kürbis wächst, und korrigiert die Punktzahl.

KÜRBISFELD
Ziel dieses Spiels ist es, in der erlaubten Zeit den größten Kürbis wachsen zu lassen. Man veranlaßt das Mammut, die Kürbisse mit Wasser zu besprizen. Dabei müssen viele Faktoren berücksichtigt werden - Richtung und Winkel des Rüssels sowie die Spritzkraft, damit das Wasser einen Kürbis trifft. Auch das Wetter und die Wassermenge sind wichtig.

VIERTES KAPITEL

*D*as Mammut und Bill folgten dem Fließband auf eine große Lichtung, auf der acht Herde und acht Köche auf sie warteten.

„Hi, Bill." „Hi, Bill." „Hi, Bill." „Hi, Bill." „Hi, Bill." „Hi, Bill." „Hi, Bill." „Hi, Bill."

Sobald ein Kürbis vor einem bestimmten Herd anlangte, wurde er von dem dazugehörigen Koch in eine bereitstehende Kuchenform befördert.

Dann machte der Koch Feuer in seinem Herd und traf Vorbereitungen zum Backen des Kuchens. Wenn vor einem Herd ein Kein-Kürbis eintraf, tat der dazugehörige Koch überhaupt nichts. Da Rauch nur von den Herden erzeugt wurde, in denen ein Feuer gemacht worden war, kam ein Muster aus Rauch und Kein-Rauch zustande, das exakt dem Kürbis- und Kein-Kürbis-Muster entsprach.

*B*ill gab zu, daß sie bei einem früheren System einfach die Kürbismuster zu fernen Orten befördert hatten, aber Beschwerden von den verschiedenen Ortschaften auf der Route, von Vogelfreunden ganz zu schweigen, hatten eine Umstellung erforderlich gemacht. Was Bill nicht erwähnte, weil er Überraschungen liebte, war die Tatsache, daß seine Helfer diese Rauchsignale dazu benutzt hatten, um von einem weit entfernten Museum für Naturgeschichte Informationen über die Lebensweise und die Lebensräume von Mammuts einzuholen.

Es spielte keine Rolle, was Bill sagte oder nicht sagte, denn das Mammut war viel zu sehr damit beschäftigt, so viel warmen Kürbisduft wie möglich zu schnuppern. Zu seiner großen Erleichterung roch das digitale Imperium endlich einmal nach etwas anderem als nur Metall, Plastik und feuchter Wäsche. Ein plötzliches „Pfeif-Poch", „Pfeif-Poch" sagte Bill, daß die mit seinem jüngsten Rauchsignal angeforderten Informationen einzutreffen begannen. "Komm mit, Mammut", sagte er. „Wir sind nahe am Ziel."

Nicht weit von den Herden entfernt war eine Kombination aus acht Trichtern und acht Rutschen aufgestellt worden. Ihre Aufgabe war es, Äpfel und Keine-Äpfel aufzufangen, die durch die Luft angeflogen kamen. Obwohl Bill die Äpfel für ziemlich primitiv und rückständig hielt, freute er sich doch über das Eintreffen jeder Information. Zur Überraschung und zum Entzücken des Mammuts endeten die Rutschen direkt über einem Tablett mit süß riechendem Schokoladensirup. Nachdem sie durch die Trichter gerutscht waren, rollten die Äpfel von jeder Sequenz die Rutschen hinunter, schossen über das klebrige Tablett und glitten dann über einen schmalen Papierstreifen, auf dem sie deutliche Schokoladenschmierer hinterließen. Nachdem eine Gruppe von acht Schmierern und Kein-Schmierern zustandegekommen war, wurde der markierte Papierabschnitt aus dem Weg gerissen, damit die nächste Gruppe ihre Spuren hinterlassen konnte.

VERSENDEN VON BITS

Jetzt stellt sich heraus, daß das digitale Imperium wirklich riesig ist. Bits sind nicht mehr nur Muster aus Kürbissen, die über eine kurze Strecke befördert werden. Sie werden in andere Arten von Bits umgewandelt, die blitzschnell durch die Luft zu weit entfernten Prozessoren und Speichern fliegen können. Die Bits kehren in anderen Mustern zurück, die andere Zahlen darstellen und daher neue Arten von Informationen repräsentieren. Dazu können auch Bilder und Töne gehören wie die, die das Mammut kurz nach dem Betreten des digitalen Imperiums so widerstrebend lieferte.

Zu vielen digitalen Systemen gehören Kommunikationsmöglichkeiten, bei denen die Bits zwischen Geräten versandt werden; so kann etwa ein Faxgerät eine Botschaft an ein anderes, weit entferntes Faxgerät schicken und eine Antwort empfangen. Die digitale Kommunikation revolutioniert Telefon, Radio und Fernsehen, sorgt für wesentlich bessere Ton- und Bildqualität und bietet neue (häufig interaktive) Möglichkeiten zur Nutzung dieser Dienstleistungen. Bits können von überall her eintreffen, stets bereit, die nächste Station im digitalen Imperium anzusteuern und – zusammen mit den ursprünglichen, an Ort und Stelle erzeugten Bits – schließlich benutzt zu werden.

DAS MODEM

U m zu einem anderen Computer zu gelangen, brauchen die in den Chips blitzschnell hin und her sausenden Bits ein Kabel, zum Beispiel eine Telefonleitung. Meist werden sie zunächst in Töne umgewandelt, die dann über das Kabel übertragen werden; das dafür nötige Gerät für die Umwandlung von Bits in Töne und umgekehrt von Töne in Bits heißt Modem. Es ist auf der einen Seite mit dem Computerinneren, auf der anderen Seite mit der Telefonsteckdose und damit mit einer riesigen Welt von anderen Computern verbunden.

COMPUTER SCHICKT BOTSCHAFT

MODEM WANDELT BITS IN TONSIGNAL UM

BITS WANDERN ZUM MODEM

TELEFONLEITUNG BEFÖRDERT TONSIGNAL

FUNKVER-BINDUNG
Das Tonsignal wird ebenso auf einer Trägerwelle befördert wie beim Mittelwellen- oder UKW-Rundfunk (siehe S. 238).

FUNKWELLEN

BITS UND PIEPTÖNE
Ein Modem wandelt das schnelle digitale Ein-Aus-Signal des Computers in ein Tonsignal mit niedriger Frequenz um. Es spaltet die Bits in Gruppen auf und verwandelt diese Gruppen in ganz kurze Pieptöne. Ein Piepton gibt eine bestimmte Kombination von Ein- und Aus-Bits wieder, ein weiterer eine andere, und so weiter. Das Sendemodem fügt all diese Pieptöne zu einem Tonsignal zusammen, das sämtliche Bits befördert, und das Empfangsmodem verwandelt sie wieder in Bits.

COMPUTER EMPFÄNGT BOTSCHAFT

MODEM

AUSSENISO-LIERUNG

METALLKERN

GLASÜBERZUG   GLASKERN   AUSSENISOLIERUNG   METALLKERN

GLASFASERKABEL
Die Funkwelle wird in Bits zurückverwandelt, die als Ein-Aus-Blitze aus infrarotem Laserlicht durch ein Glasfaserkabel (siehe S. 185) geschickt werden.

TONSIGNAL
Die Bits werden in ein Tonsignal zurückverwandelt, das vom Metallkern einer Telefonleitung weitergeleitet wird. Die Wellenlinie zeigt die Pieptöne im Tonsignal.

DIGITALES SIGNAL
Das Modem wandelt das Tonsignal wieder in ein digitales Signal um, das Bits in Form von blitzschnellen elektrischen Ein-Aus-Impulsen enthält. Diese Bits wandern dann zum Computer.

FREQUENZ 1   B   S   C   B   A   FREQUENZ 4

FREQUENZ 2   FREQUENZ 3   I   H   G   E   D   F   D

MULTIPLEXBETRIEB
Eine Kommunikationsverbindung kann mit Hilfe des sogenannten Multiplexing viele verschiedene digitale Botschaften gleichzeitig befördern. Die Botschaften werden in Päckchen aufgespalten, und Päckchen aus anderen Botschaften werden mit ihnen verschachtelt und gesendet: bei ihrer Ankunft werden die Boschaften wieder zusammengefügt. Die Kapazität kann durch Senden auf verschiedenen Frequenzen noch vergrößert werden.

MULTIPLEXBETRIEB MIT FASEROPTIK
Der Glaskern dieses Kabels befördert vier Lichtsignale auf verschiedenen, hier durch unterschiedliche Muster dargestellten Frequenzen. Jedes Signal ist aufgespalten und besteht aus acht verschachtelten Acht-Bit-Päckchen aus drei Botschaften, so daß das Kabel zwölf Botschaften befördert, von denen neun dargestellt sind (A bis I). Durch Multiplexing kann eine einzige Verbindung Tausende von Botschaften gleichzeitig befördern.

HEIMCOMPUTER 1
Dieser Nutzer („User") schickt eine E-Mail-Botschaft an jemanden im Mammut-Konzern.

SERVICEPROVIDER
Nutzer sind auf die Dienste eines Anbieters angewiesen. Er ist ihre Pforte ins Internet und zur E-Mail.

ROUTER

WEBSEITE DES PARLAMENTS

BODENSTATION

ROUTER

BACKBONE
Ein Netzwerk von Routern – das Rückgrat des Internets – verbindet Organisationen und Serviceprovider miteinander. Der Router entschlüsselt Adressen und verbindet Nutzer miteinander und mit Seiten im gesamten Internet. Die Verbindung kommt über Metallkabel, Glasfaserkabel oder Funk in manchen Fällen auch über Satelliten (siehe S. 349) zustande.

SEEKABEL

SERVICEPROVIDER
Der Serciveanbieter ist ein Unternehmen mit leistungsfähigen Computern, die mit dem Internet in Verbindung stehen und die Webseiten der Nutzer speichern. Eine Telefonleitung verbindet jeden Heimcomputer über sein Modem mit dem Serviceanbieter.

WEBSEITE DER FIRMA LICHTZAUBER

WEBSEITE
Jede Webseite hat eine Adresse in der Form http://www.mammut.com/bilder. Das zum Beispiel ist eine Webseite des Mammut-Konzerns. „http" steht für HyperText Transport Protocol; es ermöglicht dem Nutzer, durch einen Mausklick ein Wort oder ein Bild auf den Bildschirm zu einem anderen Teil der gleichen Webseite oder auch zu einer ganz anderen Webseite zu springen. „www" ist der Code für World Wide Web, „mammut.com"der Code für den Webseitencomputer beim Mammut-Konzern. Und das Codewort „bilder" führt den Nutzer schließlich zu der Webseite, die Bilder enthält, die man auf den eigenen Computer übertragen kann.

BROWSER
Um eine Webseite erreichen zu können, muß der Computer einen Browser haben. Das ist ein Computerprogramm, mit dessen Hilfe man sämtliche Möglichkeiten der Webseiten nutzen kann, zum Beispiel von einem Teil der Seite zu anderen springen und Material übertragen.

HEIMCOMPUTER 2
Der Nutzer schaut im Sachregister unter dem Stichwort Burgen nach. Das Register liefert ihm die Adresse der Webseite der Grimmburg, und der Nutzer springt auf die Webseite der Burg.

WEBSEITE DER SCHLAUSCHULE

INTERNET UND E-MAIL

Alle Computernutzer zuhause oder am Arbeitsplatz können sich in das globale Kommunikations-Netzwerk, das Internet, einklinken. Bits sausen zwischen den Computern hin und her und ermöglichen eine ungeheure Vielfalt von Dienstleistungen. Leute können sich über E-Mail (elektronische Post) Botschaften schicken; sie können Seiten im World Wide Web aufrufen und sich Informationen, Unterhaltung, kommerzielle Angebote und alle möglichen Arten von Software beschaffen, und sie können an Diskussionsrunden teilnehmen und sich über den Computer mit anderen Menschen unterhalten. Größere Firmen haben Computer, die direkt mit dem Internet verbunden sind. Bei Heimcomputern läuft die Verbindung über ein Modem und eine Telefonleitung zu einem Serviceprovider.

E-MAIL (ELEKTRONISCHE POST)

Jeder Internetnutzer hat eine E-Mail-Adresse. Sie besteht aus seinem Namen, dem Symbol @ (at bzw. bei) und dem Namen einer sogenannten „Domain", zum Beispiel jsschmidt @ mammut.com. Der Domain-Name bezeichnet den Serviceprovider oder die Firma, gefolgt von Codes für die Art der Firma oder des Anbieters sowie oft einem Ländercode, wobei alles durch einen Punkt getrennt wird. Der Domain-Name mammut.com steht für Mammut-Konzern, der eine kommerzielle Organisation (com) ist. E-Mail ist nicht nur eine rasche und einfache Methode, anderen Leuten Botschaften zukommenzu lassen, sondern ermöglicht auch das Versenden von Computerdaten wie etwa mit Textverarbeitung hergestellten Dokumenten sowie Bildern.

SUCHREGISTER

Interessante oder nützliche Webseiten können mit Hilfe eines Suchregisters aufgespürt werden. Ein solches Register wird von einer Organisation mit einer riesigen Datenbasis von Webseiten-Adressen zur Verfügung gestellt. Man tippt ein Stichwort oder einen Namen ein, über den man mehr erfahren möchte, und das Register liefert ein Verzeichnis oder eine Auswahl der in Frage kommenden Web-seiten. Dann braucht man nur noch mit einem Mausklick zu dieser Seite zu springen.

NACHRICHTEN-SATELLIT

WEBSEITE DER GRIMMBURG

BODENSTATION

ROUTER

MAMMUT-KONZERN
Die leistungs-fähigen Computer dieser Firma verbinden sämtliche Mitarbeiter über ein internes Netzwerk miteinander und speichern die Firmen-Webseite.

ROUTER

SERVICE-PROVIDER

WEBSEITE DES HOTELS MEERESBLICK

FIRMEN-COMPUTER 1
Die E-Mail-Botschaft vom Heimcomputer 1 trifft ein.

FIRMENCOMPUTER 2
Der Nutzer sieht sich die Webseite des Parlaments an.

WEBSEITE DER HOFFNUNGSKIRCHE

GELDAUTOMAT

Eine sichere Leitung verbindet einen Geldautomaten mit dem Zentralcomputer der Bank. Die Bits für die PIN-Nummer und den gewünschten Betrag wandern zur Bank; sie sendet Bits zurück, die den Automaten anweisen, das Geld auszuzahlen (siehe S. 365).

FAXGERÄT

Ein Faxgerät enthält ein Modem (siehe S. 349), mit dessen Hilfe es die ein Dokument repräsentierenden Bits in kodierter Form über eine Telefonleitung zu einem anderen Faxgerät senden kann. Das Modem in diesem Gerät entschlüsselt das ankommende Telefonsignal, um die Bits empfangen zu können, und leitet sie an den Drucker des Faxgeräts, der das Dokument ausdruckt (siehe S. 358).

DIGITALES TELEFON, RADIO UND FERNSEHEN

Ein digitales Mobiltelefon sendet die Stimmen in Form von Bits zur Basistation (siehe S. 236) und empfängt die Stimmbits von der Station. Außerdem sendet das Telefon ein digitales Identifizierungs-Signal, das die Verbindung mit der nächsten Basisstation herstellt. Auf ähnliche Weise werden Ton- oder Bildsignale per Funk zu den Antennen von digitalen Radio- oder Fernsehempfängern übermittelt oder per Kabel weitergeleitet. Mit einem Digital-Analog-Wandler wandelt das Telefon oder der Empfänger die Bits wieder in Ton- oder Bildsignale um, die zur Hörmuschel des Telefons, dem Lautsprecher des Radios oder zum Bildschirm des Fernsehers gelangen (siehe S. 360-361). Um Bilder empfangen zu können, braucht ein digitaler Fernsehempfänger einen separaten oder eingebauten Decoder (Entschlüssler).

SIGNAL 1 WIRD VON SATELLIT 1 AUSGESTRAHLT

GPS-SATELLIT 1

GPS-SATELLIT 2

SIGNAL 2

SIGNAL 3

GPS-SATELLIT 3

BOOT BEFINDET SICH IM
SCHNITTPUNKT VON DREI
KREISEN

TASCHENNAVIGATOR

Mit einem Taschennavigator kann man überall auf der Welt feststellen, wo man sich gerade befindet. Dieses Gerät empfängt digitale Funksignale von Satelliten, die die Erde umkreisen, in der Regel von GPS (Global Positioning System)-Satelliten. Jedes Signal enthält die exakte Zeit, zu der es den Satelliten verlassen hat, sowie die Position des Satelliten. Durch Errechnen der Zeit, die das Signal für seine Reise vom Satelliten zum Navigator gebraucht hat, kann der Navigator seinen Abstand von jedem Satelliten errechnen. Danach weiß der Navigator, daß er sich irgendwo auf einem Kreis in einem bestimmten Abstand von dem Satelliten befindet. Die Kombination der drei Satellitensignale ermöglicht dem Navigator das Errechnen seiner Position. Ein viertes Signal liefert die Höhe des Navigators über dem Meeresspiegel.

PFEIL ZEIGT
FAHRTRICHTUNG AN

WEGWEISER
Auf der Anzeige des Navigators lassen sich die Himmelsrichtung und die Entfernung zum Ziel ablesen. Sie kann auch die exakte Position in Längen- und Breitengraden oder die Koordinaten einer Umgebungskarte liefern.

IN SICHTWEITE
Von jedem Punkt der Erde aus sind immer vier Satelliten zur Positionsbestimmung in Sichtweite.

FÜNFTES KAPITEL

„Nun komm schon", sagte Bill, um das Mammut von einem Haufen mit Schokolade überzogener Äpfel loszureißen. Sie betraten ein großes Gebäude, in dem Arbeiter gerade dabei waren, die letzten der beschmierten Papierstreifen zusammenzufügen. Sie hatten ein einziges, großes Stück Papier hergestellt und es dann zwischen zwei Rollen gespannt.

Im Zentrum des Raums entdeckte das Mammut vier Fußabdrücke, die zu seiner Verblüffung genauso aussahen wie seine eigenen. Kaum hatte es seine Füße in die Vertiefungen gesetzt, da wurden auch schon zwei kleine Orchester mit ihren Notenblättern neben seine Ohren gerollt. Das Mammut fühlte sich regelrecht eingezwängt, und als ihm dann auch noch irgendeine große Maschine über den Kopf gestülpt wurde, stieß es einen lauten Schrei aus.

Praktisch im gleichen Moment begannen die Musiker fast identische Trompetentöne zu spielen – oder richtiger, zu imitieren. Dann fing das Papier an, vor seinen Augen vorbeizurollen, wodurch die einzelnen Schmierer miteinander verschmolzen. Auf diese Weise entstand eine verblüffende, scheinbar bewegte Landschaft. Wenn das Mammut den Kopf drehte, um einem bestimmten Ton zu folgen, verlagerte sich die Szenerie entsprechend. Endlose Büschel von Sumpfgras schwankten sanft in der leichten Brise.

Aber was noch wichtiger war: Es glaubte andere Mammuts zu sehen – sehr viele. Es konnte seinen tränenfeuchten Augen kaum trauen. Die Jahre des Alleinseins waren vorüber. Einsame Streifzüge gehörten der Vergangenheit an. Als die Töne lauter und disharmonischer wurden, schwang es den Kopf vor und zurück, damit ihm ja nichts entging. Von einem angenehmen Schwindelgefühl überwältigt, stand es einen Moment ganz still da. Dabei bemerkte es, daß eine besonders hübsche Mammutfrau auf ihn zukam.

NUTZEN VON BITS

Auf seiner Reise durch das digitale Imperium erlebte das Mammut zuerst, wie seine persönlichen Daten in Zahlen umgewandelt wurden. Diese Zahlen wurden gespeichert und dann zu neuen Zahlen verarbeitet, während von anderen Orten weitere Zahlen eintrafen. Jetzt stellt sich heraus, welchen Zweck dieses Jonglieren mit Zahlen erfüllt. Die Zahlen werden in Bilder und Töne zurückverwandelt, damit das Mammut in eine virtuelle Mammutwelt eintreten kann. Schlechtes Sehvermögen und ein wenig Leichtgläubigkeit tragen dazu bei, daß es sich einbildet, zahlreiche Mammuts um sich herum zu sehen und zu hören.

Die neuen Freunde sind in Wirklichkeit fast genaue Repliken von ihm selbst. Die Bits, die ursprünglich die Mammutdetails repräsentierten, wurden so weiterverarbeitet, daß sie jetzt Bilder von einer Vielzahl von Mammuten in Bewegung liefern, während die Tonbits zu einem ganzen Vokabular von Mammutschreien verarbeitet wurden. Aus dem Naturkundemuseum sind Bits eingetroffen, die eine typische Mammutlandschaft repräsentieren, und andere, die Informationen über die Lebensweise von Mammuts liefern, so daß die virtuellen Mammuts sich ganz realistisch bewegen und äußern können.

Aber für uns wird das digitale Imperium zur Realität, sobald die Bits, die von der Eingabeeinheit eines digitalen Geräts hergestellt wurden, in den Computer weitergeleitet, in seinem Speicher festgehalten und von seinem Prozessor verarbeitet worden sind, wieder in Formen zurückverwandelt werden, die wir verstehen und nutzen können. In Druckern, Bildschirmen, Lautsprechern, Simulatoren und Robotern werden die Bits zu Wörtern, Zahlen, Bildern, Tönen und Bewegungen.

ZAHLEN AM WERK

Also leisten Zahlen uns vielfältige Dienste. Digitale Geräte verändern die Welt und unser Leben, weil fast alles in einer Kette von Zahlen wiedergegeben werden kann. Sobald etwas in numerische Form gebracht worden ist, können die Zahlen mühelos und blitzschnell so verändert werden, daß sie Dinge tun, die mit mechanischen Mitteln nur schwer oder garnicht möglich sind. Digitale Geräte stellen ihre mechanischen Vorläufer nicht nur weit in den Schatten, sie inspirieren uns auch dazu, Neues zu erfinden und Neues zu tun.

Das Mammut hatte sich Hals über Kopf verliebt. Sie trug eine Schleife im Haar und ein Namensschild. Offenbar befand es sich bei einer Art Mammut-Software-Konferenz. Aber dann erinnerte es sich, daß Mammuts nicht an Konferenzen teilnahmen! Aber die Schöne kam näher und hob den Rüssel, um ihm einen Kuß zu geben. Das war zu schön, um wahr zu sein. Das Mammut beschloß, einfach nicht mehr nachzudenken. Es schloß die Augen und hob seinen Rüssel, um den Kuß zu erwidern und schmeckte - Schokolade. Schokolade? Das Mammut riß die Augen weit auf, und alles, was es sah, waren Schmierflecken.

Nicht die kleinen Schmierflecken, sondern große von der Art, wie sie entstehen, wenn man mit dem Rüssel über Papier wischt, das mit Schokolade bedeckt ist. Das Mammut war verblüfft. Dann wurde es wütend. Es schüttelte die Maschine von seinem Kopf herunter. Die Musiker versuchten, sich in Sicherheit zu bringen. Als sich das Mammut schließlich wieder beruhigt hatte, war es verzweifelt. Es fühlte sich betrogen. Gedemütigt. Das alles war nur irgendein Trick gewesen. „Das war kein Trick", sagte Bill etwas betreten, „sondern Fortschritt."

DIREKTE AUSGABE

Bitsequenzen in Form von elektrischen Ein-Aus-Impulsen treffen in der Ausgabeeinheit eines digitalen Geräts oder Systems ein. Wenn sie dann in einem bestimmten Schema angeordnet werden, können die Bits, die ein Bild oder ein Zeichen wie zum Beispiel einen Buchstaben repräsentieren, ein Muster bilden, das dem Bild oder dem Zeichen entspricht. Die Bits gelangen direkt zu einem Druckermechanismus, damit sie in diesem Muster gedruckt werden können. Auch Bits, die Zeichen repräsentieren, gehen direkt zu alphanumerischen Anzeigen.

EINTREFFENDE
BITS
(SIEHE S. 352)

TINTENSTRAHLDRUCKER

Dieser Druckertyp arbeitet mit einem Druckkopf, der sich von einer Seite zur anderen über das Papier bewegt, das sich nach jedem Durchgang nach oben verschiebt. Der Druckkopf spritzt winzige Tintentröpfchen auf das Papier. So entstehen Reihen vonPunkten, die Bilder und Zeichen aufbauen. Jeder Ein-Impuls (binär 1) veranlaßt den Druckkopf, einen Punkt zu erzeugen, ein Aus-Impuls (binär 0) tut es nicht.

FAXGERÄ

Ein mit Normalpapier arbeitendes Faxgerä enthält zum Erstellen einer Kopie de gesendeten Dokuments eine Tintenstrahl- oder Laserdrucke Manche Faxgeräte arbeiten m einem Thermaldrucker mit un gefähr 2000 Heizelementen, d Reihen von Punkten auf ein Rolle hitzeempfindliche Papier drucke

DRUCKKOPF
Der Druckkopf enthält ein Tinten-reservoir und senkrechte Reihen von sehr feinen Düsen, die Tröpfchen von rasch trocknender Tinte auf das Papier spritzen.

TINTEN-
STRAHLDÜSEN

TINTENSTRAHLDÜSEN
Vergrößerte Darstellung einer Düse. Jede Düse spritzt ungefähr 10 000 mal pro Sekunde.

KABEL BRINGT BITS ZUM
DRUCKKOPF

IM INNERN EINES TINTENSTRAHLERS
Ein Tintenstrahldrucker funktioniert, indem er in der Tinte winzige Bläschen bildet.

1 TINTENRÖHRCHEN
In jeder Düse des Druckkopfes sitzt ein mit einem Heizelement verbunde-nes Röhrchen, in das Tinte geleitet wird.

2 BLÄSCHEN BILDET SICH
Ein elektrischer Impuls heizt das Element auf, wodurch ein Teil der Tinte verdampft und ein Bläschen entsteht.

3 BLÄSCHEN DEHNT SICH AUS
Mit weiterer Wärmezufuhr dehnt das Bläschen sich rapide aus und drängt etwas Tinte aus dem Röhrchen heraus.

4 RÖHRCHEN ENTLÄDT SICH
Ein Tintentröpfchen verläßt das Röhrchen, Heizung schaltet sich aus. Das Bläschen fäll in sich zusammen und saugt so weitere Tin

FARBDRUCKER
Tintenstrahl-Farbdrucker besitzen vier Druckköpfe, die Strahlen von gelber, purpurner, blaugrüner und schwarzer Tinte auf das Papier spritzen. Die farbigen Punkte verei-nigen sich zu einem vollfarbigen Bild (siehe S. 183 und 214). Die drei Acht-Bit-Farbnummern, aus denen das digitale Farbsignal besteht (siehe S. 325), liefern die Schat-tierung jeder zu druckenden Farbe, und aus dem Druck-kopf kommen wechselnde Mengen von einzelnen kleinen Punkten. Punkte in größeren Abständen liefern helle Schattierungen, zahlreiche eng beieinander liegende Punkte ergeben dunkle Schattierungen. Ein Laser-Farb-drucker arbeitet nach dem gleichen Prinzip, abgesehen davon, daß das Papier viermal durchläuft und die Trom-mel mit Tonerpulver in den vier Farben gespeist wird.

VON AUGE ZU AUGE

Ein gedrucktes Bild oder Dokument besteht aus einem Gitter mit Reihen von winzigen Punkten, die nacheinander gedruckt werden. Aus normaler Sehweite betrachtet, verschmelzen die Punkte zu Bildern und Zeichen. Dies ist ein Ausdruck des auf Seite 323 abgebildeten Auges.

LASERDRUCKER

Ein Laserdrucker arbeitet genauso wie ein Farbkopierer (siehe S. 260). Die eintreffenden Ein-Aus-Bits veranlassen einen Laser oder eine Leuchtdiode (LED, siehe S. 273), Reihen von Ein-Aus-Lichtblitzen auf die Drucktrommel abzuschießen und die Bildpunkte zu erzeugen.

EINTREFFENDE BITS

LICHTBLITZE

LASER ODER LED

LINSE

ROTIERENDER SPIEGEL

LICHTBLITZE BREITEN SICH IN REIHEN AUF ROTIERENDER TROMMEL AUS

DRUCKTROMMEL

ALPHANUMERISCHE ANZEIGE

Viele digitale Geräte verfügen über eine simple Anzeige, die nur die Dezimalzahlen von 0 bis 9 sichtbar macht. Dazu gehören Taschenrechner, Digitaluhren und die auf den Seiten 319 und 321 vorgestellten digitalen Zeitmesser, Thermometer und Waagen. Manche Geräte wie etwa Radioapparate können auch Buchstaben des Alphabets anzeigen. Jedes Zeichen (Zahl oder Buchstabe) besteht aus mehreren Segmenten; Zahlen setzen sich aus sieben Segmenten zusammen. Ein-Aus-Bits wandern direkt zu den Segmenten des Anzeigefelds, wo die Ein-Bits bewirken, daß sich einige der Segmente verdunkeln. Das dabei entstehende Muster aus dunklen Segmenten bildet eine Zahl oder einen Buchstaben.

ANZEIGE

HELLES SEGMENT

DUNKLES SEGMENT

ENTSCHLÜSSELTE 7-BIT-ZAHLEN

DECODER

EINTREFFENDE 4-BIT-ZAHLEN

SIEBEN-SEGMENT-ANZEIGE

Die Segmente in alphanumerischen Anzeigen arbeiten mit Flüssigkristallen (siehe S. 192-193). Dabei wird entweder natürliches Licht von der Anzeige reflektiert oder es ist eine Lichtquelle hinter ihr angebracht. Wenn elektrischer Strom ein Segment erreicht, blocken die Flüssigkristalle in ihm das Licht ab, und das Segment wird dunkel. Bits für das anzuzeigende Zeichen wandern zum Decoder (Entschlüssler) der Anzeige. Bei aus sieben Segmenten bestehenden Zahlen kann es sich um die Vier-Bit-Äquivalente der anzuzeigenden Dezimalzahlen handeln, so daß aus einem eintreffenden 0011 eine 3 wird und aus 1001 eine 9. Der Decoder wandelt die Vier-Bit-Zahlen in Sieben-Bit-Zahlen um, und jedes der sieben Bits ist für ein Segment zuständig. Ein Ein-Bit (binär 1) bewirkt, daß Strom ein Segment erreicht und es verdunkelt; ein Aus-Bit (binär 0) unterbricht den Strom und erhellt das Segment.

SIGNALAUSGABE

DIGITAL-ANALOG-WANDLER (DAC)

Ausgabeeinheiten, die durch Lautsprecher und Kopfhörer Töne oder auf Bildschirmen Bilder liefern, arbeiten nicht direkt mit Bits. Sie brauchen ein analoges elektrisches Signal, dessen Spannung ständig schwankt. Das eintreffende digitale Ton- oder Bildsignal, das aus Bits in Form von elektrischen Ein-Aus-Impulsen besteht, durchläuft zuerst einen Digital-Analog-Wandler. Er ist das Gegenstück zum Analog-Digital-Wandler, der Ton und Licht in Bits anwandelt, wenn sie in das digitale Imperium eintreten (siehe S. 320).

DREI-BIT-WANDLER

Er wandelt das digitale Drei-Bit-Signal 101 (ein-aus-ein) in ein analoges Signal von fünf Volt um. Der Einfachheit halber sind hier nur drei Bits dargestellt. In der Praxis wandeln DACs digitale Signale aus 8, 16 oder mehr Bits um.

5 VOLT

STROM MIT 5 VOLT KOMMT AUS DAC

IM INNERN EINES DAC

Die eintreffenden Bits werden zu Drähten geleitet, die mit Transistoren verbunden sind. Diese steuern einen elektrischen Strom und leiten ihn zu Widerständen weiter, die die Spannung auf die Hälfte, ein Viertel, ein Achtel und so weiter reduzieren.

4 VOLT

WIDERSTAND REDUZIERT SPANNUNG AUF DIE HÄLFTE

0 VOLT

WIDERSTAND REDUZIERT SPANNUNG AUF EIN VIERTEL

1 VOLT

WIDERSTAND REDUZIERT SPANNUNG AUF EIN ACHTEL

TRANSISTOR 2 AUS

TRANSISTOR 3 EIN

TRANSISTOR 1 EIN

8-VOLT-STROM WIRD ZU ALLEN TRANSISTOREN GELEITET

ERSTES BIT

ZWEITES BIT

DRITTES BIT

DOPPELWERTE

Jeder Widerstand hat den doppelten Wert wie der nachfolgende, weil die aufeinander folgenden Bits einer Binärzahl für ein, zwei, vier, acht und so weiter stehen.

DIGITALER TON

Eintreffende Ton-Bits, zum Beispiel solche, die zu einem digitalen Telefon, einem digitalen Radio oder der Soundkarte eines Computers geleitet wurden, passieren zuerst einen Digital-Analog-Wandler. Es entsteht ein analoges Tonsignal, das so verstärkt wird, daß es über einen Lautsprecher oder Kopfhörer hörbar wird. Ein Synthesizer empfängt ein digitales MIDI-Signal von einem elektrischen Keyboard (siehe S. 316), das dann entschlüsselt und in ein analoges Signal umgewandelt wird, das eine Musiknote von bestimmter Höhe und Lautstärke liefert.

EINTREFFENDES DIGITALES SIGNAL

LAUTSPRECHER

DIGITAL-ANALOG-WANDLER

SYNTHESIZER

VERSTÄRKTES SIGNAL

ANALOGES TONSIGNAL

VERSTÄRKER

TONAUSWAHL

Durch eine bestimmte Bitsequenz im eintreffenden Signal kann man wählen, welche Art von Ton der Synthesizer erzeugen soll.

BLAUE 8-BIT-SEQUENZ

ROTE 8-BIT-SEQUENZ

GRÜNE 8-BIT-SEQUENZ

EINTREFFENDES
DIGITALES FARBSIGNAL

DIGITAL-ANALOG-WANDLER IN
GRAFIKKARTE

IM INNERN EINES FLÜSSIGKRISTALLSCHIRMS

Licht von einer Quelle hinter dem Schirm wird über
Polarisatoren und durch Flüssigkristall-Elemente geleitet,
die je nach der Spannung des sie erreichenden Stroms hell
werden oder dunkel bleiben. Das Licht durchläuft rote,
grüne und blaue Farbfilter, so daß rote, grüne und blaue
Punkte entstehen.

BLAUES SIGNAL

GRÜNES SIGNAL

ROTES SIGNAL

VORDERER
POLARISATOR

BLAUES ELEMENT
WIRD DUNKEL

DIE SONNE SEHEN

Das eintreffende digitale Farbsignal
enthält drei Acht-Bit-Sequenzen, die die
Farben eines Pixels in dem auf den
Seiten 324-325 von einem Scanner
erzeugten Bild der Sonne wiedergeben.
Der Digital-Analog-Wandler wandelt
jede Sequenz in ein analoges Signal mit
unterschiedlicher Spannung um. Die
roten und grünen Signale haben eine
hohe, das blaue eine niedrige Spannung.
Die Signale werden zu einem Pixel, in
dem die roten und grünen Punkte hell
aufleuchten, während der blaue Punkt
dunkel bleibt. Im Auge des Betrachters
verschmelzen die roten und grünen
Punkte zu einem gelben Pixel.

LICHTQUELLE

HINTERER
POLARISATOR

FLÜSSIGKRISTALL-ELEMENTE

GELBES PIXEL
AUF BILDSCHIRM

ROT UND GRÜN
VERSCHMELZEN
ZU GELB

FARBFILTER

TRAGBARER COMPUTER

COMPUTERBILDSCHIRM

Digitale Farbbilder erscheinen auf den Bildschirmen von Fernseh-
geräten und Computermonitoren, die mit Elektronenstrahlen
(sieheS. 246-247) arbeiten. Sie leuchten auch auf den Schirmen von
tragbaren Computern, Digitalkameras und Kopfmasken zum Erleben
von virtueller Realität, die mit Flüssigkristallen arbeiten (siehe
S. 192-193). Das Farbbild setzt sich aus einer Million oder
mehr winzigen roten, grünen und blauen Punkten zusammen,
die in Dreiergruppen, sogenannten Pixeln (Bildelementen)
angeordnet sind. Die eintreffenden Bild-Bits, die aus einem
Scanner oder einer digitalen Kamera kommen können (siehe S.
324-326), bestehen aus Sequenzen von Binärzahlen für die Helligkeit der drei Punkte jedes Pixels auf dem Bildschirm. Die Bits durchlaufen eine Grafikkarte, die drei analoge Farbsignale für die Punkte in
jedem Pixel liefert. Die roten, grünen und blauen Punkte werden in
unterschiedlichem Ausmaß erhellt und verschmelzen zu einem
vollfarbigen Bild.

VIRTUELLE REALITÄT

Eine Möglichkeit, in das digitale Imperium einzutreten, besteht im Aufsetzen einer Kopfmaske zum Erleben von virtueller Realität. Mit ihr gelangt man in eine vom Computer geschaffene Welt, in der sich Objekte um einen herum bewegen und man ihre Töne hören kann. Wenn man den Kopf bewegt, bewegen sich auch die Szenen und Tonquellen, so daß es den Anschein hat, als wäre man wirklich dort und schaute sich um. In Wirklichkeit schaut man auf zwei kleine Bildschirme und hört über Kopfhörer. Der mit der Kopfmaske verbundene Computer ist imstande, auf die Bewegungen zu reagieren, weil die Kopfmaske einen Sensor enthält, der die Kopfbewegungen registriert.

SENSOR
Ein Bewegungsdetektor ähnlich dem in einem Airbag (siehe S. 292) liefert bei jeder Kopfbewegung ein elektrisches Signal. Es gibt auch Detektoren, zum Beispiel in Datenhandschuhen, die Handbewegungen registrieren.

KOPFHÖRER
Zwei Kopfhörer (siehe S. 229) sorgen für Stereoton, der von überall her zu kommen scheint.

Davon kann einem virtuell schlecht werden.

BILDSCHIRME
Zwei Flüssigkristallschirme (siehe S. 361) liefern zwei leicht unterschiedliche Bilder, die vom Gehirn zu einer dreidimensionalen Szene kombiniert werden.

COMPUTERKABEL
Der Computer verarbeitet die vom Sensor eintreffenden Bits und sendet Bits zurück, die die Bild- und Tonausgabe entsprechend steuern.

1 NACH VORN SCHAUEN
Die Bildschirme liefern zwei Ansichten einer Hundehütte, die als dreidimensionales Bild wahrgenommen wird.

2 DEN KOPF DREHEN
Mit dem linken Ohr hört man einen Hund bellen. Sobald man den Kopf in seine Richtung dreht, verschiebt sich das Bild nach rechts.

3 NACH LINKS SCHAUEN
Der Hund erscheint, und das Bellen ist vorn, weil der Ton aus beiden Kopfhörern kommt.

DER FLUGSIMULATOR

Die Virtuelle Realität ist ein wertvolles Instrument zur Ausbildung von Piloten. Ein Flugsimulator enthält einen Nachbau der Pilotenkanzel. Der Pilot sitzt vor den Steuerinstrumenten, und durch das Fenster sieht er einen wirklichkeitsgetreuen Flugplatz und bewegte Bilder der Szenen, die beim Start, während des Fluges und bei der Landung zu sehen sind. Die Bilder werden von einem leistungsfähigen, mit den Instrumenten verbundenen Computer erzeugt. Sobald der Pilot die Steuerinstrumente bedient, verarbeitet der Computer seine Handlungen und schickt Ausgabebits an den Simulator zurück. Diese Bits bewegen das Bild, ändern die Instrumentenanzeigen, lösen Warntöne aus und bewegen die Kanzel genauso, wie sie sich bei einem realen Flug bewegt. Der Computer kann auf Landungen bei Nacht oder Nebel oder andere Umstände wie zum Beispiel eine Notlandung umschalten. Er kann einen "Flug" auch aufzeichnen und wiedergeben, so daß der Pilot und sein Ausbilder die Übung noch einmal durchgehen können.

PROJEKTOREN
Hochleistungsprojektoren projizieren nebeneinander liegende Bereiche eines weiten, von einem Computer erzeugten Farbfernsehbildes auf eine gewölbte Leinwand, die um die ganze Pilotenkanzel herum gespannt ist. Hier ist die Leinwand zur Hälfte mit zwei eingeschalteten von insgesamt drei Projektoren zu sehen.

HOHLSPIEGEL
Der Pilot sieht durch das Fenster der Pilotenkanzel auf einen breiten, gewölbten Spiegel, der sich von der einen bis zur anderen Seite erstreckt. Der Spiegel wirft das rückprojizierte Bild auf die Leinwand. Durch das optische System scheint das Bild aus sehr großer Entfernung zu kommen. Hier ist der halbe Spiegel zu sehen.

GEWÖLBTE LEINWAND

AUSBILDERPOSTEN
Hinter dem Piloten sitzt der Ausbilder an einem Schaltpult. Er steuert den Simulator-Computer und beurteilt die Leistung des Piloten.

HYDRAULIKSTÜTZEN
unter dem Simulator sorgen dafür, daß er sich wie die Kanzel eines wirklichen Flugzeugs bewegt.

ROBOTER

STEUEREINHEIT

Ein Computer steuert die Bewegungen
des Roboters. Er berechnet die Winkel,
um die jedes der Gelenke sich zu drehen
hat. Dann sendet er Steuersignale an die
Motoren, die die Gelenke antreiben.
Meßfühler melden die Bewegungen der
Gelenke an die Steuereinheit zurück,
so daß sie weiß, wann sich jedes Gelenk
um den gewünschten Winkel gedreht hat.

SCHULTER SCHWENKT

DER GANZE ARM BEWEGT SICH

Ein Roboter ist eine sehr hochentwickelte Maschine, die imstande ist, mit Hilfe einer Eigensteuerung eine breite Skala von Arbeiten auszuführen, und das Potential besitzt, viele menschliche Aktionen nachzuvollziehen. Sein Gehirn ist ein Computer, der die Bewegungen der Arme, Beine oder anderen Mechanismen des Roboters steuert und Bits an Elektro- oder hydraulische Motoren übermittelt, die die Gelenke exakt im gewünschten Ausmaß bewegen. In den Computer kann ein bestimmter Bewegungsablauf eingegeben werden, die der Roboter, falls erforderlich, ständig ohne eine Spur von Ermüdung wiederholen kann. Deshalb ist der Roboter ein ideales Instrument für Fabrikarbeit, inbesondere an Fließbändern, an denen komplizierte Maschinen wie etwa Autos gefertigt werden. Manche Roboter können Teile handhaben und sie an genau der richtigen Stelle einsetzen, andere können Werkzeuge wie Schneidbrenner und Farb-spritzpistolen halten und bedienen. Es kann auch sein, daß der Roboter über ein gewisses Tastgefühl verfügen muß, damit er nicht zu fest zugreift und den Gegenstand zerquetscht, den er gerade handhabt. Deshalb kann sein Greifer mit Druckdetektoren ausgerüstet sein, die Informationen an den Steuercomputer übermitteln. Mit der Weiterentwicklung der Computer werden Roboter wahrscheinlich auch „sehen" lernen – mit Fernsehkameras anstelle von Augen. Der Roboter wird das Bild der Szene vor sich abtasten und imstande sein, Größe und Position aller Objekte in seinem Umfeld zu berechnen; damit kann er sich fast genauso wie ein Mensch bewegen und alle möglichen Dinge tun. Da Computer inzwischen auch zuhören und mit uns sprechen können, dürfte der Tag nicht mehr fern sein, an dem auch der Roboter zu einer selbständigen, zu Interaktionen mit Menschen fähigen Maschine wird.

ELLBOGEN BEUGT SICH

WINKELSENSOR
In jedem Gelenk befindet sich ein mit Schlitzen versehenes Rad ähnlich dem in einer Computer-Maus (siehe S. 318). Ein Lichtstrahl fällt durch das Rad auf einen Detektor, der bei jedem Vorbeigleiten eines Schlitzes einen elektrischen Impuls liefert. Der Computer zählt die Impulse und erkennt den Drehungswinkel.

DETEKTOR

SCHLITZE

LICHTSTRAHL

UNTERARM DREHT SICH

INDUSTRIEROBOTER
Dieser Arbeitsroboter kann komplizierte Bewegungsvorgänge ausführen, weil die verschiedenen Abschnitte seines Arms sich um sechs Gelenke drehen. Die Roboterhand kann sich in alle möglichen Richtungen zu jeder beliebigen Stellung in ihrer Reichweite bewegen.

HANDGELENK BEWEGT SICH AUF UND AB

HAND DREHT SICH

GREIFER SCHLIESST SICH WIE FINGER UND ERFASST GEGENSTAND

ANLERN-FERNBEDIENUNG
Diese Tastatur ist mit dem Steuercomputer verbunden. Sechs ihrer Tasten sind für die sechs Gelenke zuständig. Der Bediener „lehrt" den Roboter, eine bestimmte Handlung auszuführen, indem er die Tasten dazu benutzt, die Hand des Roboters in einem bestimmten Bewegungsablauf zu führen. Jede einzelne Bewegung wird dann im Speicher des Steuerungscomputers festgehalten, so daß der Roboter sie exakt wiederholen kann.

GELDAUTOMAT
Während man an einem Geldautomaten auf die Auszahlung wartet, überprüft der Zentralcomputer der Bank den Kontostand und zieht den angeforderten Betrag ab. Dann übermittelt er Ausgabebits an den Automaten. Diese Bits steuern einen Mechanismus, der aus Geldscheinbehältern innerhalb des Geräts die korrekte Menge von Scheinen entnimmt und sie zum Ausgabeschlitz befördert, wo sie von motorgetriebenen Walzen ein Stück weit hinausgeschoben werden. Die Ausgabebits setzen außerdem Walzen in Bewegung, die die Karte zurückgeben und auch einen Beleg ausdrücken und liefern können.

COMPUTER

Dies ist das erste der drei gebräuchlichsten digitalen Systeme. Solche Systeme bestehen aus einer ganzen Reihe von miteinander verbundenen Eingabe-, Speicher-, Verarbeitungs-, Kommunikations- und Ausgabeeinheiten. Mit der nötigen Software ist ein komplett ausgerüsteter Heimcomputer imstande, unzählige Aufgaben zu erfüllen. Bits gelangen über Maus, Tastatur, Mikrofon, Scanner, Fotokamera und Videokamera in den Computer. Über das Internet lassen sich Bilder und Daten versenden. Bits werden in den verschiedenen Speichern im Innern des Computers und in externen Medien (etwa Disketten) gespeichert, und das Modem versendet und empfängt Bits. Schließlich werden die Bits zu den Ausgabeeinheiten befördert – Lautsprechern, Bildschirmen oder Druckern.

DIGITALE VIDEOKAMERA

bitte aufwachen – bitte aufwachen

MONITOR (SIEHE S. 361)

LAUTSPRECHER (SIEHE S. 360)

MAUS (SIEHE S. 318)

FESTPLATTEN-LAUFWERK (SIEHE S. 333)

GRAFIKKARTE (SIEHE S. 361)

RAM (SIEHE S. 331)

DISKETTENLAUF-WERK (SIEHE S. 333)

CD-ROM-LAUFWERK (SIEHE S. 337)

SOUNDKARTE (SIEHE S. 322)

ROM (SIEHE S. 331)

MIKROFON (SIEHE S. 322)

COMPUTER-TASTATUR (SIEHE S. 317)

PROZESSOR (SIEHE S. 344)

PLATINE (SIEHE S. 344)

COMPUTER

SCANNER
(SIEHE S. 324-325)

DIGITALE FOTOKAMERA
(SIEHE S. 326)

DIGITALES BANDGERÄT
FÜR SICHERHEITS-
KOPIEN (SIEHE S. 334)

DRUCKER
(SIEHE S. 358-359)

MODEM
(SIEHE S. 349)

ELEKTRONISCHES
KEYBOARD
(SIEHE S. 316)

DER SUPERMARKT

Bei jedem Einkauf in einem Supermarkt kommt man mit einem riesigen digitalen System in Berührung. Der Konzern, zu dem der Supermarkt gehört, verfügt über ein weitreichendes Computer-Netzwerk. In seinem Zentrum steht der Hauptcomputer in der Zentrale des Konzerns, der mit den Warenlagern überall im Lande verbunden ist, und jedes Lager verfügt über einen eigenen Computer, der mit einem Computer im Supermarkt verbunden ist. Der Hauptcomputer in der Zentrale steht außerdem mit einem Netzwerk von Bankcomputern in Verbindung.

LADENCOMPUTER
Digitale Signale wandern zwischen dem Hauptcomputer und dem Ladencomputer hin und her. Jeden Abend werden Preisänderungen und neue Produkte in den Ladencomputer eingegeben.

LEITUNGEN ZUM LADENCOMPUTER

KASSEN-COMPUTER
Die Namen und Preise v Tausenden von Produkte auf einer Festplatte gespeichert (siehe S. 333

STRICHCODE-LESEGERÄT (SIEHE S. 334)

ALPHANUMERISCHE ANZEIGE (SIEHE S. 359) ZEIGT PREISE, WARENNAMEN UND GESAMTBETRAG AN

KARTEN-LESEGERÄT (SIEHE S. 334) ÜBERMITTELT KARTENNUMMER AN HAUPTCOMPUTER

TASTENFELD (SIEHE S. 316)

STRICHCODE SPEICHERT PRODUKTNUMMER

KREDIT- ODER SCHECKKARTE

EINKAUF MIT KUNDENAUSWEIS

ELEKTRONISCHE WAAGE (SIEHE S. 321) ÜBERMITTELT WARENGEWICHT AN KASSENCOMPUTER

SUPERMARKT

BANK

BANK

BANK

BANK

BANK-NETZWERK
Der vom Kunden gezahlte Betrag geht zur Bank. Dort wird er von seinem Konto auf das Konto des Supermarkts überwiesen.

LAGER

BANK

SUPERMARKT

ENTRALE
er Hauptcomputer überprüft die artennummer und sendet ein Signal an en Kassencomputer. Außerdem egistriert er zwecks Kontrolle des Warenbestandes alle Käufe und weist eferanten an, neue Ware in die ager zu schicken.

BANK DES SUPERMARKTS VERBINDET ZENTRALE MIT BANK-NETZWERK

LEITUNGEN ZU WEITEREN LÄDEN

TASTATUR (SIEHE S. 317) ZUM EINGEBEN VON PRODUKTDETAILS

GEDRUCKTE QUITTUNG
Drucker (siehe S. 358) liefert Quittung mit Namen und Preisen aller gekauften Waren.

LAGER
Der Lagercomputer wird vom Hauptcomputer angewiesen, weitere Ware in die Läden zu schicken.

SUPERMARKT

SUPERMARKT

SUPERMARKT

DIE FLUGGESELLSCHAFT

Wenn man eine Flugreise unternimmt, kommt man mehreren Stationen mit einem großen digitalen Sys in Verbindung. Das Reisebüro gehört zu einer Kette miteinander verbundenen Reisebüros. Ein Router stell Verbindung zwischen dem Netzwerk der Reisebüros und einer Fluggesellschaft her, das seinerseits mit den Einch Schaltern an den Flughäfen verbunden ist. Unbare Zahlu werden von den Reisebüros und den Fluggesellschaften an Bankennetzwerk weitergeleitet. Computer, die vielleich dem GPS-Navigationssystem (siehe S. 352–353) arbe leiten das Flugzeug, und auch der Paß des Reisenden wir Hilfe eines Computers überprüft.

REISEBÜRO

REISEBÜRO

ROUTER VERBINDET
ALLE REISEBÜROS
MIT RESER-
VIERUNGSCOMPUTER

ZENTRALER RESERVIERUNGSCOMPUTER
Er erhält vom Computer
der Fluggesellschaft die
Details aller vorgesehenen
Flüge und schickt Angaben
über die vorgenommene
Reservierung zurück.

REISEBÜRO

*Das wird bestimmt
eine schöne Reise*

BANK

BANK

BANKNETZ-
WERK

BANK

BANK

REISEBÜRO
Der Kunde nennt dem Reisebüro Ziel und Termin der
geplanten Flugreise, und der
Computer des Reisebüros liefert
zuerst eine Auswahl
der möglichen Flüge. Dann
entscheidet sich der Kunde
für die Flugklasse, spezielle
Mahlzeiten oder andere Sonderleistungen und dafür, in bar
oder mit Scheck- oder Kredit-
karte zu bezahlen. Zum Schluß
druckt der Computer ein Ticket
aus, das den Namen des
Kunden und sämtliche Details
des Fluges enthält.

AUSWAHL

TICKET

DIGITALES REISEN
Wenn man sich in einem Reisebüro einen Flug reservieren läß
informiert sich der Computer des Reisebüros bei den Computern der Fluggesellschaften über alle möglichen Flüge. Der
Kunde kann spezielle Mahlzeiten oder andere Dienstleistunge
wünschen, und diese Wünsche werden zusammen mit seinen
persönlichen Daten und dem Flug seiner Wahl im Computer
der Fluggesellschaft gespeichert. Wenn er am Flughafen
eincheckt, meldet der Schaltercomputer dem Computer der
Fluggesellschaft seinen Abflug. Außerdem wiegt er das Gepä
und druckt Strichcode-Etiketten und die Bordkarte aus. Das
mit Strichcode-Lesegeräten überprüfte Gepäck wird zum
richtigen Flugzeug befördert, ebenso die speziellen Mahlzeite
und Anweisungen für die vom Kunden gewünschten
Sonderleistungen.

FLUGGESELLSCHAFT

FLUGGESELLSCHAFT

FLUGGESELL-
SCHAFT

EINCHECK-SCHALTER

GEPÄCK-
KONTROLLE

DRUCKER (SIEHE S. 358)
AN EINCHECK-SCHALTER

GEPÄCKETIKETT
MIT STRICHCODE

BORDKARTE

KÜCHE
Vom Computer der Fluggesellschaft
instruiert, bereitet die Küche die
angeforderte Zahl von Mahlzeiten
zu und liefert sie an jedes Flugzeug.

ELEKTRONISCHE WAAGE
(SIEHE S. 321)

PASS

STRICHCODE (SIEHE S. 334)
AUF ETIKETT GIBT ZIELORT
UND FLUGNUMMER AN

FLUGHAFENKONTROLLE
Ein Scanner (siehe S. 323)
liest den Paß und
überprüft mit Hilfe eines
Zentralcomputers, ob Beden-
ken gegen eine Ein- oder
Ausreise bestehen.

Siehst du!
jetzt ist es fort!

STRICHCODE-
LESEGERÄT

EINGANG
ZUM
WARTERAUM

NACHSPIEL

Vieles im digitalen Imperium hatte das Mammut zwar sehr beeindruckt, aber es gab eine Menge Dinge, die ihm unheimlich waren. Letzten Endes war alles einfach zu viel, zu groß, zu schnell und zu fremd. Schließlich waren Mammuts nie mit der Idee des fortschritts konfrontiert worden, und dieses hier dachte nicht daran, sich darauf einzulassen. Als es das digitale Imperium verließ, hatte es nicht die Absicht, jemals zurückzukehren, aber Bill, der von der Mauerkrone zu ihm herablächelte, wußte es besser. Es stimmte zwar, daß das Mammut keinerlei Appetit auf Technologie und alles, was sie bewirken konnte, entwickelt hatte, aber an Kürbiskuchen und mit Schokolade beschmierten Äpfeln hatte es sehr viel Geschmack gefunden. Das war ein erfreulicher und überaus schmackhafter Ersatz für Sumpfgras, das ohnehin bald aussterben würde. Und Bill war im Umkreis von vielen Kilometern der einzige, der es damit versorgen konnte.

HEUREKA!

ÜBER DIE ERFINDUNG DER MASCHINEN

DIE SCHIEFE EBENE

Um zu überleben, müssen die Menschen essen. Da die Not erfinderisch macht, waren die Geräte zum Jagen und Sammeln von Nahrung die allerersten Maschinen, die in prähistorischen Zeiten erfunden wurden. Grob zu Geräten behauene Steine gab es vor mehr als einer Million Jahre, und Steinäxte und Speerspitzen gab und gibt es in archäologischen Fundstätten zuhauf.

Bei Schneidegeräten war die schiefe Ebene das erste technologische Prinzip, das angewendet wurde. In einem weit größeren Maßstab hat sie es den Menschen ermöglicht, eines der Sieben Weltwunder zu errichten — die großen Pyramiden. Sie wurden 2600 v. Chr. in Ägypten erbaut, indem man die großen Steinblöcke über Erdrampen auf die gewünschte Höhe beförderte.

DER PFLUG

Der Pflug wurde etwa 3500 v. Chr. im Mittleren Osten erfunden. Zu Beginn war er kaum mehr als ein Stock zum Umgraben, der von einem Menschen oder Ochsen gezogen wurde, doch mit diesem primitiven Pflug konnten die Menschen tiefer graben als je zuvor. Die Pflanzen faßten im umgepflügten Boden festere Wurzeln und lieferten einen höheren Ernteertrag: die Bauern erzielten einen Nahrungsüberschuß. Der Pflug befreite also manche Menschen von der Notwendigkeit, für ihre eigene Nahrung sorgen zu müssen.

SCHLÖSSER

Die ersten bekannten Schlösser (aus Holz) stammen aus Ägypten, und sie verwendeten bereits Stifte auf dieselbe Weise wie im Zylinder-Schloß. Die Anwendung der schiefen Ebene auf den Schlüssel, die Linus Yale 1848 in den USA herausbrachte, ist eine jener grundlegenden Erfindungen, die ihren Erfinder überlebten, und das Zylinder-Schloß wird auch heute noch Yale-Schloß genannt. Auf ein gleichartiges System war im Jahre 1805 ein preußisches Patent erteilt worden. Das Sicherheits-Schloß wurde 1778 von dem britischen Ingenieur Robert Barron entwickelt. Mit diesem Schloß wollte man es Einbrechern unmöglich machen, Wachsabdrücke von Schlössern zu nehmen und mit Hilfe eines solchen Abdrucks Nachschlüssel anzufertigen.

DER REISSVERSCHLUSS

Es dauerte eine ganze Weile, bis der Reißverschluß gebrauchsfertig war. Der Amerikaner Whitcomb Judson hat ihn 1891 erfunden, zwar nicht als Verschlußvorrichtung für Kleider, sondern für Stiefel. Auf verschiedenen Vorarbeiten baute der Schwede Sundback mit seiner Entwicklung auf, für die er 1914 ein Patent erhielt. Heutzutage wird der Reiß- oft vom Klettverschluß verdrängt, bei dem zwei Textilbänder mit kleinen Häkchen aneinanderhaften.

DER DOSENÖFFNER

Methoden zur Konservierung von Nahrungsmitteln in verschlossenen Behältern wurden im frühen 19. Jh. entwickelt. Zuerst benutzte man dazu Glaskrüge und dann Blechdosen. Diese Dosen waren für den Transport von Nahrungsmitteln ideal, doch das Öffnen war mit Schwierigkeiten verbunden. Zuerst halfen nur Hammer und Meißel — eine grobe Anwendung der schiefen Ebene — weiter. Danach wurden klauenähnliche Geräte und Hebelschneiden benutzt, was für die Anwender nicht

ungefährlich war. Der ebenso sichere wie einfache Dosenöffner von heute kam erst in den dreißiger Jahren unseres Jahrhunderts auf, mehr als ein Jahrhundert nach dem Auftauchen der Blechdose.

HEBEL

Hebel gab es ursprünglich auch schon in grauer Vorzeit in solchen Geräten wie Hacken, Rudern und Schleudern. Die Menschen ahnten, daß Hebel ihre Muskelkraft vergrößern können, doch es bedurfte eines Genies, um die Arbeitsweise von Hebeln zu erklären. Dieses Genie war der altgriechische Konstrukteur, Mathematiker und Physiker Archimedes (um 285—212 v. Chr.), der als erster die Hebelgesetze formulierte. Er illustrierte sie mit seinem berühmten Ausspruch: „Gebt mir einen Platz zum Stehen, und ich bewege die Erde." Hätte er nur, so meinte er damit, einen Hebel, der lang genug wäre, dann könnte er die Erde aus eigener Kraft bewegen.

Die Hebelgesetze waren ein Meilenstein in der Entwicklung der Wissenschaft und Technologie. Zugleich mit den Hebeln erklärten die Einsichten des Archimedes auch die schiefe Ebene, Zahnräder und Riemen, Rollen und Schrauben, da alle von denselben Gesetzen bestimmt werden. Darüber hinaus zeigte Archimedes, daß es mit Hilfe von Beobachtungen und Versuchen möglich ist, die Grundgesetze abzuleiten, die erklären, warum die Dinge so und nicht anders funktionieren.

WAAGEN

Das erste Gerät, das Hebel genau anwendete, wurde lange vor der Zeit des Archimedes erfunden. Es war der Waage-Balken zum Wiegen, der aus der Zeit um 3500 v. Chr. stammt. Es erscheint uns überraschend, daß ein Präzisionsinstrument vor so langer Zeit benötigt wurde: was jedoch zu wiegen war, ist kein gewöhnliches Material gewesen — sondern Gold. In den alten Zivilisationen des Mittleren Ostens wurde Goldstaub als Währung sehr geschätzt, und es mußten Unmengen an Gold genauestens gewogen werden, um dessen genauen Wert zu ermitteln.

TASTENINSTRUMENTE

Das Klavier wurde 1709 in Italien von Bartolommeo Cristofori erfunden, als er nach einer Möglichkeit suchte, das Volumen eines Tasteninstruments durch Hebel so zu verändern, daß man die Saiten mit unterschiedlicher Kraft anschlagen konnte. Sein Erfolg spiegelt sich im Namen des Instruments wider: Pianoforte oder „leise-laut". Das Hebelsystem wurde später verbessert, um die Resonanz des Klaviers zu erhöhen, die sich in dem sehr ausdrucksstarken Instrument niederschlug, das den Lauf der Musik erheblich beeinflußte.

Christopher Scholes erfand 1867 in den Vereinigten Staaten die erste brauchbare Schreibmaschine. Sie wurde von der Firma Remington gebaut. Im Gegensatz zum Klavier bietet eine Schreibmaschine kaum eine Variationsbreite beim Anschlag, und es ist daher kein Wunder, daß sie von Computerdruckern verdrängt wird, die mehrere Schriftarten und -grade anbieten.

RAD UND ACHSE

Die Entwicklung der mechanischen Kräfte hat ihren Ursprung im Rad und in der Achse. Die ersten Geräte, die diese Hilfe einsetzten, sind vermutlich Winde und Kurbel gewesen. Der griechische Arzt Hippokrates, der um 460 v. Chr. geboren wurde benutzte eine Winde, um die Glieder seiner Patienten zu strecken, eine unangenehme Behandlung ähnlich der Streckfolter in mittelalterlichen Folterkammern. Kurbeln helfen seit vielen Jahrhunderten, Wasser aus tiefen Brunnen zu befördern.

WASSERRAD UND WINDMÜHLE

Das Wasserrad wurde um 1000 v. Chr. in Griechenland erfunden und von den Römern weiterentwickelt, die Wassermühlen zum Mahlen von Getreide einsetzten. Das Rad hatte waagerechte Schaufeln, die so geneigt waren, daß fallendes Wasser das Rad antrieb. Sein Vorteil bestand darin, daß die Kraft der senkrechten Radachse direkt auf den waagerechten Mühlstein übertragen wurde. Von Nachteil dagegen war, daß es auf fließendes Wasser angewiesen war und nur sehr wenig Kraft lieferte. Das senkrechte Wasserrad, von einem römischen Autor um 15 n. Chr. erstmals beschrieben, war wesentlich praktischer und verdrängte das griechische Rad.

Wie das erste Wasserrad wurde auch die erste Windmühle von einem waagerechten Rad mit senkrechten Flügeln angetrieben. Sie wurde um 460 n. Chr. im Iran erfunden. Die

gleichfalls wesentlich praktischere Windmühle mit senkrechtem Rad wurde um 1170 in Europa erfunden.

TURBINEN

Moderne Turbinen sind ein Produkt der industriellen Revolution, als die Nachfrage nach Energie durch die vielen Fabriken in die Höhe schnellte. Ingenieure erforschten die Schaufelform, um ein Maximum an Energieausstoß zu erzielen. Die von James Francis 1850 erfundene und nach ihm benannte Turbine, die heutzutage in Kraftwerken üblich ist, war regelrecht ein Ergebnis unorthodoxer Denkweise, da Francis das Wasser ein- statt auswärts strömen läßt.

ZAHNRÄDER UND TREIBRIEMEN

Riemen sind einfache Geräte, wie man an den Eimerketten zur Wasserbeförderung in alter Zeit erkennt. Die grundlegende Form von Zahnrädern war schon im 1. Jh. n. Chr. bekannt. Eine sehr frühe Anwendung von Zahnrädern war der Antikythera-Mechanismus, ein mechanischer Kalender, der in Griechenland um 100 v. Chr. entstand und in einem Schiffswrack vor der griechischen Insel Antikythera entdeckt wurde. Diese Maschine besaß 25 Zahnräder aus Bronze, die ein kompliziertes Räderwerk bildeten, das Zeiger so bewegte, daß sie die künftige Stellung der Sonne und des Monds anzeigten wie auch die Zeit, zu der bestimmte Sterne auf- oder untergingen.

UHREN

Ein Zahnstangengetriebe wurde zuerst in einer Wasseruhr eingesetzt, die der griechische Erfinder Ktesibios etwa 250 v. Chr. baute. Die Wasseruhr, in der Wasser gleichmäßig in einen Behälter tropfte, dessen Wasserstand die Uhrzeit anzeigte, war ein altbekanntes Gerät, das Ktesibios verbesserte. Bei ihm hob ein Schwimmer eine Zahnstange an, die ein Antriebskegelrad antrieb, das mit einem Zeiger auf einer Trommel verbunden war. Der Zeiger

drehte sich und zeigte die Zeit wie der Stundenzeiger einer mechanischen Uhr an.

Die älteste überlebende mechanische Uhr stammt aus dem späten 14. Jh. Zahnräder übertrugen die stete Bewegung eines Reglers auf die Zeiger oder zu einer Klingel. Ein guter Regler stand erst 1581 mit der Entdeckung des Pendels durch den großen italienischen Physiker Galileo zur Verfügung. Galileo stoppte mit dem Pendelschlag die Zeit eines schaukelnden Kronleuchters und stellte fest, daß die gestoppte Zeit für jede Schaukelbewegung gleich war. Dennoch dauerte es fast ein Jahrhundert, bevor die erste Pendeluhr auftauchte.

DAS PLANETENGETRIEBE

Das Planeten- oder Umlaufgetriebe (auch epizyklisches G.) ist jüngeren Datums als viele andere. Es wurde 1781 von dem großen britischen Ingenieur James Watt erfunden, der als Erfinder der Dampfmaschine bekannt ist. Watt war auf der Suche nach einem Gerät, das die Kolbenbewegung seiner Dampfmaschine in eine Drehbewegung umwandelte. Dabei durfte er die Kurbel nicht verwenden, da ein anderer dafür ein Patent besaß. Watts Alternative war das Planetengetriebe, das man heute in Salatschleudern, Automatikgetrieben und vielen anderen Geräten finden kann.

DAS AUSGLEICHSGETRIEBE

Es tauchte zuerst beim „Südlich-weisenden Wagen" im China des 3. Jh. n. Chr. auf. Der zweirädrige Wagen besaß eine Figur, die immer nach Süden zeigte, gleich in welche Richtung der Wagen sich bewegte. Die Figur wurde bei Fahrtantritt in Richtung Süden eingestellt, und ein von den Rädern betriebenes Ausgleichsgetriebe drehte die Figur in die zur Wagenrichtung entgegengesetzte Richtung, so daß sie noch immer nach Süden zeigte.

Solch eine Maschine muß den Menschen jener Zeit wie Zauberei vorgekommen sein. Jedoch Berechnungen zeigten, daß dieser Mechanismus nicht so ausreichend präzise war, daß die Figur ständig nach Süden zeigte. Nach fünf Kilometern hätte sie ebensogut nach Norden zeigen können!

NOCKEN UND KURBELN

Nocken und Kurbeln sind ebenfalls alte Geräte — der Nocken taucht im Fallhammer auf und die Kurbel beim Förderschwengel. Angewendet wurden sie in der Nähmaschine im frühen 19. Jh.; die erste erfolgreiche Nähmaschine wurde 1851 in den Vereinigten Staaten von Isaac Singer hergestellt. Der Viertakt-Verbrennungsmotor, der ebenfalls auf der Steuerbewegung von Nocken und Kurbeln beruht, wurde zuerst 1885 von Karl Benz in ein Kraftfahrzeug eingebaut. Diese beiden Maschinen gibt es in ihrer ursprünglichen Form auch heute noch, verbunden mit den Namen ihrer jeweiligen Erfinder.

AUFZUG UND ROLLTREPPE

Der Aufzug ist eine relativ junge Erfindung, da die Gebäude erst eine gewisse Bauhöhe erreichen mußten, bevor der Einbau eines Aufzugs notwendig wurde. Obwohl Aufzüge für den Publikumsverkehr gedacht sind, hatte der erste Aufzug den genau entgegengesetzten Zweck. Er wurde 1743 im Versailler Schloß für den französischen König Louis XV. gebaut. Mit Gegengewichten ausbalanciert und von Hand betrieben, beförderte er den König völlig ungestört von einer Etage zur anderen.

Der moderne Sicherheitsaufzug ist die Erfindung des amerikanischen Ingenieurs Elisha Otis, der 1854 die Wirksamkeit seiner Erfindung auf dramatische Weise unter Beweis stellte. Er befahl, daß man das Trageseil des Aufzugs, in dem er sich selber befand, einfach durchschnitt. Doch das Notbremssystem schaltete sich sofort ein, und der Aufzug raste nicht mit ihm in die Tiefe.

Rolltreppen stammen aus dem letzten Jahrzehnt des 19. Jh. Die ersten Modelle bestanden eigentlich nur aus rotierenden Treibriemen.

SCHRAUBEN UND SCHNECKEN

Die Schraube ist eine weitere Maschine, die mit Archimedes in Verbindung zu bringen ist. Denn die älteste bekannte Schraube ist die archimedische, eine Schnecke zum Fördern des Wassers. Die Schraubenpresse, die die Art Schraube enthält, die man auch bei Mutter und Schraube verwendet, hat zuerst Heron von Alexandria beschrieben. Metallschrauben wurden ab 1555 als

den Nägeln überlegen verwendet, als der deutsche Mineraloge Georgius Agricola (eigtl. Georg Bauer) beschrieb, wie man Leder auf Holz schrauben muß, damit man einen widerstandsfähigen Blasebalg erhält. Der Schraubenzieher tauchte jedoch erst ab 1780 auf.

DER MÄHDRESCHER

In der Landwirtschaft ist der Mähdrescher die wichtigste Erfindung seit dem Pflug. Die verschiedenen Förderschnecken eines modernen Mähdreschers funktionieren genauso wie eine archimedische Schnecke. Der erste Mähdrescher stammt aus dem Jahr 1835 und kombinierte eine von einem Pferd gezogene Mäh- mit einer Dreschmaschine. Es dauerte ein weiteres Jahrhundert, bis aus jenem Mähdrescher eine wirksame Maschine mit Eigenantrieb wurde.

FLASCHENZÜGE

Einfache Kräne, die einfache Rollen verwendeten, gab es bereits vor etwa 3000 Jahren, und Flaschenzüge mit mehreren Rollen gab es schon um 400 v. Chr. Archimedes soll einen Verbundflaschenzug erfunden haben, der in der Lage war, ein ganzes Schiff zu heben. Den Schaduf, eine Hebevorrichtung mit Gegengewicht, gab es bereits in Alt-Ägypten.

DIE FEINMESS-SCHRAUBE

Dieses wichtige Gerät, das auf dem Prinzip der Schraube beruht, wurde 1772 von James Watt erfunden. Watts Feinmeßschraube funktionierte im großen ganzen wie die modernen Feinmeßschrauben und war bereits auf ein Fünftel Millimeter genau.

ROTIERENDE RÄDER

Die Menschen aus der Vorzeit konnten leicht schwere Lasten bewegen, indem sie sie auf Baumstämmen rollen ließen, und man könnte annehmen, daß auf diese Weise das Rad entwickelt wurde. Dem ist jedoch nicht so. Im Gegensatz zur Walze benötigt das Rad nämlich eine Achse, auf der es sich drehen kann. Daher ist die Töpferscheibe das erste richtige Rad. Es wurde etwa um 3500 v. Chr. im Mittleren Osten erfunden. Aus der Töpferscheibe entstand dann bald das Rad zum Zweck des Transports.

DAS FAHRRAD

Beim ersten Fahrrad trat man noch nicht in die Pedale, sondern mußte sich mit den Füßen abstoßen. Der badische Forstmeister C. v. Drais baute 1817 eine „Laufmaschine" (Draisine). Es war eher eine Kuriosität als ein ernsthaftes Mittel zur Fortbewegung und wurde als Stahlroß bekannt. Der britische Schmied Kirkpatrick Macmillan versah 1839 das Fahrrad mit Pedalen. Löst der Radler die Füße vom Boden, um in die Pedale zu treten, so macht er, um das Gleichgewicht zu halten, von der Präzession Gebrauch.

DER KREISELKOMPASS

Die den schnell rotierenden Geräten wie Kreiseln innewohnende Trägheit oder gyroskopische Inertie ist schon seit Jahrhunderten bekannt, die Entwicklung und die Verwendung des Kreisels in Maschinen jedoch erst jüngeren Datums. Die wichtigste Anwendung, der Kreiselkompaß, wurde von Elmer Sperry erfunden und zum erstenmal 1911 auf einem amerikanischen Schiff vorgeführt.

FEDERN

Auch Federn sind eine ganz alte Erfindung und wurden in primitiven Schlössern verwendet. Metallfedern stammen aus dem 16. Jh., als Blattfedern erfunden wurden, um Radwagen mit einer primitiven Aufhängung auszustatten. Federn wurden erst zwei Jahrhunderte später populär, als die Spiralfeder erfunden war.

MESSMASCHINEN

Das Gesetz hinter der Feder — die Ausdehnung einer Feder ist proportional zu der auf sie wirkenden Kraft — wurde 1679 von dem englischen Wissenschaftler Robert Hooke erfunden und ist daher als das Hookesche Gesetz bekannt. Hooke erfand ebenfalls die Spiralfeder, auch Haarfeder genannt, die als Regler in mechanischen Uhren verwendet wurde und erst tragbare Uhrwerke möglich machte.

REIBUNG

Die Menschen haben von der Reibung Gebrauch gemacht, seitdem sie einen Fuß auf den Boden gesetzt haben, und das erste Gerät, das die Reibung ausnutzt, um Körner zu Mehl zu zermahlen, ist seit dem Beginn der Zivilisation bekannt.

DER FALLSCHIRM

Dies ist eine der Erfindungen, die Leonardo da Vinci vorausgesehen hatte, denn aus dem Jahre 1495 gibt es von ihm die Zeichnung eines Fallschirms. Verständlicherweise war weder Leonardo noch jemand anders besonders wild darauf, diese Idee in der Praxis zu erproben. Es gab auch kaum Bedarf für Fallschirme, bis drei Jahrhunderte später die ersten Ballons aufstiegen. Den nachweisbar ersten Absprung eines Menschen wagte S. Lenormand 1783. Aus 680 Meter Höhe sprang 1797 erfolgreich der französische Ballonfahrer André Garnerin. Die frühen Fallschirme sahen wie riesige Sonnenschirme aus und wurden auch ähnlich genannt, obwohl sie vor einer unsanften Landung eher schützten als vor der Sonne.

BOHRMASCHINEN

Bohren läßt sich eigentlich als Zermalmen oder Mahlen betrachten und ist eine erstaunlich alte Tätigkeit. Die Chinesen bohrten bereits im 3. Jh. v. Chr. Ölbrunnen einige hundert Meter tief. Sie senkten ein Bohrwerkzeug aus Metall ins Bohrloch hinab, um den Fels aufzubrechen. Der erste moderne Ölbrunnen, 1859 von Edwin Drake in Pennsylvania gebohrt, entstand auf dieselbe Weise.

KUGELLAGER

Geräte, die die Reibung verringern, sind älteren Ursprungs. Die ersten waren vermutlich Baumstämme, die man unter den Gegenstand schob, den man bewegen wollte. Um reibungslos zu funktionieren, muß ein Rad auf Kugeln lagern. Die ersten Kugellager wurden etwa um 1000 v. Chr. in Frankreich und Deutschland erfunden. Die Kugellager waren damals aus Holz und wurden geschmiert, damit sie länger hielten. Moderne Kugellager gibt es seit dem späten 18. Jh. Sie machten die Entwicklung der Maschinen während der industriellen Revolution viel wirtschaftlicher.

SCHWIMMEN

Das erste Fortbewegungsmittel aus eigener Kraft war das Floß. In prähistorischen Zeiten haben die Menschen sich vermutlich an entwurzelte Bäume geklammert, die flußabwärts trieben. Auf Meeresströmen schwimmende Flöße beförderten höchstwahrscheinlich Menschen über die Meerengen hinweg von einem Kontinent zum andern, lange vor dem Aufkommen der Geschichtsaufzeichnungen.

Das erste bekannte Hohlboot stammt aus der Zeit um etwa 8000 v. Chr. Es handelte sich um aus Baumstämmen geschnittene Einbaum-Kanus, die mit Paddeln gerudert wurden.

Die Entdeckung des Auftriebs, der erklärt, weshalb Körper schwimmen, war eine der großen Leistungen des Archimedes, des großen Mathematikers und Physikers, der von 285—212 v. Chr. in Sizilien (damals griech. Kolonie) lebte. Es heißt, er habe diese Entdeckung in seinem Bad gemacht, sei dann nackt auf die Straße gestürzt und habe den seither klassischen Freudenschrei jedes Entdeckers von sich gegeben: „Eureka!" („Ich hab's gefunden!")

Obwohl das Prinzip, das Archimedes aufstellte, erklärte, daß ein Schiff aus Eisen schwimmen kann, glaubte ihm doch keiner so recht, und alle Boote und Schiffe wurden daher bis zu zweihundert Jahren aus Holz gebaut. Die Entwicklung zu stählernen Schiffsrümpfen ging einher mit der Entwicklung starker Dampfmaschinen, die die Schrauben in den Schiffen antrieben.

UNTERSEEBOOTE

Das Reisen unter Wasser und in der Luft kann zu einem gefährlichen Abenteuer werden und verlangte daher unerschrockene Pioniere. Verständlicherweise überredeten deshalb sowohl der Erfinder des ersten U-Boots wie auch der des ersten Ballons jeweils andere Leute, ihre Erfindung zu erproben.

Das erste eigentliche U-Boot ging während des amerikanischen Freiheitskriegs 1776 auf Fahrt. Es war ein eiförmiges Holzschiff, eine Erfindung des amerikanischen Ingenieurs David Bushnell. Es wurde (erfolglos) gegen ein britisches Kriegsschiff eingesetzt. Die *Turtle (Schildkröte)*, so hieß es, war ein früher Vorläufer des modernen Tauchboots, das Ballasttanks und Propeller besitzt.

BALLONS

Der erste bemannte Ballon war ein Heißluftballon der Brüder Montgolfier aus Frankreich. Der Jungfernflug fand am 21. 11. 1783 bei Paris statt und führte mehr als acht Kilometer weit. Der erste gasgefüllte Ballon stieg nur wenige Tage später mit seinem Erfinder Jacques Charles in den Pariser Himmel auf. Er war mit Wasserstoff gefüllt, der auch das erste Luftschiff 1852 in die Luft hob. Diese dampfbetriebene Maschine hatte der französische Ingenieur Henri Griffard erfunden.

SEGEL UND PROPELLER

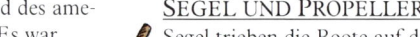

Segel trieben die Boote auf dem Nil im Alten Ägypten bereits etwa um 4000 v. Chr. an. Es waren quadratische Segel, mit denen man nur vor dem Wind segeln konnte. Das Dreiecksegel, mit dem man in den Wind segeln kann, tauchte gegen 300 n. Ch. bei Booten im Arabischen Meer auf.

Der Propeller wurde 1836 von Francis Pettit Smith in Großbritannien und von John Ericsson in den Vereinigten Staaten erfunden. Er trieb zum erstenmal 1839 ein seetüchtiges Schiff an, das passenderweise *Archimedes* hieß.

FLIEGEN

Die ersten fliegenden Menschen waren chinesische Kriminelle, die an großen Drachen hingen. Der große Reisende Marco Polo berichtet im 13. Jh. von solchen Drachen, die man zu Strafzwecken einsetzte, doch Drachenfliegen eignete sich auch dazu, feindliches Territorium auszuspähen. Fünf Jahrhunderte später begannen dann die Ballons die Menschen in die Luft zu befördern.

TRAGFLÄCHE

Das Prinzip der Tragfläche — die Erhöhung der Strömungsgeschwindigkeit eines Gases oder einer Flüssigkeit verringert dessen Druck — wurde 1738 von dem Schweizer Wissenschaftler Daniel Bernoulli entdeckt, und die Grundform der Flugzeugtragfläche wurde im 19. Jh. entwickelt. Der Entwurf stammte von dem britischen Ingenieur Sir George Cayley, der 1849 das erste Segelflugzeug flog. Vier Jahre später war Cayleys Kutscher der erste Erwachsene, der (gegen seinen Willen) in einem Luftfahrzeug mit Tragflächen flog. Nach der Landung soll er seine Stelle sofort gekündigt haben.

MOTORFLUG

Die Erfindung des Motorflugs ist unlösbar mit den Brüdern Wright verknüpft, jene amerikanischen Ingenieure, die 1903 das erste Motorflugzeug in Kitty Hawk in North Carolina flogen. Im Gegensatz zu sämtlichen modernen Flugzeugen besaßen die Tragflächen ihrer fliegenden Maschine keine Querruder. Diese Entwicklung tauchte 1908 im Flugzeugbau durch den britischen Ingenieur Henry Farman auf.

Instrument nutzte er den Wasserdruck, um Luft in die Orgelpfeifen zu pressen: das Ergebnis war bestimmt ohrenbetäubend!

PUMPEN UND STRAHLEN

Die Wasserpumpe ist eine weitere Ktesibios zugeschriebene Erfindung. Wegen der nur schleppenden Entwicklung von Pumpen, die einen steten Wasserstrahl abgeben, war es möglich, daß ein Großfeuer 1666 den größten Teil Londons in Schutt und Asche legte. Die erste richtige Feuerwehrspritze, eine Erfindung des britischen Ingenieurs Richard Newsham, tauchte erst 1721 auf. Es handelte sich um eine handbetriebene

Pumpe, in der sich zwei Kolben auf und ab bewegten. Der Wasserstrahl reichte 50 Meter hoch und konnte sogar ein Fenster zertrümmern.
Zuerst mit Druckluft, dann mit Kohlendioxid betriebene, tragbare Feuerlöscher wurden im 19. Jh. entwickelt.

HYDRAULIK UND PNEUMATIK

Erst durch das Werk des französischen Wissenschaftlers Blaise Pascal entwickelte sich ein Verständnis für den Druck sowohl in der Luft als auch im Wasser. Mitte des 17. Jh. entdeckte er das Prinzip, das die Druckwirkung auf einer Oberfläche bestimmt. Pascals Prinzip erklärt die Hydraulik

und auch die Pneumatik. Eine der jüngsten Folgerungen daraus ist das Luftkissenfahrzeug, das der britische Ingenieur Christopher Cockerell 1955 erfand. Das derzeit größte im Einsatz befindliche Schwebefahrzeug hat eine höchste Reisegeschwindigkeit von 130 km/h und 160 km Reichweite. Als Autofähre faßt es bis zu 34 Pkw und 174 Passagiere.

SAUGMASCHINEN

Der Staubsauger wurde 1901 von Hubert Booth in Großbritannien erfunden. Wieder beruhte die Erfindung auf einem einfachen Versuch: Durch ein Taschentuch saugte Booth Luft an, der Staub kam mit. Erst 1908 jedoch entwickelte der Amerikaner William Hoover ein brauchbares Gerät, und sein Name wurde stets in Verbindung mit Staubsaugern gebracht.

Sein entfernter Verwandter, die Aqualunge, ist auch eng mit ihrem Erfinder, dem französischen Ozeanographen Jacques Cousteau, verbunden. Sie wurde während des Zweiten Weltkriegs entwickelt, und Cousteau nutzte sie anschließend als erster beim Tiefseetauchen zur Meereserkundung.

DER HELIKOPTER

Wie das Motorflugzeug der Brüder Wright, so hing auch die Entwicklung des Helikopters von der Erfindung eines zwar leichten, doch starken Motors ab — des Benzinmotors. Der allererste, von Paul Cornu gebaute Helikopter wirbelte 1907 noch etwas unstet durch die Luft. Auf die Entwicklung eines verläßlichen Helikopters mußte man dann noch dreißig Jahre warten.

DAS TRAGFLÄCHENBOOT

Die erste Nutzanwendung eines Tragflügels fand nicht etwa in der Luft, sondern im Wasser statt. 1861 erprobte Thomas Moy in Großbritannien Flügel, die er unten an einem Boot befestigte, und er stellte fest, daß sie den Bootsrumpf übers Wasser hoben. Und daher war das Tragflächenboot vor dem Flugzeug da. In Italien wurden die ersten brauchbaren Tragflächenboote gebaut, die Enrico Forlanini im ersten Jahrzehnt des 20. Jh. entwickelte.

DRUCKKRÄFTE

Die Erkenntnisse von Archimedes regten mehrere Generationen von Erfindern und Ingenieuren an. Der erste war Ktesibios, der um 170—117 v. Chr. in Alexandria (Ägypten) lebte und für seine selbstangetriebenen Geräte bekannt war, darunter die erste hydraulische Orgel. Wasser war eine praktische Energiequelle, und für dieses

DIE TOILETTENSPÜLUNG

Das Wasserklosett, die erste von vielen Umschreibungen (und genauer als so manch andere) für die Toilettenspülung, geht auf das Jahr 1589 zurück, als der britische Edelmann Sir John Harrington, ein Patenkind der Königin Elizabeth I., sie erfand. Der Behälter bei Harringtons Erfindung funktionierte mit einem Ventil, das das Wasser freigab. Harrington empfahl, einmal — besser vielleicht zweimal pro Tag — die Spülung zu betätigen.

Harringtons wichtiger Beitrag zur Geschichte der Technologie war seiner Zeit weit voraus, und die Toilettenspülung in der heute bekannten Form gab es erst im späten 19. Jh. Der Saugheber, der Ventile überflüssig machte, stammt auch aus dieser Zeit.

WÄRMENUTZUNG

Die Nutzung der Wärme war die erste technologische Leistung. Dank der Entdeckung des Feuers vor etwa einer Million von Jahren in Afrika gab es Wärme zum Kochen und zum Heizen. Mehrere tausend Jahre mußten vergehen, bevor man die Wärme bei weit fortgeschritteneren Verfahren einsetzte, wie dem Schmelzen von Metallen und zur Bewegungsenergie.

EISEN- UND STAHLHERSTELLUNG

Eisenherstellung gab es bereits 1500 v. Chr., als die Hethiter (heute Türken) Öfen bauten, um mit Holzkohle Eisenerz zu schmelzen, und so das Metall Eisen zu erzeugen. Das Verfahren wurde erst 1709 weiterentwickelt, als der britische Eisenhersteller Abraham Darby die Holzkohle durch Kohle ersetzte und Kalkstein hinzugab. Sein Ofen benötigte einen kräftigen Luftzustrom, damit der Koks verbrannte, konnte jedoch Eisen in rauhen Mengen herstellen — ein Umstand, der die industrielle Revolution zuwege brachte.

Die Stahlherstellung aus Eisen in Hochöfen erfolgte im großen Maßstab erst gegen Mitte des 19. Jh., als William Kelly in den Vereinigten Staaten und Henry Bessemer in Großbritannien unabhängig voneinander den Stahlkonverter erfanden. Stahl wurde dadurch erzeugt, daß Luft durch geschmolzenes Eisen geblasen wurde, ein Verfahren, bei dem heutzutage die Luft durch Sauerstoff ersetzt wird.

KÜHLSCHRANK UND THERMOSFLASCHE

Obwohl das Verwahren von Nahrungsmitteln in eisgefüllten Gruben als Verfahren bereits seit mehr als 4000 Jahren bekannt ist, wurde die erste Maschine zur Temperaturverringerung erst 1851 gebaut. Der australische Drucker James Harrison bemerkte, daß die Drucktypen, die er mit Äther säuberte, sehr kalt wurden, wenn der Äther verdunstete. Auf diesem Verfahren fußend, baute er einen Äther-Kühlschrank. Jedoch war sein Verfahren nicht sehr erfolgreich, da er gegen das billige, aus Amerika importierte Eis nicht ankam.

Den ersten brauchbaren Kühlschrank, der mit Ammoniak statt mit Äther lief, baute 1876 der deutsche Ingenieur Carl von Linde. Damit konnte er sogar flüssigen Sauerstoff produzieren, doch eine solch kalte Flüssigkeit war schwer zu lagern. Der britische Wissenschaftler James Dewar entwickelte dann 1892 die Thermosflasche, um flüssigen Sauerstoff zu lagern, doch sie wird weitaus mehr dazu benutzt, um Getränke warmzuhalten.

DAMPFKRAFT

Die glorreiche Idee, Wärme zur Erzeugung von Bewegungsenergie zu verwenden, kam dem griechischen Ingenieur Heron. Er baute die erste Dampfmaschine, ein kleines Gerät, das Dampfwolken ausstieß und etwa so wie ein Rasensprenger herumwirbelte. Seine Maschine hatte keinen praktischen Nutzen, und eine Dampfmaschine tauchte erst um 1700 als Entwicklung von James Watt in Großbritannien wieder auf. Die Dampfturbine wurde von einem anderen Briten, nämlich von Charles Parsons, 1884 erfunden.

GAS-, DIESEL- UND DÜSENMOTOREN

Der Benzinmotor folgte nach der Entwicklung der Erdölförderung Mitte des 19. Jh. wie auch die Erfindung des Viertakt-Verbrennungsmotors zur selben Zeit. Zwar wurde der erste Zweitakter 1878 erfunden, doch war es ein Viertakt-Benzinmotor, der einen Pferdewagen ohne Pferd antrieb. Ein brauchbarer Benzinmotor wurde 1883 hauptsächlich von dem deutschen Maschinenbauingenieur Gottlieb Daimler entwickelt, der ihn zuerst in ein Boot, dann in ein hölzernes Zweirad einbaute. Ein anderer Deutscher jedoch, nämlich der Ingenieur Carl Benz, baute 1885 das erste Kraftfahrzeug.

Der Dieselmotor wurde von Rudolf Diesel 1897 fertiggestellt, ein Jahr vor Erfindung des Vergasers.

Der Verbrennungsmotor trug zur Erfindung der Flugzeuge bei, während der Düsenmotor, der billiger und schneller arbeitet, uns den weltweiten Massentourismus brachte. Der britische Ingenieur Frank Whittle erfand 1930 das Düsentriebwerk.

THERMOMETER

Die Temperaturmessung steht im Zusammenhang mit mehreren berühmten Namen. Der große italienische Naturforscher Galileo, besser bekannt wegen seiner berühmten Entdeckungen auf dem Gebiet der Astronomie, erfand 1593 das erste Thermometer. Sein Instrument nutzte die Ausdehnung und das

Zusammenziehen eines Gasvolumens; es war so ungenau wie unhandlich.

Das erste Quecksilberthermometer erfand 1714 der deutsche Physiker Daniel Fahrenheit, und die von ihm ersonnene (in Großbritannien und den USA üb- liche) Temperaturskala trägt sei- nen Namen.

SCHIESSPULVER UND RAKETEN

Die Wärme wurde zu einer Energiequelle im Schießpulver, dem ersten Sprengstoff, der vor etwa tausend Jahren in China aufkam. Schießpulver fand auch noch andere Anwendungen, und etwa um 1200 wurden die ersten mit Schießpulver angetriebenen Raketen in China gezündet.

Der erste Mensch, der vorschlug, die Raketen für den Raumflug einzusetzen, war nicht etwa ein Ingenieur, sondern der russische Schullehrer Konstantin Ziolkowskij. Um die Jahrhundertwende erkannte er, daß nur Flüssigkeitsraketen mit mehreren Stufen den immensen Schub erzeugen konnten, der notwendig ist, um Menschen in den Weltraum zu befördern. 1903 entwarf er zwar die Flüssigkeitsrakete in allen Einzelheiten, baute jedoch selbst keine Rakete.

Eine Flüssigkeitsrakete wurde erstmals von dem amerikanischen Ingenieur Robert Goddard gebaut und 1926 gestartet. Die erste Weltraumrakete baute der russische Ingenieur Sergej Koroljow. Es war eine Flüssigkeitsrakete, die im Oktober 1957 den ersten Satelliten *Sputnik 1* in eine Umlaufbahn brachte, genau ein Jahrhundert nach Ziolkowskijs Geburt.

ATOMENERGIE

Die Grundlagen der Atomenergie wurden 1905 von dem großen deutschen Wissenschaftler Albert Einstein entdeckt. In seiner Speziellen Relativitätstheorie behauptete er, daß selbst eine kleine Masse in eine große Energiemenge umgewandelt werden kann.

Die Kernspaltung ist die praktische Anwendung von Einsteins Theorie und wurde zum erstenmal 1934 von dem italienischen Forscher Enrico Fermi im Labor durchgeführt. Fermi wußte zu jener Zeit nicht, daß eine Kernspaltung abgelaufen war. 1938 entdeckte Otto Hahn die Spaltung von Urankernen bei Neutronenbestrahlung. Es wurde klar, daß die Kernspaltung enorme Energiemengen freisetzen konnte. Diese Erkenntnis wurde angesichts des heraufziehenden Zweiten Weltkriegs geheimgehalten. Fermi und andere Forscher gingen in die USA, wo auf Anregung Einsteins auf die schnelle ein Atomreaktor gebaut werden sollte, da man (irrtümlicherweise) davon ausging, daß die Nationalsozialisten eine Atombombe entwickelten. 1942 baute Fermi den ersten atomaren Versuchsreaktor.

Die USA erprobten ihre erste Atombombe im Juli 1945, kurz nach der deutschen Kapitulation. Die zweite und die dritte Atombombe warfen sie auf japanische Städte ab: am 6. 8. 1945 auf Hiroshima, drei Tage später auf Nagasaki. Es gab mehr als 100 000 Tote und ebenso viele Schwerverletzte. Die erste Wasserstoffbombe der USA detonierte 1952. Der erste Atomreaktor zur Stromerzeugung wurde 1954 in der Sowjetunion gebaut.

LICHT UND BILDER

Die Menschen haben vermutlich vor mehreren tausend Jahren damit begonnen, die Bewegung des Lichts zu beobachten. Sie konnten studieren, woher es kommt, und sie konnten bemerken, daß es von hellen, weichen Oberflächen zurückgeworfen wurde und einen Schatten warf, wenn etwas seinen Weg kreuzte. Der griechische Philosoph Euklid war um 300 v. Chr. vermutlich mit den grundlegenden Gesetzen der Optik vertraut, und der berühmte arabische Gelehrte Alhazen schrieb um 900 n. Chr. eine wichtige Abhandlung über dieses Thema. Doch keiner wußte so recht etwas über die Natur des Lichts bis 1666, als Isaac Newton die Spektralfarben entdeckte, und bis 1678, als der Niederländer Christiaan Huygens darauf hindeutete, daß Licht aus Wellen bestehe. Bis dahin hatte man Newtons Behauptung, das Licht bestehe aus Teilchen oder „Korpuskeln", als überzeugender angesehen.

ELEKTRISCHES LICHT

Dem amerikanischen Erfinder Thomas Edison wird allgemein die Erfindung des elektrischen Lichts zugeschrieben. In Wirklichkeit jedoch war ihm sein britischer Widersacher Joseph Wilson Swan zuvorgekommen. Swans Glühfadenlampe wurde im Dezember 1878, fast ein Jahr früher als Edisons Lampe, enthüllt. Glühlampen sind im Vergleich mit Leuchtlampen, die wenig Wärme abgeben, relativ unergiebig. Henri Becquerel, der Entdecker der Radioaktivität, machte 1859 seine ersten Versuche mit der Fluoreszenz, doch dauerte es bis 1934, bevor der

amerikanische Wissenschaftler Arthur H. Compton die erste Leuchtlampe für den allgemeinen Gebrauch im Haus und im Büro entwickelt hatte.

SPIEGEL

„Natürliche" Spiegel aus geschliffenem Obsidian (vulkanisches Gesteinsglas) waren in der Türkei vor 7500 Jahren beliebt, doch die frühesten polierten Spiegel bestanden aus Kupfer, Bronze und Metall. Plinius d. Ä. erwähnt mit Zinn oder Silber hinterlegtes Glas im ersten Jh. n. Chr. Doch das Versilbern wurde im großen Maßstab erst angewandt, als die Venezianer im 13. Jh. eine Methode dafür entwickelten. Der deutsche Chemiker Justus von Liebig entwickelte 1835 das moderne Verfahren der Versilberung. Moderne Anwendungen der reflektierenden Oberflächen schließen das Periskop und das Endoskop ein. Periskope wurden für den Gebrauch in U-Booten 1854 in Frankreich entwickelt. Das biegsame Endoskop, das Glasfasern mit besonderer Beschichtung verwendet, damit man um die Ecke sehen kann, wurde 1958 zum erstenmal eingesetzt.

LINSEN

Der römische Kaiser Nero (37—68 n. Chr.) war einer der ersten Menschen, die eine Linse benutzten (obwohl ihm das vielleicht nicht bewußt war), wenn er die Vorstellungen in der Arena durch einen Scherben aus Smaragd betrachtete, der zufällig die richtige Größe hatte, um seine schlechte Sehkraft zu verbessern. Kugelförmige Linsen, die als Brenngläser verwendet wurden, waren sicher gegen 900 n. Chr. bekannt, als Alhazen beschrieb, wie sie funktionieren. Die ersten Linsen für den allgemeinen Gebrauch waren die konvexen Linsen in den Brillen, die irgendwann um 1287 in Italien auftauchten. Die Gummilinse (Zoom), die in einem großen Brennweitenbereich ein korrekt scharf eingestelltes Bild liefert, wurde in den dreißiger Jahren des 20. Jh. für die Filmindustrie entwickelt.

TELESKOPE

Linsen waren schon seit Jahrhunderten in Gebrauch, als Hans Lippershey, ein niederländischer Brillenglashersteller, zufällig die wunderbare Erfindung des Teleskops machte. Im Jahr 1608 sah er durch zwei hintereinander angeordnete Linsen zu einem nahen Kirchturm hin und stellte fest, daß er vergrößert war. Die betriebsfähigen Teleskope, die auf Lippersheys Entdeckung folgten, lieferten wegen der Brechung des Lichts durch die Glaslinsen nur eine schwache Bildqualität. Isaac Newton löste 1668 dieses Problem, indem er ein Teleskop baute, das Spiegel statt Linsen verwendete. Das Fernglas besteht im wesentlichen aus zwei Teleskopen nebeneinander. Es tauchte zum erstenmal 1823 in einem Pariser Opernhaus auf; obwohl sein Erfinder unbekannt ist, setzte es sich schnell für den Gebrauch drinnen und draußen durch.

MIKROSKOPE

Vergrößerungsgläser sind so lange in Gebrauch wie es die konvexen Brillengläser gibt, und in der Mitte des 17. Jh. wurden sie von dem niederländischen Händler Antoni van Leeuwenhoek zu ausgezeichneten Mikroskopen mit einer Linse weiterentwickelt. Allein mit einer winzigen Linse, nur so groß wie eine Bohne, gelangen ihm bis zu 200fache Vergrößerungen.

Der Ursprung des Verbundmikroskops mit zwei Linsen liegt im Dunkeln. Zacharias Janssen, einem anderen niederländischen Linsenschleifer, wurde die Erfindung dieses Mikroskops 1590 zugeschrieben. Es erscheint jedoch unwahrscheinlich, daß das Mikroskop vor dem Teleskop da war. Vermutlich hat Janssens Sohn diese Legende aufgebracht. Von Galileo nimmt man an, daß er mit Linsen für ein Mikroskop experimentiert hat, doch die Biographen des niederländisch-stämmigen Naturforschers Cornelius Drebbel bestehen darauf, daß er 1619 das erste Verbundmikroskop gebaut hat. Das erste Elektronenmikroskop wurde drei Jahrhunderte später 1928 in Deutschland gebaut.

vielfältigsten Werkzeuge geworden, die uns zur Verfügung stehen. Eine

Erscheinung, die wir gerade erst zu erkunden beginnen — das Hologramm —, wäre ohne den Laser undenkbar. Dennis Gabor erfand 1947 das Hologramm, konnte seine Idee jedoch nicht verwirklichen, bis er über eine kohärente Lichtquelle verfügte, mit anderen Worten einen Lichtstrahl mit einer einzigen Wellenlänge. Den lieferte ihm der Laser.

DIE SPIEGELREFLEXKAMERA

Wie alle frühen Kameras wurde die Spiegelreflexkamera aus der viel älteren Camera obscura entwickelt. Thomas Sutton entwarf 1860 die erste Spiegelreflex-kamera. Großformatige Reflexkameras waren zwischen 1900 und 1930 sehr beliebt. Die Kleinbildkameras setzten sich in den 1920er Jahren durch („Leica"). Die Kine Exacta von 1936 war die erste Kleinbild-kamera, die die Spiegelreflexmethode benutzte.

DIE SOFORTBILDKAMERA

Der amerikanische Erfinder Edwin Land wurde von seinen Forschungen über polarisiertes Licht und Fotografie so in Anspruch genommen, daß er aus seinem Unterricht an der Harvard Universität ausstieg. Dies stellte sich jedoch im weiteren als die richtige Entscheidung heraus, denn 1947 gelang es ihm, die erste Sofortbildkamera der Welt vorzustellen: die Polaroid. Farbbilder wurden 1963 eingeführt, und 1972 wurde eine vollständig neu entworfene Kamera, die SX-70, vorgestellt. Die SX-70 wirft nach jeder Belichtung das Bild automatisch aus. Es entwickelt sich dann wie durch Zauberei, ohne daß man etwas abziehen oder abwarten muß, was bei der ersten Sofortbildkamera noch der Fall gewesen war.

FOTOGRAFIE

Die Fotografie erblickte das Licht der Welt, als der Franzose Joseph Niepce ein Bild mit einer Camera obscura (Kastenkamera) machte, einem Gerät, das bis dahin lange Zeit von Künstlern als Zeichenhilfe benutzt worden war. Niepces Aufnahme von 1826 ist die früheste erhaltene Fotografie. Louis Daguerre, Niepces jüngerer Partner seit 1829, erfand 1837 ein neues Verfahren. Er verringerte die Belichtungszeiten auf bis unter eine Minute und machte die Porträtaufnahme äußerst populär. Die moderne Fotografie beruht jedoch auf zwei Erfindungen des Briten William Fox-Talbot, die den Durchbruch brachten: die negativ-positiv Methode des Filmpapiers, wodurch so viele Abzüge wie gewünscht von einer Belichtung gemacht werden konnten, und die Entwicklung des latenten Bilds, die schließlich zu Belichtungszeiten von Sekundenbruchteilen führten. Das erste Farbfoto (von einem Schottenband) machte 1861 der britische Natur-wissenschaftler Clerk Maxwell.

FILMBILDER

Die beiden französischen Brüder Auguste und Louis Lumière erfanden 1895 den ersten brauchbaren Kinematographen und Filmprojektor. Bei den ersten Filmvorführungen fielen noch Zuschauer in Ohnmacht, als ein Dampfzug aus der Tiefe der Leinwand in den Zuschauerraum zu rasen schien. Trotz dieser beeindruckenden Demonstration erkannten die Brüder Lumière nicht die Möglichkeiten, die ihre Erfindung in sich barg. Als jemand Auguste eine riesige Summe dafür bot, glaubte er, dem begierigen Käufer einen Gefallen zu tun, als er ablehnte. Wie dumm von ihm!

LASER UND HOLOGRAMME

Der erste Laser wurde 1960 in den Hughes Labors gebaut. Damals wurde er als Erfindung ohne Nutzen eingeschätzt. Nach seinem mäßigen Start ist er zu einem der mächtigsten und

DRUCKTECHNIK

Eine einfache Form des Druckens wurde von den Römern im 3. Jh. ausgeübt. Etwa zur selben Zeit verwandten ägyptische Kleidermacher in Holzblöcke geschnittene Zeichen, um damit Textilien zu bedrucken. Holzdruck entwickelte sich unabhängig voneinander in Europa und China. Die Chinesen druckten 868 das erste Buch im Holzdruck, und sie waren auch die ersten, die 1041 die bewegliche Drucktype erfanden. Im Gegensatz zum Blockdruck konnten diese bei jedem Buch wiederverwendet werden. Die beweglichen Lettern waren auch das wichtigste Element in Gutenbergs Erfindung vier Jahrhunderte später. Die Chinesen fertigten ihre Typen aus gebranntem Ton an. Es stellte sich aber schnell heraus, daß nur Lettern aus Metall wiederholter Verwendung standhielten. Diese wurden zuerst in Korea im frühen 15. Jahrhundert hergestellt. Der herkömmliche Buchdruck mit beweglichen Bleilettern ist inzwischen überwiegend vom Fotosatz (Lichtsatz) verdrängt worden.

PAPIER

Bevor das Papier erfunden wurde, schrieben die Menschen auf alles, was sich dazu eignete: auf Seide und Bambus in China, Palmblätter in Indien, Tontafeln in Babylon und Wachstafeln in Griechenland. Zwischen 3000 und 2000 v. Chr. begannen die Ägypter auf Papyrus zu schreiben, eine Riedgrasart, die man in Streifen schnitt, dann trocknete und in zwei Schichten zu einem Blatt zusammenklebte. Das Papier wurde 105 n. Chr. in China von Tsai Lun erfunden. 751 setzten die Araber einige Papiermacher in Samarkand gefangen, und so nahm die vierhundert Jahre währende Ausbreitung dieser Erfindung im Westen ihren Lauf. Heutzutage wird Papier hauptsächlich aus Holzfasern hergestellt.

DIE DRUCKMASCHINE

Die Druckpresse wurde etwa um 1450 von Johannes Gutenberg in Mainz erfunden. Es war nur eines der Elemente der Drucktechnik (die bewegliche Lettern aus Metall inbegriffen), die Gutenberg als erster perfektionierte. Die Druckpresse selbst, eine Schraubenpresse, die aus der Buchbinderei stammte, wurde den Bedürfnissen angepaßt und war so effizient, daß bis zur Automatisierung im 19. Jh. keine Veränderungen erforderlich wurden.

SCHALL UND MUSIK

Wenn archäologische Funde überhaupt Anhaltspunkte liefern, so waren die ersten Musikinstrumente in prähistorischer Zeit Flöten, die man aus hohlen Knochen geschnitzt hatte. Es wurden 6000 Jahre alte Trommeln aus Ton gefunden. Nach der Trommel kam die Lyra, ein Saiteninstrument, das man vor 4500 Jahren in der alten Stadt Ur spielte; später entwickelte sich daraus die Harfe. Blechinstrumente haben ihren Ursprung in den hohlen Tierhörnern, die man als Fanfaren benutzte. Mehr als 3000 Jahre alte, gerade Trompeten wurden in Tut-ench-Amuns Grab gefunden, doch die modernen Ventiltrompeten stammen erst aus dem Jahre 1801. Vermutlich der erste Mensch, der einem Musikinstrument seinen Namen gab, war der Belgier Adolphe Sax, der 1846 das Saxophon erfand.

DAS TONBANDGERÄT

Der dänische Telefoningenieur Valdemar Poulsen erfand 1898 die magnetische Aufzeichnung. Poulsens „Telegraphone" benutzte genaugenommen kein Tonband, sondern einen Draht. Der amerikanische Filmproduzent Louis Blattner baute 1920 das erste Ton*band*gerät, und die AEG in Berlin produzierte 1935 das erste Aufnahmegerät für Tonbänder aus Kunststoff.

DER PLATTENSPIELER

Die Probleme der Schallaufzeichnung und -wiedergabe wurden von einem der größten Erfinder aller Zeiten, dem Amerikaner Thomas Edison, gelöst. Er benutzte als „Platte" einen Stanizolzylinder und gab am 6. Dezember 1877 die zuvor aufgezeichneten Kinderreime „Mary had a lamb" wieder. Seine Erfindung nannte er Phonograph. Der deutsche Einwanderer Emil Berliner verbesserte den Phonographen Edisons weiter durch gewachste kreisförmige Zinkplatten; er erfand 1887 den Flachplattenspieler oder das Grammophon.

TELEKOMMUNIKATION

Die moderne Telekommunikation hat das Problem gelöst, Nachrichten schnell über riesige Entfernungen zu schicken. Vor dem elektronischen Zeitalter mußten die Menschen nutzen, was immer sie an Möglichkeiten erfunden hatten, wie Spiegel- oder Rauchsignale. Vom griechischen Historiker Polybius behauptet man, er habe im 1. Jh. v. Chr. alphabetische Rauchsignale ersonnen, doch heutzutage macht kein Polybius-Code dem Morse-Code Konkurrenz, den der Amerikaner Samuel Morse 1838 erfand. Morse baute auch den ersten elektrischen Telegrafen, der die Signale über — den Telefonleitungen ähnliche — Drahtleitungen beförderte. 1844 schickte er seine erste Nachricht: „What hath God wrought?" (Was hat Gott geschaffen?)

DAS TELEFON

In der großen Zeit der frühen Schalltechnik waren die Erfinder oft in Verlegenheit, wenn sie während ihrer Versuche und Vorführungen etwas sagen sollten. Dies war jedoch bei Alexander Graham Bell nicht der Fall, als er sein soeben erfundenes Telefon 1876 zum erstenmal benutzte.

„Mr. Watson, kommen Sie schnell. Ich brauche Sie." waren seine ersten Worte.

Denn er hatte Säure aus einer Batterie über seine Hose gekippt und brauchte dringend die Hilfe seines Assistenten. Zugleich mit der Erfindung des Telefons hatte Bell zwei weitere wichtige Geräte erfunden - das Mikrofon und den Lautsprecher.

RADIO

Die Einführung des Telegrafen 1844 löste das Problem der Nachrichtenübermittlung, indem man Elektrizität verwendete. Doch das neue Gerät hatte einen großen Nachteil: es war auf eine tatsächliche Drahtverbindung angewiesen. Andere Wissenschaftler begannen sofort an einer drahtlosen Methode zu arbeiten. Ein Durchbruch kam, als 1888 der Hamburger Physiker Heinrich Hertz die Existenz von Funkwellen entdeckte. Sieben Jahre später machte Guglielmo Marconi, der 21jährige Sohn eines wohlhabenden italienischen Grundbesitzers, die ersten erfolgreichen Versuche mit der Übertragung von Funkwellen. 1901

schuf er eine noch größere Sensation, als er ein Signal über den Atlantik schickte. Rundfunksendungen gibt es seit 1906, als der kanadische Erfinder Reginald Fessenden als erster einen Schall übertrug. Die Erfindung der Elektronen- oder Vakuumröhre im selben Jahre durch Lee de Forest war jedoch der wesentlichste Beitrag zur Entwicklung des Rundfunkwesens.

FERNSEHEN

Berücksichtigt man, daß das Fernsehen das einflußreichste Massenmedium unserer Zeit ist, so wurde es unter eher bescheidenen Umständen entwickelt. John Logie Baird war ein britischer Amateurforscher, der Schuhcreme und Rasierklingen verkaufte, um seine Freizeit-Forschung zu finanzieren. Nach arbeitsreichen Jahren als Forscher

übertrug er 1925 in seiner Mansardenwerkstatt erfolgreich das erste Fernsehbild eines Jungen aus dem Büro darunter. Da Bairds System mechanisch arbeitete und nur eine schlechte Bildqualität lieferte, war es nur eine Frage der Zeit, bis jemand kam, der ein überlegeneres elektronisches Produkt vorstellte. Dieser Jemand war der amerikanische Physiker russischer Herkunft Vladimir Zworykin, der 1929 das erste elektronische Fernsehsystem baute. Die erste öffentliche Übertragung fand 1936 statt.

NACHRICHTENSATELLITEN

Die amerikanische Regierung war für die Entwicklung von Nachrichtensatelliten verantwortlich. Im Juli 1962 startete die American Telephone and Telegraph Company Telstar, den ersten Nachrichtensatelliten, der Telefon- und Fernsehsignale übertrug. Er konnte täglich nur wenige Stunden senden, da er sich wegen seiner niedrigen Umlaufbahn zumeist außerhalb der Reichweite seiner Übertragungs- und Empfängerstationen bewegte. Der 1965 gestartete Early Bird war der erste Satellit, der dieses Problem löste, da er mit der Erdumdrehung dadurch Schritt hielt, daß er eine anscheinend feste (geostationäre) Position einnahm.

RADIOTELESKOP

Der Erfinder des Radioteleskops und auch der Radioastronomie war der Amateurastronom Grote Reber. 1937 baute er seine erste Empfängerantenne, nachdem er von der Entdeckung Karl Janskys aus dem Jahre 1931 gehört hatte, daß die Erde ständig von kosmischen Funkwellen bombardiert werde. Reber machte sich daran, diese Wellen mit einer Parabolantenne einzufangen und aufzuzeichnen, woher sie stammten. 1942 erstellte er die erste Funkkarte der Milchstraße.

RAUMSONDEN

Die erste erfolgreiche Raumsonde war die russische Luna 3, die 1959 die ersten Bilder von der unsichtbaren Rückseite des Mondes zur Erde funkte. Die Planetenerkundung wurde im Dezember 1962 Wirklichkeit, als die amerikanische Raumsonde Mariner 2 nach einer Reise von mehr als 290 Millionen Kilometern, die fast vier Monate dauerte, schließlich den Planeten Venus erreichte.

ELEKTRIZITÄT

Gegen etwa 600 v. Chr. entdeckte der griechische Philosoph Thales folgendes: Nach dem Reiben mit Wolle auf Bernstein zog dieser aus irgendeinem Grund leichte Körper wie Stroh und Federn an. Über 2000 Jahre später, im Jahre 1600, nannte William Gilbert, Arzt der Königin Elizabeth I. von England, diese Kraft (nach dem griechischen Wort „elektron" für Bernstein) Elektrizität. Aber erst im 17. Jh. untersuchten Wissenschaftler die Natur der Elektrizität, und einer der Pioniere auf diesem Gebiet war Benjamin Franklin, ein unerschrockener Forscher. Im Jahre 1752 flog Franklin unter Einsatz seines Lebens einen Drachen in einem Gewitter, nur um zu beweisen, daß ein Blitz elektrischer Natur sei. Dieses berühmte Experiment, das er zum Glück überlebte, führte ihn zur Erfindung des Blitzableiters. Franklin behauptete auch, daß Elektrizität aus zwei Arten „Flüssigkeiten" bestehe, einer positiven und einer negativen. Heutzutage wissen wir, daß diese Flüssigkeit aus einem Strom negativer Elektronen besteht, wie der britische Physiker Joseph John Thomson 1897 nachwies.

DIE BATTERIE

1789 entdeckte der italienische Arzt und Naturforscher Luigi Galvani, daß die durchtrennten Schenkel eines toten Frosches zuckten, wenn man Metallstücke an sie anlegte. Galvani führte dies zwar richtig auf elektrische Entladungen im tierischen Körper zurück, jedoch erst Allessandro Volta fand heraus, daß diese

Reaktion nicht vom Frosch verursacht wurde, wie Galvani fälschlicherweise annahm, sondern von den Metallen. Schließlich entdeckte Volta, daß Kupfer und Zink zusammen eine starke Ladung erzeugen, und daß er einen ständigen elektrischen Strom produzieren konnte, wenn er abwechselnd Kupfer- und Zinkscheiben zu einer Säule stapelte und zwischen die einzelnen Metallscheiben Kissen legte, die in Salzwasser getränkt waren. Im Jahr 1800 vervollkommnet, war die Voltasäule, wie man sie zuerst nannte, die erste elektrische Batterie. Seither ist eine große Vielfalt verschiedener Batterietypen entwickelt worden.

DER FOTOKOPIERER

In den dreißiger Jahren des 20. Jh. war Chester F. Carlson in der Patentabteilung einer großen Elektronikfirma in New York beschäftigt. Seine Arbeit gefiel ihm — ausgenommen die Zeit und die Umstände, die es ihn kostete, die Patente zu kopieren. Schließlich war er so frustriert, daß er beschloß, ein völlig neues Kopierverfahren zu entwickeln. Das Ergebnis war die erste Xerokopie (von griech. xeros = trocken) am 22. Oktober 1938 (Patent 1942). Carlson entwickelte ein Trockenverfahren, das auf nasse und unhandliche Chemikalien wie bei bestehenden Kopierverfahren verzichtete. Es beruht auf der Fähigkeit einer elektrostatisch positiv aufgeladenen Platte, negativ geladenes Pulver anzuziehen und das abgelichtete Originaldokument bildmäßig auf Papier abzubilden. Einige Jahre später kaufte eine kleine Firma im Familienbesitz die Rechte an diesem Patent. Daraus wurde dann die mächtige amerikanische Firma Xerox, und Chester F. Carlson wurde dabei ein sehr wohlhabender Mann.

MAGNETISMUS

Der Legende nach soll ein griechischer Schafhirt namens Magnes als erster die Erscheinung des Magnetismus bemerkt haben, als an seinem eisenbeschlagenen Stock kleine schwarze Steine haften blieben, die auf dem Boden herumlagen. Diese schwarzen Steine waren aus Magnetit, dem eisenreichsten Eisenerz. William Gilbert, Arzt von Königin Elizabeth I. von England, formulierte als erster einige Grundgesetze des Magnetismus und hielt es für möglich, daß die Erde selbst ein riesiger Magnet sei. 1644 zeigte René Descartes, daß man Magnetfelder sichtbar machen kann, indem man Eisenspäne auf ein Blatt Papier streut. Außer dem Kompaß gab es jedoch bis zur Erfindung des Elektromotors keine praktische Nutzanwendung des Magnetismus — trotz der Bemühungen von Franz Anton Mesmer, dem Begründer der Magnetotherapie, der im 18. Jh. einige Jahre

lang die Pariser davon überzeugen konnte, daß Magnetismus sich als Heilmittel für gewisse Krankheiten eigne.

MAGNETE

Die ersten Magnete wurden aus Magnetit, natürlich vorkommenden magnetischen Steinen, hergestellt. Als seine Richtungseigenschaften erkannt wurden, bekam es den Namen Magneteisenstein und wurde zur Herstellung von Kompaßnadeln verwendet. Magnete kamen jedoch erst zur Geltung, nachdem der dänische Physiker Hans Ørsted 1820 seine sensationelle Entdeckung von der Ablenkung einer Magnetnadel durch den elektrischen Strom machte und damit die Lehre vom Elektromagnetismus begründete. Dies veränderte den Lauf der menschlichen Geschichte, weil dadurch die großen elektrischen Erfindungen des 19. Jh., wie Elektromotor, Dynamo und Telegraf, möglich wurden.

ELEKTROMAGNETEN

Elektromagneten waren eine der Entdeckungen, die durch Ørsteds große Entdeckung möglich wurden. Kurz nach dessen Bekanntwerden bewies der französische Wissenschaftler André-Marie Ampère, daß Drähte gefertigt werden konnten, die sich genau wie Magnete verhalten, wenn ein Strom hindurchfließt, und daß die Polarität des Magnetismus von der Stromrichtung abhängt. Nun war der Elektromagnet — ein Magnet, dessen Feld von einem elektrischen Strom erzeugt wird — geboren. Später fand der amerikanische Erfinder Joseph Henry heraus, daß durch Wickeln mehrerer Windungen isolierten Drahts um einen dicken Eisenkern ein vergrößertes Magnetfeld erreicht wurde. 1829 baute er den ersten Hochleistungs-Elektromagneten, der ein Gewicht von einer Tonne heben konnte.

DER MAGNETKOMPASS

Chinesische Historiker datieren die Entdeckung des Magnetkompasses auf das Jahr 2634 v. Chr. Gleichgültig, ob's stimmt oder nicht, die Chinesen sind sicher die ersten Menschen gewesen, die entdeckt hatten, daß der Magnetismus in der Navigation nützlich sein konnte. Im 3. Jh. n. Chr. war der Magnetkompaß jedenfalls im Fernen Osten weit verbreitet. Die Chinesen waren keine berühmten Seefahrer, und so vervollkommneten erst die seefahrenden Nationen Europas dieses Gerät. Wie bei anderen Erfindungen auch, sind vermutlich die Araber an der Übermittlung dieser Idee von Ost nach West beteiligt gewesen. Im 11. Jh. benutzten bereits die Wikinger auf ihren Kaperfahrten im nördlichen Europa Kompasse. Jüngeren Datums ist eine Abwandlung des Kompasses, die den senkrechten Winkel mißt, den das Magnetfeld der Erde an deren Oberfläche macht.

DER ELEKTROMOTOR

Nach der Erfingung Ørsteds ein Jahr zuvor machte sich der britische Naturforscher Michael Faraday daran zu zeigen, daß — genau so wie ein Draht mit elektrischem Strom eine Kompaßnadel ablenken kann — umgekehrt auch ein Magnet einen stromtragenden Draht dazu bringen konnte, sich zu bewegen. Als Faraday ein Stück Draht über eine Quecksilberschale hängte, in der ein Magnet aufrecht stand, und er den Draht mit einer Batterie verband, begann dieser sich zu drehen. Damit hatte er gezeigt, daß man elektrische in mechanische Energie umwandeln konnte, das Prinzip hinter dem Elektromotor. Der amerikanische Physiker Joseph Henry baute 1830 den ersten arbeitsfähigen Motor; seit 1840 treiben Elektromotoren bereits Maschinen an.

HAUSSTROMVERSORGUNG

Im Winter 1880 baute der britische Industrielle W. G. Armstrong ein kleines hydroelektrisches Werk in der Gartenanlage seines Landhauses in Northumberland, um damit seine neue elektrische Beleuchtung zu betreiben. Dies war die erste Hausstromversorgung der Welt. Im darauffolgenden Winter baute die Stadt Godalming in Surrey das erste Elektrizitätswerk zur Versorgung der Häuser wie der Straßenbeleuchtung mit Strom. Die Spannung war jedoch enttäuschend niedrig, und einige Jahre später mußte das Werk geschlossen werden. Etwa im Januar 1881 jedoch installierte die Thomas Edison's Electric Light Company ein ähnliches Werk in Holborn Viaduct in London. Im Gegensatz zur Anlage in Godalming war dieses Unternehmen sehr populär und hatte einen rasanten Zulauf.

SENSOREN UND DETEKTOREN

Einfache Sensoren, die durch Bewegung ausgelöst wurden, sind schon seit uralten Zeiten bekannt. Jedoch Geräte, die Bewegung fühlen und diese Information dann nutzen, um eine Maschine zu steuern, sind jüngeren Datums. Zwei wichtige frühe Beispiele wurden im 18. Jh. erfunden. Das erste war der Ventilatorschwanz der Windmühle, 1745 von Edmund Lee erfunden, der die Windmühlenflügel stets in Windrichtung drehte. Das zweite war James Watts Fliehkraftregler, der kunstvoll die Fliehkraft nutzte, um automatisch die Geschwindigkeit einer Dampfmaschine zu regeln.

DER SEISMOGRAPH

Historisch gesehen gibt es kein anderes Land, das vollständigere Aufzeichnungen über Erdbeben gemacht hätte als China. Deshalb ist es vielleicht angemessen zu behaupten, daß die Chinesen auch den ersten Seismographen besessen haben. Von einem Mathematiker, Astronomen und Geographen namens Chang Heng (78—139 n. Chr.) erfunden, besteht er aus acht sorgfältig ausbalancierten Bronzekugeln, die im Kreis um einen Kompaß angeordnet sind. Wann immer das Gerät die Erschütterung eines Erdbebens registrierte, fiel eine dieser Kugeln herunter, und zwar in die Richtung, aus der das Erdbeben kam. Der erste Seismograph, der einen durch Elektromagnetismus erzeugten Strom einsetzte, wurde 1905 von dem russischen Physiker Prinz Boris Golizyn erfunden.

RÖNTGENSTRAHLEN

Wilhelm Conrad Röntgen, Leiter der Physik-Abteilung an der Würzburger Universität, war verblüfft, als er im November 1895 während seiner Experimente mit einer in einen Behälter eingeschlossenen Kathodenstrahlröhr Chemikalien auf der anderen Seite des Labor aufleuchten sah. Nach einigen Untersuchungen fand er heraus, daß die Kathodenstrahlröhre das Leuchten verursachte, nicht jedoch die Kathodenstrahlen, da diese nicht durch den Behälter austreten konnten. Durch Zufall hatte er also eine vollkommen unbekannte Strahlenart entdeckt, die er dementsprechend X-Strahlen nannte. Kurz darauf fand er heraus, daß Fotoplatten auf diese Strahlen, obwohl unsichtbar, empfindlich reagierten. Das bedeutete, daß es fortan möglich war, Fotoaufnahmen von Körpern zu machen, die für das menschliche Auge unsichtbar waren, eine Entdeckung, die die ärztliche Diagnostik revolutionierte. Die X-Strahlen wurden bald darauf nach ihrem Entdecker in Röntgenstrahlen umgetauft.

DAS SONAR

Zu Beginn des Ersten Weltkriegs fügten deutsche U-Boote den alliierten Flotten solch große Verluste zu, daß es dringend und unumgänglich war, ein wirksames U-Boot-Aufspürsystem zu finden. Nach Experimenten mit passiven Detektoren entwickelte der französische Wissenschaftler Paul Langevin ein sehr ausgeklügeltes System, das mit piezoelektrisch erzeugten Ultraschallimpulsen arbeitete. Mit diesem Verfahren konnte man selbst dann U-Boote aufspüren, wenn sie ihre Motoren abgestellt hatten, indem man das Echo von Ultraschallwellen benutzte, um die genaue Position eines Tauchboots zu ermitteln.

DAS RADAR

1935 beauftragte die britische Regierung den führenden Wissenschafter Robert Watson-Watt damit, über die Möglichkeiten von „Todesstrahlen" zu forschen, die ein feindliches Flugzeug vom Himmel herunterholen könnten. Watt antwortete, es fehle die Technologie, um eine solche Art von Strahlen zu bauen, doch biete er als Ersatz ein System an, das frühzeitig einen feindlichen Luftangriff erkennen und als Frühwarnsystem in Frage kommen könne. Er kritzelte die Details auf ein halbes Blatt Papier. Innerhalb einer verblüffend kurzen Frist von nur wenigen Monaten hatte er das erste Radarsystem der Welt entwickelt. In nur drei Jahren hatte man dann ein Netz mit Radarstationen aufgezogen, das Großbritanniens Küste beschützte und der britischen Luftwaffe im der Schlacht um England 1940 einen entscheidenden Vorteil gegenüber der deutschen Luftwaffe verschaffte.

DAS AUTOMATISCHE GETRIEBE

Obwohl das automatische Getriebe ein ausgeklügeltes Gerät ist, wurde das erste bereits 1896, nicht lange nach dem ersten Auto, gebaut. Doch es hatte wenig gemein mit dem vollautomatischen Getriebe, dem Hydramatic-Getriebe, das der amerikanische Ingenieur Earl A. Thompson 1939 erfand. Nach Thompsons Erfindung gehört das Automatikgetriebe zur Standardausrüstung amerikanischer Autos. Das erste Modell, das mit dem neuen Gerät ausgestattet wurde, war ein Oldsmobil von 1940.

BINÄRZAHLEN

Die Vorstellung, daß ein Zahlensystem nicht notwendigerweise auf der Grundlage von zehn Ziffern beruhen muß, ist nicht neu. Der deutsche Philosoph Gottfried Leibniz, der im 17. Jahrhundert lebte, entwickelte Theorien über logische und binäre Zahlen. Ein Jahrhundert später ersann der britische Mathematiker George Boole eine binäre Methode zum Ausdrücken logischer Probleme, die heute in den logischen Gattern von Computern angewendet wird.

DAS ELEKTRISCHE KEYBOARD

Das erste praktisch verwendbare elektrische Keyboard mit einer breiten Tonskala war ein analoger Synthesizer, der 1964 von dem amerikanischen Ingenieur Robert Moog erfunden wurde. Die Töne wurden mit Hilfe wechselnder Spannungen erzeugt. Digitale Keyboards gibt es erst seit 1980. Andere elektronische Musikinstrumente wurden schon wesentlich früher erfunden. Das allererste war das Telharmonium, ein 200 Tonnen schweres Instrument, das Thaddeus Cahill 1906 in New York baute. Es erzeugte elektrische Tonsignale, die die Zuhörer über Telefonleitungen erreichten.

COMPUTER

Das erste Gerät, das Zahlen verarbeitete, war eine mechanische Rechenmaschine, die der große französische Naturwissenschaftler Blaise Pascal im zarten Alter von 19 Jahren erfand. In seiner Maschine gab man die Zahlen über Drehscheiben ein, und das Resultat erschien in einem Fensters. Pascals Rechner enthielt ineinander greifende Zahnräder, bei denen ein Zahnrad ein anderes anstieß. Er addierte und subtrahierte Zahlen korrekt, war jedoch finanziell ein Mißerfolg, weil kein Bedarf an einem solchen Gerät bestand.

Später wurden jedoch mechanische Rechner erfunden, die arithmetische Aufgaben lösen konnten. Im Gegensatz zu einem Computer konnten sie ihre Ergebnisse nicht speichern und auch nicht angewiesen werden, unterschiedliche Befehle auszuführen. Die Idee, daß sich eine solche Maschine bauen ließ, kam dem britischen Erfinder Charles Babbage 1833. Es war ein kühner Entwurf, der ihm den Namen „Vater des Computers" einbrachte. Babbage entwarf eine Maschine, die mit einer komplexen Anordnung von ineinander greifenden Zahnrädern und Hebeln arbeitete. Sie konnte verschiedene

Rechenaufgaben erledigen und erhielt ihre Informationen über Lochkarten ähnlich denen der automatischen Web-stühle. Von der „Analytischen Maschine", wie sie genannt wurde, hieß es, sie „webe algebraische Muster wie der Webstuhl die Blumen und Blätter". Leider wurde sie nie gebaut.

Der elektronische Computer entstand, wie so viele andere Erfindungen, unter dem Druck des Krieges. Er wurde nach dem Prinzip von Babbage gebaut, benutzte jedoch anstelle von langsamen Zahnrädern und Hebeln schnelle Elektronenröhren (siehe unten). Der erste Computer mit dem Namen Colossus wurde 1943 in Großbritannien gebaut, um feindliche Geheimcodes zu knacken, und hat vermutlich Einfluß auf den Ausgang des Zweiten Weltkriegs gehabt. Colossus wurde ausschließlich zum Knacken von Codes eingesetzt. Der erste Computer zum allgemeinen Gebrauch war ENIAC, eine 1946 fertiggestellte amerikanische Maschine. ENIAC war riesig und wurde heiß, den er enthielt 19 000 Röhren.

FAXGERÄTE

Zwar sind Faxgeräte erst seit den 1980er Jahren weit verbreitet, aber das erste Gerät, mit dem die Kopie eines Dokuments über eine Leitung gesendet werden konnte, wurde bereits 1843 patentiert. Der britische Erfinder Alexander Bain benutzte einen Metallgriffel, der ein mit Lettern aus Metall gesetztes Dokument abtastete. Jedesmal, wenn der Griffel die erhabenen Ränder der gesetzten Zeichen berührte, schickte er über einen Draht ein elektrisches Signal zu einem Stift, der sich so über ein Blatt Papier bewegte, daß eine Kopie des Dokuments entstand. Das erste Foto wurde 1906 per Fax übermittelt. Arthur Korn, ein deutscher Physiker, erfand ein fotografisches Faxgerät, das ein Bild mit liochtempfindlichen Fotozellen abtastete und es auf Fotopapier wiedergab. Dieser „Bild-telegraph" wurde das ganze zwanzigste Jahrhundert hindruch von Zeitungen zur Übermittlung von Bildern benutzt. Das erste digitale Faxgerät wurde 1974 in den Vereinigten Staaten gebaut, und nachdem man sich 1980 auf einen digitalen Standard geeinigt

hatte, stand der digitalen Fax-Kommunikation nichts mehr im Wege.

COMPACT DISK (CD)

Wie viele moderne Geräte wurden auch die CDs nicht von einem Einzelnen erfunden. Sie sind eine Gemeinschaftsentwicklung des Elektronikgiganten Philips und der japanische Firma Sony, und die ersten CD-Player und -Platten kamen 1982 in Japan auf den Markt.

DIODEN, TRANSISTOREN UND MIKROCHIPS

Der Vorläufer dieser winzigen elektronischen Bauteile waren die Elektronen der Vakuumröhren, in denen ein Elektronenstrahl einen Strom zwischen zwei Elektroden beförderte. Die Diodenröhre (Elektrode mit zwei Anschlüssen) wurde 1904 von dem britischen Wissenschaftler John Ambrose Fleming erfunden,

dann folgte 1906 in Amerika die Triode (Elektrode mit drei Anschlüssen). Diese Röhren waren für die Entwicklung des Radios und den Fernsehens sowie für die Schallaufnahme von entscheidender Bedeutung.

1948 ersetzten drei Amerikaner – William Shockley, John Bardeen und Walter Brattain – die großen und heißen Röhren durch kleine und kühl arbeitende Bausteine. Halbleiterdioden und Transistoren ermöglichten die Entwicklung digitaler Geräte, bei denen mehrere Bausteine in einem einzigen Halbleiter in einer integrierten Schaltung untergebracht sind. Der Amerikaner Jack Kilby erfand sie 1958, und sie führte zum Mikrochip, in den mehrere Millionen Bauelemente gepackt werden können. Der erste Mikroprozessor wurde 1970 gebaut.

DAS INTERNET

Die Anfänge des Internets gehen auf das Jahr 1969 zurück: damals schuf das amerikanische Verteidigungsministerium ein großes Netzwerk von Computern des Militärs, das dazu beitragen sollte, das Land vor feindlichen Angriffen zu schützen. Universitäten und Forschungseinrichtungen schlossen sich zum Zweck des Informationsaustauschs diesem Netzwerk an und führten in den 1970er Jahren die E-Mail ein. In den 1980er Jahren stieg das Militär aus diesem Netzwerk aus, und 1986 wurden in den

USA die Router (Wegsteuerungscomputer) in Betrieb genommen, die seither das Backbone des Internets bilden. Andere Länder und Firmen schlossen sich an, und seither ist das Internet ständig größer geworden.

GPS

Wie das Internet war auch das GPS (Global Positioning System) anfangs ein Projekt des amerikanischen Verteidigungsministeriums. Es wurde eingerichtet, damit Militäreinheiten jederzeit und überall auf der Welt ihre exakte Position feststellen konnten. Später konnten auch Zivilisten von dem System Gebrauch machen; die Präzision war jedoch geringer als bei der militärischen Nutzung. Die 24 GPS-Satelliten wurden 1993 auf eine Erdumlaufbahn befördert, und seit 1995 ist das System voll einsatzfähig.

ROBOTER

Der Begriff Roboter, der aus dem Tschechischen kommt und „Arbeit" bedeutet, wurde zuerst in den 1920er Jahren auf automatische Maschinen angewendet. Roboter, die sich bewegen, sind jedoch viel älter. Sie erreichten einen Höhepunkt im 18. Jahrhundert mit den perfekten Automaten, die zum Amüsement ihrer wohlhabenden Besitzer komplizierte Bewegungen ausführten. Einer zum Beispiel konnte eine ganze Seite schreiben. Diese frühen Roboter wurden ausschließlich von einem komplizierten Räder- und Hebelwerk angetrieben. In neuerer Zeit sind aus den Robotern nützliche

Maschinen geworden, die elektronisch gesteuert werden und zunehmend vollautomatisch arbeiten.

WORTERKLÄRUNGEN

ABTASTUNG
Die Umwandlung eines Bildes in eine Sequenz von elektrischen Signalen. Das Bild wird in eine Reihe von waagerechten Zeilen aufgespalten, deren Helligkeitsstufen und Farbschattierungen in Signale umwandelt werden. Außerdem der Vorgang, mit dem ein Mikrochip in einer Tastatur oder einem Tastenfeld ständig ein Signal an sämtliche Tasten übermittelt, um festzustellen, welche niedergedrückt wurde.

ADDITIVE FARBMISCHUNG
Gleichzeitige Einwirkung von Farbreizen auf das Auge durch Überlagerung der drei Grundfarben des Lichts (Rot, Grün, Blau), die neue Farbempfindungen ergibt.

AMPERE (A)
Basiseinheit der elektrischen Stromstärke. Ein Strom fließt mit 1 A durch einen Stromkreis, wenn der Widerstand 1 Ohm und die Spannung 1 Volt betragen.

AMPLITUDE
Die maximale Auslenkung einer Schwingung aus der Ruhelage.

ANALOG
Eine Maschine oder ein System, das mit veränderlichen Quantitäten arbeitet oder sie erzeugt. Ein Thermometer, bei dem die Höhe einer steigenden oder fallenden Flüssigkeitssäule die Temperatur anzeigt, ist ein analoges Gerät. Viele analoge Maschinen oder Systeme arbeiten mit einem elektrischen Signal, dessen Spannung sich ständig ändert. Das analoge Signal gibt häufig die veränderlichen Tonwellen in Sprache oder Musik oder die veränderlichen Lichtwellen eines Bildes wieder.

ANODE
Eine positiv geladene Elektrode.

ANTENNE
Der Teil des Radiosenders oder -empfängers, der Funkwellen ausstrahlt oder empfängt.

ANTRIEBSKEGELRAD
Das kleinere von zwei Zahnrädern oder ein Zahnrad, das ein Zahnstangengetriebe antreibt oder von ihm angetrieben wird.

ARMATUR
Der Teil einer elektrischen Maschine, der sich als Reaktion auf einen Strom oder ein Signal bewegt oder sich bewegt, um einen Strom oder ein Signal zu erzeugen.

ATOME
Die kleinsten Teile eines Elements. Ein Atom ist etwa einhundertmillionstel Zentimeter groß und besteht aus einem von Elektronen umgebenen Kern (Nukleus) in seiner Mitte.

ATOMKERN
Der zentrale Teil eines Atoms, der sich aus Protonen und Neutronen, winzigen Teilchen, zusammensetzt. Der Kern ist etwa zehntausendmal kleiner als das ganze Atom.

AUFLAGEPUNKT
Dreh- oder Angelpunkt, auf dem ein Hebel aufliegt, so daß er balancieren, kippen oder schaukeln kann.

AUFTRIEB
Die nach oben gerichtete Kraft, die ein Flugzeugtragflügel oder ein Hubschrauberrotor oder auch die Tragfläche beim Tragflächenboot erzeugt.

AUSGABEEINHEIT
Die Einheit eines digitalen Geräts, das die aus Bits bestehenden Daten in eine Form zurückverwandelt, die wir nutzen oder verstehen können, wie etwa gedruckte Wörter, Töne oder Bilder.

AUSLEGER
Das über den Zentralturm eines Krans herausragende Gerüst, das Lasten hebt.

BEUGUNG
Bei Wellenvorgängen die Abweichung von der geradlinigen Ausbreitung in der Nähe scharf begrenzter Hindernisse. Der Beugungswinkel hängt von der Wellenlänge ab.

BILD
Die Wiedergabe eines Körpers oder einer Szene durch ein optisches Instrument. Ein wirkliches Bild erscheint auf einem Bildschirm oder einer anderen Oberfläche. Ein virtuelles Bild kann nur durch eine Linse, einen Spiegel oder ein anderes Instrument oder ein Hologramm gesehen werden. Bilder können als Fotografie, Druck, Videoaufzeichnung und Hologramm aufgezeichnet und in Speichereinheiten gespeichert werden.

BINÄRCODE
Ein in digitalen Geräten verwendeter Code, der aus den aus Binärzahlen hervorgehenden Bitsequenzen besteht. Der Code repräsentiert Daten und Programme.

BINÄRZAHL
Eine Zahl im Binärsystem, das nur zwei Ziffern verwendet, nämlich 0 und 1. Vom rechten Ende der Zahl ausgehend, bedeutet jede folgende Ziffer das Vorhandensein (1) oder Fehlen (0) von 1, 2, 4, 8 und jeder weiteren verdoppelten Zahl. Die Binärzahl 1001 steht für $1 \times 8 + 1 \times 4 + 0 \times 2 + 1 \times 1$ und ist das Äquivalent der Dezimalzahl 13.

BIT
Abk. für binary digit (Dualzahl). Bei einer Dualzahl eine 1 oder eine 0. In einem digitalen Gerät nehmen die Bits eine physikalische Form an, z.B. die einer Sequenz aus elektrischen Ein-Aus-Impulsen in einem Kabel oder die von schwarzen Streifen und weißen Zwischenräumen in einem Strichcode. Bitsequenzen stehen für Zahlen, Geldbeträge, Wörter, Töne und Bilder.

BRECHUNG
Die Richtungsänderung, die Wellen und Strahlen erfahren, wenn sie aus einem Medium A (etwa Luft) in ein anderes B (etwa Wasser) übertreten.

BREMSSUBSTANZ
Bremssubstanzen (Moderatoren) werden in einem Kernreaktor dazu verwendet, die bei der Spaltung von Uranbrennstoffen erzeugten schnellen Neutronen abzubremsen. Da diese eine für die weitere Kettenreaktion ungünstige Geschwindigkeit haben, müssen sie auf eine günstigere Geschwindigkeit abgebremst werden.

BRENNPUNKT
Der Punkt, in dem sich parallele Lichtstrahlen oder Wellen treffen, nachdem sie durch eine Linse hindurchgetreten und gebrochen worden sind. Der Brennpunkt eines Teleskops ist der Ort, wo ein Bild erzeugt wird.

BYTE
Eine Binärzahl aus acht Bits. Mit einem Byte können die Dezimalzahlen von 0 (00000000) bis 255 (11111111) dargestellt werden.

CCD
Abk. für Charge-Coupled Device (leistungsträgergekoppeltes Bauelemement). Eine Anordnung von winzigen Photodioden, von denen jede eine elektrische Ladung erzeugt, die der Intensität der auf das CCD fallenden Licht- oder Infrarotstrahlen entspricht.

CHIP
Siehe MIKROCHIP

DÄMPFER
Der Teil einer Maschine, der Schwingungen abfängt oder von vornherein verhindert. Beim Klavier der Mechanismus, der das Schwingen der Saiten unterbindet.

DAMPF
Siehe VERDUNSTUNG

DATEI
Unter einem gemeinsamen Namen gespeicherte, zusammengehörige Daten. Eine Datei kann aus einer Liste bestehen, einem Dokument, einem Bild, einem Musikstück und so weiter. Dabeiübertragung ist die Übermittlung von Dateien von einem Computer zu einem anderen.

DATEN
Informationen, die in einen Computer oder ein anderes digitales Gerät eingegeben und dann in Form von Bits gespeichert und weiterverarbeitet werden. Daten bestehen in erster Linie aus Zahlen oder Geldbeträgen, Wörtern, Tönen und Bildern.

DEHNUNG
Die Verlängerung eines Körpers etwa durch mechanische Kräfte oder Temperaturerhöhung. Auch diese Kraft selbst.

DICHTE
Das Gewicht eines Festkörpers, einer Flüssigkeit oder eines Gases im Verhältnis zum Volumen. Jede reine Substanz besitzt eine spezifische Dichte. Wenn zwei Substanzen sich nicht vermischen, so wird die mit der geringeren Dichte immer über der anderen schweben. So schwimmt Holz auf Wasser, da seine Dichte geringer ist als die des Wassers.

DIGITAL
Eine Maschine oder ein Sytem, das mit Zahlen arbeitet oder sie erzeugt. Ein digitales Thermometer mißt die Temperatur und zeigt sie in Zahlenform an. Computer und viele andere digitale Geräte verwenden Zahlen zur Darstellung von Dingen wie Geldbeträgen, Wörtern, Tönen und Bildern. Diese Zahlen sind im Binärcode abgefaßt.

DIODE
Ein elektronisches Bauelement, durch das der Strom nur in einer Richtung fließen kann. Eine Photodiode spricht auf Licht- oder andere Strahlen an, und eine Leuchtdiode (LED) sendet Licht- oder andere Strahlen aus, wenn Strom durch sie hindurchgeht.

DREHBEWEGUNG
Eine Bewegung, bei der ein Körper rotiert.

DRUCK
Die Kraft, mit der eine Flüssigkeit oder ein Gas auf die Wände des Behälters oder jede Oberfläche in der Flüssigkeit oder im Gas drückt. Druckeinheiten messen die Kraft, die auf eine Flächeneinheit drückt.

EINGABEEINHEIT
Die Einheit eines digitalen Geräts, aus der die Bits kommen, aus denen Daten und Programme bestehen. Das ist gewöhnlich eine Tastatur oder ein Tastenfeld.

ELASTIZITÄT
Die Eigenschaft fester Körper, ihre unter äußerer Krafteinwirkung angenommene Formveränderung nach Aufhören derselben wieder rückgängig zu machen.

ELEKTRISCHE LADUNG
Die elektrische Eigenschaft, die sich aus der Zusammenführung (negative Ladung) oder Entfernung (positive Ladung) von Elektronen ergibt. Die Ladung eines Elektrons ist die Basiseinheit der Elektrizität.

ELEKTRISCHER STROM
Der ständige Elektronenfluß durch einen Draht oder anderen elektrischen Leiter.

ELEKTRISCHES FELD
Die Umgebung einer elektrischen Ladung. Ein Feld wirkt auf das andere, so daß sich ungleichnamige Ladungen anziehen und gleichnamige abstoßen.

ELEKTRISCHES SIGNAL
Ein wechselnder Stromfluß, der eine Maschine oder ein System veranlaßt, auf eine bestimmte Art zu arbeiten. Ein Mikrofon erzeugt ein elektrisches Signal, das den eindringenden Schallwellen entspricht; danach geht das Tonsignal zu einem Lautsprecher, der den Ton wiedergibt. Es gibt zwei Arten von elektrischen Signalen. Bei einem analogen Signal schwankt die Spannung und kann jeden beliebigen Wert haben. Bei einem digitalen Signal gibt es nur zwei Wete – hoch und niedrig oder aus; sie entsprechen den beiden Ziffern in der Binärsequenz, aus der das Signal besteht.

ELEKTRODE
Teil eines elektrischen Geräts oder einer Maschine, der entweder Elektronen (Kathode) erzeugt oder welche erhält (Anode).

ELEKTROLYT
Ein Stoff, der in seine Ionen zerfällt und den elektrischen Strom zwischen zwei Elektroden leitet.

ELEKTROMAGNET
Ein Gerät, das mit Hilfe von elektrischem Strom ein Magnetfeld erzeugt.

ELEKTROMAGNETISCHE WELLEN
Die Familie der Strahlen und Wellen, zu denen die Funk- und Mikrowellen, Infrarot-, Ultraviolett-, Gamma-, Röntgen- und Lichtstrahlen gehören. Sie alle bestehen aus schwingenden elektrischen und magnetischen Feldern und breiten sich mit Lichtgeschwindigkeit aus. Sie unterscheiden sich nur in ihrer Wellenlänge oder Frequenz. Außer den Gammastrahlen werden alle anderen elektromagnetischen Wellen von beschleunigten Elektronen erzeugt.

ELEKTROMAGNETISMUS
Das Verhältnis zwischen Elektrizität und Magnetismus; das eine kann das andere erzeugen.

ELEKTRON
Der kleinste Teil eines Atoms. Das Elektron ist etwa hunderttausendmal kleiner als ein Atom und besitzt eine negative elektrische Ladung. Elektronen befinden sich außerhalb eines Atoms und umkreisen den Kern. Sie können das Atom verlassen und auf ein anderes übergeben, sich aber auch ungebunden (frei) zwischen den Atomen bewegen.

ELEKTROSTATIK
Ein Begriff im Zusammenhang mit Geräten, die eine elektrische Ladung aufnehmen.

ELEMENT
Ein Stoff, der nur Atome einer Sorte enthält. Einige Elemente (Wasser-, Stick-, Sauerstoff, Chlor) sind bei normalen Temperaturen gasförmig, andere (Jod, Schwefel, die meisten Metalle wie Eisen, Aluminium, Kupfer, Silber, Gold) sind fest, nur zwei (Brom und Quecksilber) sind flüssig. Derzeit sind 107 Elemente bekannt, darunter einige künstliche Elemente wie Plutonium. Alle anderen Stoffe sind Zusammensetzungen aus zwei oder mehreren Elementen.

E-MAIL
Elektronische Post. Eine Botschaft, die von einem Computer an einen anderen übermittelt wird. Sie kann Computerdaten enthalten, zum Beispiel ein Dokument, Töne, Bilder oder Computerprogramme.

ENERGIE
Die Fähigkeit eines Systems, Arbeit zu verrichten. Jede Tätigkeit verlangt Energie. Sie tritt in verschiedenen Erscheinungsformen auf, einschließlich Wärme, Bewegung, Elektrizität und Licht. Außer bei atomaren Reaktionen kann sie während einer Tätigkeit von einer Form in die andere umgewandelt werden. In einer Wärmemaschine zum Beispiel wird Wärme in Bewegungsenergie umgewandelt.

EXZENTRISCH
Außerhalb des Mittelpunkts befindlich.

FESTSPEICHER
Der Teil eines Computers, der Programme und Daten speichert, die immer wieder gebraucht werden (= ROM).

FLIEHKRAFT
Eine aus der Trägheit resultierende Kraft, die die Richtungsänderung der Bewegung eines Körpers zu verhindern sucht und vom Zentrum weg nach außen weist.

FLUORESZENZ
Die Eigenschaft eines Stoffs, nach Bestrahlen mit Licht, Röntgen- oder Elektronenstrahlen aufzuleuchten. Ein fluoreszierender Gegenstand, zum Beispiel ein Bildschirm, kann unsichtbare Elektronen- oder ultraviolette Strahlen sichtbar machen.

FREQUENZ
Die Zahl der Schwingungen von Energiewellen in Schall- und elektromagnetischen Wellen (Funkstrahlen, Lichtstrahlen) in der Zeiteinheit. Ebenfalls die Anzahl von Richtungswechseln beim Wechselstrom. Die Maßeinheit ist das Hertz (Hz), die Anzahl der Wellen oder Richtungswechsel pro Sekunde.

FUNKWELLEN
Unsichtbare elektromagnetische Wellen mit Wellenlängen zwischen einem Millimeter und mehreren Kilometern. Funkwellen für Radar haben Wellenlängen von mehreren Milli- oder Zentimetern und sind kürzer als die für Rundfunk und Fernsehen verwendeten Wellen.

GAMMASTRAHLEN
Unsichtbare energiereiche elektromagnetische Strahlen mit Wellenlängen kürzer als ein hundertmillionstel Meter. Die gefährlichen Gammastrahlen treten praktisch bei allen Kernreaktionen auf.

GASTURBINE
Eine Wärmemaschine, in der Brennstoff verbrannt wird, um Luft zu erhitzen. Diese heiße Luft und die Abgase treiben eine Turbine an. Das Strahltriebwerk besitzt eine Gasturbine. Hubschrauber besitzen manchmal Gasturbinen, bei denen die Turbine die Rotoren antreibt.

GEGENGEWICHT
Ein Gewicht, das an einem Ende einer Maschine befestigt ist, um das Gewicht einer Last am anderen Ende auszugleichen.

GEGENWIRKUNG
Die gleiche und entgegengesetzte Kraft, die stets die Wirkung einer Kraft begleitet (siehe WIRKUNG UND GEGENWIRKUNG). In der Chemie auch der Vorgang, durch den ein Stoff oder mehrere Stoffe sich verändern, um verschiedene Stoffe zu bilden. Chemische Reaktionen haben meist mit der Erzeugung oder dem Verbrauch von Wärme zu tun. In ihnen setzen sich die beteiligten Atome neu zusammen, ohne sich selbst zu verändern. Bei atomaren Reaktionen verändern sich die Kerne der Atome, indem sie neue Elemente erzeugen und Energie in Form von Wärme oder Strahlung freisetzen.

GESCHWINDIGKEIT
Bei einem Körper das Verhältnis zwischen zurückgelegtem Weg und verwendeter Zeit.

GETRIEBE
Mechanische Einrichtung zum Übertragen von Bewegungen und Energie mit Hilfe von Zahnrädern, die direkt oder über eine Kette verbunden sind, um einander anzutreiben. Ein G. besteht aus wenigstens drei Gliedern, wovon eines durch das Gestell festgelegt ist.

GEWICHT
Die Kraft, mit der die Schwerkraft einen Körper nach unten zieht.

GEWINDE
Schraubenförmiges Profil eines Zylinders (Schraube) oder in einer Schraubenmutter.

GIGABYTE
(Gb) 1 073 741 824 Bytes.

GLASFASEROPTIK
Lichtleitungen aus dünnen, bündelartig zusammengefaßten Glasfasern zur Beleuchtung und Informationsübertragung (ISDN).

GLEICHSTROM
Zeitlich konstanter elektrischer Strom, der in einer Richtung fließt.

GRUNDFARBE
Eine Farbe, die nicht durch Mischen aus anderen Farben entstehen kann. Alle sonstigen Farben lassen sich durch Mischen aus zwei oder mehr Farben herstellen.

HALBLEITER
Festkörper etwa aus Silizium, der bei tiefer Temperatur elektrisch isoliert, bei höheren Temperaturen jedoch elektrisch leitend wird. Die Transistoren in integrierten Schaltkreisen bestehen aus Halbleitern.

HEBEL
Ein Stab, der sich um einen Angelpunkt dreht, um eine nützliche Bewegung auszuführen.

HEBEWINDE
Ein Gerät, das einen schweren Körper mit geringer Leistung über einen kurzen Weg befördert.

HEMMUNGSRAD
Das Teil einer mechanischen Uhr oder Armbanduhr, welches das Zahnradwerk, das die Zeiger dreht, mit dem Pendel verbindet oder mit der Unruh, welche die Drehgeschwindigkeit der Zeiger steuert.

HOLOGRAMM
Ein mit Laserlicht erzeugtes Bild mit derselben räumlichen Tiefe wie der abgebildete Gegenstand, oder das Foto, das ein solches Bild wiedergibt.

HOLOGRAPHIE
Das Verfahren zur Abbildung eines Lichtwellenfeldes, das von einem mit Laserlicht beleuchteten Gegenstand ausgeht.

IMPULS
Die kurzzeitige Zustandsänderung der Bewegungsgröße einer Kraft, wie etwa Spannungs- oder Stromimpuls.

INDUKTION
Die Erzeugung eines Magnetismus oder elektrischen Stroms durch ein Magnetfeld in einem Material.

INFRAROT-STRAHLEN
Unsichtbare elektromagnetische Wellen mit längeren Wellenlängen (zwischen einem millionstel und einem tausendstel Meter) als Licht. Dazu gehören die Wärmestrahlen.

INTERFERENZ
Die Überlagerungserscheinung von zwei aufeinander treffenden Wellen. Die resultierende Amplitude ist jeweils gleich der Amplitude der ursprünglichen Wellen und führt zur Verstärkung oder Auslöschung der Wellen.

ION
Ein Atom, das Elektronen abgegeben oder dazugewonnen und eine elektrische Ladung hat.

KATHODE
Negativ geladene Elektrode.

KEIL
Der Teil einer einfachen Maschine, der durch Nutzung der schiefen Ebene als Mittel zum Trennen dient.

KETTENRAD
Ein Zahnrad, das mit einer Gliederkette angetrieben wird.

KILOBYTE
(Kb) 1 024 Bytes.

KOLBENBEWEGUNG
Eine Bewegung, die ein Maschinenteil durch eine wiederholte Hin- und Herbewegung ausführt.

KOMPLEMENTÄRFARBE
Eine Farbe, die sich aus dem Mischen zweier Grundfarben ergibt.

KONDENSATOR
Ein elektrisches Bauelement, das Ladung speichert. Bei Kältemaschinen ein Wärme(aus)tauscher (also Verflüssiger).

KONKAV
Hohl, nach innen gewölbt.

KONVEX
Erhaben, nach außen gewölbt, zum Beispiel bei Linsen.

KORREKTURTRIEBWWERK
Eine Schiffsschraube zum Manövrieren eines Schiffs oder eines Unterseeboots; ebenfalls ein kleiner Raketenmotor oder Gasstrahl zum Manövrieren eines Raumschiffs im Weltall.

KRAFT
Der Druck oder Zug, der Ursache für die Bewegung eines Körpers oder dessen Abbremsen ist, oder der Druck auf eine Oberfläche. Wenn eine Kraft auf einen Körper wirkt, so kann sie in zwei kleinere Bestandteile aufgeteilt werden, die in unterschiedlichen Winkeln wirken. Der eine Bestandteil der Kraft kann einen Körper in eine Richtung bewegen, während der andere Bestandteil der Kraft das Gewicht trägt oder gegen den Widerstand in einer anderen Richtung wirkt.

KÜHLER
Der Teil eines Automotors, der die Wärme aus dem Kühlwasser, das durch den Motor zirkuliert, ableitet.

KURBEL
Ein einarmiger Hebel zur Drehung einer Welle oder umgekehrt. Bei der Kurbelwelle eines Automotors sind mehrere Kurbeln miteinander verbunden, die über ein Gestänge von den Zylindern angetrieben werden.

LASER
Abk. für Light Amplification by Stimulated Emission of Radiation = Lichtverstärkung durch erzwungene Strahlungsemission. Ein Gerät, das einen sehr hellen und scharf gebündelten Lichtstrahl erzeugt, dessen Wellen dieselbe Frequenz und Farbe haben.

LAST
Der Name für einen Gegenstand, der getragen oder gefahren wird. Auch der Widerstand gegen eine Bewegung, die eine Maschine überwinden muß.

LED
Abk. für Light-Emitting Diode = Leuchtdiode. Eine Halbleiterdiode, die bei Stromzufuhr einen Licht- oder Infrarotstrahl aussendet.

LEISTUNG
Die auf eine Maschine angewandte Kraft zwecks Erzeugung einer Arbeit.

LICHTSTRAHLEN
Die sichtbaren elektromagnetischen Wellen mit einer Wellenlänge zwischen 4 und 8 zehnmillionstel Meter und mit einem Farbspektrum von Blau bis Rot.

LINEARBEWEGUNG
Eine Bewegung in gerader Linie.

LINSE
Ein Körper aus durchsichtigem Stoff, der zur Erzeugung eines Bildes durchtretende Lichtstrahlen beugt.

LOCH
Der von einer Elektronenbewegung hinterlassene freie Raum in einem Atom. Da ein Elektron eines anderen Atoms das Loch füllen kann, wird es auf das andere Atom „übertragen".

LOGISCHES GATTER
Ein winziges Schaltelement im Prozessor eines digitalen Geräts, das bei der Verarbeitung von Bits eine wichtige Rolle spielt, indem es eine bestimmte logische Operation durchführt. Ein Oder-Gatter zum Beispiel öffnet sich und läßt ein Bit passieren, wenn das erste oder das zweite von zwei Steuerbits ein Ein-Bit (binär 1) ist.

MAGNETFELD
Der Zustand eines Raums in der Umgebung eines Magneten oder elektrischen Stroms, der andere Magneten anzieht oder abstößt.

MASSE
Die Stoffmenge, die ein Körper besitzt. Masse ist nicht dasselbe wie Gewicht, das die Kraft ist, mit der die Schwerkraft einen Körper zur Erde zieht. Ein schwimmender Körper verliert an Gewicht, doch seine Masse bleibt gleich.

MEGABYTE
(Mb) 1 048 576 Bytes.

MIKROCHIP
Ein elektronisches Bauelement mit vielen miniaturisierten Schaltkreisen, die elektrische Signale verarbeiten oder speichern. Auch kurz Chip oder integrierter Schaltkreis genannt.

MIKROCOMPUTER
Ein kleiner Computer, der auf einen Schreibtisch paßt oder sogar tragbar ist.

MIKROWELLEN
Elektromagnetische Wellen mit sehr kurzen Wellenlängen zwischen einem Millimeter und 30 Zentimetern.

MODEM
Ein Gerät, das eine digitale Maschine über das Telefonnetz mit einer anderen verbindet. Es verwandelt das ausgehende digitale Signal in ein Tonsignal, das über eine Telefonleitung befördert werden kann, und wandelt ein eintreffendes Tonsignal wieder in ein digitales Signal um. Das geschieht durch Modulation und Demodulation; Modem ist ein Kunstwort aus Modulator und Demodulator.

MODULATION
Die gegenseitige Beeinflussung von Schwingungen durch Überlagerung, bei der die erste Schwingung die zweite verändert, entweder deren Amplitude (AM) oder deren Frequenz (FM).

MOLEKÜLE
Eine Gruppe von Atomen, die den kleinsten Teil einer Substanz bilden und noch deren chemische Eigenschaften besitzen. In vielen Elementen gruppieren sich identische Atome, um Moleküle zu bilden. Sauerstoffmoleküle etwa bestehen aus zwei Sauerstoffatomen. In chemischen Verbindungen bilden verschiedene Atome zusammen ein Molekül. So enthält zum Beispiel jedes Wassermolekül zwei Wasserstoffatome, die sich mit einem Sauerstoffatom verbinden. In Kristallen aus den Elementen und Verbindungen hängen die Atome eher in regelmäßigen Netzstrukturen zusammen, als daß sie getrennte Moleküle bilden.

N-TYP-HALBLEITER
Eine Art von Halbleiter, der so vorbehandelt wird, daß er Elektronen erzeugt, sie abstößt und dadurch positiv geladen wird.

NEGATIV
Das fotografisch hergestellte Bild, bei dem helle Bildteile dunkel und dunkle hell wiedergegeben werden. Beim Farb-Negativ sind zusätzlich die Farben durch ihre Gegenfarben (Komplementärfarben) ersetzt. In der Elektrizität gilt die Ladung eines Elektrons als negativ, ebenso alles, was Elektronen speichert oder abgibt. Bei den Wellen gilt eine minimale Energie als negativ.

NEUTRON
Neben dem Proton einer der beiden Bausteine eines Atomkerns. Ein Neutron besitzt fast dieselbe Masse wie ein Proton und erscheint nach außen hin elektrisch neutral. Alle Kerne enthalten Neutronen, nur die allerleichtesten nicht, die eine gewöhnliche Form des Wasserstoffs sind. Deuterium und Tritium, andere Formen oder Isotopen des Wasserstoffs (auch schwerer und überschwerer Wasserstoff genannt) enthalten Neutronen.

NOCKEN
Eine rotierende Kurvenscheibe, die einen Kipphebel bewegt. Bei Verbrennungsmotoren wandeln Nocken und Stößel gemeinsam die Drehbewegung des Motors in eine Kolbenbewegung um.

OBERTONWELLEN
Eine Reihe von Wellen, die die Haupt- oder Grundwelle begleiten. Die Frequenzen der Obertonwellen sind das Vielfache der Frequenzen der Hauptwelle. Die Obertonwellen sind bei den einzelnen Instrumenten Grund für die jeweilige Klangfarbe.

OSZILLATOR
Ein Gerät zur Erzeugung von Schallwellen oder elektrischen Signalen mit gleichmäßiger Frequenz.

P-TYP-HALBLEITER
Eine Art Halbleiter, die so vorbehandelt wird, daß sie Löcher in Atomen erzeugt (Räume für Elektronen), indem sie Elektronen abgibt und dadurch negativ geladen wird.

PENDEL
Ein Stab oder ein Seil mit einem schweren (Pendel-)Gewicht am Ende. Das Pendel dreht sich um den Aufhängepunkt, und das Gewicht schwingt hin und her. Die Schwingungsdauer eines Pendels verändert sich nur mit der Pendellänge – nicht aber mit dem Pendelgewicht.

PIXEL
(Bildpunkt) Ein winziger Teil eines Bildes auf einem Bildschirm. Die Schärfe oder Auflösung des Bildes ist abhängig von der Zahl der Pixel, aus denen das Bild zusammengesetzt ist.

PLANETENGETRIEBE
Ein Zahnradgetriebe, das aus einem zentralen Sonnenrad besteht, auf dem sich die im Umlaufsteg geführten Planetenräder abwälzen.

PLATINE
Kunststoffplatte, auf der einer oder mehrere elektrische Schaltkreise aufgebracht sind. Die Systemplatine in einem Computer enthält alle wichtigen Bauelemente wie etwa den Prozessor und das grundlegende Eingabe-Ausgabesystem (BIOS).

POSITIV
In der Fotografie ein Bild, das die Helligkeitswerte einer Szene genau abbildet. In der Elektrizität alles, was Elektronen erhält oder abgegeben hat.

PRÄZESSION
Die Bewegung, die ein rotierendes Rad macht, wenn eine Kraft darauf einwirkt. P. veranlaßt dieses Rad, sich rechtwinklig zur Kraftrichtung zu drehen.

PRISMA
Ein Körper aus lichtdurchlässigem und lichtbrechendem Stoff, der von wenigstens zwei sich schneidenden Ebenen begrenzt ist.

PROGRAMM
Eine Abfolge von Anweisungen, die ein digitales Gerät veranlaßt, bestimmte Aufgaben zu erledigen. Die Anweisungen sind im Binärcode abgefaßt.

PROTON
Neben dem Neutron einer der beiden Bausteine des Atomkerns. Ein Proton besitzt die zweitausendfache Masse eines Elektrons und eine positive Ladung. Die Anzahl der Protonen in einem Kern bestimmt die Identität eines Elements. So hat etwa Wasserstoff ein Proton im Kern, während Sauerstoff deren acht hat.

PROZESSOR
Die Einheit in einem digitalen Gerät, die Daten den Anweisungen eines Programms entsprechend verarbeitet.

RAD
Jedes runde, rotierende Teil einer Maschine.

RAD UND ACHSE
Eine Klasse rotierender Maschinen oder Geräte, bei der die in einem Teil erzeugte

Leistung in einem anderen Teil eine nützliche Bewegung erzeugt.

RADIOAKTIVITÄT
Die Erzeugung radioaktiver Strahlen durch Stoffe, die Atome mit instabilen Kernen enthalten, wie etwa der Atommüll aus Kernreaktoren.

RAM
Abk. für Random Access Memory. In digitalen Geräten der Arbeitsspeicher, in dem Programme und Daten vorübergehend festgehalten und verändert werden können.

RATSCHE
Eine Sperrklinke, die Bewegung in nur einer Richtung zuläßt. Eine Ratsche besteht aus einem Zahnrad mit Welle. Die Sperrklinke bewegt sich um ein Gelenk, so daß sie sich über die Zähne eines Zahnrads in einer Richtung bewegen kann. Bewegt dieses sich jedoch in die andere Richtung, so klinkt sich die Ratsche in ein Zahnrad ein und blockiert diese Bewegungsrichtung.

REFLEKTION
Eine Bewegungsumkehrung von Wellen oder Strahlen, wenn sie auf eine Oberfläche auftreffen. Innere Reflektion tritt auf, wenn Lichtstrahlen von der inneren Oberfläche eines durchlässigen Materials zurückgestrahlt werden.

REIBUNG
Die Summe der an der Berührungsfläche zweier Körper wirksam werdenden Kräfte, die eine Bewegung hemmen oder verhindern (ohne Bewegung keine Reibung).

RESONANZ
Das Mitschwingen eines Gegenstands mit seiner natürlichen Eigenfrequenz, wenn äußere Schwingungen auf ihn auftreffen und ihn anregen.

RÖNTGENSTRAHLEN
Unsichtbare elektromagnetische Wellen mit kürzeren Wellenlängen als das Licht, die Fluoreszenz erzeugen. Im Unterschied zu Licht haben sie ein hohes Durchdringungsvermögen für die meisten Stoffe.

ROLLE
Ein Rad, über das ein Seil, eine Kette oder ein Riemen geführt wird.

ROM
Abk. für Read-Only Memory. Eine Speichereinheit in einem digitalen Gerät, in dem Daten und Programme dauerhaft gespeichert sind und nicht verändert werden können.

SCHALLWELLE
Durch die Änderung der Massendichte erzeugte Schwingungen eines Mediums, im allgemeinen von Luft. Im Bereich zwischen 20 und 20 000 Hz sind sie für Menschen hörbar.

SCHALTKREIS
Ein elektronischer Baustein, der die aktiven und passiven Elemente einer elektronischen Schaltung in einem Gehäuse vereint. Die Bauteile werden auf einem Halbleiterkristallplättchen (Chip) aufgedampft. Ein Chip faßt einige 100 000 Bauteile.

SCHIEFE EBENE
Eine gegen die Waagerechte geneigte Ebene, die beim Heben von Lasten dazu benutzt wird, die Leistung und die Entfernung zu verändern.

SCHNECKENBOHRER
Eine große Schraube, die sich in einem Rohr in Axialrichtung dreht, um Wasser sowie loses Schüttgut zu befördern oder Löcher zu bohren.

SCHNECKENGEWINDE
Ein Schraubengewinde, das mit einem Getrieberad verzahnt ist.

SCHRAUBE
Ein Zylinder mit Gewinde oder Kerbe in Spiralform, der sich entweder dreht, um sich selbst zu bewegen, oder ein ihn umgebendes Material oder Objekt.

SCHUB(KRAFT)
Eine Kraft, die bewirkt, daß Körper sich vorwärts bewegen.

SCHWERKRAFT
Die Kraft, die jeder Körpermasse ein Gewicht verleiht und sie zur Erde zieht. Der normale Druck der Luft oder des Wassers wird durch sie bewirkt.

SKALA
Eine gleichmäßige oder ungleichmäßige Folge von Strichen oder Ziffern für Meß- oder Einstellzwecke in gerader oder kreisförmiger Anordnung.

SOFTWARE
Der Sammelbegriff für die Programme, die digitale Geräte veranlassen, die ihnen gestellten Aufgaben auszuführen.

SOLARZELLE
Ein Gerät, das die einfallende Strahlenleistung des Sonnenlichts direkt in elektrische Leistung umwandelt.

SONNENRAD
Ein Zahnrad, um das herum sogenannte Planeten(zahn)räder sich drehen.

SPALTUNG
Eine atomare Reaktion, bei der die Atomkerne auseinandergebrochen werden, um Energie zu liefern.

SPANNUNG
In Volt gemessene Kraft, mit der ein elektrischer Strom oder eine elektrische Ladung Elektronen bewegt. In der Mechanik: die bei Belastung eines Körpers auftretende innere Kraft der Gegenwirkung.

SPEICHEREINHEIT
Die Einheit in einem digitalen Gerät oder System, die die Bits speichert, aus denen die Daten und Programme bestehen.

SPERRHAKEN
Eine Klaue in einem Gelenk, die sich in die Zähne einer Ratsche einklinkt.

SPIEGEL
Eine glatte Fläche, die einen wesentlichen Teil des einfallenden Lichts zurückwirft. Ein teildurchlässiger Spiegel wirft teils Licht zurück, teils läßt er es durch.

SPIRALFÖRMIG
Jedes Gerät, das in Spiralform daherkommt, wie etwa eine Feder oder ein Korkenzieher.

STATISCHE ELEKTRIZITÄT
Elektrische Ladung, die bei der Bewegung der Elektronen in einen Körper hinein oder aus ihm heraus erzeugt wird.

STEREOPHONIE
Die Übertragung von Sprache oder Musik einschließlich ihrer räumlichen Kennzeichnung über zwei Lautsprecher oder Kopfhörer.

STEREOSKOPISCHES BILD
Ein Bild mit räumlicher Tiefe. Es besteht aus zwei Halbbildern, die zu einer echten Raumwahrnehmung führen.

STRAHLEN
Eine elektromagnetische Welle mit kurzer Wellenlänge.

STRAHLUNG
Strahlen, die aus einer Wärmequelle herrühren, oder Teilchenstrahlen und -ströme, die aus atomaren Reaktionen und radioaktivem Material stammen. Wärmestrahlung ist harmlos (es sei denn, sie führt zu Verbrennungen), doch radioaktive Strahlung ist gefährlich, da sie zur Zerstörung lebender Zellen führt.

STRÖMUNGSWIDERSTAND
Die Kraft, mit der Luft und Wasser der Bewegung eines Körpers (Auto, Schiff, Flugzeug) widerstehen; auch bekannt als Luft- oder Wasserwiderstand. Durch bestimmte Formen (Stromlinienform) läßt er sich wesentlich herabsetzen.

STROMVERSORGUNG
Die Lieferung von Elektrizität über ein Verteilungsnetz bis ins Haus. Es ist Wechselstrom mit einer Spannung von 220 Volt und einer Frequenz von 50 Hz.

SUBTRAKTIVE FARBMISCHUNG
Mischverfahren der drei Komplementärfarben (Gelb, Blaugrün und Purpur) zur Erstellung aller anderen Farben. Diese Farben vermischen sich, indem sie die Grundfarben aus dem Licht absorbieren, um die Farben zu erleuchten.

SUPRALEITUNG
Die praktisch unbegrenzte elektrische Leitfähigkeit einiger Metalle in der Nähe des absoluten Nullpunkts der Temperatur. Dadurch ist eine erheblich vergrößerte Leitfähigkeit und ein stärkeres Magnetfeld möglich.

TERMINAL
Die Ein- und Ausgabeeinheit einer elektrischen Maschine, die über ein Kabel Strom aufnimmt oder abgibt. Außerdem eine nicht in einen Computer integrierte Ein- oder Ausgabeeinheit eines großen digitalen Systems, zum Beispiel das Scheckkarten-Terminal in einem Ladengeschäft.

TRAGFLÜGEL
Die gewölbte Fläche eines Flügels, die Auftrieb erzeugt, wenn die Tragfläche durch die Luft bewegt wird.

TRANSFORMATOR
Ein Gerät, das die Spannung eines elektrischen Stroms erhöht oder herabsetzt.

TRANSISTOR
Ein elektronisches Bauelement aus Teilen des n-Typ- und p-Typ-Halbleiters, das den Strom ein- und ausschaltet oder ihn verstärkt. Ein Steuersignal geht an die Zentraleinheit (Basis oder Gatter), die den Stromfluß über zwei äußere Teile (Sender oder Quelle und Abnehmer oder Senke) steuert.

TRÄGERWELLE
Eine Funkwelle wird mit bestimmter Frequenz oder Wellenlänge gesendet, die so moduliert wird, daß sie Schall oder Bilder tragen kann.

TRÄGHEIT
Die Eigenschaft jedes Körpers, einer Änderung der Größe oder Richtung seiner Geschwindigkeit zu widerstehen.

TREIBSTOFF (TREIBGAS)
Die in einer Sprühdose befindliche Flüssigkeit, die den für einen Sprühnebel notwendigen Druck erzeugt, oder der Brennstoff eines Raketenmotors.

TURBINE
Eine Strömungsmaschine mit einem Laufrad, das von einer Flüssigkeit, einem Dampf oder einem Gas betrieben wird. Die Turbine kann umgekehrt auch Flüssigkeit, Dampf oder Gas befördern.

ÜBERSCHALL(GESCHWINDIGKEIT)
Geschwindigkeit, die schneller ist als die Schallgeschwindigkeit von 1200 km/Stunde.

UHR
Ein Gerät in einem Rechner oder Computer, das gleichmäßige elektrische Impulse erzeugt, die die Aktivitäten der Bauelemente synchronisieren.

ULTRAVIOLETTES LICHT
Unsichtbare elektromagnetische Wellen mit einer kürzeren Wellenlänge als Licht.

UMDREHUNG
Die vollständige Drehung eines rotierenden Gegenstands um 360°.

UNRUH(FEDER)
Der Teil in Uhren, der mit einem mechanischen oder elektrischen Unruhschwingsystem in Verbindung mit einer Spiralfeder den Gang einer Uhr regelt.

VENTIL
Ein Gerät, das sich öffnet oder schließt, um den Zufluß einer Flüssigkeit oder eines Gases durch eine Leitung zu regeln. Es gibt Ein-Weg-Ventile, die sich nur in einer Richtung öffnen und einen Behälter so verschließen, daß eine Flüssigkeit oder ein Gas zwar hinein, aber nicht wieder hinaus können.

VERBRENNUNGSMASCHINE, INNERE Siehe WÄRMEMASCHINE

VERDUNSTUNG
Der Vorgang, bei dem sich eine Flüsigkeit bei einer Temperatur, die unterhalb ihres Siedepunktes liegt, in Dampf verwandelt.

VERFLÜSSIGER
Ein Gerät, das Gase oder Dämpfe so kühlt, daß sie ihre Wärme verlieren und sich in eine Flüssigkeit verwandeln.

VERSCHMELZUNG (FUSION)
Eine atomare Reaktion, bei der verschiedene Atomkerne zu neuen Kernen verschmelzen, um Energie abzugeben.

VIRTUELLES BILD.
Siehe BILD

WAAGE
Ein Meßgerät zur Ermittlung des Gewichts eines Körpers.

WÄRME(AUSTAUSCHER)
Ein Gerät, das einer heißen Flüssigkeit oder einem heißen Gas Wärme entzieht, um damit eine kühle Flüssigkeit oder ein kühles Gas zu erwärmen. Im Wärme(aus)-tauscher werden gewöhnlich die heißen Flüssigkeiten oder Gase in Leitungen durch die kühlen Flüssigkeiten oder Gase hindurchgeführt.

WÄRMEMASCHINE
Eine Maschine, in der Wärme in Bewegung umgewandelt wird durch die Ausdehnung eines Gases, bei dem es sich entweder um Dampf oder das Verbrennungsprodukt eines Brennstoffs handelt. Es gibt zwei Arten: die äußere und die innere Verbrennungsmaschine. Bei einer äußeren W. befindet sich die Wärmequelle, welche die Temperatur des Gases erhöht, außerhalb der Maschine, wie etwa der Dampfkessel einer Dampfmaschine. Bei einer inneren W. wird der Brennstoff innerhalb der Maschine verbrannt. Benzin- und Dieselmotoren sind beides innere Verbrennungsmaschinen.

WATT
Die Einheit für jede Art von Leistung. Ein Watt wird geleistet, wenn ein Strom von 1 A aus einer Quelle von 1 V eine Sekunde lang fließt.

WEBSEITE
Eine unterschiedliche große Zahl von Bildschirmseiten, die in einem Computer gespeichert und für jeden anderen Computer zugänglich sind. Webseiten enthalten Informationen über Personen und Organisationen und können Dienstleistungen anbieten.

WECHSELSTROM
Elektrischer Strom, dessen Richtung und Stärke sich in schneller Folge periodisch ändert. In der Bundesrepublik beträgt die gebräuchliche Frequenz 50 Hz.

WELLE
Eine meist runde, drehbar gelagerte Stange zur Weiterleitung von Drehmomenten über die Räder.

WELLEN
Der Energiefluß, bei dem der Energiepegel gleichmäßig zu- und dann abnimmt, wie bei den Wellen im Meer. Eine vollständige Welle ist die Durchflußmenge zwischen zwei Energiehöhepunkten. Der Abstand zwischen zwei Wellen heißt Wellenlänge.

WELLENLÄNGE
Der Abstand zwischen zwei aufeinanderfolgenden Maxima oder Minima einer Welle.

WIDERSTAND
Eine Kraft, die die Bewegung eines Körpers, zum Beispiel durch Trägheit oder Reibung in der Luft oder im Wasser, behindert. In der Elektrizität die in Ohm gemessene Fähigkeit eines Gegenstands, den Elektronenfluß durch ihn hindurch zu beeinträchtigen.

WINDE
Eine Vorrichtung aus einer Trommel mit einem darumgewickelten Seil, um Lasten zu heben oder herabzulassen.

WIRKLICHES BILD.
Siehe BILD

WIRKUNG UND GEGENWIRKUNG
Zwillingskräfte, die auf jeden bewegten Körper wirken. Die Kraft, die bewegt, heißt Wirkung, und der Körper stößt mit einer Kraft zurück, die Gegenwirkung heißt. Wirkung und Gegenwirkung sind stets gleich groß und wirken immer in entgegengesetzten Richtungen. Dies ist auch der Fall, wenn eine Flüssigkeit oder ein Gas bewegt wird oder die Zwillingskräfte selbst einen Körper bewegen.

WORLD WIDE WEB
Sammelname für die vielen verschiedenen Webseiten, die es auf der ganzen Welt gibt.

ZAHNRAD
Ein Rad aus Metall, das an seinem Rand Zacken (Zähne) hat und nie alleine kommt.

ZAHNSTANGE
Eine mit Zähnen versehene Leiste, die mit einem Zahnrad oder einem Schneckenrad zusammenarbeitet.

ZELLE
Ein selbständiges Element, das elektrischen Strom erzeugt. Eine Batterie besteht aus mehreren hintereinander geschalteten Zellen, und ein Sonnenmodul besteht aus mehreren Solarzellen. Außerdem die Speichereinheit für ein Bit des Binärcodes.

ZIFFER
Eine einstellige Zahl, zum Beispiel die Dezimalziffern 0 bis 9 und die Binärziffern 0 und 1.

REGISTER

DANKSAGUNGEN

Recherche: Robert Graham
Einband: Mark Richards
Produktionsleitung: Linda Berrisford
Register: Hilary Bird

Für ihre Unterstützung beim Zustandekommen dieses Buches danken die Mitarbeiter von *MACAULAY'S NEUEM MAMMUT-BUCH DER TECHNIK* folgenden Personen, Firmen und Institutionen: A & S Fire and Rescue Equipment Ltd.; Autoccar; Bayley Ladders & Fire Equipment Ltd.; BMW; British National Space Centre; Canon UK Ltd.; Chubb Alarms and Locks; Dolby; The Engineer; Essex Police Camera Enforment Office; Fanuc Robotics; Fox-Talbot; Granada Business Communications; Hanna Instruments; IBM; Kodak; Magellan Systems; Magnet; Mercedes Benz (UK) Ltd., NASA; NCR Limited; Nicam; Nova Weigh; Philips Electronics UK Ltd.; Revere Transducers Europe; Road Transport Department; Science Museum, London; The Royal Bank of Scotland plc; Royal Institute of Navigation; Satellite Business Systems Limited; Seiko UK Limited; Sony; John Higgins bei Tesco; Neil Chinery bei Thomas Cook; TRW Automotive Occupant Restraint System; Volvo; West Midlands Police; Williams; Xerox Limited.